华 章 图 书

一本打开的书，一扇开启的门，
通向科学殿堂的阶梯，托起一流人才的基石。

www.hzbook.com

现代通信网络技术丛书

6G

无线通信新征程

跨越人联、物联，迈向万物智联

[加] 童文 (Wen Tong)　[加] 朱佩英 (Peiying Zhu) 编著　华为翻译中心 译

6G The Next Horizon

From Connected People and Things to Connected Intelligence

机械工业出版社
China Machine Press

图书在版编目（CIP）数据

6G 无线通信新征程：跨越人联、物联，迈向万物智联／（加）童文（Wen Tong），（加）朱佩英（Peiying Zhu）编著；华为翻译中心译 . -- 北京：机械工业出版社，2021.8（2021.11 重印）
（现代通信网络技术丛书）
书名原文：6G The Next Horizon: From Connected People and Things to Connected Intelligence
ISBN 978-7-111-68884-6

I.①6… II.①童… ②朱… ③华… III.①第六代无线电通信系统 IV.①TN929.59

中国版本图书馆 CIP 数据核字（2021）第 162024 号

本书版权登记号：图字 01-2021-3032

6G 无线通信新征程：跨越人联、物联，迈向万物智联

出版发行：机械工业出版社（北京市西城区百万庄大街 22 号　邮政编码：100037）

责任编辑：王春华　冯秀泳　　　　　　　　　责任校对：殷　虹

印　　刷：北京文昌阁彩色印刷有限责任公司　版　　次：2021 年 11 月第 1 版第 5 次印刷

开　　本：186mm×240mm　1/16　　　　　　印　　张：24.5

书　　号：ISBN 978-7-111-68884-6　　　　　　定　　价：149.00 元

客服电话：（010）88361066　88379833　68326294　　　投稿热线：（010）88379604
华章网站：www.hzbook.com　　　　　　　　　　　　　读者信箱：hzjsj@hzbook.com

贡献人员列表^一

姓　　名	单　　位
Arashmid Akhavain	华为技术有限公司（加拿大）
安雪莉（Xueli An）	华为技术有限公司（德国）
Hadi Baligh	华为技术有限公司（加拿大）
Alireza Bayesteh	华为技术有限公司（加拿大）
Jean-Claude Belfiore	华为技术有限公司（法国）
毕晓艳（Xiaoyan Bi）	华为技术有限公司（中国）
陈雁（Yan Chen）	华为技术有限公司（加拿大）
党文栓（Wenshuan Dang）	华为技术有限公司（中国）
Merouane Debbah	华为技术有限公司（法国）
葛屹群（Yiqun Ge）	华为技术有限公司（加拿大）
顾欢欢（Huanhuan Gu）	华为技术有限公司（加拿大）
Maxime Guillaud	华为技术有限公司（法国）
何高宁（Gaoning He）	华为技术有限公司（中国）
何佳（Jia He）	华为技术有限公司（中国）
Artur Hecker	华为技术有限公司（德国）
黄煌（Huang Huang）	华为技术有限公司（中国）
李榕（Rong Li）	华为技术有限公司（中国）
李琐（Xu Li）	华为技术有限公司（加拿大）
李彦淳（Yanchun Li）	华为技术有限公司（法国）
栗忠峰（Zhongfeng Li）	华为技术有限公司（中国）
林辉（Hui Lin）	华为技术有限公司（中国）
林英沛（Yingpei Lin）	华为技术有限公司（德国）
刘斐（Fei Liu）	华为技术有限公司（新加坡）
刘永（Yong Liu）	华为技术有限公司（中国）
卢建民（Jianmin Lu）	华为技术有限公司（中国）
罗禾佳（Hejia Luo）	华为技术有限公司（中国）
罗嘉金（Jiajin Luo）	华为技术有限公司（中国）

㈠　贡献人员按姓氏的字母顺序列出。

（续）

姓　　名	单　　位
吕永霞（Yongxia Lv）	华为技术有限公司（中国）
马江镭（Jianglei Ma）	华为技术有限公司（加拿大）
马梦瑶（Mengyao Ma）	华为技术有限公司（中国）
Amine Maaref	华为技术有限公司（加拿大）
Michael Mayer	华为技术有限公司（加拿大）
倪锐（Rui Ni）	华为技术有限公司（中国）
彭程晖（Chenghui Peng）	华为技术有限公司（中国）
Morris Repeta	华为技术有限公司（加拿大）
施学良（Xueliang Shi）	华为技术有限公司（中国）
孙欢（Huan Sun）	华为技术有限公司（中国）
孙晟（Rob Sun）	华为技术有限公司（加拿大）
陈凯彬（Danny Kai Pin Tan）	华为技术有限公司（中国）
唐浩（Hao Tang）	华为技术有限公司（中国）
谭巍（Wei Tan）	华为技术有限公司（中国）
童文（Wen Tong）	华为技术有限公司（加拿大）
王光健（Guangjian Wang）	华为技术有限公司（中国）
王坚（Jian Wang）	华为技术有限公司（中国）
王俊（Jun Wang）	华为技术有限公司（中国）
王磊（Lei Wang）	华为技术有限公司（中国）
韦塞尔·大卫（David Wessel）	华为技术有限公司（加拿大）
吴建军（Jianjun Wu）	华为技术有限公司（中国）
肖迅（Xun Xiao）	华为技术有限公司（德国）
徐修强（Xiuqiang Xu）	华为技术有限公司（中国）
严学强（Xueqiang Yan）	华为技术有限公司（中国）
杨晨晨（Chenchen Yang）	华为技术有限公司（中国）
杨讯（Xun Yang）	华为技术有限公司（中国）
余子明（Ziming Yu）	华为技术有限公司（中国）
曾昆（Kun Zeng）	华为技术有限公司（中国）
张春青（Chunqing Zhang）	华为技术有限公司（中国）
张航（Hang Zhang）	华为技术有限公司（加拿大）
张华滋（Huazi Zhang）	华为技术有限公司（中国）
张立清（Liqing Zhang）	华为技术有限公司（加拿大）
赵明宇（Mingyu Zhao）	华为技术有限公司（中国）
朱佩英（Peiying Zhu）	华为技术有限公司（加拿大）

推荐序：憧憬 6G，共同定义 6G

我们预计 6G 将在 2030 年左右投向市场，到那时，究竟市场将会迎来什么样的 6G，这是一个整个产业界要用未来十年时间共同回答的问题。我们能否回答好这个问题，让消费者满意，让行业和企业满意，让社会满意，让产业界满意，对整个产业界又是一个新的考验。

从应用角度看，5G 开启了无线通信以前所未有的深度和广度融入千行百业的序幕。5GAA（5G 汽车联盟）、5G-ACIA（5G 产业自动化联盟）等由移动通信行业与垂直行业联合成立的组织，一方面使 5G 被定义得能够适应这些垂直行业的独特需求；另一方面，随着商用化的进程，也激发出越来越多 5G 不能满足的创新需求，由此催生的 5.5G 将能够持续增强，但无疑又将激发出更多新的、需要 6G 来满足的创新需求。洞见这些创新需求对 6G 至关重要，这意味着要让垂直行业以同样前所未有的深度和广度融入 6G 的定义工作中来。经过数十年的迭代发展，5G 技术在满足和创造消费者需求方面已经达到了相当高的水平，5.5G 将进一步把 5G 核心技术的能力发挥到极致。未来几年，5.5G 的定义与部署以及 6G 的研究与定义将同时进行，6G 能否实现超越、超越多少，考验的将是整个产业界的想象力和创造力。

从技术角度看，每一代移动通信技术从来都不是孤立存在的，而是需要借鉴、吸收并与同时代的技术协同发展。走到今天，移动通信无疑是相当成功的，但我们也不要忘记曾经走过的弯路，3G 对传输技术的选择经历了先 ATM 后转向 IP 的周折，4G 时代对于 IT 和 CT 的融合给予了很大的期待，同样的期待一直延续到 5G 时代，但至今尚未达到预期，产业界还在不断探索。6G 面临的技术环境更加复杂，云计算、大数据、人工智能、区块链、边缘计算、异构计算、内生安全等都将带来影响。6G 能否做出科学的选择，借鉴该借鉴的，吸收该吸收的，让 6G 因为这些多样化的技术变得更有价值，而不要只是变得更复杂、更臃肿，需要整个 ICT 产业界本着科学的精神，持续广泛和深入地探讨，考验的将是整个产业界的预见力和决断力。

从产业角度看，6G 从研究阶段开始，就不得不面对复杂的宏观环境。经过四十多年从 1G 到 5G 的发展，移动通信产业已经相对成熟，早已不再是快速增长的行业，深化合作的规模效应比以往任何时候都更加重要，但地缘政治动荡和去全球化的趋势正在给产业合作带来障碍和挑战。更大的创新是移动通信产业突破发展瓶颈的必由之路，而与此同时，整个社会对技术伦理的关注已上升到前所未有的程度，只有在两者间取得平衡，移动通信才能更好地造福人类社会。移动通信早已成为人们日常生活和工作不可或缺的组成部分，产业界今天的选择将影响未来 10～20 年的发展道路。应对好这些挑战，让移动通信产业得以持续健康发展，让人们能够持续享受移动通信带来的便利，考验的是整个产业界的使命感与政治智慧。

不难看出，定义 6G 需要产业界付出比定义以往任何一代多得多的努力，突如其来的新冠肺炎疫情也给必需的沟通与合作增添了障碍。从这个意义上讲，十年的时间说长也长，说短的确也很短。产业界能否在 2030 年交出满意的答卷，很大程度上取决于我们定义 6G 的过程是否足够开放，参与定义者是否足够多元化，沟通是否足够充分，定义的 6G 愿景是否有足够的吸引力，等等。这也正是本书的目的所在，华为在持续推动 5G 商用的同时，也在 2017 年开始了对 6G 研究的投资。本书全面阐述了华为关于 6G 的研究发现，期望我们的分享能够启发更多人、更多企业、更多行业，从更广的维度，更深入地思考 6G。华为也愿意与产业界以及未来可能需要 6G 的行业、企业展开广泛的讨论，共同憧憬 6G，共同定义 6G。

徐直军

副董事长、轮值董事长

华为技术有限公司

译　者　序

6G 真的来了吗?

这是我收到本书翻译邀约时,脑海里首先迸出的疑问。书中提到不远的未来,人们可以乘坐自动驾驶汽车或飞行汽车出行,不论身在何处都可以约上一众好友在虚拟环境中踢足球,旅游时还可以享受机器人导游的贴心服务,一回到家人工智能又像管家般无微不至、让人倍感轻松。乍看起来,这些场景像极了科幻电影中天马行空的想象。但随着翻译工作的进行,我了解了背后支撑这些场景的 6G 相关技术。本书展示的 6G 及其原生的人工智能、感知、定位与成像等技术,以及对各项技术的关键性能指标的具体讨论,让这一切变得真实而触手可及,仿佛万物智联的未来世界近在眼前。

本书可称为 6G 的开山之作。本书的两位编者,童文博士和朱佩英博士,是华为无线研究领域的领头人,也是整个移动通信行业当之无愧的技术领袖。基于两位编者的设计,本书全面介绍了 6G 万物智联时代的一系列创新使能技术,描绘了 6G 网络在未来工业、城市与日常生活等方面的应用,并结合生动的场景实例,勾勒出一幅物理世界与数字世界融洽共生、人类与科技和谐共存,以及高度可持续发展的未来社会图景。

本书的翻译工作是由华为翻译中心多位译员共同努力完成的。全书由曾云辉、徐海燕、刘顺义、王艺涵、张威武五位译员合作翻译完成,徐海燕女士提供了术语和翻译风格约定,另有多位译员参与了本书译稿的审校工作。衷心感谢所有参与本书翻译工作的华为翻译中心同人,尽管日常工作繁重,他们仍对本书的翻译工作提供了倾力支持。

尤为重要的是,两位编者以及华为 6G 研究团队多位专家对译稿涉及的技术点进行了耐心细致的审阅斧正,在内容上为本书的翻译提供了强有力的专业保障。同时,本书的顺利付梓离不开编辑朱捷先生的悉心审阅和指导。然而,由于译者水平和时间有限,本书的翻译肯定存在不足,我们诚恳地接受广大读者的批评指正,并希望在日后的版本中予以更新。

作为译者,我们是幸运的!在翻译过程中,我们有幸与华为技术专家童文博士和朱佩英博士建立"连接"并互动,又从公司 6G 研究团队的内容检视和技术澄清中获益良多。作为译者,我们是自豪的!借由翻译本书,我们不仅有机会向业界同行展示华为的 6G 理念与构想,更让广大消费者对华为在手机终端之外的通信领域所做的努力、所持的追求得窥一斑。作为译者,我们是满怀信心的!我们相信,书中描绘的由 6G 驱动的万物智联世界,在我辈通信人的不懈努力下,一定会早日实现!

6G 研究正拉开序幕,新的时代已悄然开启。让我们并肩前行,共同迎接这一壮阔美好的新世界!

曾云辉

华为翻译中心

前　言

　　无线通信的变革必然催生颠覆性的创新技术以及开创性的应用。技术与应用这两股力量的碰撞便会产生新一代的无线通信技术。移动语音业务与无线数字传输的融合印证了这一点。而在移动互联网的发展进程中，高频谱效率的无线技术走向 IP 化，又是一个有力例证。新的 5G 无线网络则寻求为海量及超高可靠的链路提供无线连接，最终实现万物互联，加速千行百业的数字化转型。6G 无线网络以 5G 为基石，志在引领一场无所不及的智能革命。6G 将成为社会的神经网络，联接物理世界和数字世界。人工智能（Artificial Intelligence，AI）将推动 6G 的发展。在这一领域，我们在未来将全面跨越人联、物联的藩篱，阔步迈向万物智联。换言之，6G 无线网络的目标是将智能带给每个人、每个家庭、每个企业，从而实现万物智能。从无线技术的角度来看，我们有机会利用无线电波来感知环境与事物。因此，除了传输比特，6G 无线网络还是一张传感器大网，从物理世界中提取实时知识和大数据。提取的这些信息不仅可以大大增强数据传输能力，还能促进各类 AI 服务的机器学习。超低轨卫星的发展是另一个值得注意的创新点。这些卫星形成庞大的星座，在超近地轨道围绕地球运行，组成“空中”6G 无线网络。有了这些技术的支持，无线业务与应用覆盖全球、无处不在，并非超乎想象。这一宏伟愿景将对我们的社会和经济发展产生重大影响。最重要的是，6G 无线网络的搭建也会紧抓通信、计算、材料、算法等技术创新带来的机遇。当然，这一征程也许长达十年之久，绝非一蹴而就。

　　在本书中，我们从技术的角度对 6G 无线网络的潜在应用、需求以及支撑技术进行了全面的剖析，旨在推动面向 6G 的系统性研究，分享一些初步研究成果，并进行批判性思考。本书不仅着眼一些前沿的无线业务与技术，还会挖掘 6G 网络的需求、能力和应用，并重点探讨新空口和新网络架构。本书是我们研究团队在 6G 的定义过程中共同努力的成果。书中展示的工作仅仅是起点，因为创新永无止境。同理，6G 的发展终将取决于全球专家的共同努力，因为我们坚信，开放创新和全球统一的标准是 6G 成功的基础。就像前几代无线网络一样，6G 无线网络的成功也终将转化成全球开放生态系统的成功。

　　无线变革已经持续了四十多年，其影响之深远，将继续超越人们的种种预期。憧憬无线的未来，我们既要脚踏实地做实事，又不可妄设边界束缚其潜力。这正如马可尼早在 1932 年的论断：“给无线设限是危险的。”立足于此，让我们一同开启本书的旅程吧！

目　　录

第七部分　总结和未来工作

第一部分

简　介

第 1 章

2030 年及以后的移动通信

我们身处一场伟大的数字化浪潮中。创新如潮水般带给人们多样的选择和崭新的机遇。在许多国家，这种变化深刻影响着每个人、每个家庭、每辆车以及每个行业，重新定义着我们的工作、学习、生活与健康。今天，5G 在全球加速部署，带来种种前所未想的可能。我们在见证一个时代，在这个时代，5G 将全方位地改变生活、革新产业、重塑社会。展望 2030 年以及更远的未来，我们希望下一代移动通信带给我们什么？

1.1 移动通信的演进

自 20 世纪 80 年代以来，移动通信系统发生了翻天覆地的变化，大约每十年就会产生新一代技术。而移动网络主流业务的普及和新频段的成熟应用通常需要经历两代（也就是20 年）才能成熟。如图 1-1 所示，每一代无线接入网和核心网都采用了新技术、新设计原则和新架构，能力较前一代显著提升。

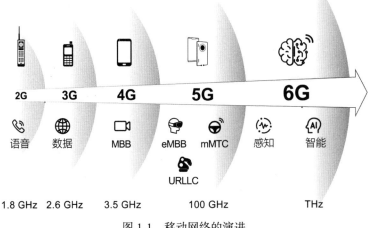

图 1-1　移动网络的演进

2G 和 3G 网络的主要驱动力来自以语音通信为主的移动用户。随着手机的渗透率和语音业务的使用率趋于饱和，这种依赖用户数的商业模式开始增长乏力。

从 3G 到 4G，数据业务迅猛发展，移动宽带成为 4G 的主导业务。过去 10 年，移动通信的重大进步对人们的生活方式产生了深远影响。譬如，承载各种应用的智能手机已渗透到生活的方方面面。此时，4G 网络运营商的收入主要依靠流量而非用户数，人均流量消耗的增长驱动了业务增长。

得益于 4G 技术能力的进步，面向移动端的应用创新大量涌现，彻底改变了我们的日常生活。在中国，从现金支付到线上支付的转变是一大力证。如今，支付宝、微信支付以及 Huawei Pay 等在线支付手段早已成为大众喜闻乐见的支付方式。不管是购买日用百货，还是缴纳停车费，人们无须携带现金就可以轻松完成支付。另一个例子是社交媒体的兴起。任何人都可以随时随地通过智能手机与他人分享图片和视频。社交媒体已然成为一个新闻载体，加速了信息的传播。

随着越来越多的高速率、大带宽应用不断涌现，这种创新趋势在 5G 中得到延续。这些应用涉及高清视频，以及增强现实（Augmented Reality，AR）、虚拟现实（Virtual Reality，VR）、混合现实（Mixed Reality，MR）等沉浸式媒体。目前，全球在用的智能手机数量约为 38 亿。预计到 2025 年，这一数字将达到 80 亿。届时，移动互联网用户数将超过 65 亿，其中 80% 的用户使用移动宽带。除此之外，AR/VR 用户数将达到 4.4 亿，40% 的车辆将接入网络。

随着窄带物联网、工业物联网、车联网的标准化，移动网络已经从基于增强移动宽带（enhanced Mobile BroadBand，eMBB）的人联，转向基于超高可靠低时延通信（Ultra-Reliable Low-Latency Communication，URLLC）与海量机器通信（massive Machine Type of Communication，mMTC）的物联。这种转变反过来又促进企业的数字化转型，让企业为下一波经济增长做好准备。5G 商用最初聚焦于消费者业务，但 3GPP 5G 标准后续版本（如 R16、R17 等版本）的演进目标是催熟车联网、工业物联网等垂直应用。为了在众多企业和行业中实现不同级别的自动驾驶和工业 4.0，移动通信领域正在与 5G-ACIA[1]、5GAA[2] 等各大垂直行业联盟紧密合作，致力于加速移动技术的应用。据估计，2025 年后将实现四级自动驾驶，车联网的普及也将极大地提升运输效率。优化的商业流程和更高的生产效率将成为未来 GDP 增长的关键动力。

5G 开启了万物互联的大门，6G 则有望演变为一个万物智联平台。通过这个平台，移动网络可以连接海量智能设备，实现智能互联。我们有理由相信，下一波数字化浪潮将带来更多创新，全方位地满足我们各方面的需求。通过人工智能和机器学习，物理世界和数字世界能够实时连接，人们得以实时捕捉、检索和访问更多信息和知识，步入智能化的全联接世界。同时，感知、分布式计算、先进一体化非地面网络、短距离无线通信等技术也将为未来的智能移动通信网络奠定基础。

1.2　关键驱动力

图 1-2 中的三项关键驱动力将催生新一代智能互联网络。下面我们逐一说明。

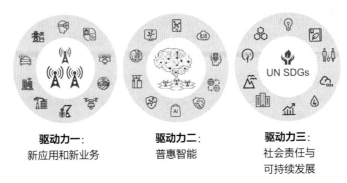

驱动力一：
新应用和新业务

驱动力二：
普惠智能

驱动力三：
社会责任与
可持续发展

图 1-2　6G 关键驱动力

1. 驱动力一：新应用和新业务

目前，运营商的业务收入取决于每用户流量消耗的增长。如图 1-3 所示，从 2020 年到 2030 年，预计全球物联网与非物联网设备每月每用户平均移动流量消耗（实线表示）和用户数（方柱表示）将持续增长。图中数据来自 ITU-R M.2370 报告[3]。从图中可以看出，2020 年智能手机用户的增长已经饱和，2020 年至 2030 年的年均复合增长率约为 6%。另外，根据全球移动通信系统协会（Global System for Mobile Communications Association，GSMA）的预测，从 2019 年到 2025 年，个人移动用户的渗透率将只增长 3 个百分点，即从 67% 增长到 70%[4]。尽管如此，预计在 10 年内，每移动宽带（Mobile BroadBand，MBB）用户的移动数据流量将增长 50 倍，从 2020 年的 5.3 GB/ 月增长到 2030 年的 257 GB/ 月。

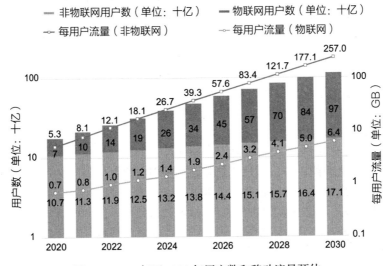

图 1-3　2020 年至 2030 年用户数和移动流量预估

5G 平台已经广泛支持高速率、大带宽应用，拉动了流量消耗，也刺激了对网络容量的需求。在 6G 时代，更多应用将会涌现，扩展现实（Extended Reality，XR）云服务、触觉反馈、全息显示都有可能成为主流应用，涵盖 360 度 VR 电影、AR 辅助远程服务、虚拟 3D 教育旅行、触觉远程医疗和远程操作等应用场景。据华为全球产业愿景报告[5]预测，到 2025 年，头戴式 VR/AR 设备用户将超过 3.37 亿，10% 以上的企业将使用 AR/VR 技术开展业务，而这些数字到 2030 年肯定还会增加。随着云 XR 应用数量和普及度的增加，以及显示尺寸、分辨率和刷新率的提高，5G 能力的演进恐难以满足速率和时延需求。每个用户流量需求的指数级增长、对时延和可靠性的严格要求，以及此类用户数量的大幅增长，将成为 6G 网络设计的主要挑战。而且，很多运营商推出了无限流量套餐，这已经成为主流的商业模式，也将带来数据流量的增长。

从图 1-3 还可以看出，到 2030 年，物联网设备数量将比 2020 年多 13 倍，企业和消费者的物联网连接都将持续增长。GSMA 在其 2020 年移动经济报告[4]中预测，到 2024 年，企业物联网的体量将超越消费者物联网。因此，人工智能将成为各种自动化的引擎，感知实时环境并利用海量数据进行实时决策。在智慧家庭、智慧医疗、智能汽车、智慧城市、智慧楼宇、智能工厂等场景中，宽带传感器将大规模部署，用于获取人工智能所需的海量数据。大数据是机器学习成功的基础，也是 6G 网络吞吐率实现数量级提升的重要驱动力。此外，网络感知、非地面通信等新能力将成为 6G 移动系统的有机组成部分，利用无线通信信号以及海量网络节点和终端设备本身的感知能力，实现对大面积区域的实时环境监测和成像。

高性能工业物联网应用在确定性时延和抖动方面对无线性能也提出了更高的要求，可用性和可靠性必须得到保证。例如，时间敏感的命令与控制、多机器人运动协调与协作，都要求高性能。这些应用场景也是 6G 极致、多样化性能的驱动力。

2. 驱动力二：普惠智能

未来几十年，数字经济将继续成为全球经济增长的主要动力，其增速将远高于全球经济增长本身。以 2019 年的统计为例，数字经济的增速是全球经济增速的 3.5 倍，达到 15.6 万亿美元，占全球经济总量的 19.7%。预计到 2025 年这一占比将达到 24.3%。按投资杠杆比较，在过去 30 年，数字经济投资每增加 1 美元，就撬动 20 美元的 GDP 增长，而非数字经济投资的平均杠杆率仅为 1∶3[6]。

移动通信是信息和通信技术（Information and Communications Technology，ICT）产业中最具活力的领域之一，对人们的生活产生了深刻影响，缩小了数字鸿沟，极大地驱动了社会整体生产力的提升和经济的增长。到 2024 年，预计移动技术与服务将贡献全球 GDP 的 4.9%（接近 5 万亿美元），日益普及的移动服务在提升生产力和效率的同时，也会使更多的行业受益[4]。

相信这一发展趋势将持续到 2030 年及更远的未来。随着普惠智能成为未来商业和经济模式的重要基础，图 1-4 所示的四个关键因素将驱动无线技术和网络架构的范式转变。

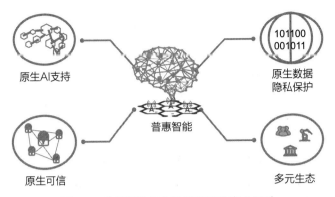

图 1-4　普惠智能和大数据带来的商业驱动

- **原生 AI 支持**：尽管 5G 在核心网设计中引入了一种新的网络功能（即网络数据分析）来实现智能化，但目前 AI 在网络运维管理中的应用范围仍然有限。实际上，5G 仅将 AI 视作一种 OTT（Over-The-Top）业务。6G 则不同，在端到端移动通信系统的设计环节就考虑了对 AI 和机器学习的最佳支持，AI 不仅仅是一项基本功能，还要实现最优效率。从架构角度看，在边缘运行分布式 AI 可以达到极致性能，同时也能解决个人和企业的数据所有权归属问题，满足不同国家和地区的监管要求。6G 的"原生"AI 支持旨在随时随地提供 AI 服务，并通过持续优化，不断提升系统性能和用户体验。因此，智能化达到了真正无处不在的程度，并与深度融合的 ICT 系统相结合，在边缘侧提供丰富的连接、计算和存储资源，成为 6G 的原生属性。相应的算法、神经网络、数据库、应用编程接口（Application Programming Interface，API）等能力也必须作为网络实现的一部分集成到 6G 系统中。具备原生 AI 支持的 6G 网络架构将实现 AI 的联网，从现在的集中式"云 AI"转变为将来的分布式"互联 AI"。
- **原生数据隐私保护**：在 5G 及前几代网络安全能力的基础上，6G 将隐私保护纳入关键设计要求和原则。为 6G 组网和数据提供全面的隐私保护变得至关重要。一方面，数据所有权和访问权这两个关键因素对网络架构的隐私保护实现提出了挑战。另一方面，原生 AI 的网络架构也对分布式数据处理和访问能力提出了隐私保护要求。数据虽然是靠网络和应用的服务提供商来保障隐私的，但是由数据主体的用户行使授权的，应该让作为数据主体的用户来行使控制和操作数据的权利。下一代系统的设计应该将隐私保护作为首要任务，而不是一个附加特性。同时，还应确保数据主体的数据拥有权，在数据主体的授权下使能对数据的控制、操作和处理，适配数据隐私 / 保护条例或律法（如欧盟的《通用数据保护条例》），为未来的技术设计和应用建立基本的指导原则。
- **原生可信**：为支持各种应用场景和多样化的市场，必须为 6G 定制可验证和可度量的可信体系。5G 和前几代通信网络中的运营和授权都采用集中模式，未来 6G 将有可能演变成一种多方参与、共建共赢的模式。这种商业模式要求可信架构必须顾全诸多因素。一个开放包容的多模信任模型，会比以往的单一信任模型更适合 6G 网络和业务。因此，一个值得信赖的 6G 架构除了要适配未来的网络和业务需求，还应考虑网络安全（security）、隐私（privacy）、韧性（resilience）、功能安全（safety）、可靠性（reliability）等多方面的可信因素。

- **多元生态**：AI 的三大要素是数据、算法和算力。然而，单个企业可能不具备这三大要素的所有能力，无法独立地完成以智能化、快速技术创新为特征的数字化转型。如此一来，构建一个开放、可持续、多方协作的生态系统，是实现商业成功不可或缺的前提。

  并且，随着 5G 能力的逐步扩展，垂直无线市场预计将在 21 世纪 20 年代持续升温。ICT 领域和运营技术（Operational Technology，OT）行业的玩家已在探讨如何开展合作，创造新的收入来源。在此 6G 时代序幕开启之时，构建一个通用的 ICT 框架大有裨益。这个框架可以为所有行业提供全局视角，从而加速 ICT 和 OT 领域的合作与融合。第一波 6G 商用有望为消费者和垂直行业两大市场都注入强劲动力。

3. 驱动力三：社会责任与可持续发展

我们以新冠肺炎为例来谈谈社会责任与可持续发展。这场全球危机影响了全世界几乎每一个人。疫情期间 ICT 行业奋起抗疫，在挽救生命方面发挥了关键作用。无线通信和定位技术能够追踪感染病人和监测疾病传播。为了减少医务人员的暴露风险，在 5G 医疗自动化领域涌现了许多重大创新。为了减少人员聚集同时又活跃经济，很多国家充分利用了基于无线网络的各类远程应用，如远程医疗、远程教育、远程办公、工业自动化、电子商务等。移动产业在这场疫情中支撑着全球经济的运转和社会的运行，由此产生的应用场景又反哺移动产业的未来技术演进。

移动网络有可能彻底改变商业、教育、政府、医疗、农业、制造和环境，以及我们与他人互动的方式。移动网络在不断促进社会进步，并完全有可能重新定义人类世界。根据 GSMA 报告 [4]，联合国在 2015 年提出了旨在改变世界的可持续发展目标，而移动通信是实现这一系列目标的核心基石和重要手段。围绕其中所有 17 项目标，移动产业都扮演着休戚相关的重要作用，并且这种影响力与日俱增，为数字经济提供了坚实的基础，成为多样化创新业务的催化剂。

华为和联合国分析了 ICT 与可持续发展目标相关性的量化基准 [7]，用以衡量 ICT 技术发展在多大程度上促进可持续发展目标的达成。根据 2019 年的评估，ICT 技术成熟度与可持续发展目标的推进呈现出强相关（相关度为 0.86）。如图 1-5 所示，目标 3（医疗健康）和目标 4（优质教育）与 ICT 技术的关联度最高，表明数字技术在这两个领域能够最大限度地提升国家治理能力。

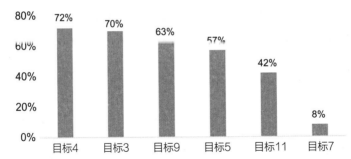

图 1-5 联合国可持续发展目标与 ICT 技术发展关联度示意图。数据来自华为与联合国的联
合报告 [7]。目标 4：优质教育。目标 3：医疗健康。目标 9：工业、创新与基础设施。
目标 5：性别平等。目标 11：城市与社区的可持续发展。目标 7：经济型清洁能源

在环境的可持续发展方面，ICT 技术演进深刻影响目标 7（经济型清洁能源）和目标
11（城市与社区的可持续发展）的达成。世界正在日益城市化，预测显示，到 2030 年，城
市人口将达到 50 亿，这些人口只占用 3% 的可居住土地，却消耗高达 60%～80% 的全球
能源 [8]。随着每比特能效的持续提升，ICT 技术将越来越趋近碳中和，而基于 ICT 技术的
智能电网、智能物流、智能工业等丰富的解决方案将使未来世界变得更节能，增进世界发
展的可持续性 [9]。

截至 2020 年，全球约 60% 的人口已经接入移动网络。另外的 40%，有望在 5G 和 6G
网络中通过融合卫星通信等技术实现联网。举例来说，5G 网络已经尝试将非地面接入技
术融入 5G 新空口中。而雄心勃勃的星座卫星计划，将集结成千上万颗超低轨卫星以加强
地空通信，并可能在 6G 时代结出硕果。通过移动网络提供的业务、应用与内容，有助于
扩大经济融合度、增强社会凝聚力。物联网、大数据、人工智能、机器学习等新兴技术，
越来越多地集成到网络基础设施中，为社会与环境的深入变革带来了巨大潜力。由于 ICT
技术与可持续发展目标的高度关联性，我们必须全面考虑 6G 通信系统和网络的设计如何
支撑可持续发展目标的达成。

1.3 总体愿景

移动通信在短短四十年内彻底改变了世界。今天，不仅个人的工作和生活高度依赖无
线网络，企业的数字化转型也离不开它。随着最新一代 5G 技术逐步落地，无线网络将从
联接每个人扩展到联接万物。这种超联接让社会的全面自动化成为可能。同时，无线创新
的势头也有增无减。正如 *Science, the endless frontier* [10] 一书所指出的，无线技术的探索永
无止境。

未来十年无线技术将不断创新，基于机器学习的人工智能将会崛起，而把物理世界复
刻为数字世界的数字孪生也将诞生。人工智能与数字孪生将形成双轮驱动，进一步助推技
术的突破。由此产生的 6G 网络将重塑社会和经济，为未来的万物智能奠定坚实基础。

作为下一代无线通信技术，6G 将从人联、物联过渡到万物智联。随着社会迈向万物智能，6G 将成为人工智能普及的关键因素，将智能带给每个人、每个家庭、每辆车和每个企业。

6G 就像一个遍布通信链路的分布式神经网络，融合物理世界与数字世界。它不再是单纯的比特传输管道，在联接万物的同时，也能够感知万物，从而实现万物智能。因此，6G 将成为使能感知和机器学习的网络，其数据中心将成为神经中枢，而机器学习则通过通信节点遍布全网。这就是未来万物智能数字世界的图景。

6G 将推动所有垂直行业的全面数字化转型。它提供多 T 比特速率、亚毫秒级时延、"七个九"（99.999 99%）可靠性等极致性能。与 5G 相比，6G 将在关键性能指标上取得重大飞跃，部分指标将提升超过一个数量级。6G 将提供速度、可靠性比肩光纤的高性能通用连接，但一切都以无线的方式实现。由于摆脱了功能和性能的限制，6G 会成为通用平台，支持创建任何业务与应用，最终实现"极致连接"！

6G 的颠覆性技术及重大创新，会与前几代拉开显著差距。下面我们简要介绍几项会对未来数十年产生深刻影响的 6G 关键技术。

- 全新设计的 6G 将拥有原生的 AI 能力，其网络架构还将使能大范围机器学习能力，尤其是分布式机器学习。简单地说，6G 网络面向 AI，对 AI 的支持与生俱来，其众多网元本身就具备 AI 和机器学习的功能。

- "无线感知"是无线电波的自然属性，利用无线电波的发送与回传来探测（即感知）物理世界，将成为 6G 中的关键颠覆性技术。前几代无线系统主要通过无线电波传输信息。然而，为了支持 AI 和机器学习，我们需要从物理世界采集海量数据，而 6G 无线网络就可以作为采集数据的传感器。尤其是利用毫米波、太赫兹等较高频谱，6G 能够实现高分辨率感知。

- 超低轨卫星星座与地面网络的一体化也是 6G 区别于前几代网络的重要特征。密集部署的小型卫星形成"空中无线网络"，实现全球网络覆盖。SpaceX 在先进卫星发射技术上取得的突破，大幅降低了建造卫星星座集群的成本，使卫星技术的运用在经济上可行。这种新型的非地面无线基础设施是对现有地面蜂窝系统的有益补充，其全一体化的设计将成为 6G 的关键使能因素。

- 6G 使用的网络架构与前几代有很大不同。6G 以数据为中心，衍生出智能与知识。其网络架构设计将利用安全技术、隐私保护、数据治理等方面的进步，实现原生可信。这就要求重构 6G 基础网络，以满足万物智能的需要。另外，6G 会采用新的数据所有权、信任模型，以及可抵御量子计算攻击的安全设计。

- 由于全网及相关 ICT 基础设施与设备的能耗备受关注，可持续发展是 6G 的核心主题。6G 设计必须满足严格的能耗要求。具体而言，6G 基础设施的总功耗必须远低于前几代，端到端架构要优先考虑高能效和可持续发展。6G 作为全球性的 ICT 基础设施，其设计必须以社会、环境和经济的可持续发展为终极目标。未来的智能化发展也必须符合人类的共同目标——让我们的星球更宜居。

综上，人联、物联到万物智联的演进是 6G 的驱动力，也是支撑 6G 应用场景、网络设计与技术演进的指导原则。人工智能、物理世界和数字世界的融合，与"极致连接"一起，成为我们建设万物智能社会的三大新支柱。

为应对 6G 时代的挑战，6G 技术预计会实现以下六项新能力。

1. 6G 实现"极致连接"，应用所有无线频谱，包括太赫兹甚至可见光

流量增长通常需要更多无线频谱，而蜂窝网络基础设施倾向于使用低频频谱来实现无处不在的覆盖。经历了几代无线网络的演进，越来越多的频谱资源已经用于网络升级。6G 不仅将部署在毫米波频谱，还将首次应用太赫兹频谱甚至可见光。这意味着，为了实现极致连接，所有可用频谱都将得到应用。为了汇聚所有可用频谱，需要创新的信号覆盖方案来满足 6G 组网和容量的要求。超低轨卫星能够加强地空通信覆盖，高空平台站（High-Altitude Platform Station，HAPS）也可以作为临时方案按需部署，两者都是对信号覆盖基础设施的有益补充。这些新方案需要定义频谱的所有权和使用模式，如共享、灵活频谱分配、双工处理等。如此一来，6G 可以提供近乎无限的容量，使 6G 无线连接达到前所未有的速度。一旦实现极致连接，6G 新空口可以统一 eMBB、URLLC 和 mMTC 等物理层技术，让容量和时延不再成为设计瓶颈，真正为每个用户、业务、应用和场景定制无线连接。

2. 6G 原生支持 AI，为智能设备提供智能连接

6G 的首要目标之一是让 AI 无处不在。为此，6G 在系统设计上为 AI 业务与应用提供了端到端的支持。这种支持既不是附加能力，也不是 OTT 特性。实际上，6G 系统本身就是一个最高效的 AI 平台。不过，这对通信与计算成本的最小化提出了新挑战，而每项成本都是需要未来进一步研究的关键指标。为实现通信成本的最小化，6G 系统要能以最小的容量消耗来传输 AI 训练所需的海量大数据。而要最小化计算成本，则需对计算资源进行最优分布，确保计算资源分配到网络的战略位置上，充分利用移动边缘计算能力。为支持机器学习，6G 还要能从物理世界采集海量数据，以构建数字世界。数据量的大幅增长，是 6G 面临的重大挑战。因此，运用信息论和学习理论有效压缩训练数据，将是 6G 研究中一大新基础领域。另一项挑战，是通过协同学习来降低 AI 训练的计算负荷。在网络层面，数据拆分与模型拆分将纳入 6G 架构。这种采用分布学习与联邦学习的架构，不仅着眼于优化计算资源、改进本地学习和全局学习，还要满足数据本地治理的新要求。从网络架构上看，核心网功能被推向深层边缘网络，而软件的云化则转向机器学习。同时，6G 无线接入网不再以下行传输为中心，转而以上行传输为中心，这是因为机器学习所需的海量训练数据对上行吞吐率的要求比下行要高得多。在空口方面，6G 也将具备新的机器学习能力来实现智能通信。

3. 6G 是 AI 的互联，重新定义组网与计算

6G 网络中 AI 无处不在，将催生新的组网与计算架构。例如，当前的云数据中心将演进为基于原生 AI 的神经中枢，计算从基于 CPU（中央处理单元）转为基于 GPU（图形处

理单元）。多数情况下，专门的 AI 计算硬件要配以相应的 AI 算法设计，以达到更优的计算效果。但在计算方面，AI 的兴起带来了巨大挑战。人脑处理数据的平均速率为 20 000 Tbps，可以存储 200 TB 的信息，而只消耗 20 w 的能量。另一方面，现今 AI 算力每两个月就翻一番，增速远超摩尔定律。在后摩尔定律时代，一个 AI 神经中枢如果要获得与人脑等同的能力，消耗的能量要比人脑多 1000 倍。要让神经中枢取代数据中心并充分发挥 AI 的潜能，必须使用极为先进的机器学习技术，以使基于 AI 的 6G 网络能更好地可持续发展[11]。要让 6G 网络成为一个开放平台并形成开放的生态系统，必须采用标准化的方法来实现神经中枢的计算架构与软件编排。

4. 6G 是传感器的互联，融合数字世界、物理世界与生物世界

感知是 6G 的基础新特性，感知能力打开了物理世界、生物世界融入数字世界的新通道。为了实现数字孪生，把物理世界真正复刻为一个平行的数字世界，实时感知技术必不可少。借助 6G 无线电波，可以在所有无线接入节点和设备上实现感知，包括各类基站和移动终端。网络与终端采集的感知数据有两种用途：一种是增强通信，尤其是针对基于波束赋型传输的毫米波和太赫兹频段；另一种是提升机器学习和 AI 的能力。这两种用途的感知数据都包含有关物理与生物世界的实时信息和知识。因此，我们可以把 6G 看作一个互联传感器，这与单纯传输信息的前几代无线系统相比，存在本质的不同。基于网络与基于终端的感知技术可以分别实现全局感知和本地感知。具备感知能力的 6G 网络将把实时 AI 与机器学习水平提升到新高度。

5. 6G 提供地面与非地面一体化网络，实现真正的全球覆盖，消除数字鸿沟

非地面网络的引入，尤其是由超低轨卫星组成的超级星座，是 6G 网络中极为引人的特性。超低轨卫星系统除了提供全球覆盖，也带来了一些新的能力和优势。比如，可以解决传统地球同步轨道、中地球轨道等卫星系统固有的通信时延问题，还能通过无线接入方式为地面网络提供补充覆盖。超低轨卫星系统的一大独特优势是低时延的全球通信链路，而低时延对保障频繁的股票交易等关键任务应用至关重要。超低轨卫星系统的定位也更精确，而精确定位不仅对自动驾驶有着决定性的影响，在地球感测与成像方面也发挥着不容忽视的作用。除卫星通信外，无人飞行器（Unmanned Aerial Vehicle，UAV）和 HAPS 等新的空口节点也是 6G 网络的重要组成部分，这些新节点既具备移动终端的功能，又可以用作临时的基础设施节点。

6. 6G 网络架构以产消者（prosumer）为中心，形成开放包容的生态

随着虚拟化和人工智能的进步，6G 将驱动社会与经济模式的转型。6G 网络以智能为基础，引入参与式的组网与业务发放模式。这种模式将颠覆以往的智能联接基础设施，转而形成一个吸纳所有用户共同参与的动态资源池。这一根本性的范式转变，意味着网络从传统的运营商视角切换到了更为开放的产消者视角（产消者即某种商品的产消合一者，他们既是生产者又是消费者）。多个网络通过协作模型融合在一起，相关参与者的多边所有

权、数据所有权、隐私权及信任模型都必须从最开始就纳入设计，而不是作为网络成形后的附加特性。另外，出于本地数据治理和网络主权的考虑，6G将采用新的信任模型和安全技术。

在以产消者为中心的开放模式中，系统的每个参与者都可以同时贡献和消费资源、同时提供与享受服务。通过AI和机器学习技术，6G网络将实现完全自治，无须人工干预。因此，6G并非专有网络，可以量身定制，"我的网络"这一概念由此产生。

1.3.1　关键技术趋势

上一节我们讨论了6G总体愿景，现在可以总结以下几点：

- 6G会增强人际通信，在任何地点都能给用户提供真人视角的极致沉浸式体验。
- 6G会提供新型的机器通信手段，重新定义智能通信，从而实现面向机器的高效接入与连接。6G还会全面融合机器学习与AI。
- 6G会超越通信的范畴。它将整合感知与计算等新功能，使能新业务，并利用更丰富的环境知识来促进机器学习。
- 6G是全新一代无线系统，以无法比拟的优势实现万物智能。AI、可信和能效会作为原生特性，成为6G系统中不可或缺的一部分。

接下来，我们再探讨6G的六大技术趋势。

1. 趋势一：高达太赫兹的新频谱与光无线通信，实现极高数据速率

AR/VR/MR、全息通信等新应用需要几十Tbps的超高数据速率支持。毫米波与亚太赫兹频段是6G蜂窝网络用到的关键频谱，而低太赫兹频段（0.3 THz～1.0 THz）则是短距离传输的首要备选，比如，用于室内通信或设备到设备通信。太赫兹频段则提供大于几十GHz的超宽带宽，不仅广泛支持数据需求高、时延敏感的应用，还能用于无线感知。

作为一种新型无线技术，太赫兹通信面临诸多挑战。当前研究正在探索大功率设备、天线新材料、射频功率晶体管、太赫兹收发机片上架构、信道建模和阵列信号处理等设计。太赫兹技术能否在6G中成功应用，取决于太赫兹相关器件（如电子/光子/混合收发机、片上天线阵列等）的工程突破。

可见光通信是一种潜在的无辐射传输技术，它提供的无线连接能够避免大量电磁场暴露。然而，与低功耗、小尺寸、低成本设备进行可见光通信，需要大规模微LED阵列技术的支持，才能达到几十Tbps的速率。再则，虽然可见光通信能够接入大量免授权频谱，但其6G应用的成功与否仍面临上行传输、移动性管理、高性能收发机等多方面的挑战。

2. 趋势二：基于通信感知一体化（又称"通感一体化"），提供新业务，增强无线通信

传统的感知是一个独立功能，包含一整套专用设备，如普通雷达、激光雷达、计算机断层扫描、磁共振成像等。移动系统中的手机定位就是一种基本的类感知能力，它借助空

口信号与基于终端的测量技术来实现定位。不过，利用带宽更大、波长更小的毫米波和太赫兹频段，感知功能可以集成到与这两个频段强相关的 6G 通信系统中。在通信感知全面一体化的系统中，感知与通信功能的相互补充有以下两大好处。

- **蜂窝网络即传感器**：通信信号用于新的感知功能，如高精度定位、手势和活动识别、目标检测与追踪、成像、环境目标重建等。
- **感知辅助通信**：感知功能可以在路径选择、信道预测和波束对齐等方面辅助并提高通信的服务质量与性能。

通感一体化使 6G 感知服务能够超越单纯的定位功能。也就是说，6G 可以提供精度、分辨率更高的新感知业务（"精度"是指在距离、角度、速度等维度感测值与实际值之间的差异，"分辨率"是指从距离、角度、速度等维度区分多个物体的能力）。第 3 章对此有更深入的讨论。

与传统的雷达感知相比，6G 感知使用了宽带频谱和更大的天线阵列，会在许多方面刺激技术创新，包括基站与用户设备间的大规模合作、通信与感知波形的联合设计、干扰消除的先进技术、感知辅助 AI 等。感知有可能成为 6G 中最具颠覆性的业务之一，基于这一业务，可以开发大量实时机器学习应用和 AI 应用。

太赫兹感知提供的超宽带宽可以实现更高的感知精度和分辨率。基于给定的波长范围和分子振动属性，太赫兹感知可以进行光谱分析，识别不同类型食物、药品或空气污染的组成成分。由于其紧凑的外形和非电离安全的特点，太赫兹感知可以集成到移动设备，甚至可穿戴设备中，用于识别食物中的卡路里含量，或检测隐藏物体。6G 感知设备将成为众多 AI 创新应用的基础。

3. 趋势三：6G 通信系统中，AI 既是服务也是特性，为智能设备提供智能连接

6G 设计的关键挑战在于，要在设计一开始就把无线和 AI 技术结合起来，而不是在设计好的无线系统中应用 AI。用 AI 来增强 6G 无线系统，为后香农时代的通信理论研究和无线技术创新创造了机会。

6G 涉及两种设计：（1）"面向网络的 AI"（AI for Network）把 AI 当作工具来优化网络；（2）"面向 AI 的网络"（Network for AI）通过定制网络来支持并优化 AI 应用。网络也协助提供 AI 功能，甚至由网络自身来执行 AI 功能，比如网络可以进行 AI 学习、推理与大规模计算。当然，AI 还可以作为优化和促进高效运营的通用工具，这与它在 5G 及其演进中所扮演的角色一样。

下面分别介绍"面向网络的 AI"和"面向 AI 的网络"这两个概念。

- **面向网络的 AI**：AI 技术天然具有数据驱动的特点，可以集成到经典的模型驱动通信系统设计中，以应对模型驱动设计过于复杂或精度不够高的应用场景。对于"面向网络的 AI"，可以建立一条智能通信链路来适应动态端到端传输环境。信号处理和数据分析的充分集成可以简化并统一计算与推理架构，同时也能转化原本依赖动态处理的网络，使其具备主动预测、决策的能力。但这一领域前景与挑战并存。例

如，由于缺乏鲁棒分析工具和通用神经网络架构，系统设计难以找到系统参数之间的最优平衡。因此，扎实的 AI 理论理解是后续研究的一个重要方面。为了在 6G 网络中实现极致的 AI 支持，可能需要采用一种更具颠覆性的方法，即重新审视通信系统如何传输智能这一基本点。要更深入地理解后香农时代的通信，理论研究工作依然任重道远。

- **面向 AI 的网络**：6G 网络的架构将进一步向分布式发展，内置移动边缘计算能力，支持本地数据采集、训练和推理，以及全局训练与推理，从而增强隐私保护、降低时延、减少带宽消耗。联邦学习是实现这些特性的一项可选技术。在 6G 无线接口和网络架构的初始设计阶段，为了实现高效的大规模智能，分布式 AI 学习和推理是十分重要的考量。而更具颠覆性的方法则需要在人工智能的背景下去研究理论上的信息瓶颈，这是 6G 研究的新方向。借助这项研究，可以压缩网络上传输的大量训练数据，达到占用最少资源（带宽、内存等）的目的。

4. 趋势四：多模信任模型和新型密码技术使能 6G 原生可信

在 6G 时代，物理世界真正复刻到数字世界中，而移动设备将成为通往这一数字世界的门户。随着人们对 6G 及其业务的依赖程度越来越高，网络和业务的可信就变得极为重要。鲁棒的安全系统作为网络架构设计的一部分，是网络不同实体间建立信任关系的基础。安全业务和网络业务应共同设计、互为呼应，应能同时满足个人客户和企业客户的需求。原生可信在信任模型和密码技术上的显现尤为突出。

- **多模信任模型**：任何安全架构，无论集中式还是分布式，都优劣并存。

    1）集中式架构适合承载权威集中授权、策略统一的安全机制，但在网络执行漫游、切换或重登录等操作时，安全流程会相对复杂。针对相同的信息流转场景，交互流程越复杂，攻击面越多，网络系统也就越脆弱，降低了集中式安全架构的优势。

    2）分布式架构可以支持更灵活的安全机制，更细粒度的安全定制方案可以并存，从而服务于不同区域或业务，满足多样化的需求。在遭受攻击时，分布式网络受影响的范围易于控制在一定范围内，而对安全逻辑和策略不同的部分不产生影响或只产生较小的影响。但是，分布式架构相对较难实现全网安全策略的统一和高效率同步。

    当然，有必要设计一个更具包容性的多模信任模型，同时支持多种信任模型，兼顾多种网络环境下的安全可信策略，进而构建具有大量不同安全属性的统一安全架构。在此基础上建立的弹性、原生可信架构不仅能够覆盖 6G 全生命周期，还可以根据需要灵活地实施集中式或基于共识的分布式安全可信策略，以及第三方验证机制，通过引入权威机构实现对网络和业务更多视角的可信评估与可信证明。

- **新型密码体制**：量子技术对于 6G 密码体制的安全性，既是考验又是机会。一方面，量子计算的发展对基于大素数质因子分解、离散算法等数学问题的经典密码技术带来了挑战。密钥生成与密码算法是密码技术中不可缺少的两个要素。在 6G 网络中，借助双向全双工技术在物理层实现或逼近实现"一次一密"（One-Time Pad，OTP），

使密码体制达到或逼近完善保密性；另一方面，量子技术领域中的量子通信技术
又可以为密钥的网络传输提供安全性保证。此外，6G 密码体制还必须满足确定性
超低时延场景下的安全运算和安全通信建立的需求，因此轻量级密码体制也就成为
6G 期待的基础能力。

上述原生可信涉及的相关技术，需要最终回答三个问题：（1）新技术如何与传统安全
机制融合？（2）分布式技术如何与无线网络架构融合？（3）如何实现开放透明的数据安全
与隐私保护标准？让我们继续研究，对不断涌现的安全可信新技术拭目以待。

5. 趋势五：地面与非地面一体化网络，实现全球无处不在的接入

今天，即使在发达国家，许多乡村和偏远地区的高速互联网接入仍不理想。发展中国
家的情况更不乐观。事实上，全世界还有 30 多亿人口没有接入互联网，在网络接入程度
上存在着巨大的数字鸿沟[4]。

当前，实现无缝全球覆盖的主要障碍在于经济因素，而非技术因素。为了克服这一障
碍，并在不受地理限制的情况下提供高速移动互联网服务的无缝覆盖，地面与非地面网络
的一体化有望提供一个较为经济的解决方案。

随着卫星制造与发射成本的降低，小型低轨或超低轨卫星组成的星座集群将成为现
实。加上 UAV 和 HAPS 的使用，未来移动系统的覆盖范围不再局限于水平或二维空间。
实现三维混合网络架构后，网络包含多个层次且由大量移动接入点组成，能够随时随地提
供通信与导航服务。这意味着在小区规划、小区获取与切换、无线回传等方面会发生根本
性的转变。

目前，UAV 和 HAPS 是分开设计和运营的，但在未来的 6G 网络中，它们的功能实
现、运营、资源管理和移动性管理会紧密结合在一起。这种一体化系统会使用唯一 ID 来
标识每个用户设备，统一计费流程，并通过最优接入点持续提供高质量服务。

为了在不需要人工配置的条件下无缝集成新的 UAV 或低轨卫星，一体化网络要能实
现自组织。由于采用了智能化空口，从接入点相关的物理层过程（如波束赋形、测量、反
馈）来看，接入点的添加和删除对用户设备是透明的。未来也可能出现新的运营模式和商
业模式，以适应卫星的部署、维护以及能量源与地面网络迥异的情况。

6. 趋势六：绿色节能网络，总体拥有成本低，满足全球可持续发展要求

网络连接的设备、基站和节点的数量不断增加，不仅带来数据流量的涌入，还会导致
全网能耗的大幅增加。因此，"比特 / 焦耳"能效值一直是网络设计要重点考虑的指标。在
6G 网络设计中，能效需求尤为重要，它不再是锦上添花的特性，而是关乎 6G 移动网络的
成败与否。

截至今天，ICT 领域产生的温室气体排放量约占全球总排放量的 2%（其中移动网络约
占全球排放的 0.2%）[12]。这一比例还会逐年增加。对 6G 而言，除能效外，网络能耗的降
低也非常重要。这不只是为了削减电费开支，也有减少温室气体排放的考虑，是对社会的
重要承诺。与此同时，我们也要考虑运营商的资本支出（CAPital EXpenditure，CAPEX）

和运营支出（OPerational EXpenditure，OPEX）。经济性、能效高的网络设计有助于 ICT 产业的可持续发展，进而 ICT 产业整体又可以在减少全球二氧化碳排放方面发挥重要作用，为人类创造更清洁、更健康的生活环境。预计到 2030 年，在全球范围内，ICT 产业将实现二氧化碳排放比 2015 年减少 20%[13]。6G 通信系统还应支持新的商业应用场景，在促进千行百业繁荣的同时，实现社会的可持续发展。

　　绿色无线网络是一门极具研究广度的学科。其中潜在的高能效技术横跨架构、材料、硬件器件、算法、软件和协议等领域。高能效 6G 通信系统需要考虑密集网络部署（传播距离更短）、集中式无线接入网架构（小区站点更少，资源效率更高）、节能协议设计、用户与基站配合等诸多方面。随着使用的无线频率越来越高，功放效率的降低又带来新的挑战，需要通过创新来解决。另外，还需要考虑可再生能源和射频能源采集技术的应用。

　　另一方面，数据中心、边缘节点甚至移动设备逐渐普及 AI 能力，AI 学习与训练的能耗成为必须解决的关键问题。文献 [14] 中指出，训练单个 AI 模型所排放的碳有可能会相当于五辆汽车从投入使用到报废全过程的碳排放量。以 2018 年为例，仅数据中心的用电量就占了全球总用电量的 2% 以上。这一比例到 2030 年仍会进一步上升，因为届时将出现更多具备 AI 能力的边缘节点和设备。最近一些研究表明，要大幅减少二氧化碳排放，与其通过神经架构搜索的方式从零开始为不同场景训练专用神经网络，不如一劳永逸，打造一个支持多架构的网络来解决问题 [15]。

1.3.2　典型应用场景

　　无线通信系统越来越多地采用超高速无线连接、AI、先进传感器等新技术，人们的日常生活随之变得更加丰富多彩。人类与技术之间的交互界面将与往昔大为不同。

　　比如 5G 除了提供宽带业务，还在无线接入的低时延、高可靠方面取得了飞跃性进步，实现一系列垂直行业和物联网应用。ITU-R 在 IMT-2020 愿景文件 [16] 中指出，5G 应用的三大场景为 eMBB、URLLC 和 mMTC。而在 6G 中，智能与感知能力被引入，网络覆盖从地面延伸到空中，不仅极大改善现有应用体验，还会创造大量新的应用。其中部分应用可能已经在 5G 愿景中探讨过，但由于技术的限制或市场的不成熟而未被纳入 5G 实际部署中。本节我们主要介绍 5G 网络不支持的应用场景（如感知），以及在 5G 中有过讨论但未得到广泛采用的场景，如网络服务智能业务、对 5G 三大应用的增强（eMBB+、URLLC+ 和 mMTC+）等。图 1-6 展示了 6G 的六种潜在应用场景。

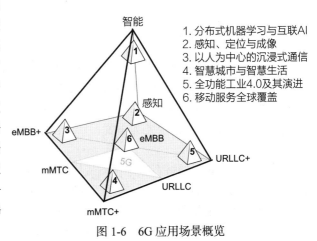

1. 分布式机器学习与互联AI
2. 感知、定位与成像
3. 以人为中心的沉浸式通信
4. 智慧城市与智慧生活
5. 全功能工业4.0及其演进
6. 移动服务全球覆盖

图 1-6　6G 应用场景概览

- **以人为中心的沉浸式通信**：人们对更好通信体验的追求永不止步。为了在远程呈现以及 AR、VR、MR、全息等以人为中心的应用中实现沉浸式通信体验，需要将显示分辨率推向人眼可辨的极限。这就要求网络达到 Tbps 级超高速率，而目前的 5G 网络未能达到这一水平。为了在远程操作时获取实时触觉反馈并避免头晕、疲劳等晕动症状，极低端到端网络时延又是逼近人类感官极限的另一个关键需求。

- **感知、定位与成像**：更高的太赫兹和毫米波频段除了用于通信，还能提供感知、成像与定位等能力。从而可以实现各类增值创新应用，如高精度导航、手势识别、地图匹配、图像重构等。与通信相比，感知、定位与成像能力的各方面要求有所不同，如距离、角度、速度的精度和分辨率等，以及检测相关的性能指标（如检测概率和虚警概率等）。

- **全功能工业 4.0 及其演进**：业界对 5G 的行业应用案例已有广泛研究[1]。虽然 5G 有低时延和高可靠设计，但部分场景的极高要求（如精确运动控制）仍然超出了 5G 的能力范畴。6G 基于超高可靠、极低时延和确定性通信能力等相关技术，将为这些场景弥补能力短板。而且，随着越来越多 AI 新型人机交互方法得以实现，未来的自动化制造系统将以协作机器人甚至半机械人为主。与 5G 相比，机器人与人类的实时智能交互还需要更低的时延和更高的可靠性。

- **智慧城市与智慧生活**：交通、健康、汽车、城市、楼宇、工厂等领域的智能化都需要部署海量传感器。这些传感器会采集大量数据，用于 AI 算法，进而提供 AI 服务。我们生活的物理世界，会有一个数字世界的孪生对象相伴。换言之，自动化和智能化是在数字世界中产生，然后通过 6G 无线网络传递到物理世界。为此，我们必须开发广泛的感知能力来检索大数据，并用这些大数据来训练深度神经网络。这就要求无线链路支持非常高的吞吐率，以便实时采集感知数据。所以，6G 智慧城市与智慧生活这两个应用场景需要依赖海量可靠、安全的连接来实现。

- **移动服务全球覆盖**：为了在全球任何地点提供无缝移动服务，6G 需要实现地面与非地面通信的一体化。在这种一体化的系统中，一个移动用户只需一台设备就可以在城市和乡村，甚至在飞机和船舶上无缝使用移动宽带业务。这些场景中，能够在不中断业务的前提下对地面与非地面网络的最优链路进行动态优化。一体化的无缝高精度导航让自驾爱好者面对任何地形都能获得好的驾驶体验。其他潜在应用场景还包括实时环境保护和精准农业作业，6G 会为这些场景提供广泛的物联网连接。

- **分布式机器学习与互联 AI**：6G 的一个基础应用是面向全场景提供 AI 能力。一方面，AI 可以作为一项增强能力集成到 6G 的大部分功能与特性中。另一方面，几乎所有 6G 应用都是基于 AI 的，AI 也可以应用于上述所有用例，实现不同程度的自动化。换句话说，如果把 AI 当作一项 OTT 业务来提供，会存在较多的限制、面临很大的挑战。其一是机器学习需要向数据中心传输大量的数据，定制化 AI 服务尤其如此。其二是需要满足本地数据治理的要求，即不允许将数据传输到国外数据中心。其三是不同的 AI 智能体（即便它们是异地分离部署的）如何通过 6G 网络进行交互。分布式机器学习智能体是最重要的应用场景之一。这些智能体通过 6G 网络全面互联，在实现智能联网的同时更好地保护数据隐私。基于此，分布式机器学习和互联 AI 牵涉到以下几个根本方面：机器学习能力最大化的 6G 设计；支持网络边缘侧、分布式实时 AI 服务能力的网络架构；大容量、低时延、高可靠的 AI 推理和执行。另外，AI 会成为 6G 的原生特性，这为未来传输方案设计、智能控制与资源管理，以及"零接触"网络运营提供了助力。

1.3.3 关键性能指标的预期目标

为在所有应用场景下提供极致用户体验，6G 必须显著提升其关键能力。按前几代移动网络的升级趋势估计，6G 的能力有望比 5G 提升 10～100 倍。图 1-7 列出了关键性能指标的预期目标，下面进行具体说明。

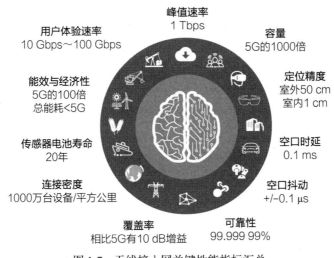

图 1-7　无线接入网关键性能指标汇总

1. 极高数据速率与频谱效率

以人为中心的沉浸式通信体验对带宽提出了非常高的要求。360 度 AR/VR 信息与全息信息的传输，可能要求从 Gbps 级到 Tbps 级不等的极高数据速率，具体取决于图像的分辨率、大小、刷新率等因素。

在 IMT-2020（5G）中，ITU-R 对峰值速率和用户体验速率的最低要求分别为 10 Gbps～20 Gbps 和 100 Mbps[17]。对于 6G，这两个速率则分别应达到 1 Tbps 和 10 Gbps～100 Gbps。6G 还有望进一步利用频谱，峰值频谱效率将比 5G 提升 5～10 倍。

2. 超高容量、超大规模连接

区域通信容量是指每个地理区域的总流量吞吐率，计算方式为区域连接密度（每单位区域的设备总数）乘以提供给用户的平均速率。ITU-R 对 5G 连接密度的最低要求是每平方公里 100 万台设备[17]。而在未来 10 年及更长的时间内，我们必须要支持智联工业 4.0、智慧城市等应用场景，因此 6G 连接密度要提升 10～100 倍，最高达每平方公里 1 亿台设备。如此海量的连接还要适配种类繁多、特征多样（如不同的吞吐率、时延、服务质量等）的业务。由此来看，6G 系统容量应达到 5G 的 1000 倍，才能为海量连接提供高质量服务。

3. 超低时延与抖动、超高可靠性

在自动驾驶、工业自动化等物联网应用场景中，以低时延、低抖动及时传递数据是重中之重。6G 空口的时延可以低至 0.1 ms，抖动控制在 +/-0.1 μs。再考虑远程 XR 呈现的业务需求，端到端往返总时延应为 1～10 ms。除了低时延，物联网应用还要求高可靠性，即信息传输的正确性。ITU-R 要求 5G 中 URLLC 业务的可靠性达到 99.999%。在 6G 中，多样化的垂直行业应用会更加普遍，可靠性要提升 10～100 倍，达到 99.999 99%。

4. 超高定位精度与感知精度、超高分辨率

感知、定位与成像是 6G 的新功能，也是迈向万物智联的过程中标志性的一步，我们会在第 9 章讨论。由于频率范围（最高达太赫兹）分辨率的提升，再借助先进的感知技术，6G 有望提供室外场景 50 cm、室内场景 1 cm 的超高定位精度。对于其他感知业务，极限感知精度和分辨率可以分别达到 1 mm 和 1 cm，第 5 章会有进一步说明。

5. 极广覆盖、超高移动性

为了提供质量更优、覆盖更广的移动互联网业务，6G 空口链路预算应比 5G 增加至少 10 dB。这一点既适用于速率保证的移动宽带业务，也适用于窄带物联网业务。当然，6G 覆盖不能只用链路预算来定义。通过地面与非地面网络的一体化，6G 还应实现地表与人口的 100% 覆盖，将现今未连接的区域与人群全面纳入网络中。

在移动性方面，6G 可以覆盖时速高达 1000 公里的飞机，远高于 5G 的 500 公里时速支持（主要针对高速列车）。

6. 超高能效、极具经济性

能耗是 6G 系统的一大挑战。一方面是由于 6G 传输的超高频段、超大带宽、超多天线等特点。功放效率的降低和射频链数量的增加是需要解决的两个关键问题。另一方面，6G 融合了通信与计算，又原生支持 AI，会消耗更多能源以完成 AI 训练和推理。这意味着 6G 的每比特能耗要至少降低到 5G 的 1/100，才能达到与 5G 相近的总能耗水平。从设备的角度来看，更高的数据速率要求信号处理的能效相应提高。感知设备还必须有长达 20 年的电池寿命，以支持智慧城市、智慧楼宇、智慧家庭、智慧健康等场景下的应用。

7. 原生 AI

如 1.3.1 节所述，6G 移动通信系统的原生 AI 支持包括两个方面："面向网络的 AI"和"面向 AI 的网络"。

- **面向网络的 AI** 为空口和网络功能的设计提供了智能框架，支持端到端动态传输，

真正实现"零接触"的网络运营，并能够为多种业务和各类企业自动创建专属网络切片。

- **面向 AI 的网络**要求网络架构分布程度更高并内嵌移动边缘计算能力，融合本地数据采集、训练、推理与全局训练、推理，以提供更好的隐私保护，并降低时延和带宽消耗。

8. 原生可信

6G 会强化物理世界与数字世界的连接，成为我们生活中不可或缺的一部分。可信是所有网络服务的基本要素，涵盖网络安全（security）、隐私、韧性、功能安全（safety）、可靠性等主题[18]。

- **网络安全（security）**是指建立、维护安全保护措施所产生的结果。如果组织在系统使用过程中遭受安全威胁，保护措施可使组织顺利达成使命或行使关键职能（定义见文献 [19]）。保护措施包括威慑、规避、预防、检测、恢复和更正等一系列组合，并且这些措施组合应构成组织风险管理手段的重要组成部分。
- **隐私**是指个人生活与私人事务不受侵犯，不得以不当或非法手段收集和使用相关的个人数据（定义见文献 [20]）。
- **韧性**是指通过全面实施风险管理、应急预案和连续性计划，快速适应任何已知或未知变更并从中恢复的能力（定义见文献 [21]）。
- **功能安全（safety）**是指必须避免可能导致死亡、伤害、职业病、设备或财产的损坏与灭失，或者对环境造成损害的情形（定义见文献 [22]）。
- **可靠性**是指系统或组件在规定条件下正常运行且运行时间达到指定时长的能力（定义见文献 [23]）。

1.4 本书结构

本书分七个部分介绍 6G 各大主题。第一部分（第 1 章）描述移动通信从 2G 到 6G 的演进和 6G 的总体愿景，指出实现万物智联的三项关键驱动因素，并阐述相关的六大技术趋势。

第二部分讨论 6G 的潜在应用场景，并分析关键性能要求。应用场景包括两部分：一部分是已有的 5G 场景，演进到 6G 时，由于 6G 容量更大、时延更低、可靠性更高，这些场景会更为普及、更趋成熟；另一部分是依赖 6G 新功能和新能力的全新场景。典型应用场景分为六大类，将分别在单独章节中展开说明：以人为中心的极致沉浸式体验（第 2章）；高精度感知、定位与成像，以及人类感知增强（第 3 章）；基于万物智联的全功能工业 4.0（第 4 章）；智慧城市与智慧生活（第 5 章）；移动服务全球 3D 覆盖，及相应的地面与非地面通信一体化技术（第 6 章）；全场景原生 AI 支持（第 7 章）。

第三部分探讨 6G 设计的范围和边界，以及 6G 无线技术与网络技术的理论基础，并考察若干有助于达成关键性能指标的使能技术。具体内容包括原生 AI 和机器学习的理论基础（第 8 章）、大容量和大连接的理论基础（第 9 章）、未来机器类通信的理论基础（第 10 章），以及高能效系统理论基础（第 11 章）。

第四部分从通信与感知的角度分析未来的国际移动通信（International Mobile Telecommunications，IMT）频谱（第 12 章），介绍相应的信道建模方法并提供信道测量示例（第 13 章）。接着，为让读者更好地理解未来十年 6G 将如何日臻成熟，进一步介绍硬件制造的潜在新材料（第 14 章）、超大规模 MIMO（Multiple-Input Multiple-Output）系统的新天线结构（第 15 章）、支持太赫兹频段的新射频器件（第 16 章）、后摩尔定律时代的计算演进（第 17 章）以及终端设备的新需求与新特性（第 18 章）。

第五部分聚焦 6G 空口的总体设计原则和潜在使能技术。其简介概述 6G 空口设计相对 5G 和前几代系统的范式转变，正文则从背景与动机、现有方案、设计展望和研究方向等维度全面探讨一系列 6G 使能技术，包括智能空口框架（第 19 章）、地面与非地面一体化通信（第 20 章）、通感一体化（第 21 章）、新型波形和调制方式（第 22 章）、新型编码（第 23 章）、新型多址接入（第 24 章）、超大规模 MIMO（第 25 章）和超级侧行链路（Sidelink）与接入链路融合通信（第 26 章）。

第六部分以类似方式介绍 6G 网络架构的设计原则和潜在使能技术。简介先概述网络架构设计的范式转变，接着探讨 6G 网络架构中涉及的几项主要新特性和新技术，包括网络 AI（第 27 章）、以用户为中心的网络（第 28 章）、原生可信（第 29 章）、数据治理（第 30 章）、多方协作生态系统（第 31 章）和非地面网络融合（第 32 章）。

第七部分（第 33 章）作为本书结尾，介绍 6G 全球生态系统现状，列举 6G 相关的研究项目、平台、研讨会和论文等，并描绘面向 2030 年的预期路线图。

参考文献

[1] 5G-ACIA. [Online]. Available: https://www.5g-acia.org/

[2] 5GAA. [Online]. Available: https://5gaa.org/

[3] ITU-R, "IMT traffic estimates for the years 2020 to 2030," Report ITU-R M.2370-0, July 2015.

[4] "The mobile economy 2020," Intelligence, GSMA, 2020.

[5] "Touching an intelligent world," Sept. 2019. [Online]. Available: https://www.huawei.com/minisite/giv/Files/whitepaper_en_2019.pdf

[6] "Terahertz spectroscopic system TAS7400 product specification." [Online]. Available: https://www.advantest.com/documents/11348/146157/spec_TAS7400_EN.pdf

[7] "2019 ICT Sustainable development goals benchmark," 2019. [Online]. Available: https://www-file.huawei.com/-/media/corporate/pdf/sustainability/sdg/huawei-2019-sdg-report-en.pdf?la=en

[8] United Nations Development Programme, "Goal 11: Sustainable cities and communities." [Online]. Available: https://www.undp.org/content/undp/en/home/sustainable-development-goals/goal-11-sustainable-cities-and-communities.html

[9] "ICTs for a sustainable world #ICT4SDG," ITU, 2019. [Online]. Available: https://www.

itu.int/en/sustainable-world/Pages/default.aspx

[10] V. Bush, *Science, the endless frontier.* Ayer Company Publishers, 1995.

[11] N. C. Thompson, K. Greenewald, K. Lee, and G. F. Manso, "The computational limits of deep learning," *arXiv preprint arXiv:2007.05558*, 2020.

[12] "ICT sector helping to tackle climate change," Dec. 2016. [Online]. Available: https://unfccc.int/news/ict-sector-helping-to-tackle-climate-change

[13] "SMARTer2030: ICT solutions for 21st century challenges," The Global eSustainability Initiative (GeSI), Brussels, Brussels-Capital Region, Belgium, Technical Report, 2015.

[14] E. Strubell, A. Ganesh, and A. McCallum, "Energy and policy considerations for deep learning in NLP," *arXiv preprint arXiv:1906.02243*, 2019.

[15] H. Cai, C. Gan, T. Wang, Z. Zhang, and S. Han, "Once-for-all: Train one network and specialize it for efficient deployment," *arXiv preprint arXiv:1908.09791*, 2019.

[16] ITU-R, "IMT Vision – framework and overall objectives of the future development of IMT for 2020 and beyond," Recommendation ITU-R M.2083-0, Sept. 2015.

[17] ITU-R, "Minimum requirements related to technical performance for IMT-2020 radio interface(s)," Report ITU-R M.2410-07, Nov. 2017.

[18] E. R. Griffor, C. Greer, D. A. Wollman, and M. J. Burns, "Framework for cyber-physical systems: Volume 1, overview, Version 1.0," NIST Special Publication, 2017.

[19] C. Dukes, "Committee on national security systems (CNSS) glossary," CNSSI, Fort Meade, MD, USA, Technical Report, vol. 4009, 2015.

[20] S. L. Garfinkel, "De-identification of personal information," National Institute of Standards and Technology (US Department of Commerce), 2015.

[21] M. Swanson, *Contingency planning guide for federal information systems.* DIANE Publishing, vol. 800, 2011.

[22] "System safety," Department of Defense Standard Practice, May 11, 2012. [Online]. Available: https://e-hazard.com/wp-content/uploads/2020/08/department-of-defense-standard-practice-system-safety.pdf

[23] IEEE Standards Coordinating Committee, "IEEE standard glossary of software engineering terminology (IEEE Std 610.12-1990). Los Alamitos, CA," CA: IEEE Computer Society, vol. 169, 1990.

第二部分

应用场景及目标 KPI

简　　介

　　继第 1 章简要概述应用场景之后，第二部分将深入探讨 6G 的典型应用场景，包括它们在未来会如何影响人类工作和生活的方方面面。每一种新业务通常都要经过至少两代的发展才能趋于成熟，因此，5G 中定义的一些业务要到 6G 才会成熟。一些新业务甚至会超出 5G 的能力范围。在接下来的章节中，我们将介绍六大类应用场景，以及无线传输和网络架构的关键需求。其中，第一类应用场景是以人为中心的极致沉浸式体验，XR 视频、触觉和多感官信息、3D 全息影像将为用户提供超越物理时空限制的沉浸式体验。第二类是感知、定位与成像，这些新能力将极大地增强许多领域，甚至解锁前几代移动通信系统从未涉足的区域。第三类、第四类分别是工业自动化、智慧城市与智慧生活，高可靠、超低时延的无线通信网络，以及物联网和 ICT 领域的发展，将进一步提升未来工厂的自动化程度。同时，各类机器人将广泛应用于工业和日常生活中，"智慧"将成为城市生活和工业发展的新方向。第五类场景是移动服务全球覆盖，通过地面网络与非地面网络一体化，6G 网络将覆盖到地球的每一个角落。除了无线宽带和物联网通信业务，网络立体全覆盖也为导航、地球观测等应用注入澎湃新动能。最后一类场景是分布式机器学习与互联 AI，二者将成为 6G 网络性能和管理提升的关键使能器。同时，6G 的极致性能加上融合的感知、通信与计算能力，将使智慧联接的原生 AI 业务进入发展的快车道。

第2章

以人为中心的极致沉浸式体验

如图 2-1 所示，从 1G 到 4G，无线网络主要满足人们对远程、即时信息共享的基本需求，如语音通话、短信、视频播放 / 剪辑等。5G 的大规模部署，充分释放了 XR（VR/AR/MR）应用的潜能。然而，要在远程场景中实现真正的沉浸式体验，高清的视听感知以及对目标环境中人、物的触觉感知将成为必需。6G 无线网络将会支持极致的沉浸式用户体验，朝以下三个方向演进：

- 360° 沉浸式 XR 体验，分辨率极高，视频帧率接近人类感知极限。
- 交互式触觉和多感官通信，通过新的人机接口进行远程操控。
- 集成了 XR 的裸眼 3D 全息显示。

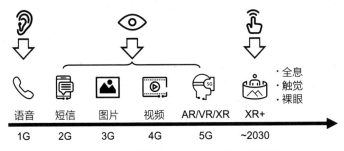

图 2-1　无线网络中以人为中心的应用演进

接下来，我们将深入探究潜在应用场景及其需求。

2.1　极致的沉浸式云 VR

应用示例 2.1

虽然凯特喜欢踢足球，但是她经常出差，并没有多少时间踢球。现在，有了 360°VR 设备，她可以在虚拟环境中随时随地和朋友踢球了。云 VR 技术具备极佳的沉浸式视觉体验和极低的交互时延，凯特感觉就像真的在足球场踢球一样，而且长时间穿戴这种 VR 设备也不会感到眩晕，如图 2-2 所示。

除了踢足球，凯特还喜欢用 360° VR 设备观看球赛直播，其视角就跟现场裁判一样，体验甚至比现场观众还要好。

图 2-2　360° VR 设备的互动游戏体验

3GPP 已经启动了对当前 5G 网络的 XR 研究[1]，并识别出众多应用场景，包括沉浸式在线游戏、3D 消息、沉浸式 6 自由度视频播放、实时 3D 通信、行业远程协助、网上购物等。未来十年还会涌现更多更先进的 XR 服务，使极致的沉浸式体验成为现实，吸引越来越多的用户。那么，极致体验对移动传输的吞吐率和时延有哪些要求呢?

2.1.1　传输时延要求

传输时延方面的要求主要是为了避免晕动症。晕动症之所以会发生，是因为云 VR 系统对用户交互的响应存在时延，导致用户前庭觉对运动后的视觉预期与实际看到的图像存在差异。3GPP 将这种交互时延称为"头动至显示（Motion-To-Photon，MTP）时延"[2]。

为了获得最佳的沉浸式体验，目标 MTP 时延应接近人类的感知极限，约为 10 ms[3-4]。这意味着，如果正确的视觉图像能在 10 ms 内更新完成，大多数人就会享受到较为舒适且流畅的体验。

然而，在动作和显示（屏幕接收到图像）之间还有许多信号处理和传输的步骤，如图 2-3 所示。在收到云端的更新帧之前，VR 设备端是否进行本地处理以生成预测帧会导致 MTP 时延有差异。

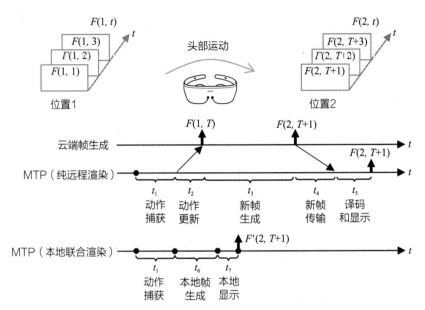

图 2-3   无本地渲染的 MTP 和带本地渲染的 MTP

1. 纯远程渲染的 XR 系统

在动作发生后、更新图像显示之前，纯云端渲染的云 XR 系统需要执行以下步骤：

- **动作捕获**：在设备端完成动作捕获，例如头部姿势的变化，其所需时间为 t_1，该时间与设备传感器和捕获算法的灵敏度有关。
- **动作更新**：设备发送信号到云端进行动作更新，所需时间为 t_2，该时间与网络时延有关。
- **云端新帧生成**：收到更新过的动作信息后，云端生成（包括渲染和编码）新的视频帧，所需时间为 t_3，该时间与云端的处理效率以及源端的视频帧率（Frame Per Second，FPS）有关。
- **新帧传输**：云端将更新后的视频帧发给设备，所需时间为 t_4，该时间与网络时延有关。
- **译码和显示**：设备译码并显示更新后的视频帧，所需时间为 t_5，该时间与硬件效率有关。

综上，纯远程渲染的 MTP 时延可以通过如下公式得出：

$$\text{MTP}_{\text{remote}} = t_1 + t_2 + t_3 + t_4 + t_5 = (t_1 + t_5) + t_3 + (t_2 + t_4)$$

这些时间可以分为三部分：

- $t_1 + t_5$：设备处理时延。
- t_3：远程处理时延。
- $t_2 + t_4$：往返时延（Round-Trip Time，RTT），即网络传输时延，包括无线接入和核心网的 RTT。

在云端视频帧率中等（如 60 FPS）的情况下，仅 t_3 就有 1/60 = 16.7 ms，这已经超出

10 ms 的目标 MTP 时延了。提高视频帧率是缩短 $\text{MTP}_{\text{remote}}$ 的手段之一，例如从将视频帧率从 60 FPS 提高到 120 FPS，$\text{MTP}_{\text{remote}}$ 将会缩短 8.3 ms，但这对吞吐率提出了更高的要求。目前的 3GPP 标准[2] 将目标 MTP 时延要求放宽到了 20 ms，从而为处理和传输预留了更多时间。此外，得益于 XR 设备强大的处理能力，在设备端的云 XR 系统进行本地联合渲染是一个常用的技术，其目的是将 RTT 从 MTP 时延计算中剔除。

随着设备的多样化，未来纯远程渲染 VR 依然会有一定的市场，至少对于那些轻便但处理能力有限的可穿戴设备来说是这样。因此，为了达到 10 ms 的 MTP 时延目标，$\text{MTP}_{\text{remote}}$ 的三个部分都需要大幅缩短，具体如下：

- 遵循摩尔定律即可降低设备处理时延（$t_1 + t_5$），新材料和新计算架构的使用更有助于加速这个进程，这在本书第四部分有详细阐述。
- 利用 6G 的超高数据速率，可以通过降低压缩比的方式来缩短远程处理时延（t_3）。
- 6G 的分布式边缘计算架构和极低时延空口有助于缩短 RTT（$t_2 + t_4$）。

2. 云 XR 系统的本地联合渲染

在具备本地联合渲染和帧生成能力的云 XR 系统中，动作与显示之间的步骤被大大简化，具体如下：

- **动作捕获**：与上一场景相同，所需时间为 t_1。
- **本地帧生成**：根据本地渲染算法在本地生成更新帧，所需时间为 t_6。
- **本地显示**：本地显示更新帧，不像上一场景一样需要译码信号，因此所需时间为 t_7，小于 t_5。

综上，经过本地联合渲染后，MTP 时延可以通过如下公式得出：

$$\text{MTP}_{\text{local}} = t_1 + t_6 + t_7$$

显然，体验的质量在很大程度上取决于本地渲染的质量。但从长远来看，仅靠本地渲染是行不通的，云端仍需同步更新视频帧。RTT、远程渲染时间、压缩/解压时延要求可以显著放宽。例如，实现本地联合渲染后，$\text{MTP}_{\text{local}}$ 的计算不再涉及 $t_2 + t_4$，因此对 RTT 的要求从小于 2 ms 放宽到大约 8 ms，如表 2-1 所示。

表 2-1　360° VR 极致体验的吞吐率和时延要求

参　　数	现有 VR	极致 VR1	极致 VR2
视频帧分辨率	4K	24K	48K
FPS	60	120	120
色深（位/像素）	24	36	36
原始速率	10.62 Gbps	1146.62 Gbps	2293.24 Gbps
压缩比	100:1	100:1	20:1
压缩后吞吐率	0.1 Gbps	11.5 Gbps	114.66 Gbps
MTP 时延	20 ms[2]	10 ms[2]	10 ms
RTT 时延	< 20 ms[8]	< 8 ms[8]	< 2 ms

注：1. 现有 VR/ 极致 VR1：本地渲染，高压缩比。
　　2. 极致 VR2：远程渲染，低压缩比。

2.1.2　吞吐率要求

视频帧分辨率、色深和视频帧率是决定云 VR 系统吞吐率要求的三大因素。我们可以简单地将这三个值相乘来计算整体吞吐率：

$$吞吐率＝视频帧分辨率 \times 色深 \times 视频帧率$$

为了达到最佳的 VR 体验，三个维度都需要接近人类的感知极限，具体如下：

- **视频帧分辨率**：分辨率是数字图像显示的像素数，主要与单位面积内像素密度有关。像素密度通常以每角度像素（Pixel Per Angular Degree，PPD）来衡量。早期研究 [5] 认为人眼能识别的最低分辨率水平是 0.3 弧分（1 弧分等于 1/60 度）。因此，人类的感知极限为 1/[(1/60)×0.3]＝200 PPD。另一方面，文献 [2] 表明普通人眼的水平视场角（Field Of View，FOV）一般约为 120 度，因此，视觉感知的最大分辨率约为 120 度 ×200 PPD＝24K 像素。这意味着，在大多数情况下，图像分辨率高于 24K 就是一种浪费。需要注意的是，纯远程处理的 VR 系统传输的视频帧数或大小是本地联合渲染的两倍。这是因为前者在渲染和传输视频帧后将之直接用于双目显示（双眼），与单目显示（单眼）相比，视频帧的大小翻了一倍。在本地联合渲染的 VR 系统中，传输的视频帧仅用于单目显示，双目图像可以本地渲染。
- **色深**：用于指示单个像素颜色的位数。8 位色深可提供 256（2^8）种颜色，而 24 位色深（在 RGB 色彩系统中，每个颜色分量是 8 位）可提供约 1600 万种颜色。后者被称为真彩，在当今的 VR 系统中有着广泛的应用。尽管在某些情况下，真彩包含的细节似乎已经超过了人眼所能感知的极限（文献 [6] 指出人眼最多可分辨出 1000 万种颜色），但同一种颜色的色度之间也有可能发生突变，也就是通常说的"色彩断层"[7]。为了解决这个问题，我们可以进一步增加色深，例如，使用 36 位色深（每个颜色分量 12 位）。
- **视频帧率**：视频帧产生的速率，以 FPS 为单位。如果 VR 体验期间（如看电影时）没有交互，那么 120 FPS（相当于两帧之间有 8.3 ms）就能提供足够的沉浸式体验了，这已经接近人类的感知极限（约 10 ms）。然而，正如 2.1.1 节所述，在交互场景中，提高视频帧率有助于降低 MTP 时延，但这要求更高的吞吐率。例如，一个 4K 分辨率、60 FPS、24 位色深的视频帧，其原始数据速率为 10.62 Gbps。假如所有参数都设置为接近人类极限的值，例如 24K 分辨率、120 FPS、36 位色深，原始数据速率将提升到 1.15 Tbps。

2.1.3　极致 VR 需求总结

在前面几节分析的基础上，并对比了当前的 VR 系统，表 2-1 总结了极致沉浸式 VR 体验的吞吐率和时延要求。更高的分辨率、视频帧率、色深可以给原始数据速率带来 100 倍的提升，最终超过 1 Tbps。为了降低网络传输的负担，可以提高压缩比（文献 [8] 中使用了 133:1 的压缩比），但前提是本地渲染可行，数据传输速率需要保证在 10 Gbps 以上。同时，当 MTP 时延目标设定为 10 ms 的极限值时，RTT 要等比降低。例如，在使用本地联合渲染的 VR 系统中，该值要小于 8 ms[8]。

另一方面，纯远程渲染架构更适合那些对功耗和重量有严格约束的设备。对于这些设备而言，要达到 10 ms 的 MTP_{remote} 目标，如果压缩比太高，就没有时间传输了。因此，低压缩比（如表 2-1 中的 20:1）可以降低 $t_3 + t_5$，但是 $RTT(t_2 + t_4)$ 仍需接近 1 ms 的极限（表 2-1 估计的值小于 2 ms）。此外，低压缩比还有助于将保证数据速率提升到 100 Gbps 以上。

2.2　触觉与多感官通信

应用示例 2.2

凯特购买了用来踢虚拟足球的触觉衣，穿上这件衣服，凯特就能与游戏服务器进行多感官通信，从而获得更逼真的体验，在摸球、拿球、踢球时能感受到虚拟足球的质感、重量和压力。

另外，出差时，凯特没法跟丈夫和孩子在一起，但通过 6G 网络，她可以在虚拟世界中与家人见面，甚至可以通过触觉衣拥抱他们——就像家人就在身边一样。

除了视听信息之外，移动网络还可以传输另一项以人为中心的内容——触觉信息。触觉通信涉及表面质地、触摸、刺激、运动、振动、力等实时触觉信息，这些信息与视听信息一起通过网络传输。有了这些功能，人们可以远程操控机器或机器人，甚至可以通过移动网络投射出自己的全息图像，以便实时地执行一些亲身前往危险系数大或成本过高的复杂任务，或者只是简单地拥抱一下身处异地的家人。

在一些提供沉浸式虚拟体验的应用中，听觉、视觉与触觉等多感官反馈可能同时发生。例如，在 360° VR 游戏应用中，玩家能同时看到周边环境、听到对话、感受触觉。因此，要提供以人为中心的极致体验（即无缝连接物理世界和虚拟世界），多感官通信至关重要。

人脑是一个复杂而强大的系统，它善于根据多种感官信息源来构建物理世界的心理模型，如图 2-4 所示。总体来说，RTT 可分为两个部分：传输时间 $T_{transmission}$ 和处理时间 $T_{processing}$（包括在神经系统的传输和大脑进行的处理）。由于本地操控和远程操控的 $T_{processing}$ 相差无几，并且可以通过预测来补偿环境变化，所以触觉和多感官通信的目标是缩短 $T_{transmission}$，以获得和本地操控类似的体验。

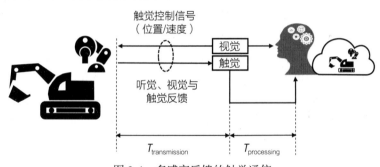

图 2-4　多感官反馈的触觉通信

2.2.1 高动态环境下的远程操控

图 2-5 展示了一个典型的高动态环境，在该环境中，除了远程操控以外，触觉反馈的交互式 VR、UAV 的遥控等应用还需要与目标物体频繁交互并同步多感官反馈。此类触觉应用极具挑战性，因为要为其提供平滑、可靠的连接，目前的无线网络需要大幅优化甚至重新设计，以便能充分考虑人脑的行为。

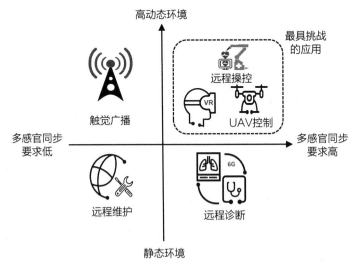

图 2-5   触觉通信的典型应用

在远程手术、远程诊断、远程动作控制等场景中，压力、质地等触觉反馈可以刺激人脑，帮助用户调整操作时间、压力、手势等。因此，触觉反馈对远程操控极其重要。

高动态环境中的触觉控制和交互式触觉应用通常要求极低的时延。许多远程操控，如远程手术、工业级控制，都需要非常精确的动作控制。在这种情况下，如果动作精度没有控制在 1 mm 的公差范围内，则可能导致操作失败，严重降低工作效率，甚至危及人身安全。假设我们相对于某物以 1 m/s 的速度移动，并且希望将公差控制在 5 mm 以内，那么总时延必须小于 5 ms。即便我们可以在一定程度上预测和补偿传输时延，但为了有效应对高动态交互环境中的变化，最大总时延仍然不能超过 10 ms[9]。需要强调的是，这里的总时延是指整体时延，包括动作捕获、网络传输 RTT、交互反馈时间。在某些情况下，如交互式远程操控，空口传输的 RTT 可能要小于 1 ms 甚至 0.1 ms。

包括触觉反馈在内的多感官反馈在远程操控场景中发挥着至关重要的作用。例如，为了准确、快速地控制远程机器，操作员需要同时感知视听信息与触觉信息。这就意味着听觉、视觉与触觉信息之间的相对传输时延必须在人类预期的自然感知阈值之内，而不同感官的感知阈值是不同的。此外，相对感知阈值（即不同感官之间的相对时延）究竟对多感官信息的同步接收会产生什么影响，还需进一步研究。但文献 [10] 给出了以下几点结论：

- 感知阈值的个体差异十分明显。

- 若论平均感知阈值，触觉 < 听觉 ≈ 视觉，即触觉信息的感知阈值对时延最敏感。

2.2.2　高动态远程操控的主要要求

高动态环境下的远程操控是 6G 触觉通信最具挑战性的场景，表 2-2 总结了该场景下需要达到的性能要求。

表 2-2　高动态环境下的远程操控要求

参　　数	触觉信息	其他感官信息
总时延	≤1～10 ms	≤10～20 ms
吞吐率	1000～4000 数据包 /s	≤100 Mbps
可靠性	≥99.999%	≥99.999%

- **时延**：如上一节所讨论的，高动态远程操控的总时延要求在 1～10 ms 之间。要达到这个目标并保证远程操控的稳定性，数据包传输速率必须很高。如果每秒发送 1000 个数据包，那么两个连续数据包之间的时延就是 1 ms——为了满足 1 ms 的总时延要求，传输速率要超过 1000（理想情况下高达 4000）数据包 /s[9]。
- **相对时延**：听觉、视觉与触觉反馈的同步非常重要。一些实验[10]表明，要获得良好的用户体验，任意两种感官信息之间的相对时延必须低于 20 ms（低于 10 ms 更佳）。
- **吞吐率**：一方面，触觉信息的吞吐率与数据包的传输速率及大小有关。通常情况下，每个自由度的触觉信息由若干字节组成。这意味着数据包大小与自由度个数（触摸点数）呈线性关系。例如，一个包含 6 个自由度的数据包大小一般为 12～48 字节。假设传输速率为 1000～4000 数据包 /s，则吞吐率需要达到 96 Kbps～1.5 Mbps。如果自由度的数量增加到 100，则数据包大小会上升到 200～800 字节，吞吐率需要达到 1.6 Mbps～25.6 Mbps。另一方面，视听信息的吞吐率取决于其质量。例如，以 4K 传输一个视频大约需要 100 Mbps 的吞吐率，2.1 节列举的极致 VR 应用场景则需要更高的吞吐率。
- **可靠性**：传输失效可能会影响远程操控的体验质量，甚至危及人身安全，所以，一些高可靠的远程操控场景要求传输可靠性达到 99.999%[9]。

2.3　裸眼 3D 全息显示

应用示例 2.3

杰克时常要去一个山城拜访客户，此处高楼林立、高架纵横，道路就像迷宫，很容易就把杰克绕晕了。然而，这次来访时情形就大不相同了，因为杰克临行前在智能手机上安装了一个 3D 导航应用，这个应用通过 3D 显示技术，以虚拟的方式实时地显示出所有建筑和道路。有了这个利器，即便道路再复杂，杰克都可以很轻松地完成导航、准时到达目的地。

2.3.1 裸眼 3D 显示简介

虽然 VR 能提供与现实世界类似的视觉体验，但它不能模拟人眼感知景深的方式（即，当人眼聚焦在近距离的物体上时，远处的物体就变得模糊，反之亦然）。在 VR 中，无论物体距离远近，用户只能聚焦于 VR 屏幕。这样会造成景深感知冲突，使用户感到头晕或其他不适。为了解决这个问题，下一代沉浸式 XR 有望采用基于聚焦模糊而非心理感知或移动视差的裸眼 3D 显示。

裸眼 3D 显示的概念由来已久。利用光场和全息显示技术，人们已经开发了多种类型的裸眼 3D 显示技术[11-12]。目前，裸眼 3D 显示主要用于本地场景，例如，预先录制的全息音乐会[13]。这些场景暂不需要移动通信，因此与移动网络的关系不大。然而，未来随着移动 3D 导航等新应用的涌现，6G 网络将会传输 3D 图像或全息图，这对 6G 网络的带宽、时延等性能提出了极高的要求。接下来，我们主要探讨裸眼 3D 显示所用到的光场和全息显示技术[12]。

2.3.2 裸眼 3D 图像重建技术

- **光场显示技术**通常使用照相机阵列从源端收集光场信息，并将捕获的信息传输到设备屏幕，在设备屏幕中重建 3D 图像。重建的过程依赖于在多个视点上投射具有连续视差信息的独立二维图像，并需借助在一个角度上将光线从屏幕上分离出来的技术，例如透镜阵列、微透镜阵列、光导光学器件。

  图 2-6a 展示了用户如何在不同视点上查看不同的视差图像，进而重建 3D 图像。每个视点接收屏幕平面从不同角度发射的一组光线。

- **全息显示技术**是基于波前重建过程，其中光波光学器件或空间光调制器（Spatial Light Modulator，SLM）通常用作有源控制元素。如图 2-6b 所示，全息显示系统通常由 SLM 和光源组成，光源包括激光器、发光二极管（单色或 RGB 多色）[14]。通过改变 SLM 上的相位分布，用户可以重构并感知全息图像。

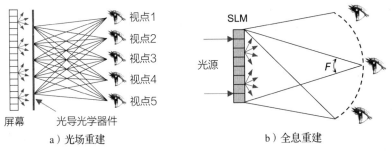

a）光场重建   b）全息重建

图 2-6 裸眼 3D 图像重建：a）基于来自屏幕的方向性光线的光场重建；b）基于 SLM 的全息重建

2.3.3 分辨率和时延要求

使用光场显示技术，用户可以利用从屏幕平面发射出的一组光线，在不同视点上重建 3D 图像。视点数量越多，3D 图像感知体验就越好，但可能会导致屏幕平面上的像素密度非常高。因此，高分辨的图像显示背后是大量的数据传输。光场显示的分辨率有两种计算方式：一是根据屏幕平面上的显示元素的数量及每个元素的光线数量来计算[12]；二是根据视点的数量及每个视点的分辨率来计算。以一个 6 英寸（1 英寸＝0.0254 米）（133 mm×75 mm）的光场显示图像为例，如果视点数量为 144（12×12），每个视点的分辨率为 1080像素（1920×1080），像素大小为 5.8 μm，则总分辨率为 $3.0×10^8$ 像素。

在基于波前的全息显示中，像素大小可以根据全息显示 FOV 的衍射角推算出来。例如，若 FOV 的衍射角为 30°，则像素大小约为 1 μm[15]。以一个 10 英寸（200 mm×150 mm）全息显示图像为例，如果像素大小为 1 μm，则图像分辨率为（200 mm/1 μm）×（150 mm/1 μm）＝$3.0×10^{10}$ 像素[12]。

由于裸眼 3D 显示技术的发展才刚起步，图像刷新率对显示质量的影响有待进一步研究。要想获得比较好的显示质量，光场显示的图像刷新率要达到 60 Hz[16]；而由于全息图的生成过程非常复杂且耗时，全息显示的图像刷新率要达到 30 Hz[12]。然而，要接近前面所说的人类感知极限、实现极致的沉浸式体验，无论是 30 Hz 还是 60 Hz 都是远远不够的。

2.3.4　裸眼 3D 显示的传输速率要求

结合前面的分析，表 2-3 列出了不同 3D 显示技术对原始数据速率的典型要求。裸眼 3D 显示的原始数据速率非常高：手机大小的光场显示就要求大约 0.4 Tbps 的速率，50 英寸全息显示的速率要求约为 184 Tbps。如何高效地压缩如此庞大的数据量是一个重大挑战。文献 [11] 建议传输压缩的 3D 对象数据，而不是 3D 全息数据。这种方法旨在降低带宽需求，但尚待进一步探索。

表 2-3　不同裸眼 3D 显示技术的原始数据速率要求

参　　数	光　　场	全　　息	全　　息
图像大小（英寸）	6	10	50
像素大小（μm）	5.8	1	1
图像刷新率（Hz）	60	30	30
像素速率（像素／s）	$1.79×10^{10}$	$9.0×10^{11}$	$2.3×10^{13}$
颜色	全彩	单色	单色
像素深度	24	8	8
原始数据速率（Tbps）	0.4	7.2	184

参考文献

[1] 3GPP, "Extended reality (XR) in 5G," 3rd Generation Partnership Project (3GPP), Technical Report (TR) 26.928, 03 2020, version 16.0.0. [Online]. Available: https://portal.3gpp.org/desktopmodules/Specifications/SpecificationDetails.aspx?specificationId=3534

[2] 3GPP, "Virtual reality (VR) media services over 3GPP," 3rd Generation Partnership Project (3GPP), Technical Report (TR) 26.918, 03 2020, version 16.0.0. [Online]. Available: https://portal.3gpp.org/desktopmodules/Specifications/SpecificationDetails aspx?specificationId=3053

[3] P. Jombik and V. Bahỳl, "Short latency disconjugate vestibulo-ocular responses to transient stimuli in the audio frequency range," *Journal of Neurology, Neurosurgery & Psychiatry*, vol. 76, no. 10, pp. 1398–1402, 2005.

[4] M. S. Amin, "Vestibuloocular reflex testing," Medscape Article Number 1836134, 2016. [Online]. Available: https://emedicine.medscape.com/article/1836134-overview

[5] H. R. Blackwell, "Contrast thresholds of the human eye," *Journal of the Optical Society of America*, vol. 36, no. 11, pp. 624–643, 1946.

[6] D. Judd, *Color in business, science, and industry*, 1975.

[7] Wikipedia, "Colour banding," 2020, accessed Sept. 2020. [Online]. Available: https://en.wikipedia.org/wiki/Colour_banding

[8] Huawei Technologies Co., Ltd., Boe Technology Group Co., Ltd., and CAICT, "Ubiquitous display: Visual experience improvement drives explosive data growth," 2020, accessed Sept. 2020. [Online]. Available: https://www.huawei.com/minisite/static/Visual_Experience_White_Paper_en.pdf

[9] O. Holland, E. Steinbach, R. V. Prasad, Q. Liu, Z. Dawy, A. Aijaz, N. Pappas, K. Chandra, V. S. Rao, S. Oteafy *et al.*, "The IEEE 1918.1 tactile internet standards working group and its standards," *Proceedings of the IEEE*, vol. 107, no. 2, pp. 256–279, 2019.

[10] D. L. Woods, J. M. Wyma, E. W. Yund, T. J. Herron, and B. Reed, "Factors influencing the latency of simple reaction time," *Frontiers in Human Neuroscience*, vol. 9, p. 131, 2015.

[11] X. Xu, Y. Pan, P. P. M. Y. Lwin, and X. Liang, "3D holographic display and its data transmission requirement," in *Proc. 2011 International Conference on Information Photonics and Optical Communications*. IEEE, 2011, pp. 1–4.

[12] M. Yamaguchi, "Light-field and holographic three-dimensional displays," *Journal of the Optical Society of America*, vol. 33, no. 12, pp. 2348–2364, 2016.

[13] P. Gallo, "Michael Jackson hologram rocks billboard music awards: Watch & go behind the scenes," 2014. [Online]. Available: https://www.billboard.com/articles/news/6092040/michael-jackson-hologram-billboard-music-awards/

[14] L. Onural, F. Yaraş, and H. Kang, "Digital holographic three-dimensional video displays," *Proceedings of the IEEE*, vol. 99, no. 4, pp. 576–589, 2011.

[15] Q. Jiang, G. Jin, and L. Cao, "When metasurface meets hologram: Principle and advances," *Advances in Optics and Photonics*, vol. 11, no. 3, pp. 518–576, 2019.

[16] L. G. Factory, "Holographic displays," accessed Sept. 20, 2020. [Online]. Available: https://lookingglassfactory.com

第3章

感知、定位与成像

第1章提到，感知将成为6G通信系统的一大新功能。传统的无线感知网络使用传感器采集并传输感知数据，6G的感知能力则通过测量和分析无线信号来实现，即两者的实现方式有所不同。新的感知能力将为6G开辟全新的业务，而这些业务目前由专用设备提供，如雷达、激光雷达、专业计算机断层扫描和磁共振成像等设备。

在通感一体化系统中，感知能力可以把6G基站、6G终端甚至整个6G网络变成传感器。6G中一些新的感知应用包括定位、手势和动作识别，以及成像与制图（mapping，又称为地图构建）。

由于具备更高的频段（毫米波和太赫兹）、更高的带宽和大规模天线阵列，6G网络将提供超高分辨率和精度的感知与成像，可以为公共安全和关键资产保护、健康监测、智慧交通、智慧家庭、智慧工厂、手势和动作识别、空气质量监测、气体/毒性感知等领域提供增强的解决方案。在此背景下，感知能力引入了若干新的关键性能指标（Key Performance Indicator，KPI），包括以下方面。

- **感知精度**：在距离、角度、速度等维度感测值与实际值之间的差异。
- **感知分辨率**：从距离、角度、速度等维度区分多个物体的能力。
- **检测概率和虚警概率**：分别指物体存在和不存在时被检测到的概率。

下面介绍四类通感一体化应用场景，并分析相应的KPI要求。

3.1 高精度定位

应用示例3.1

杰克是一家飞行汽车制造初创企业的联合创始人。他的工厂部署了一套支持6G的高精度3D定位系统。该系统提供通信与感知能力，包括先进的定位、导航和地图服务，使机器人完全自动化。对于实体设施、材料、加工零件和数字化制造工作流，这一系统发挥了数字世界和物理世界之间的桥梁作用。在这一系统中，杰克和他的商业伙伴可以随时随地监控、诊断和优化制造过程。小部件存放在3D堆叠式仓库以节省空间。凭借高精度的垂直软着陆能力，无人机可以轻松地从仓库取走部件并装载到自动导引运输车（Automated Guided Vehicle，AGV），如图 3-1 所示。这里需要用到精确 3D 定位技术，以免损坏所吊运的零部件。为了高效、快速地运输零部件，AGV 机器人需要利用实时定位技术避免碰到障碍物或其他机器人。而实现实时动态路径规划则需要毫秒级时延和毫米级精度的支持。例如，为了将涡轮发动机从货舱吊起并安装到目标位置，AGV 机器人需要与固定机器人紧密配合，同时保持相对距离和手臂姿势，以防止意外损坏发动机。起吊、搬运、安装和焊接要求高精度操作，这需要结合6G 无线区域定位和其他近距离传感器一起来实现。

6G 网络提供有源和无源定位服务。对于有源定位，设备的位置信息来源于接收到的参考信号或目标设备的测量反馈。而无源定位更像雷达检测，需要处理散射和反射无线信号的时延、多普勒频偏和角度谱信息（描述环境物体的距离、速度和角度）。还可以进一步处理信号，以提取坐标、方向速度和其他物理三维空间的几何信息。值得一提的是，高精度测距也

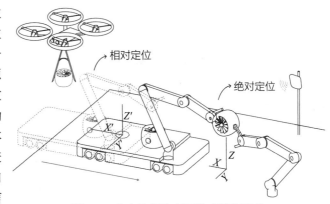

图 3-1　未来飞行汽车厂的高精度定位

可以实现对工业网络非常重要的精确时钟分发和同步。

目前，对于室外部署的 5G 网络，性能目标包括水平定位误差小于 10 m、垂直定位误差小于 3 m、水平和垂直定位可用性均达到 80%。对于室内部署，水平和垂直定位误差均要求小于 3 m，且可用性均达到 80%[1]。6G 网络提供更精确的定位能力，室内和部分室外场景下的定位能力均达到厘米级。相对而言，室内环境更加复杂、更具挑战，因为墙壁、家具、设备和人等障碍对 6G 信号的传播影响很大。得益于更高的带宽、多频谱的应用以及更大的天线阵列孔径，6G 中的通感一体化系统能够提供出色的多径解析能力，并利用多径信息获得更好的定位和追踪性能。

3.1.1　绝对定位

从工厂到仓库，从医院到零售商店，从农业到矿业，高精度的定位和追踪使得数字信息和实体位置之间产生有意义的关联。由于不受光照、噪声和机械振动的影响，6G 感知可以确保定位性能。而传统的光传感器或超声波传感器基于传播时间进行感知，6G 感知与其相比优势明显。6G 感知还可以实现工艺、流程和布局优化，提供实时查看当前工作、代客泊车或便捷停车等服务。此外，低时延、高精度定位可以避免 AGV 和叉车在导航时发生碰撞。10 cm 级精度可实现器件级放置，而 1 cm 级精度可进一步实现狭小空间中的模块级安装和放置，从而提高集成芯片、小型金属部件等小尺寸器件的储存效率[2]。

3.1.2　相对定位

相对定位是指，两个或多个实体做同向或相向运动时，定位实体的相对位置。这对自动对接和多机器人协作相关的应用极为重要。如果必须知道某一载具与周边其他载具的相对位置，可以在一组导航机器人中使用相对定位。近距离操作也需要相对定位，因为要使每个机器人准确确定其相对于某个基准点的位置，必须顾及复杂性、物理限制和外部基础设施等重要因素。下面以一个形状复杂、长度 1 m 的结构件为例。为了避免在协同起吊和搬运过程中的重量失衡，又考虑到允许的最大倾斜度为 3 度，两个可移动实体之间的相对定位误差要控制在约 5 cm 甚至更小，才能确保物体以正确的方向平稳移动。相对定位也可以用于新场景，比如，无人机需要降落在移动车辆上，而移动车辆货物平台面积有限、着陆面积极小，这时可以采用相对定位。

3.1.3　语义定位

未来 AI 普及后，系统能够基于上下文感知来实现语义定位。传统系统在为人类服务时，可以提供用户的街道名称、楼栋号和楼层等信息，实现简单的可调度定位。而在未来的智能家居、商场、餐厅、酒店，以及自动化工厂等应用场景中，系统需要为物体和部件提供更精细的可调度定位信息，比如货架层数、座位号、桌号和格子间号等。除了提供诸如此类的精细颗粒地址，普惠 AI 还支持基于业务上下文的动态地址注册。图 3-2 中的餐馆使用了无人机作为机器人服务员。借助 AI，机器人可以理解语义指令上下文（比如把食物送到某张餐桌），然后通过语义定位找到客人位置并送餐。这些无人机或机器人的行为与人类服务员的行为非常相似。AI 和定位能力的集成甚至可以让机器人更进一步，依据任务特点设定不同的目标，例如在运输过程中，从位置和速度精度等方面区别对待易碎物品和刚性物体。

图 3-2　未来餐厅通过语义定位实现无人机送餐

3.2 同步成像、制图与定位

应用示例 3.2

杰克的飞行汽车制造初创企业位于他居住的未来城市的市中心。如图 3-3 所示，未来城市的一个重要特征是支持实时图像重建，能够实时获取室外环境信息，从而构建虚拟城市和智能网络。这项技术让人们能够关注到城市的精确细节，使生活更舒适、更便利。例如，感知与成像能力可以获知玻璃幕墙和广告牌的更换和人群的流动，甚至把植物的季节变化体现在感知背景信息中。由于杰克对柳树过敏，下班路上他可以避开相应路段。所有这些信息都可以实时成像和制图。又如，某晚杰克乘坐一辆全自动驾驶汽车沿街道行驶，而街道上照明不好。这时一头鹿横穿马路，自动驾驶汽车能够立即感知到这一情况，并采取行动，避免对鹿和乘客造成伤害。

上述场景中，三方面的感知功能彼此增强。成像功能捕捉周围环境的图像，定位功能获取周边物体的位置，制图功能利用这些图像、位置来构建地图，而地图又反过来提升定位功能的位置推理能力。

与传统成像雷达相比，6G 中的通感一体化系统利用先进的算法、边缘计算能力和 AI 技术，能够生成超分辨率、高识别度的图像与地图。传统激光雷达容易受光照和云雾等大气条件影响，而 6G 网络的成像解决方案却可以全功能、全天候地运行。车辆、基站等形成庞

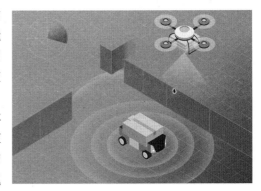

图 3-3   虚拟环境图像的实时重建和定位

大网络，充当传感器的角色，大幅扩大成像面积。此外，通过云服务网络，成像结果可以融合并全局共享，使成像性能显著提升。下面讨论这一感知能力的不同应用场景。

3.2.1 同步定位与制图

借助毫米波或太赫兹频段的同步定位与制图能力，可以重构周边未知环境的 3D 地图。具体实现方式是，感知设备在未知环境中移动，识别作为地标的周边物体，然后为环境重建 2D 或 3D 地图，这样可以进一步提高定位精度。

目前，用于室内和室外地图自动创建的精确同步定位与制图功能，需要高分辨率距离估算（即测距）的支持，对角分辨率也有极高的要求。而传统上，这一功能是通过激光和光学技术实现的。激光雷达系统与照相机虽然支持高分辨率，但无法在云雾雨等恶劣天气和低光照环境下工作。

利用 6G 无线信号进行同步定位与制图，既解决了上述问题，又节省了激光雷达系统和照相机的额外设备成本。事实上，由于环境的复杂性（比如房间多或隔断多的室内场

景），非视距覆盖占据了大部分的目标服务区域。即使在这种非视距场景下，6G 制图功能仍能提供最新的环境信息，实现高精度的定位。也就是说，通过绘制环境中的物体位置，可以提供额外的定位信息；然后，基于精确的地图信息，通过射线跟踪技术来确定多径反射点。因此，6G 同步定位与制图能够同时以视距和非视距两种路径追溯目标位置。多径信息可以间接提升检测概率，从而提高定位性能。当感知设备与物体之间的距离在室内正常范围内（约 10 m）时，6G 同步定位与制图可以实现厘米级精确定位。

3.2.2　室内成像与制图

　　6G 感知支持 3D 室内成像与制图，从而实现室内场景重建、空间定位和室内导航等应用。这类应用通常要求超分辨率和高精度。由于视距范围内的空间表面会像镜面一样多次反射信号，可以利用镜像技术重构非视距物体的补偿图像。

　　成像系统感知到拐角后的物体，是一项极具价值的功能，可以应用于多种新的场景。环境重建一旦完成，就可以基于重建的环境进行非视距目标的定位与成像。获知场景几何的先验信息后，就能更精确地检测目标位置。即便假定的几何信息存在误差，所获得的位置仍以真实轨迹为中心。图 3-4 说明了在非视距环境下如何借助环境重建进行目标定位。为了保证非视距定位的精度，要求环境重建结果（即 A、B 区块的墙体间距）的误差

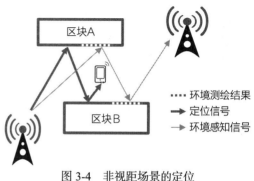

图 3-4　非视距场景的定位

控制在 5%。即使这么小的误差，仍会改变定位结果，但最终确定的位置仍以真实轨迹为中心。举例来说，假设室内走廊宽度为 2 m，5% 的误差相当于 10 cm 级的环境测绘精度[3]。

3.2.3　室外成像与制图

　　天气、障碍物和传感器功率控制等因素使移动车辆上的传感器视野受限，进而限制了感知覆盖范围。相比而言，附近静止基站的视场更大、感知距离更长，分辨率也更高。因此，车辆可以利用由基站重建的地图来确定下一步动作，实现更高级别的自动驾驶。此外，通过云服务网络，成像结果可以融合并全局共享，进一步提高感知分辨率和精度。为了在自动驾驶中实现高分辨率的目标识别，目前汽车激光雷达系统的精度必须达到 3 cm 或以下[4]。城市中密集的基站和通感一体化系统可用于环境重建和 3D 定位，从而构建虚拟城市。

　　由于建筑物之间的距离都大于一米，建筑物层面的成像与制图只需要米级分辨率和精度，数百米的感知范围可以支持市区环境的重建。值得一提的是，道路制图功能可以实时提供全面的交通信息。6G 成像技术可以精确重建道路交通与环境。从道路地图中提取的道路特征包含数百万个单独的反射点，可以呈现防撞护栏、路标和车道等信息。重建好的地图可用于交通流量监控、车辆拥塞检测和事故检测等智能交通控制。

3.3 人类感知增强

应用示例 3.3

　　想象一下，未来医疗中心部署了许多支持 6G 的人类感知增强设备。克莱恩医生在手术时佩戴一副毫米级超高分辨率感知眼镜。借助这一感知设备，克莱恩医生可以看清患者的血管和淋巴系统分布，从而降低手术中永久性损伤的风险。这种眼镜还能透过皮肤，实时检测患者的心跳和出血情况，使克莱恩医生能够在手术过程中监测患者的状况并借助 AI 快速做出决策。手术中，克莱恩医生从患者身上提取组织用于诊断，并将病理标本送至医学检查中心，该中心的检查员托米会戴上感应手套对标本进行检查。这种称作 T-RAY 的石墨烯手套具有高度灵活的特点，让托米得以实时检查分子振动谱图，只需轻轻触摸一下就可以快速检测标本状况。同样，感应手套也可以用于药理学试验，试验时只需将药粉轻轻地放在感应手套上。

　　人类感知增强旨在提供安全、高精度、低功耗和超越人类自身的感知与成像能力。通过通感一体化系统技术，在很多情况下，我们可以利用便携式终端感知周围环境，而不需要大型的专业设备。例如，6G 手机、可穿戴设备和皮下植入的医疗设备等都可以用作感知设备。借助感知及其与 AI 结合方面的技术发展，我们可以利用 6G 通感一体化终端实现超越人体感官的感知能力，使环境信息获取更便捷更精确，而这些信息最大限度汇入 6G 网络，也将持续提升网络通信质量和智能化程度。

　　除医院外，增强感知的其他可行应用还包括检测包装内物体、墙后水管、产品缺陷和水槽泄漏。我们也可以利用高频频段（毫米波、太赫兹或光学频段）的可穿戴设备或皮下植入设备获得血管状态、器官状态等生命体征信息。相比仅凭人类自身能力，这类技术能够更加准确有效地获取关键信息。此外，利用移动设备的精确位置信息和感知数据的关联信息，可以确保患者在紧急情况下得到医疗护理。

3.3.1 超越人眼：超高分辨率

　　未来，感知技术支持高分辨率成像与检测。随着 6G 网络的发展，这些技术将催生许多应用，如远程手术、癌症诊断、产品裂缝检测和水槽泄漏检测等。如图 3-5 所示，外科医生可以通过超高分辨率成像监控系统和远程手术平台进行异地手术。此外，智慧工厂利用先进的感知解决方案，可以实现非接触式超高精度检测、追踪和质量控制。

　　这类应用需要毫米级距离分辨率和超高横向距离分辨率，而这两项分辨率分别依赖于更高的带宽和更大的天线阵列孔径。借助频率高达太赫兹、波长小于 1 mm 的 6G 通信技术，这些人类感知增强功能可以

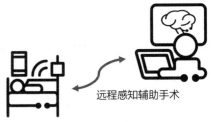

远程感知辅助手术

图 3-5　利用超高分辨率成像监控系统开展远程手术

集成或安装到便携式设备中。

3.3.2　超越人眼：见所未见

超高分辨率场景需要更高的带宽和更大的天线孔径，而"超越人眼"的另一应用则有截然不同的要求。这种应用要求频率有较低的穿透损耗，以获得皮肤下、遮挡物后或黑暗中的重要隐藏信息。这些都是人眼看不见的信息。

传统的光学成像技术只能提供与人眼相当的视距成像能力，而 6G 感知可以提供如图 3-6 所示的非视距成像能力。出于实用性考虑，这种检测隐藏物体的技术依赖具有强大低时延成像能力的便携式设备，而不是目前常见的大型设备。因此，将来手机可以用于检测墙体后的管道或对包裹进行安全扫描。通常，我们可以利用电磁波的穿透特性来实现这种功能。由于无线信号的穿透性取决于频率和发射功率，像皮肤（0.5～4 mm）、皮下脂肪（12～20 mm）、手提箱（0.5 cm）和家具（2 cm）等非电离材料非常适合无线信号穿透式成像。

隐藏物体成像

图 3-6　非视距成像示例

6G 感知在诊断、监测和治疗等医疗技术中也发挥着重要作用。如今，全球慢性病患者迅速增加，给医疗保健系统带来沉重的负担。慢性疾病（如哮喘、心律失常、低血糖、高血糖和慢性疼痛等）需要长期使用可穿戴设备来监测。举例来说，心脏病患者的心跳需要 24 小时监测，而低血糖或高血糖患者的血糖水平在每餐后都要监测。幸运的是，6G 感知技术能够实现非创伤性医疗检测。它不仅能检测心跳，还能实时获取心脏血流的图像。因此，这项技术可以使医生快速获得患者病情的准确信息。无创伤检测技术不会对患者造成伤害或不适，而且具有超高的可靠性和准确性。如果检测直径为 1～2 cm 的心尖搏动[5]，会用到几十至几百 GHz 的频谱带宽。基于人类感知增强，未来新的脑机接口和肌机接口可以修复、替代和扩展我们的能力。

3.3.3　超越人眼：谱识别

谱识别是基于目标的电磁或光学特性，对目标进行识别的频谱感知技术。这包括对吸收、反射率和介电常数等参数的分析，这种分析有助于区分材料的质量。前面也提到过该技术的一些潜在应用，例如污染检测、热量计算和产品质量管理等。

这类应用依赖分子振动效应，与材料独特的吸收曲线有关。在多频段太赫兹辐射下，不同材料呈现的反射率不同。例如，在太赫兹和亚太赫兹的频率范围内，电磁辐射很容易被液态水吸收，其透射或反射曲线随含水量的不同而明显变化。该特性可用于工业产品的无损检测，准确测定木材、纸张等的含水量。通过透射或反射测试，可以检测混合物中各组成部分的分布和比例。为了获得分子振动中的所有吸收峰频段，需要 2 GHz～8 GHz 的频谱带宽。此外，在 1 THz 下进行谱识别，频率抖动必须小于 ±10 GHz[6]。

谱识别可用于食物检测，即通过太赫兹信号的透射和反射来检测食物的种类和成分。如图 3-7 所示，谱识别有助于识别食物的种类、卡路里含量，以及是否存在污染成分等。

环境感知（包括空气质量评价和污染检测）中的 PM2.5 透射频谱有两个截然不同的吸收带，取值都在 2.5 THz～7.5 THz 之间。同步图和异步图的吸收带和交叉峰的相关性表明，金属氧化物的吸收范围在 2.5 THz～7.5 THz 之间。这些结果

图 3-7　卡路里的谱识别

[7]证实，对 PM2.5 进行太赫兹频谱分析，是了解污染物成分和含量的一种有效方法，0.1 THz～ 7 THz 是优选的吸收带频段。

3.4　手势和动作识别

随着技术的进步，计算的范畴已经远超我们所熟知的台式机。人机接口领域已经对多种替代输入策略进行了研究。近年来，人们对全身动作或手势识别等人机交互研究产生了广泛的兴趣。基于机器学习的无源手势和动作识别是推广人机接口的关键。通过这些人机接口，用户可以使用手势和动作传递指令，更方便地与设备交互。这项技术很容易融入日常生活中，因此会极大地改变人们的生活方式。可以说，射频频谱中的手势和动作识别，在作为一种感知模式应用到交互应用和普惠智能系统中时，具备天然的优势。利用射频信号而不是可穿戴设备作为解释手势和动作的媒介，会催生很多新的应用。

特征提取是手势和动作识别的主要步骤。提取的特征来自时域、频域、空域，或者它们的交叉域。在 6G 中，更高的频段会带来更高的分辨率和精度，可以捕捉更细微的动作和手势。在检测由运动引起的多普勒频移时，高频段的检测灵敏度也更高。此外，6G 中的大规模天线阵列能够显著提高空间识别的分辨率和精度。与基于视频的感知不同，6G 信号不受光照条件的影响，因此提供的手势和动作识别解决方案更可靠。6G 信号的传播特性也使非视距感知成为可能。6G 手势和动作感知还有一大好处，就是它的实现方式不涉及隐私风险。不像视频监控，由于隐私风险，可能不适合家庭等场景的应用。在未来，由于 6G 网络的密集分布，可以充分利用用户设备（如智能手机）和蜂窝基站进行手势和动作识别，让这些设备一起开展环境感知。再则，由于通信网络中的用户设备和基站数量庞大，感知范围将大幅提高。感知数据的关联、融合和全局共享（通过云服务网络）将显著提升整体识别性能。

3.4.1　非接触式控制：大动作识别

应用示例 3.4

杰克作为飞行汽车制造初创企业的联合创始人，兢兢业业地为自己的企业工作。

但他近来因为超负荷工作生病了，被送进一家智慧医院。次日，杰克在一个智能手术室接受手术，外科医生用手势控制医疗设备，无须接触设备。手术后，杰克要接受医疗康复训练，以便尽快恢复。动作识别可以毫不费力地监督他的康复过程，确保他的日常康复活动做到位。在住院期间，杰克的身体状况得到持续监控，如有跌倒、异常举动、打喷嚏和咳嗽等情况都能及时识别。这些措施对他的快速康复发挥了重要作用。

在可预见的将来，智慧医院会具备先进的手势和动作识别能力。智慧医院的医疗康复系统可以实现对患者的自动监护，也确保患者在物理治疗期间的手势和动作符合康复训练的标准要求。如有不正确的动作或手势，系统会及时提醒，大大改善患者的康复过程。由于恢复中的患者动作迟缓且渐进，所以在物理治疗期间，手势和动作识别要达到 0.01 m/s 或更佳的速度分辨率。另外，如果患者在运动中跌倒，或发现可疑人员闯入禁区，医院控制中心会发出警报。患者跌倒或有人闯入时，动作幅度远大于正常手势的幅度。要识别这种情况，要求距离分辨率达到 2 cm，速度分辨率达到 0.05 m/s，检测概率大于 99.9%。

在智慧医院，传染病主要通过打喷嚏和咳嗽传播。因此，必须检测因打喷嚏和咳嗽而引起的飞沫，这种检测和追踪对确定患者打喷嚏或咳嗽时的位置也至关重要。黏液和唾液从口中喷出时，速度能达到 40 m/s，传播距离长达 8 m[8]。人体呼出气体后，含有飞沫的气体可以在空气中悬浮数分钟，具体时长取决于飞沫的大小。因此，要精确检测和定位喷嚏或咳嗽，距离分辨率要达到 5 cm，速度分辨率要达到 0.1 m/s，检测概率要大于 99%。此外，打喷嚏和咳嗽的检测和追踪系统可以探测相应的雾团大小及其轨迹（显示其传播范围）。有了更多关于人类喷嚏和咳嗽的信息和参数，研究人员就能够更好地控制和遏制疾病的传播。

3.4.2　非接触式控制：微动作识别

应用示例 3.5

杰克在飞行汽车制造厂忙碌了一天。下班后，他回到家，进入客厅，只需挥挥手即可开灯和打开空调，无须触碰开关。如果想看电视，杰克也可以用手势控制智能电视并与之互动。晚饭后，他可以在虚拟钢琴上练习昨天学的曲子。

未来智慧家庭将配备先进的手势捕捉和识别系统。这种系统可以追踪手部的 3D 位置、旋转和手势。因此，只需挥挥手，就可以在房子的任何地方开灯、关灯，而不用按开关。除了灯光，还可以用手势控制智能电视。通过人脸和自然手势可以完成与智能电视系统的主要交互。人脸识别系统可以识别用户，手势识别系统可以控制电视，包括切换频道和调节音量。手势是通过 6G 信号捕捉的，所以用户不在电视机前也能操作。为了精确捕捉人的手势，距离分辨率要达到 1 cm，速度分辨率要达到 0.05 m/s，检测概率要大于 99%，覆盖距离要达到 8 m（即大客厅的范围）。此外，为了区分不同人的手势，横向距离分辨率在 5 cm 以内比较理想。

要实现更复杂的功能，需要更先进的手势捕捉和识别系统。例如，通过 6G 网络的感知能力，人们可以弹奏虚拟钢琴，随时随地享受完全沉浸式的体验。手指的运动非常复杂，有研究表明，多数成人的食指平均宽度约为 1.6～2 cm[9]。钢琴家在演奏慢节奏音乐时手指移动最大速度为 ±2 m/s[10]。因此，为了实现虚拟钢琴，距离分辨率和横向距离分辨率均应小于 0.5 cm，速度分辨率应达到 0.01 m/s。此外，要确保虚拟钢琴演奏时不出现中断，识别概率要高于 99%。毫无疑问，这一超前概念会激发更多与高精度手指运动检测和追踪有关的创新应用。

参考文献

[1] 3GPP, "Study on positioning use cases," 3rd Generation Partnership Project (3GPP), Technical Report (TR) 22.872, 09 2018, version 16.1.0. [Online]. Available: https://portal.3gpp.org/desktopmodules/Specifications/SpecificationDetails.aspx?specificationId=3280

[2] S. Kumar, A. Majumder, S. Dutta, R. Raja, S. Jotawar, A. Kumar, M. Soni, V. Raju, O. Kundu, E. H. L. Behera *et al.*, "Design and development of an automated robotic pick & stow system for an e-commerce warehouse," *arXiv preprint arXiv:1703.02340*, 2017.

[3] T. Johansson, Å. Andersson, M. Gustafsson, and S. Nilsson, "Positioning of moving non-line-of-sight targets behind a corner," in *Proc. 2016 European Radar Conference (EuRAD)*. IEEE, 2016, pp. 181–184.

[4] J. AmTechs Corporation, Tokyo, "VLP 16 puck," 2020, accessed Sept. 2020. [Online]. Available: https://www.amtechs.co.jp/product/VLP-16-Puck.pdf

[5] A. Chandrasekhar, "To evaluate apical impulse." [Online]. Available: http://www.meddean.luc.edu/lumen/meded/medicine/pulmonar/pd/pstep36.htm

[6] J. Advantest Inc., Tokyo, "Terahertz spectroscopic system TAS7400 product specification," 2019, accessed Dec. 27, 2019. [Online]. Available: https://www.advantest.com/documents/11348/146157/spec_TAS7400_EN.pdf

[7] H. Zhan, Q. Li, K. Zhao, L. Zhang, Z. Zhang, C. Zhang, and L. Xiao, "Evaluating PM2. 5 at a construction site using terahertz radiation," *IEEE Transactions on Terahertz Science and Technology*, vol. 5, no. 6, pp. 1028–1034, 2015.

[8] "See how a sneeze can launch germs much farther than 6 feet," 2020, accessed Sept. 2020. [Online]. Available: https://www.nationalgeographic.com/science/2020/04/coronavirus-covid-sneeze-fluid-dynamics-in-photos/

[9] "Finger-friendly design: Ideal mobile touchscreen target sizes," 2020, accessed Sept. 2020. [Online]. Available: https://www.smashingmagazine.com/2012/02/finger-friendly-design-ideal-mobile-touchscreen-target-sizes/

[10] S. D. Bella and C. Palmer, "Rate effects on timing, key velocity, and finger kinematics in piano performance," *PloS One*, vol. 6, no. 6, p. e20518, 2011.

第4章

全功能工业 4.0 及其演进

工业 4.0 是指第四次工业革命，它利用现代智能技术实现传统制造和工业实践自动化 [1]。如图 4-1 所示，相比工业 3.0，工业 4.0 的目标是在先进的信息物理系统（Cyber-Physical System，CPS）基础上，大幅提升工业生产的灵活性、通用性、易用性和效率等。在工业 4.0 基础上，后工业 4.0 时代将进一步利用飞速发展的无线通信、自动化技术、实时人工智能和机器学习技术实现未来智能制造的愿景。

如图 4-1 所示，制造业的每一代发展和演进都需要几十年之久。但无线通信行业却不一样，每一代的生命周期相对比较短。在工业 4.0 中，无线通信、物联网等新技术正发挥重要作用，使其可以充分利用 ICT 领域的发展成果。

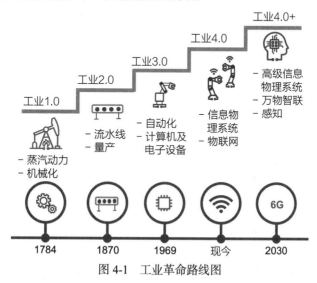

图 4-1　工业革命路线图

目前，尽管工厂中已经使用了无线技术，例如 Wi-Fi、LTE、蓝牙和 ZigBee，但在工厂自动化的关键工业应用场景中，这些技术由于性能上的局限，尚未成为主流的网络技术。由于 5G 在机器类通信、超低时延及高可靠性通信方面的特性，使其在工业 4.0 中有着巨大的应用潜力。

无线技术的应用领域可分为五大类：工厂自动化、流程自动化、人机接口和生产 IT、物流和仓储，以及监控和预测性维护[2]。这些类别中的典型应用场景包括动作控制、控制到控制、移动控制面板、移动机器人、海量无线传感器网络、远程访问和维护、增强现实（Augmented Reality，AR）、闭环流程控制、过程监控和工厂资产管理[2]。一个应用场景可适用一个或多个应用领域。

虽然 5G 可以实现部分应用场景，但是由于垂直行业的特殊性，全方位的 5G 应用还存在很大的挑战，这些挑战是下一代系统需要考虑和解决的。例如，某些应用场景可能具有极端要求或涉及恶劣环境（如要求超高网络性能、传播环境存在高干扰、需要与传统系统无缝集成，以及特定的功能安全和网络安全问题等）。本章后续部分将介绍一些具有代表性的应用场景，这些应用场景可能会给 6G 系统设计带来一些启发，促使 6G 系统更好地支撑垂直行业。另一方面，6G 的新特性也可能激发工业 4.0 及其后续发展的讨论和创新。

4.1   未来工厂

应用示例 4.1

马克是一家汽车制造厂的工程师。他的职责之一是监督工厂汽车生产。由于该工厂采用 6G 技术建造，马克不需要像以前一样身处嘈杂甚至危险的流水线，而是在明亮的控制室里远程工作，这样更安全、更环保。基于超快、超低时延和超高可靠的 6G 连接，他可以获得各种类型 XR 和远程操作设备的协助，从而聚焦高价值的监督和管理工作。

一天下午，马克从互联网收到新订单。再次检查客户需求后，他通过虚拟控制平板将配置输入智能管理系统。由于工厂没有固定的生产线，智能系统根据收集到的所有信息以及自身经验和知识，自主决定生产线的最佳重组方式，以满足高度定制化的需求。

得益于设计的高效性，流水线的概念在被亨利·福特发明了近 100 年后，仍然在制造工厂中广泛使用。但是，这种高效只适合大规模生产，灵活性较差，无法满足定制需求。因此，流水线不能满足未来制造中大规模的个性化需求[3]。

相比之下，未来工厂的目标是实现全自动化及灵活性的"熄灯"制造的彻底革命。也就是说，制造现场可以完全没有人，所以可以关掉所有的照明。未来工厂不仅仅是在外观和运营方式上不同，从创新的模式来说，与现在的工厂也会大不相同。

- **无线是走向灵活性的第一步：** 要实现这种定制所需的灵活性，首先要让机器摆脱线缆的束缚。也就是说，生产模块需独立、灵活且可移动，可以快速形成一条流水线，并通过超高性能无线链路与其他机器人、自动导引运输车（Automated Guided Vehicle，AGV）以及无人机协同。这样，流水线概念的重心就可以从传统的"大规模生产"转变为面向未来的"定制化生产"。
- **智能在机器人中的快速传递：** 通过收集工厂中所有物体的信息，根据物理世界形成数字虚拟世界，用于生产过程的设计、模拟和优化。此外，人工智能将在制造业得到广泛深入的应用。例如，机器和机器人能够积累制造经验和知识，并通过先进的移动通信技术共享给同一生产线或其他生产线，也可以共享给其他工厂机器和机器人。这样，一台机器或机器人可以利用所有其他机器或机器人的智能，而这又进一步促进制造过程的优化和快速演进。此外，在这些场景中，需要多个机器人协作完成一个任务，因此，简单的连接不足以满足它们之间的交流。这是"万物智联"的一个典型场景。

- **实时感知实现主动维护**：传感器无处不在，通过超密集连接和智能射频感知系统（如第 3 章所述）监测和控制生产环境。这样就可以主动维护整个生产环境和过程，保证生产安全与效率。即使是轻微的生产缺陷，也可以实时检测并立即纠正。
- **低碳环保工厂**：由于工厂大部分区域均为无人化生产，因此不需要照明或其他设施。例如，所有监控都可以通过无线传感网络或集成在 6G 通信系统中的射频感知功能进行，因此，监控摄像头也不需要照明。这样可以大大降低运营成本和碳足迹。

未来工厂具有广泛的应用场景，但需要借助运营技术（Operational Technology，OT）和 ICT 技术以及两方面技术的深度融合。下面，我们将进一步阐述一些具有挑战性的应用场景。

4.2 动作控制

应用示例 4.2

在马克工作的工厂里，所有的机器和机器人都通过无线连接。它们可以根据产品需求，轻松地移动并与其他机器、机器人进行组合。

动作控制系统是机器的大脑，是自动化过程的重要组成部分，被广泛应用于制造、汽车、医疗等众多行业。它严格按照要求对机器部件（例如印刷机、机床或包装机）进行控制、移动、旋转。在闭环控制过程中，动作控制器严格地以循环且确定的方式向一个或多个执行器发送命令。在从控制器接收到设定点后，执行器对一个或多个过程执行相应的动作。例如，它们可以转动机器人的手臂或移动机器上的某个部件。同时，传感器用于确定过程的当前状态（例如，一个或多个组件当前位置及旋转状态），并将实际值返回给动作控制器[2]。

动作控制是自动化领域最具挑战的应用场景之一，它要求超高可靠性和低延迟，以及确定性的通信能力。例如，要支持机床、包装机等设备的动作控制，端到端时延（包括无线接入网、核心网和传输网时延）甚至要求达到微秒级，可靠性要求高于 99.9999%。这种场景在现代制造业中已经应用了几十年。如今，工业以太网等有线技术被广泛地用于动作控制系统[2,4]。

为了将固定生产线转变为柔性生产线，生产线需要像搭积木一样可以灵活组装。要实现这个目标，首先需要用无线通信取代有线通信。但是，要实现与工业以太网相同的性能水平，存在非常大的挑战。虽然 5G 已经讨论过动作控制的应用场景，但是由于性能限制，大部分相关场景只能在 6G 中实现。同时，确定性的超低时延、超高可靠性必然会给整个移动通信系统的设计带来挑战。

4.3　机器人群组协同

应用示例 4.3

汽车厂的主要工作由机器人完成，没有人工参与。在生产过程中，汽车的原材料、备件、配件等由机器人、AGV 或无人机从仓库运到生产线。大型零件通常由多个机器人协同搬运。6G 网络的实时定位和同步精度可以支持复杂的协同工作（如协同搬运）。

装配工作由一组协作机器人完成，不需要任何人工介入。本地机器学习和联合机器学习有助于机器人更好地处理不同情况。如果一个机器人经历并解决了未知情况，那么相关知识和经验可以通过 6G 网络快速地共享给同厂或他厂的其他机器人。

先进的工业机器人已经进入工业生产领域。它们可以执行焊接、喷漆、锡焊等任务。因此，它们在未来制造业中将继续扮演重要角色。机器人群组协同的一个应用场景是协作搬运[2]，其中较大或较重的部件由多个机器人协同搬运。信息物理控制（cyber-physical control）功能对这些机器人的动作进行控制、协调，确保安全和效率。机器人之间的通信要求超高可靠性及业务可用性，同时要求严格的同步。需要指出的是，控制指令的下达和反馈信息的交互是通过周期性、确定性的通信完成的。

协同的机器人群组可以搬运需要高精度协调的刚性或易碎部件，也可以搬运允许一定自由度的柔性或弹性部件。无论是哪种情况，网络在同步、时延和定位精度方面表现得越好，就越有助于提高协作效率。一般来说，这样的机器人群组协同要求的端到端时延在 1 ms 左右，可靠性要高于 99.9999%。

在未来的工厂里，机器人与机器人、机器人与机器之间可以完美和谐地配合。这种协作不仅涉及预设程序，也基于机器人对环境的感知和人工智能对所获取的信息和知识进行的智能推理。

4.4　从智能协作机器人到电子人

应用示例 4.4

警铃突然响起，马克走进生产区。他的智能眼镜中显示问题可能出现的位置，并指引他来到现场。问题的潜在原因显示在平板电脑上。智能管理系统帮助马克进行分析并确定最佳维护方案。

一旦确定解决方案，助理机器人就带来所有需要的工具，并将生产线暂停。助理机器人与马克互动顺畅，存在分歧时会给出建议。

马克的同事伯恩德由于先天性疾病而失明。他的眼中植入了一个可以接收外部信息和内容的装置，帮助他重建视力。有了这种技术，他冲破了残疾的束缚，实现了成为一名汽车工程师的梦想。

制造业中出现了一个合成单词 Cobot（协作机器人，由 collaboration 和 robot 合成的单词）。这是先进的后工业 4.0 中的一个概念。与上面提到的机器人相互协同的应用场景不同，协作机器人指的是能够与人紧密互动协作的机器人，就像合作伙伴一样。与传统的工业机器人相比，协作机器人与人类之间并没有通过传统的保护机制（如有机玻璃墙或分隔区域）进行隔离。协作机器人执行的是对人类来说过于困难或危险的任务。

在日常生活或危险环境中执行人类无法执行的任务时，实现人机交互的关键是智能、精确、持久和可信。协作机器人可以改善工业和服务业人员的工作环境和质量。与传统的工业机器人不同，协作机器人并不局限于某个任务或区域。它们可以接受训练，通过观察和推理人类导师或其他机器人进行学习。为了实现这一目标，底层的基础设施需要有工业级的性能才能满足协作机器人的移动性和连接需求。

协作机器人拥有先进的感知技术和高性能的通信技术，能够对人类做出反应并与人类互动。这种能力在工业领域大有可为，特别是考虑到当前全球人口老龄化的趋势。如果体能要求高的任务由协作机器人完成，年长员工的职业生涯就可以延续更久。同时，协作机器人可以轻易地将自己的专业应用领域从垂直行业扩展到零售或餐饮等面向客户的服务领域。这些机器人可以通过机械而智能的方法来提高我们的专业能力和休闲娱乐感受。

如果我们把机器人看成智能控制论的结晶，代表 AI、ICT 和 OT 的顶级融合，那么下一步就是电子人（Cyborg）。Cyborg 的概念于 1960 年提出，最初的定义如下：Cyborg 通过吸纳外源成分，扩展有机体的自我调节控制功能，以适应新环境[5]。简而言之，Cyborg 是控制论机体（cybernetic organism），他们是被机器强化的人体。随着神经控制等医学、机械和人机接口领域的最新发展，在不久的将来，Cyborg 将由科幻变成现实。这将带来前所未有的好处，特别是对残障人士。例如，让人重见光明或举起重物。这样，在职场上，他们可以与其他人处于平等地位。即使是没有身体障碍的人，也能在危险的职业环境中保护自己，同时增强知识、提高对环境周边的意识。综上所述，神经科学和机器人技术将与移动通信技术同步发展，而人类本身也可能成为新的终端，通过 6G 实现互联。

参考文献

[1] Wikipedia, "Fourth industrial revolution," 2020, accessed Sept. 21, 2020. [Online]. Available: https://en.wikipedia.org/wiki/Fourth_Industrial_Revolution

[2] 3GPP, "Service requirements for cyber-physical control applications in vertical domains," 3rd Generation Partnership Project (3GPP), Technical Specification (TS) 22.104, 12 2019, version 17.2.0. [Online]. Available: https://portal.3gpp.org/desktopmodules/Specifications/SpecificationDetails.aspx?specificationId=3528

[3] Y. Koren, *The global manufacturing revolution: product–process–business integration and reconfigurable systems*. John Wiley & Sons, 2010.

[4] 5GACIA 5G alliance for connected industries and automation, "White paper, 5G for connected industries & automation (Second Edition)," 2018, accessed Sept. 20, 2020. [Online]. Available: https://www.5g-acia.org

[5] M. E. Clynes, "Cyborgs and space," *Astronautics*, vol. 14, pp. 74–75, 1960.

第 5 章

智慧城市与智慧生活

　　智慧城市和智慧生活包含很多应用场景，将改变城市生活的方方面面。这些应用场景可以实现高效市政治理，提供优质公共服务，促进经济可持续发展。这种社会属性的数字化转型始于 4G 时代，从移动通信对物联网的支持到 5G 的海量机器通信（massive Machine Type of Communication，mMTC）演进，都是这种转型的体现。下一个阶段是向 6G 演进，这可能会对移动通信系统提出更高的要求。

5.1　智慧交通

应用示例 5.1

　　暑假来了，马克和妻子詹妮弗以及他们的三个孩子正在公路旅行。整个行程需耗时 12 个小时。一般来说，长途驾驶既疲惫又危险，但这次的情况就不一样了。他们的新车有 L5 级自动驾驶功能，一路上轻松、愉快，充满乐趣。智能汽车完全取代了人类驾驶，马克和詹妮弗现在可以一边欣赏美景，一边和家人玩游戏。

　　尽管暑期成群结队的人开车出行，马克和詹妮弗却没有堵车的烦恼。因为对飞行汽车来说，道路不再是二维的，而是三维的（如图 5-1 所示），这大大提高了道路的容量。另一个好处是，他们不必学习如何驾驶飞行汽车。借助 L5 级自动驾驶功能，三维交通系统中的所有车辆都井然有序，并可通过各自的最优路线到达目的地。

　　蜂窝车联网通信趋势始于 4G LTE 车辆通信，它改变了整个交通的生态系统。它不仅提升了人们的驾驶体验，而且更安全，资源利用率也更高。蜂窝车联网的应用范围非常广泛，涉及驾驶安全、车辆运行管理、便利出行、自动驾驶、车辆编队和交通管理等领域，对于社会及社区环境来说更环保[1]。其中，自动驾驶领域是最具挑战，也是创新最多的领域。

　　美国汽车工程师协会（Society of Automotive Engineers，SAE）用不同等级定义了车辆的自动化能力，其中 L0 级为全手动车辆，L5 级为全自动车辆[2]。感知、连接和通信是驱动自动驾驶发展的基本因素。

在自动驾驶的各种子应用场景中，远程操控可能是首个实现商用的场景。远程操控可以应用于工业采矿、采石、建筑和农业等领域。自动驾驶技术实现了对危险区域所有重型机械（如起重机、钻机等）的远程操作，使其成为一支新的驾驶队伍。消费者日常生活中的 L5 级自动驾驶车辆或无人机将重新定义我们对汽车旅行的看法。比如没有高峰时段、无须提前规划，可见 L5 级自动驾驶将对我们的生活产生巨大影响，就像从畜力到蒸汽动力的转变一样。对于 L5 级自动驾驶来说，最具挑战性的因素是未知的环境状况。考虑到这个因素，移动通信系统提供的感知和人工智能服务将帮助

图 5-1　L5 级自动驾驶的飞行汽车

车辆获得准确的决策信息。驾驶效率（如车速和交通密度）与通信系统的性能密切相关。因此，毋庸置疑，业务需要超低时延（如毫秒级或更低）和高可靠性（如 99.9999% 或更高）的通信以及精确定位能力（如确定车辆之间的距离）。网络安全和功能安全也是业务需求至关重要的一部分。如果遭受黑客恶意攻击，后果将难以想象。

从架构的角度来看，一些实际问题也应该加以考虑。例如边缘计算平台的升级需要多运营商、多厂商参与，这样才能打破性能瓶颈，这对可高速移动的终端来说尤为重要。除了高性能的无线链路，系统智能也不可或缺。它不仅要根据状况持续的时间灵活做出决策，而且还要预测危险情况，并采取行动或提供建议。

车辆是一种非常复杂的终端形态，作为没有过多能耗限制的移动智能实体，与传统的移动终端（如智能手机）有很大区别。车辆既会产生大量数据，也会从附近的其他车辆收集数据，同时还可以充当固定基础设施的移动边缘，这将给系统设计带来有趣的思考以及新的挑战。

5.2　智慧楼宇

应用示例 5.2

马克和詹妮弗抵达酒店，停车位已预定，入住手续也已办理完毕。一个协作机器人迎上前来，帮忙搬行李，并带他们到房间。在接下来的几天里，协作机器人还充当导游，根据他们的喜好带他们在这座城市游玩。

建筑行业本身是一个自成一体的生态系统，拥有多样化的应用场景。与其他行业一样，它也处于数字化转型的过程中。智慧楼宇技术不仅仅是在建筑物中安装最新的电子产

品（如电梯、电视等），还需要将建筑物作为智能实体来管控，在电子产品、智能材料、楼宇控制和安防系统之间实现信息无缝流动。智慧楼宇会灵活实现多功能建筑，并大幅提升其能源效率和智慧水平。

对于楼宇技术，第一种趋势是建筑系统的集成和自动化，一个建筑可能有十多个不同的子系统，子系统间通过异构通信相连。这些子系统可包括视频监控系统、电梯控制系统、火警警报系统、停车管理系统、空调系统、供电和配电系统以及建筑物自动化控制系统。鉴于这种情况，建筑的维修和运营费用可能非常高，但效率却非常低。智慧楼宇引入移动通信技术的关键在于将移动通信技术作为公共基础设施，用来统一不同子系统，实现严格的定制化资源隔离，并支持原生可信。智慧楼宇也将广泛采用从移动通信到物联网的 ICT 技术。例如，在现代商业建筑中，用于环境监测、基础设施监测、人员控制等方面的传感器可能高达百万台甚至更多。因此，为智慧楼宇提供海量的连接支持必不可少。此外，一些用于环境监测的传感器（例如烟雾探测器）通常对能耗要求很高，要求电池续航至少几年，最好能在 20 年以上。另外，建筑物还将配备能够通信和交互的智能材料和物体，如机器人和协作机器人。

第二个趋势是跨地域的建筑互联。未来建筑将不再是孤立的，而是多个楼宇可以在同一区域或跨区域互联。因此，预计移动通信基础设施将成为跨平台、跨领域的可信数字底座。

5.3 智慧医疗

应用示例 5.3

马克的母亲丽莎独自生活，诊断患有多种慢性疾病。马克在她家部署了智慧医疗装置，包括监测健康状况的感知系统和三方全息智真设备。如此一来，医生在紧急情况下能即时收到重要数据，并立即通知马克。这使丽莎觉得，马克和医生就在身边，她可以随时获得最好的医疗建议。

为了保持健康，丽莎需要定期做有氧运动和伸展运动。她的智能触觉衣可以监测运动，并提供音频和触觉反馈，就像人类教练的声音和手一样。有了这件触觉衣，丽莎可以下载不同的项目进行各种运动，如果必要的话，一个穿着类似触觉衣的人类教练可以远程传输实时触觉信息，帮助她学习新运动。

未来十年，医疗健康服务将变得普及、定制化，并且没有地理限制。这一愿景很大程度上取决于移动通信系统的发展，并对系统的可靠性、可用性、安全性和隐私保护提出了很高的要求。

人工智能和患者数据实时分析可以用于重疾预测。在这方面，具有感知能力的先进基础设施在控制重大流行疾病方面（比如新冠肺炎）大有可为。结合先进的视频、全息和触觉技术，可以将身临其境的专业互动和操作体验提升到新的水平。（6G 相关 KPI 要求在第

1 章中有描述。) 因此，远程诊断、远程手术、动态监测以及全息医学训练将会非常普遍，如图 5-2 所示。远程手术等应用场景可能需要超低延迟和超高可靠性的洲际通信 (例如，中国医生为非洲患者做心脏手术)。这对于减轻老龄化社会的压力至关重要，特别是在医疗资源不足的地区。

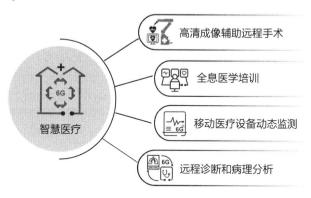

图 5-2　智慧医疗的典型应用场景

5.4　UAV 使能智能服务

应用示例 5.4

马克的母亲丽莎因意外而行动不便，无法参加家庭度假。马克用无人机和丽莎进行 XR 通话，还操作无人机从空中拍摄阿尔卑斯山。这使丽莎能够身临其境，仿佛和家人在一起旅行。

度假期间，马克在当地商店里给丽莎买了一只戒指。戒指很漂亮，丽莎很喜欢，迫不及待地想戴上去。为了尽快把戒指交给丽莎，马克叫来了一架信使无人机，它立即起飞，就像古代的信鸽一样，如图 5-3 所示。当途中电力不足时，信使无人机会飞到最近的充电站充电，这样它就能飞行很远的距离。

图 5-3　UAV 配送

UAV 又称无人机，是一种没有人类飞行员的飞机，可以通过控制器对它们进行远程操控。有些 UAV 也具有一定的自主飞行能力，将来会实现完全自主飞行。UAV 有多种尺寸和重量，可用于许多不同的商业领域。如图 5-4 所示，UAV 具有商业和工业应用价值，比如流程自动化中的无人化巡检、智慧平安城市的应急响应、环境监测，以及图 5-3 所示的智慧物流等。

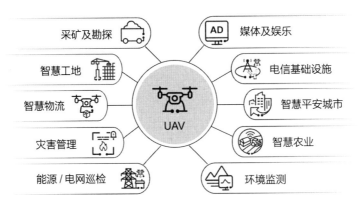

图 5-4   UAV 应用领域和应用场景

无人机还有新的潜在应用场景，用于拓展上述行业的边界。根据 Keystone 的数据，UAV 技术市场在未来 5 年将达到 410 亿至 1140 亿美元[3]。

不论在哪种工业领域，UAV 的主要特点都是空中机动性。它们可以作为携带各种传感器和高清摄像机的平台。正因为此，在提升 6G 的感知能力方面，UAV 将发挥关键作用。UAV 不仅是一种终端，还可以作为中继点或接入点，形成临时网络，扩展移动通信覆盖面，特别是在山地事故、自然灾害等特殊场景中。换言之，UAV 灵活敏捷，可以在没有固定基础设施支持的情况下成为关键的替代方案。

虽然 UAV 是 5G 已有的应用场景，但随着 6G 的发展，它们对网络 KPI 的要求也会不断提升，包括超高数据速率（例如，10 Gbps 以上吞吐率的 360° 视频直播）、超高可靠性及超低时延（实现无缝控制或自主飞行）。另外，UAV 对定位精度也有较高要求，例如 8K 视频直播、激光制图 / 高清巡查、周期性静态照片拍摄等，可能需要厘米级的定位精度。除了对网络的 KPI 要求外，UAV 还需要工业级别的可信，尤其是对 UAV 作为用户隐私数据来源的场景。在此背景下，移动通信系统的新研究需要考虑如何保障数据主权方面的问题。

另外，需要考虑的是电池容量限制了 UAV 的续航里程。因此，为了更好地支持 UAV 通信，相关的通信机制也需要考虑绿色节能。

参考文献

[1] 5GAA, "White paper, C-V2X use cases, methodology, examples and service level requirements," 2019, accessed Sept. 2020. [Online]. Available: https://5gaa.org/wp-content/uploads/2019/07/5GAA_191906_WP_CV2X_UCs_v1-3-1.pdf

[2] SAE On-Road Automated Vehicle Standards Committee *et al.*, "Taxonomy and definitions for terms related to driving automation systems for on-road motor vehicles," SAE International: Warrendale, PA, USA, 2018.

[3] HUAWEI Technologies (UK) Co., Ltd., "White paper: Connected drones. A new perspective on the digital economy," 2017, accessed Sept. 2020. [Online]. Available: https://www-file.huawei.com/-/media/corporate/pdf/x-lab/connected_drones_a_new_perspective_on_the_digital_economy_en.pdf?la

第6章

移动服务全球覆盖

下一代无线网络需要为用户提供覆盖全球的移动服务，使人和物都可以随时随地接入互联网。在 6G 时代，地面网络将与非地面站点融合，包括卫星、无人机、高空平台（High-Altitude Platform，HAP）、飞行汽车等，从而形成一张一体化融合的全球通信网络，提供横跨海陆空的无缝立体覆盖，如图 6-1 所示。无论是步行、乘车还是坐飞机，甚至当部分基础设施发生故障或损坏时，用户都可以接入 6G 网络，保证业务体验不中断。

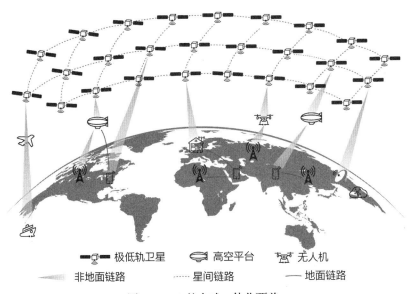

图 6-1　6G 的全球一体化覆盖

6G 将在系统层面实现地面与非地面网络的全面一体化，将业务、空口、网络、终端融合起来。通过将这两个网络融合为一个覆盖全球的多层次异构网络，为用户提供一致的业务体验。移动服务全球覆盖将是 6G 网络的一个重要能力。

一体化 6G 网络拥有更广泛的业务能力，可以提供多种全新业务。例如，通过地面与非地面网络的融合，6G 可以在偏远农场、船舶甚至是飞机等地面网络覆盖不足的地方提供宽带和物联网服务。此外，6G 将促进新应用的扩展，如为车辆提供的高精度的星地融合定位服务、为农业应用提供的高精度实时成像服务等。

6.1　未连接区域的无线宽带接入

一体化融合 6G 网络将提供横跨海陆空的 3D 立体覆盖，消除全球网络覆盖的数字鸿沟。无论是身处偏远地区或无人区，还是在船舶、飞机等交通工具甚至是海上钻井平台上，用户都可以通过 6G 的高速无线链路来上网。地面与非地面站点融合后，人们只需要一部移动电话或手持终端就可以随时随地接入 6G 网络。此外，一体化 6G 网络可以更有力地抵御自然灾害，可以在应急抢险时为救灾人员提供网络连接。

6.1.1　偏远地区的移动宽带

应用示例 6.1

卡尔在远郊有一座农场，农场的手机信号很差，不时会出现网络中断的情况。电信运营商告诉他，只要使用 6G，无论身处何地，他都可以享受高质量的移动宽带接入。于是卡尔开通了 6G 业务，并把手机换成支持地面与非地面一体化接入的 6G 手机。在市中心，他的 6G 手机可以和以前一样连接到地面网络。在农场，也可以无缝连接到地面与非地面网络，获得更好的宽带体验。

目前，全球仍有大约 37 亿人的基本上网需求无法得到满足[1]，其中大部分人生活在农村和偏远地区。在 6G 时代，地面与非地面网络的融合可以提升这些地区用户的宽带业务体验，如图 6-2 所示。在海上应用方面，宽带卫星、船载站、地面站的融合将提供更高的带宽，实现高速、实时、低成本的通信服务。

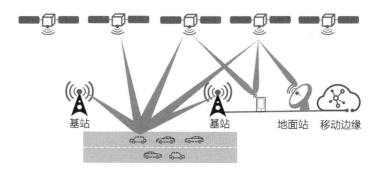

图 6-2　交通综合服务

除了固定和移动中继应用外，非地面站点（卫星）与移动电话的直连通信也很有前景。长期以来，这种连接非常昂贵，而且传输速率很低。

当前，要使用卫星网络，人们不得不携带两部手机：一部用于接入卫星网络，另一部用于接入移动蜂窝网络。未来，6G 将把这两种接入业务融入一部手机中，确保业务无缝切换。

为了在农村地区提供一致且高品质的业务体验，一体化 6G 网络应提供与农村 5G 宏站类似的速率，即每用户下行速率 50 Mbps，上行速率 25 Mbps[2]。

6.1.2   移动平台的无线宽带

应用示例 6.2

西莉亚是一名企鹅研究员，在南极驻扎了半年，终于完成了研究任务，开始了回家之旅。她的计划是先乘破冰船去布宜诺斯艾利斯，然后坐飞机回家。在破冰船上，她通过船上的卫星宽带服务将企鹅的视频上传到了社交媒体上。到了布宜诺斯艾利斯，她登上了回家的飞机，并在飞机上使用 6G 通信系统与家人视频通话。

无线网络的一个最终目标就是让人们无论是在家中还是在乘坐交通工具，都可以随时随地使用同一设备访问互联网。常见的交通工具包括汽车、火车、飞机和船舶，如图 6-3 所示。以飞机为例，2019 年全球有超过 40 亿人次乘坐飞机[3]，其中的大部分人无法在飞机上接入互联网。即使可以上网，速度也很慢，而且费用很高。未来，一体化的 6G 通信服务能为所有飞机上的乘客提供高质量的移动宽带连接。假设每架飞机有 400 名乘客，用户激活率为 20%，要保证每个用户的下行体验速率分别达到 15 Mbps、上行体验速率达到 7.5 Mbps，每架飞机整体的下行体验速率将不能低于 1.2 Gbps，上行体验速率将不能低于 600 Mbps[2]。

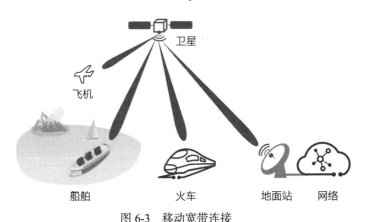

图 6-3   移动宽带连接

6.1.3   应急通信与救灾

应用示例 6.3

安德烈在国家应急管理中心工作，负责灾害预警，并在发生灾害时组织紧急救援。在龙卷风季节，安德烈利用卫星网络向渔民和船舶通知龙卷风信息。如果发生地震，蜂窝网络经常会遭到破坏，安德烈必须使用非地面网络（包括卫星、HAP、无人机）与现场救援队通信。将未受损的地面网络与非地面网络融合，6G 可以更好地支持应急救援。6G 还可以构建网状网络，使救援队员之间、救援队与应急控制中心之间得以进行通信。

灾害管理的关键是要有一套可靠连续的应急通信系统，实现灾难预测、预警、应急响应和应急通信。自然灾害可能会破坏地面网络，但 6G 能将地面与非地面网络融合在一起，确保业务不中断，从而高效支撑公共突发事件的应急管理。应急通信系统包括有线和无线语音、数据网络、视频等多种形式。通过应急管理调度软件，可以快速联系指挥中心、相关单位、专家团队和现场救援人员。

6.2　延伸到未覆盖地区的广域物联网业务

应用示例 6.4

约翰是一名海洋生物学家，主要研究海洋环境对鱼类的影响。他在海洋中投放了许多浮标来收集水文信息。这些浮标由太阳能电池板供电，接入了 6G 网络。这样，约翰就可以通过 6G 网络从浮标上采集海水污染情况、水温、浪高、风速及浮标的准确位置等信息，轻松地从电脑下载最新数据，跟踪海洋环境的变化。

目前，物联网通信主要依靠地面网络，很难保证连接不中断。例如，从海洋浮标收集信息或在海洋运输过程中从集装箱收集信息时可能会遇到地面网络覆盖盲区而引起的网络中断。未来，物联网设备能够随时随地连接网络、上报信息。物联网业务将延伸到偏远地区、海洋等地面网络未连接的区域。

偏远地区蜂窝业务容量有限，对于海量物联网设备来说，资源显然不足。在南北极、沙漠等人烟稀少的地区，人们会部署物联网设备来收集信息，但这些区域没有地面网络覆盖，因此信息上传和收集受到限制。6G 将融合地面网络与非地面网络，为这些地区的物联网设备提供网络连接，方便人们采集企鹅或北极熊的状态信息、监测偏远农场的农作物情况。

在一些海上作业场景中，需要在海洋里部署浮标来测量浪高、水温、风速。这些信息可以帮助海员避开风浪大的海域，或采取必要的预防措施。此外，在远洋运输中集装箱信息的上报也很重要——如果能够实时了解每个集装箱的信息，就可以在运输全程查看集装箱的温度、湿度、位置等信息。

6.3　高精度定位与导航

应用示例 6.5

飞机降落后，西莉亚决定租一辆自动驾驶汽车回家。通过精确的定位和预测，西莉亚到达航站楼出口时，自动驾驶汽车已经准确地停在地面前。西莉亚上车后，汽车通过精确定位和导航实现自动驾驶，朝着西莉亚家的方向驶去。而西莉亚则可以在车内上网，无须关注车辆的行驶状态。由于西莉亚家离市中心很远，当汽车驶出了地面网络的覆盖范围时，会动态地切换到 6G 非地面网络，持续满足导航和通信服务的连接需求。大概一个小时后，汽车安全地抵达了西莉亚家。

目前北斗和全球定位系统等卫星导航系统应用广泛，精度能达到 10 m 左右。全球导航卫星系统（Global Navigation Satellite System，GNSS）和低轨（Low Earth Orbit，LEO）卫星星座融合的定位技术，可实现更高精度的定位和导航，室外场景精度可达 10 cm。地面网络与非地面网络的融合，可以实现全球范围内的高精度定位和导航，无论是市中心还是偏远地区。这将促进许多新业务的部署，如高精度用户位置服务、自动驾驶汽车导航服务、精准农业应用和机械施工。

高精度定位和导航可以有效提高农业生产效率和作业质量，例如更高的农业作业车辆的定位精度可以为精确整地、播种、耕作、施肥、植保、收割、喷洒、机械采摘等作业提供强有力的技术保障。

未来，大部分汽车都可以接入 6G 网络。地面网络为城市车辆提供高质量的 V2X 服务，而非地面网络则在大型 LEO 星座的帮助下，为偏远地区、无人区的车辆提供精确（厘米级）的定位与导航服务，如图 6-2 所示。此外，无人机将在未来得到广泛的应用，届时一体化融合 6G 网络将能提供更高精度的导航服务。

6.4　实时地球观测与保护

应用示例 6.6

在前往公园游览的途中，西莉亚和她的家人遇到了一起油罐车翻车着火的事故。6G 辅助的地球观测系统检测到了这一异常情况，将数据实时传回控制中心。控制中心通过分析燃料成分，发现油罐车有爆炸的危险，于是立即通过汽车通信系统将这一危险情况通知西莉亚，并建议她与事故区域保持安全距离。西莉亚根据建议及时变更了路线，安全地抵达了公园。除了通知西莉亚，地球观测系统还向交警和消防人员发出警报，及时避免了油罐车发生爆炸。

目前，卫星系统的一个典型应用场景是通过成像技术实现遥感和地球观测，成像技术分为光学成像（即利用可见光照相机、部分红外频段传感器获得图像数据）和射频成像（即利用合成孔径雷达记录和分析从地球反射的无线电波获得图像数据）。然而，由于卫星的通信能力有限，获取的图像和数据并不能及时地下发，存在较大的滞后性。未来，有了一体化融合 6G 网络，只需一套硬件系统即可同时实现地球观测和通信。

参考文献

[1] ITU Broadband Commission for Sustainable Development, "State of broadband report 2019," 2020. [Online]. Available: https://www.itu.int/dms_pub/itu-s/opb/pol/S-POL-BROADBAND.20-2019-PDF-E.pdf

[2] 3GPP, "Service requirements for the 5G system," 3rd Generation Partnership Project (3GPP), Technical Specification (TS) 22.261, 07 2020, version 17.3.0. [Online]. Available: https://portal.3gpp.org/desktopmodules/Specifications/SpecificationDetails.aspx?specificationId=3107

[3] E. Mazareanu, "Air transportation – statistics & facts," 2020. [Online]. Available: https://www.statista.com/topics/1707/air-transportation

第 7 章

分布式机器学习与互联 AI

2012 年以来，基于深度神经网络（Deep Neural Network，DNN）的机器学习技术取得重大突破。同时，超标量算力以及现代互联网的进步让大数据触手可及，推动了 AI 技术的发展，掀起了一场以 AI 为中心的先进技术革命，AI 已经具备了与人类相当的能力，在某些情况下甚至超越了人类。例如，在象棋、围棋等复杂游戏中，甚至在图像、语音识别等任务中，AI 都比人类表现得更为出色。

最近的一项研究[1]预测，AI 在 6G 周期内可以执行各种各样的任务。虽然我们很难预测 6G 具体会带来哪些 AI 业务应用场景，但 6G、AI 和机器学习的结合势必会创造巨大的创新空间。这意味着 AI 可能对社会产生深远影响，是 6G 最关键的业务和应用。

从数学的角度来看，我们可以将 AI 中的机器学习技术理解为对一系列复杂的优化算法进行求解。随着技术（尤其是 DNN 技术）的演进、算力的提升以及移动网络中海量实时数据的普及，AI 和机器学习有望解决传统算法无法解决的高维优化问题。

正如第 1 章所讨论的那样，6G 可以使所有人随时随地获取 AI。因此，除了作为连接 AI 业务和应用的管道，6G 应更有效地对 AI 进行优化。先进的移动传输技术以及网络节点提供的算力促进了广泛的分布式学习，实现了大规模智能。社会和众多行业将从 AI 提供的能力中受益。从目标环境感知海量数据，获取有用信息，从而指导智能活动，促进和提高目标应用的生产力。因此，在 AI 和 6G 的推动下，我们相信在不久的将来会发生一场世界性的认知革命。

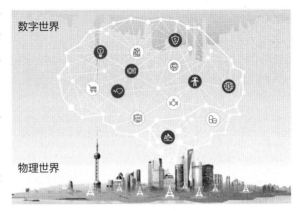

如图 7-1 所示，AI 将在增强通信系统和支持智能应用场景方面发挥重要作用。下面重点介绍两大基础应用场景：AI 增强的 6G 业务与运维，以及 6G 使

图 7-1　通信系统和智能应用场景中的原生 AI

能的 AI 业务。

7.1　AI 增强的 6G 业务与运维

目前的运营商网络（尤其是无线网络）运维需要大量人力。对于全球 250 多个运营商来说，网络运维方面的支出更是一个沉重的经济负担。大家都迫切希望有一天能实现免人工的网络运维，即零运维网络。

7.1.1　AI 增强的网络性能

应用示例 7.1

汤姆负责运营一家智能工厂，该工厂仅有几个工作人员。在厂里，AI 使能的 6G 网络可以为工业 4.0 机器人提供非常可靠、及时的网络通信。午休时间，汤姆和朋友们一起踢虚拟足球，最优的网络时延给予了汤姆沉浸式的 360° VR 体验，不会产生任何眩晕等不适感。口渴时，汤姆向机器人发出口头指令，机器人就可以像人类服务员一样为汤姆送饮料。其原理是 AI 赋予了机器人语义感知的能力，使机器人可以正确理解人的指令。下班后，汤姆开车前往另一个城市去见几个朋友，在这过程中，6G 的 AI 提供了 L5 级自动驾驶能力，确保旅途既安全又轻松。途中，AI 会根据汤姆所处的位置和业务需要，动态地调整 6G 网络的提供方式。

到 2030 年，全球范围内将有越来越多的智能设备，包括个人和家用设备、遍布市区的各种传感器、无人驾驶汽车、智能机器人等。这些智能设备都需要无线连接，以实现无人值守的任务协调与合作。这要求通信系统提供比当前更高的吞吐率、更高的可靠性以及更低的时延和抖动。通过通信和计算平台的融合，我们能够充分利用网络的感知和学习能力。通信系统将智能地实现自动化资源配置，为用户提供高度智能化和个性化的服务，并实现近乎完美的性能。

在应用示例 7.1 中，6G 的 AI 能力可以适应环境变化，在可能发生紧急情况时实施最佳解决方案，确保网络满足工业 4.0 对机器人和中心系统之间信息交换的可靠性和时延要求。对于沉浸式 360°VR，如 4.1 节所述，压缩和本地渲染可以在一定程度上降低对网络吞吐率和端到端时延的要求。同时，AI 作为优化引擎，对通信和计算资源进行智能优化。6G 网络在这些领域的 AI 能力将直接影响业务质量。

6G 网络中的 AI 可以赋予机器人语义感知的能力，帮助机器人理解语义指令，从而使它们的感知和定位能力更接近人类水平。此外，AI 能够实现智能信息"源编码"，使机器人的交流能力从目前的比特层面，提升至语义层面。

AI 还可以应用于合成网络切片，实现异构网络，如地面网络与非地面网络一体化。6G 的 AI 能力可以协调复杂的多层异构网络，最终为用户提供最佳覆盖。

7.1.2 AI 增强的网络运维

应用示例 7.2

　　埃丝特在某运营商公司担任网络规划工程师。她正在为一场盛大的音乐会做准备。为了应对音乐会期间网络流量的剧增，埃丝特计划增加几个 UAV 或 LEO 节点，为音乐会提供额外的网络容量。在过去，要完成这样的任务，她需要配置大量参数，并进行长时间的测试。但现在利用 6G 的原生 AI 能力，她只需在智能网络规划系统的控制平板上将节点拖曳到目标位置，后续工作都将自动完成。

　　随着大量 UAV、高空平台站（High-Altitude Platform Station，HAPS）和极低轨（Very Low Earth Orbit，VLEO）卫星成为 6G 基础设施的一部分，运行这样一个多层系统是一项极其复杂的工作。AI 将成为解决智能异构接入、能耗、海量参数优化、系统性能提升等关键问题的重要工具。例如，AI 智能体通过动态学习和适应，优化频谱利用、功率、天线和能耗，确保卫星、无人机、地面站等通信节点有效协作。

　　此外，增强智能可以使部分 5G 应用场景在 6G 中得到进一步扩展。其关键是利用 AI 实现网络运维的全自动化，逐渐减少直至最终消除网络运维中的人工干预，实现零运维网络。

　　另一个很有前景的应用是根据业务特点自动创建专用的网络切片，以满足运营商的网络定制需求，帮助运营商转型为真正的网络切片工厂。

7.2 6G 使能的 AI 业务

　　在许多领域，AI 已达到人类的智能水平。然而，在计算方面，AI 仍不如人类大脑高效，并且还有很大差距。当前计算平台的计算速度每 18 个月就会翻一番，这也是符合摩尔定律的 [2]。然而，在过去 8～10 年里，人们对 AI 计算的需求如火箭般飙升，大约是摩尔定律的 40～100 倍 [3]。

　　最近一项关于 AI 计算极限的研究显示，使用机器学习执行大型任务既昂贵又不环保 [4]。通过像 6G 这样的高效网络，充分利用全局学习能力，可以解决机器学习中的重复计算问题，最大限度地减少相关数据在无线网络中的传输，这将成为 6G 设计的一个驱动因素。6G 具备先进的通信和分布式计算能力，有望弥补 AI 计算与人类的差距。通过低时延、高容量通信可以实现协同的分布式机器学习，使计算效率达到最大化。下面我们用两个应用场景来阐述 6G 系统原生支持的 AI 业务。

7.2.1 6G 协同智能和实时控制

应用示例 7.3

　　地震发生时，汤姆被困在工作的大楼里。一组移动机器人被派去确定他的位置，并尝试将他解救出来。通过 6G 网络，这些机器人具备协同 AI 能力。它们分头行动，排查所有可能找到汤姆的路线。每个机器人都能看到、听到并感知周围环境中的生命迹象、火焰、毒气等情况。每个机器人都可以利用从周边采集的数据，通过本地计算训练自己的 AI 模型，然后将本地训练的模型连同来自整个机器人小组的一些原始感知数据（如果需要）上传到网络上。网络节点利用自身保存的全局信息和更强的算力，进一步优化全局 AI 模型，并将优化后的全局模型分发给各个机器人，以增强局部推理能力，从而提高和同步所有机器人的智能水平。这样，机器人很快就找到了汤姆所在的位置并确定最佳路线，把汤姆指引到一个安全的地方。尽管这些机器人体型很小，但它们可以相互协同，合力清除路上的大型障碍物。

这个示例从四个方面体现了 6G 网络的一些具体需求：

- **低时延海量上行连接**：在协同 AI 中，每个机器人都会将本地训练的 AI 模型（可能还有一些原始数据）上传到网络上，用于提升全局智能。6G 网络需支持低时延海量上行连接，每个连接需提供千兆带宽。
- **深度边缘节点智能**：汤姆可能有数据隐私方面的顾虑（如现场图片、声音等）。另外，由于情况紧急，确保网络节点和机器人之间的低时延通信至关重要。为了打消汤姆关于隐私的顾虑，同时也为了保证低时延，可以使用边缘节点，而不是把所有信息都发送到云端。边缘节点在物理位置上更靠近现场，一定程度上可以提供一些特殊的即时服务。
- **分布式机器学习**：如果把所有原始数据全部上传到中心云，不仅会对网络带宽造成很大压力，也会给中心云的算力带来巨大挑战。分布式地组织计算任务，并结合协同 AI 和机器学习，可以减轻这些压力。
- **空口机器学习数据压缩**：在无线链路上传输机器学习和 DNN 训练所需的大量数据既昂贵又低效。要对这些训练数据进行压缩，我们需要研究信息瓶颈等新兴的信息论，因为压缩的原理与现有的视觉 / 音频源编码大不相同，后者已经针对人类感知进行了优化。

7.2.2　6G 实现大规模智能

应用示例 7.4

森林是一个复杂的生态系统。自 20 世纪 30 年代以来，科学家花了 60 年的时间进行研究，才真正理解了森林的原始数据，并认识到自然发生的森林火灾有助于森林的健康发展。因此在 20 世纪 90 年代实施了新的政策，不再干预自然发生的森林火灾。然而，人工重新种植的森林的平均密度是自然森林的 2~3 倍，更容易受到自然火灾的影响。这种情况下，如果不进行人为干预，自然发生的森林大火会肆意蔓延，失去控制。20 世纪 90 年代后人工种植的大部分树木都长成了成熟的森林，这是 2015 年后森林火灾频发的主要原因——人类又花了 25 年才认识到人工种植的森林过于茂密。

从积累数据、获取有用信息到制定策略，这是一个漫长的过程，因此有些策略可能在实施之前就已经过时了。

　　在 6G 使能的数字世界中，这些问题将得到解决。通过在森林中大范围部署各种传感器，再借助 6G 网络的 3D 全覆盖和感知能力，可以持续采集高密度森林数据，如温度、风力、土壤、湿度、树高等。然后，利用 AI 识别数据之间的关联和周期关系，识别出模式，模拟相关场景，并与其他森林和历史数据进行比较。在数字世界中，可以对不同的策略进行评估，使策略制定更加高效、更加准确，把对自然的损害降至最低。

　　在这个示例的应用场景中，森林的无线网络覆盖是一个基本要求。然而，由于森林中人类活动有限，仅用地面移动通信系统覆盖森林并不经济。另一方面，在数字世界重建物理世界的模型需要大量的感知信息和各种数据，用卫星收集这些数据成本太高。而且，卫星的功耗较大，电池寿命却很短，并不适合在森林中大规模部署。因此，这就需要 6G 提供新能力。

　　6G 将通过地面网络与非地面网络融合，实现 3D 全覆盖。随着 VLEO、UAV 和 HAP 的发展，以及无处不在的智能和感知能力，在数字世界中复制物理世界（例如森林）有助于制定最佳策略，实现环境的可持续发展。

　　在这个应用场景中，可以从世界各地的森林中收集大量数据，再将数据反馈给分布式的本地深度边缘节点，经过机器学习后，各深度边缘节点交互各自训练好的神经网络参数，这些参数将用于协同 AI。充足的数据将大大提高解决有关森林问题的智能化水平，不同发展策略的预测结果也会更加准确、高效，且不再需要长时间的数据采集。

参考文献

[1] K. Grace, J. Salvatier, A. Dafoe, B. Zhang, and O. Evans, "When will AI exceed human performance? Evidence from AI experts," *Journal of Artificial Intelligence Research*, vol. 62, pp. 729–754, 2018. *arXiv preprint arXiv: 1705.08807*, 2018.

[2] Wikipedia, "Moore's law," accessed Sept. 2020. [Online]. Available: https://en.wikipedia .org/wiki/Moore%27s_law

[3] R. Perrault, Y. Shoham, E. Brynjolfsson, J. Clark, J. Etchemendy, B. Grosz, T. Lyons, J. Manyika, S. Mishra, and J. C. Niebles, "The AI index 2019 annual report," AI Index Steering Committee, Human-Centered AI Institute, Stanford University, Stanford, CA, 2019.

[4] N. C. Thompson, K. Greenewald, K. Lee, and G. F. Manso, "The computational limits of deep learning," *arXiv preprint arXiv: 2007.05558*, 2020.

第二部分小结

　　6G 将为无线技术的方方面面注入无限潜力。本部分我们将目前所预见的所有 6G 应用划分为六大类，然而，这六大类远不足以囊括全部的 6G 应用。

通过对这些典型应用场景的性能需求进行分析，可以得出第 1 章中介绍的目标关键性能指标（KPI），特别是无线接入网的关键性能指标。这些指标值代表了这六大类应用场景的最高要求。例如，在数据速率方面，3D 全息通信的要求最高。在传输时延方面，高动态环境下的远程操控和工业动作控制的要求最高。工业应用场景对确定性通信的要求最苛刻，对抖动和可靠性要求也极高。在未来的智慧城市与智慧生活中，对连接密度和传感器电池寿命的需求主要来自物联网场景。更重要的是，感知、AI 等新应用场景又会引入一些新的性能评估维度，如感知分辨率、概率等。对于某些新维度，可能还需要进一步研究相关内容，例如原生 AI 业务所需的灵活性、可扩展性以及网络的可信程度。

第三部分

理 论 基 础

简 介

随着设备数量的指数级增长,以及这些设备日益苛刻的连接需求,无线网络正在迅速演变成极其复杂的系统。6G 网络将具有以下特点:

- **空前的规模和密度**:2020 年,无线通信占全球 IP 流量的 78%,比 2015 年增加了超过 100 亿的联网设备。未来网络基础设施将完全融入环境,比如将发射机嵌入墙壁、借助数据缓存和遍布我们周围的无线传感器。通信环境将智能无线化,建筑物、墙壁、汽车、路标等物体表面将逐步实现智能化,能够放大接收的电磁信号、执行计算和存储数据。

- **前所未有的随机性**:在网络动态和连接需求不可预测的情况下,网络资源将根据流量状况和用户移动性而适时地部署,同时网络基础设施本身也将变得可移动。这为处理和存储数据开辟了新的可能性。现在,通过移动边缘计算和边缘人工智能等新兴技术,这些操作也可以在网络边缘完成。

- **面向业务类型和 QoS 要求的前所未有的异构性**:未来无线网络需要同时提供 1 Tbps 的 MBB 业务通信速率,1 ms 空口时延的超高可靠低时延通信(Ultra-Reliable Low-Latency Communication,URLLC),汽车应用 10 cm 的定位精度,以及海量 IoT 场景下每平方公里 1 亿终端的处理能力,5G 覆盖提升 10 dB,能效比现有网络提升 100 倍。

为了适配无线技术的快速发展,不能仅关注于提高传输性能。为了实现 6G 愿景,还需要无线网络设计模式的转变。因此,我们今天所拥有的科学知识是不够的,需要获取新的基础知识来理解这样一个复杂系统中各个部分如何协同工作，从而在吞吐率、能效、误码率、定位精度以及处理 / 通信时延等多个方面实现网络性能最大化。

我们需要理论数学和物理技术结合的工具，用于对大量节点之间的交互，以及处理如此海量信息所需的计算所产生的能耗进行建模和分析。这将为未来 6G AI 网络的设计和发展提供支撑。

第 8 章

原生 AI 和机器学习的理论基础

8.1 AI 基础理论

原生 AI 技术发展迅猛，特别是在神经网络技术被发明并被高性能 GPU 增强后尤为突出。在本节第一部分，我们将首先阐述机器学习（Machine Learning，ML）中常见的定义，然后更详细地描述 AI 基础理论。

8.1.1 定义

1. 人工神经网络（Artificial Neural Network，ANN）

ANN 由被称为神经元的相互连接的基本处理单元组成，这些单元通常组成若干连续的层。输入层接收输入数据，然后由一个或多个隐藏层处理，最后由输出层处理，作为 ANN 的输出。如果 ANN 只有一个隐藏层，则称为浅度 ANN。如果有多个隐藏层，则称为深度 ANN。深度 ANN 通常是首选的，因为在执行任务时，它们比浅度 ANN 需要更少的神经元 [1]。在深度学习中，每个神经元执行三个操作：

- 计算输入的仿射组合。
- 计算激活函数（通常为非线性），其输入是先前计算的仿射组合结果（例如，修正线性单元、S 型函数和双曲正切）。
- 将结果转发给下一层的神经元。

虽然每个神经元执行的操作相当简单，但是通过组合几个神经元，可以执行非常复杂的任务。已经证明，ANN 是通用函数逼近器，只要适当调整仿射组合的权重和偏差 [2]，它们的输入 - 输出关系可以再现任何函数。不幸的是，这个结果并不具有建设性，因为它没有告诉用户如何调整权重和偏差来完成给定的任务。相反，这是通过训练 ANN 实现的，将具有所需输入 - 输出对的数据集输入 ANN，然后使用成熟的训练算法和随机梯度下降法（Stochastic Gradient Descent，SGD）[3-4] 推断合适的权重和偏差配置。

2. 深度神经网络（Deep Neural Network，DNN）

DNN 是 ANN 的一个子集。DNN 由若干层组成，每层包含若干个神经元。一层的神经元与下一层的神经元相连，每个连接都有一个可训练的权重。每个神经元将它所有的输入组合成一个单一的输出。这个组合函数是非线性的，类似于 S 型或修正线性单元。目前的 DNN 有如下几个明显的局限性，需要慎重考虑：

- **泛化**：实际使用中，信道会随时间变化。如果 DNN 包含时变衰落信道，那么其泛化能力将受到影响。
- **复杂性**：编码器和解码器使用的神经元的最小数量决定了它们的复杂性。
- **训练数据大小**：DNN 性能依赖于训练数据集。决定和减小训练数据集的大小是当前研究的热点。
- **训练周期**：DNN 的训练周期长且会变化。这将给训练数据在实时系统中的应用带来挑战。

3. 卷积神经网络（Convolutional Neural Network，CNN）

在所有 DNN 类型中，CNN 是最常见的一种，它除了实现层间全连接外，还实现了二维卷积过滤和最大池化。通过卷积层和最大池化层，可以将高维输入简化为低维表示，从而避免了因维度引起的潜在优化问题。低维表示在 DNN 术语中称为潜在层，它包含对应高维输入的最基本特征、纹理或语义，具体取决于特定的学习主题。

通过这种层到层的架构，可以通过一系列可微函数实现 SGD 的拉格朗日优化。基于链规则，CNN 在数据迭代周期执行反向传播，以调整所有神经元与其训练目标或目的一致。典型的训练目标包括均方差、最大似然和最小分类误差。在某些情况下，多个训练目标用于指导训练（优化）过程。

4. 递归神经网络（Recurrent Neural Network，RNN）

在人类语言（语义学）中，一个句子可以看作一个马尔可夫链，每个字或多或少依赖于它前面的字。类似地，一个无线信道也可以简化为一个马尔可夫链。然而，传统的 DNN 无法考虑以前的事件，但 RNN 利用环路来解决这一问题，并允许信息持久存在。RNN 这个概念对于第 10 章中将要讨论的语义通信很有意义。长短期记忆模型（Long Short-Term Memory，LSTM）就是一个用于自然语言处理（Natural Language Processing，NLP）的 RNN 例子 [5]。它还被用于无线信道学习（chartering）[6]。

8.1.2　机器学习分类

从数学上讲，AI 可以大致归结为寻找未知函数映射的问题，$f: X \rightarrow Y$。其中 X 是表示数据点的输入特征的空间，Y 是表示知识输出的标签空间。从图 8-1 所示的可获得的经验、目标函数和具体学习算法的差异来看，AI 任务可以分为三类：监督学习、无监督学习和强化学习。作为改进，当前发展自监督（半监督）学习，以降低人工标记的成本。此外，设计生成模型来直接建模数据，或建立变量之间的条件概率分布。

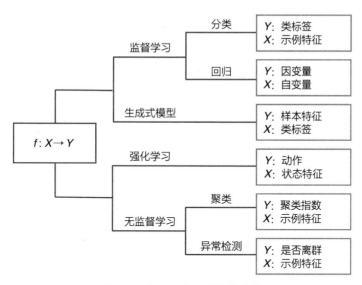

图 8-1　将 ML 统一为函数映射

1. 监督学习

在监督学习模型中，训练数据集被标记，为每个输入提供直接答案，从而训练 DNN 以提高其准确性。监督学习从标记的数据中产生预测值，并期望对不可见的数据进行良好的泛化。它是与分类、回归和排序问题相关的最常见的学习方法。虽然支持向量机和核方法等传统手段仍然被广泛使用，但监督学习是大数据下最有效的方案，尤其是计算机视觉和自然语言处理任务。监督学习的成功归功于 DNN 强大的特征提取能力，即表示学习。数据结构提取器是监督学习的关键组成部分，例如，卷积对于图像数据来说非常重要。然而，不同的数据结构需要它们自己的"卷积"等价物。

2. 无监督学习

在无监督学习模型中，训练数据集没有被标记，DNN 必须学习如何自己提取特征、模式、语义或纹理。因此，无监督学习根据处理未标记数据的经验对不可见的数据做出预测。利用该模型，很难精确地评价学习器的泛化能力。学习器将学习未标记数据的内在结构和表示，并基于这些结构和表示进行预测。与无监督学习相关的最常见的任务是聚类和降维。自编码器是一种广泛使用的无监督学习工具。

自监督（或半监督）学习是一种潜在强大的表示学习方法，它自动生成某种监督信号以解决特定任务（例如，学习数据表示或自动标记数据集）。

3. 强化学习（Reinforcement Learning，RL）

作为 ML 的最重要研究方向之一，近 20 年来，RL 一直受到人们的广泛关注。在 RL 过程中，智能体周期性地观察环境状态，做出决策，获得结果，并调整策略以达到最佳性能。当前，RL 在实践中广泛应用受到阻碍，这是因为智能体在收敛到最佳策略之前，需要花费相当长的时间来探索所有可能的状态。

4. 深度强化学习（Deep Reinforcement Learning，DRL）

近年来，深度学习[1]的迅速发展为 RL 的发展创造了新的可能，因为深度学习，特别是 DNN 的应用可以极大地加速 RL 的训练和推理。DRL 这项新技术结合了 DNN 算法和 GPU、NPU 等专属硬件的优势。DRL 还提供了更快的学习速度和更好的性能。此外，当一组自主和交互的实体存在于一个公共环境中时，每个实体都可以配备 DRL 智能体，通过适当决策与其他实体合作、竞争和协调，以实现全局目标。

不确定和随机环境中的大多数决策问题可以用所谓的马尔可夫决策过程（Markov Decision Process，MDP）[7]来建模，这个过程通常可以通过动态规划[8]实现。然而，随着系统规模的扩大，计算复杂度迅速变得不可管控。此外，对系统进行精确建模有时是不切实际的。因此，DRL 提供了一种替代解决方案来克服这一挑战。在图 8-2 中，我们展示了 RL 和 DRL 的主要区别。

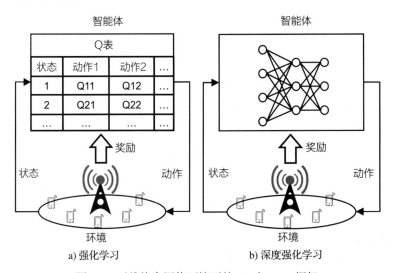

图 8-2　无线蜂窝网络环境下的 RL 和 DRL 框架

上述 AI 或 ML 类别需要通过特定的神经网络结构（例如 ANN、DNN 或 CNN 等来实现）。接下来，我们首先介绍一种称为 DNN 的神经网络结构的信息论原理，然后介绍 DNN 的几个实现类。

8.1.3　DNN 信息论原理

很多理论用于解释 DNN，比如优化理论、期望最大化算法、拓扑理论、图论、语义理论、动态系统理论、逼近论等，但主要关注点还是在深度学习上。如何选择正确的理论来解释 DNN 取决于当时实际发生的问题。其中，尤其是信息论和信息瓶颈理论是无线通信领域最合适的，因为它们与无线通信系统有着相同的信息论视角。下面着重从这个角度进行解释。

衡量通信有效性的一个指标就是信息瓶颈理论 [9]。该理论处于机器学习与预测、统计学和信息论之间的边界。

香农信息论从概率论角度将信息定义为不确定性，为深度学习理论奠定了基础。

首先，互信息 $I(X; Y)$ 反映了两个随机变量 X 和 Y 之间概率交互的程度。如果 X 有变化，Y 一定程度也会变化，反之亦然：$I(X; Y) = I(Y; X)$。DNN 可以建模为一条从输入到输出的互信息流。

其次，基于互信息 $I(X; Y) = I(P_X; P_{Y|X})$ 的对抗关系包括：当 P_X 可变而 $P_{Y|X}$ 固定的时候，$I(X; Y)$ 是一个 P_X 的凹函数；当 $P_{Y|X}$ 可变而 P_X 固定的时候，$I(X; Y)$ 是一个 $P_{Y|X}$ 的凸函数。这个关系引出了著名的信源编码（最小化 $I(X; Y)$ 以失真）定律和信道编码（最大化 $I(X; Y)$ 以匹配）定律。

香农信息论认为，一个可靠的通信系统应该同时包括失真和匹配这两个矛盾和对抗的因素。这个思想也同样适用于解释 DNN 的学习过程。在一些迭代周期，失真占主导，而在另一些迭代周期，匹配占主导，但两者相辅相成缺一不少。在训练结束时，两者达到一个平衡。

从信息论的角度出发，在文献 [9] 中提出的信息瓶颈理论就是基于互信息利用对抗的失真和匹配两个过程来解释 DNN 的学习训练的行为和效果。

为了训练 DNN，我们期望输出层 Y 尽可能与输入层 X 相似，并且任何潜在层（中间层）Z 尽可能与输入层 X 不相似。根据信息论，相似度可以被互信息表征。整个学习过程可以被概括为对每个潜在层 Z，最大化 $I(X; Y)$，同时最小化 $I(X; Z)$。失真从 X 到 Z 开始，匹配则从 Z 到 Y。

假设信息瓶颈 γ 应用在某潜在层 Z 上：如果 Z 的熵小于 γ，那么 Z 的所有信息都能通过；否则，我们希望只有 Z 最关键的 γ 部分能够通过。

X 和 Z 之间的互信息定义如下：

$$I(X; Z) = \sum_x \sum_z P_{Z, X} \cdot \log \frac{P_{Z, X}}{P_Z \cdot P_X} = \sum_x \sum_z P_X \cdot P_{Z|X} \cdot \log \frac{P_{Z|X}}{P_Z}$$

Y 中的交叉熵为：

$$H_{\text{cross}}(Z, Y) = -\sum_z P_Z \cdot \log P_{Y|Z} = E_{x \sim P_X} \left[-\sum_z P_{Z|X} \cdot \log P_{Y|Z} \right]$$

如果信息瓶颈 γ 已知，DNN 的最终损失函数为：

$$f_{\text{loss}} = E_{x \sim P_X} \left[-\sum_z P_{Z|X} \cdot \log P_{Y|Z} \right] + \beta \cdot \sum_x \sum_z P_X \cdot P_{Z|X} \cdot \max \left(\log \frac{P_{Z|X}}{P_Z} - \gamma, 0 \right)$$

因为在数学上很难最小化 $\sum\limits_x \sum\limits_z P_X \cdot P_{Z|X} \cdot \max\left(\log\dfrac{P_{Z|X}}{P_Z} - \gamma, 0\right)$，一种替代方案是最

小化其上限 $E_{x \sim P_X}[D(P_{Z|X}|Q_Z)]$，其中 $D(P_{Z|X}|Q_Z)$ 是 $P_{Z|X}$ 对 Q_Z 的 Kullback-Leibler 散度。最终，损失函数变为：

$$f_{\mathrm{loss}} = E_{x \sim P_X}\left[-\sum_z P_{Z|X} \cdot \log P_{Y|Z}\right] + \beta \cdot E_{x \sim P_X}[D(P_{Z|X}|Q_Z)]$$

损失函数定义了信息瓶颈 [10]，它揭示了训练目标、神经网络架构和输入数据分布之间的潜在关系。

多种各样的机器学习理论可以通过信息瓶颈理论来优化它们的架构。例如，变分法推理构建一个信息瓶颈目标的下限，并利用收集的分布未知的数据进行训练 [11]。该框架可以扩展到高级任务所需的各种失真情况，或具有多视图或多任务问题的情况 [12]。

对于神经网络架构和训练方法，最容易将为高级任务预训练的神经网络模型分解为两个部分：一个用于发射端，一个用于接收端。然后，在两个部分之间插入神经层。这样整个模型训练大致完成，然后在考虑信道 [13] 的情况下进行微调。

8.1.4　DNN 实现

1. 自编码器（Auto Encoder，AE）

如果失真 $(E_{x \sim P_X}[D(P_{Z|X}|Q_Z)])$ 是通过 DNN 的架构设计间接实现的，则最终会得到一个 AE[14]。

失真率 $|Z|/|X|$ 适合数据样本 X，且 Y 上的目标不是先验已知的。当 $Y = X$ 时，AE 可以看作是一个可用于最低失真率为 $|Z|/|X|$ 且下界为 $H(X)$ 的定长码的基于学习的编码器，如果 X 的维度不够大（小块），AE 也许找到失真率 $|Z|/|X|$ 小于 $H(X)$ 的编码器。

2. 变分自编码器（Variational Auto Encoder，VAE）

VAE[15] 为特定一个潜在层 Z 引入一个先验分布（Q_Z），该分布是位于码率和失真度之上的一个感知度量指标。图 8-3 给出了一类通用的 VAE 结构示意图。不同的先验分布（Q_Z）会导致不同的训练完后的 DNN 系数。如果 Q_Z 是均匀的多维高斯分布，则每个维度上的投影就是该维度上的得分。理论上，Q_Z 可以是任何其他分布，因此无线系统的非均匀子信道也可以建模为 Q_Z，使得 VAE 可以适配到特定的先验已知分布（例如信道）中。

与仅最大化 $I(X; Y)$ 的 AE 不同，VAE 同时优化两个相互对抗的目标：最小化 $I(X; Z)$ 和最大化 $I(X; g_Y(Z; \theta_g))$。训练结束时，残余的 $I(X; Z | g_Y(Z; \theta_g))$ 就是瓶颈层 Z 需要维持的最小互信息。在本书的第 23 章中，我们将解释 VAE 如何帮助生成联合信源编码方案。

3. 生成式对抗网络（Generative Adversarial Network，GAN）

GAN 是基于 VAE[16] 的一大飞跃。在典型的 Wasserstein GAN 中，先验分布（Q_Z）是现实的分布，而不是高斯分布，并且互信息不再是度量，而是 Wasserstein 距离。虽然 GAN

是目前最好的深度生成网络之一，但 VAE 由于其高斯潜在层（在高斯分布上可以执行线性运算），它在无线通信系统中仍然优先使用。

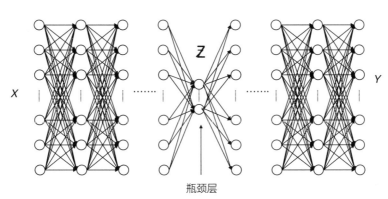

图 8-3　AE 的信息瓶颈，$X > Z$ 和 $Y > Z$，即潜在层 Z 是瓶颈

8.2　分布式 AI 理论

迄今为止，深度学习一直只在传统的集中式架构中应用，而在分布式架构中应用较少。对于 6G 目标来说，这是一个关键的问题，因为分布式架构是保证通信系统的可扩展性和灵活性的关键。然而，在分布式架构中应用深度学习将带来几个重要问题。例如，每个无线节点将具有自己的 ANN，该 ANN 使用从本地测量和经验获取的数据集进行训练。所以，不同的无线节点需要学习如何基于数据集来运行，数据集可能在数量（不同的节点可能具有不同的测量和存储能力）和质量（由于测量传感器的变化，不同的节点可能经历不同的数据紊乱）上有所差异。这可能带来不稳定，甚至可能会导致无线网络瘫痪。此外，在分布式架构中，每个节点将尝试优化自己的性能，而不是整个系统的实用程序，从而将其他节点视为可能的对手。这可能导致不良或危险情况发生，即无线节点可能会为最大化自身性能而学会欺骗。因此，对所有这些问题有一个扎实的认识是非常必要的，这样才能确保基于 ANN 的无线网络中的正确行为。最后，大部分深度学习成果没有考虑 6G 无线场景下大量的分布式可扩展方案和不可预测的时间演进。建立合适的训练集变得非常具有挑战性，因为通常的监督训练方法假定 ANN 在与训练阶段经历的相似的条件下运行。流量或拓扑突变可能会使当前的训练集变得毫无用处。因此，迫切需要能够预测或至少适应无线网络突变的新的 ANN 训练方法。

接下来介绍两种方法：联邦学习（Federated Learning，FL）和多智能体强化学习（Multi-Agent Reinforcement Learning，MARL）。

1. 联邦学习

联邦学习是一种机器学习设置，通过使用节点上的数据以分散方式[17-18]训练中央模型。具体过程是：在每一轮学习中，每个节点使用其存储的数据独立计算对中央模型的更新，然后将该更新传输给中央服务器。中央服务器聚合来自不同节点发送的更新，然后计算出改进的全局模型。

现代移动设备在内存中保留了大量的数据，这些数据可以用来训练模型。虽然这些数据可以大大改进模型，但它们往往由敏感信息组成，因此是受保护的私密信息。所有者不愿意将这些数据与中央服务器共享以用于训练目的。为了解决这一问题，服务器可以利用本地数据将中央模型发送给节点以进行训练。节点将生成的更新后的模型发送给中央服务器。这样，中央服务器将从许多节点接收大量模型更新，然后将其聚合成改进的全局模型。之后一轮新的学习过程开始：中央服务器将改进的模型发送给新节点，新节点使用它们的私有数据进一步训练模型。经过多轮学习后，模型参数得以收敛，从而得到训练良好的模型。

联邦学习的主要范围是将模型训练与直接访问原始训练数据进行解耦，以便能够使用存储在各节点上的海量数据。下面概述基于文献 [17] 的联邦学习过程。当然也还存在许多其他扩展，例如文献 [19-20]。

假设待训练的模型为神经网络，$f_i(w)$ 为含有参数 w 的示例 (x_i, y_i) 预测的损失函数。另外，假设有 K 个用户被划分数据，P_k 是客户端 k 上数据点索引的集合，$n_k = |P_k|$。则最小化的目标函数可以表示为：

$$f(w) = \sum_{k=1}^{K} \frac{n_k}{n} F_k(w), \quad 其中\ F_k(w) = \frac{1}{n_k} \sum_{i \in P_k} f_i(w)$$

假设 C 为每轮中将选择的节点分数，来计算损失函数的更新和梯度。如果 $C = 1$，则所有节点上的数据用于计算全量（非随机）梯度下降。

联邦学习的一个典型实现就是在每轮中选择 t 个随机设备。中央服务器将网络参数 w_t 发送给各节点；每个用户 k 计算 $g_k = \nabla F_k(w_t)$（这是当前模型 w_t 下其本地数据的平均梯度），然后更新参数 $w_t^k \leftarrow (w_t^k - a g_k)$（$a$ 为学习速率）。该步骤在用户设备上迭代 E 次，以确保将最可靠的 w_t^k 返回中央服务器。然后，中央服务器聚合这些 w_t^k 并应用更新 $w(t+1) \leftarrow \sum_{k=1}^{K} \frac{n_k}{n} w_t^k$。计算量由如下三个关键参数控制：$C$，每轮计算中涉及的节点分数；$E$，每轮每个客户端对其本地数据集进行训练的通过次数；B，用于客户端更新的本地小批量大小。如果 $B = \infty$，则一个全量的本地数据集被当作单个小批量。对于具有 n_k 个本地示例的用户，每轮将进行 $u_k = E \frac{n_k}{B}$ 次本地更新。

联邦学习具备以下优点：

- **模型训练可以利用大量的真实数据**：由于节点数量众多，每个节点包含一定数量的数据，因此聚合所有数据可以增加最优模型训练的可能性。
- **训练分散在各节点进行**，减轻中央服务器的计算负荷。
- **隐私问题**[20]**受到保护**，因为用户只上传模型参数更新，而不是他们自己的数据。

另一方面，也存在一些缺点：

- **中央服务器在某种程度上仍应受信任**，因为检查用户发送的模型更新有时会导致检索某些用户信息。
- **通信成本是一个主要问题**，因为每个用户必须消耗两次通信资源：第一次用于向用户发送参数，第二次用于向服务器返回更新。无线通信的随机性使得这种更新相当具有挑战性。
- **其他令人关切的问题是**，所获得的训练数据并非来自独立和相同分布的来源，因为每个用户都有自己的特定数据集，无法代表总体分布。个别用户还拥有不同数量的本地训练数据，所有这些变化都可能会影响学习算法的收敛。
- **分散训练在时间和调整方面比集中训练更加困难**。超参值和神经网络结构应提前仔细选择。
- **联邦学习的性能低于集中式学习**。

2. 多智能体强化学习（MARL）

在强化学习[21]中，决策者（即智能体）旨在通过与环境交互，面对不确定因素做出最优行为，这个过程通常被构建为 MDP。随着深度学习[22]的发展，强化学习在棋盘游戏[23-24]、自动驾驶[25]和机器人[26]等领域表现出色。文献 [27] 综述了深度强化学习领域的最新成果。在大多数应用中，智能体学习如何应对响应其行动的不确定环境或单个对手。然而，在许多重要应用中，大量智能体彼此交互，其中一些可能是设备，这些设备通过相同或不同的策略来决定自身行动。对有智能体通过策略彼此交互的环境，MARL 具备系统分析的潜力。MARL 的研究将强化学习和 MDP 技术与博弈论（尤其是其分支平均场博弈论[28]）相结合。该研究旨在为多智能体系统提供算法以促进学习稳定的最优响应策略，这在大多数情况下仍然是一个重大挑战，因为复杂度会随着智能体数量的增加而上升[29]。

经典学习算法（如强化 Q 学习、自适应启发式评价或遗憾最小化多臂赌博机）难以扩展到多用户或多玩家场景，因为这些算法要求利用学习过程中获得的信息和恰当定义搜索空间之间必须取得平衡。例如，在大量设备交互的场景下，平均场 MARL 非常有效。

MARL 在无线网络中有许多应用案例。例如文献 [30] 所探讨的完全分布式 MARL，其中智能体位于时变通信网络的节点上。该文献作者提出两种函数逼近分布式参与者 - 评价者算法，适用于状态和智能体数量极大的大规模 MARL。在这个分布式结构中，参与者操作由每个智能体单独执行，无须推理其他智能体的策略。而评价者操作则通过网络的共识更新来实现。两种算法都是完全增量的，并可以在线实现。当值函数在线性函数类内逼近时，这些算法也可以进行收敛性分析。

8.3 动态贝叶斯网络理论

无线接入网中，实现及时、低成本的信号和信息处理需要利用网络变量之间的时空依赖关系。这些依赖关系存在于多个域中，例如：

- **用户激活域**，包括上报 / 响应关联事件的 MTC/IoT 设备。
- **信道域**，其部分用户体验了相似的传播特征。
- **数据内容域**，其用户处于共享或需要相似内容的社会结构中。

这些依赖关系让无线网络的性能增益有机会得到利用。因此，学习网络变量之间的依赖关系对于提供高级信息和信号处理算法以提高无线接入的性能至关重要。

动态贝叶斯推理是一个自然框架，用于研究变量之间随时间变化的依赖关系，包括干扰和业务模型、信道结构和用户活动 / 数据检测。习得的时变结构可用于无小区大规模 MIMO 动态聚类，如制定更好的无线接入解决方案。许多这类问题能通过估计稀疏时变逆协方差矩阵来提出，这个矩阵表征实体之间相互依赖的动态网络。然而，与非时变推理相比，时变网络学习由于参数较多且需要额外耦合，计算成本较高。此外，标准方法无法较好地扩展至规模较大的网络，这种网络更需要低复杂度和近似推理方法。理想情况下，这些方法还应该通过权衡信道资源和性能来适当地考虑学习开销。而且，这些学习算法应该在不完全非线性测量下运行，如利用容量受限的链路进行数据融合，就像分布式 MIMO 一样。

为了提供可扩展的解决方案，我们将以近似推理方法（如消息传递）及分布式（多处理器）近似推理方法为基础。消息传递和近似消息传递最近被证明可扩展到广义逆线性问题中，这里应用的方法将以此作为出发点。现有的静态非时变解决方案将扩展到时间动力学。具有代表性的理论工具包括：

1. 贝叶斯网络（Bayesian Network，BN）

BN 是一种有向无环图模型。其中，节点表示现实对象和事件，通常称为变量或状态。有向无环图中的每个变量都有一个概率分布函数，其维度和定义取决于引入变量的边缘。

BN 可以定义为通用类中的特例，即图形模型，其中节点表示随机变量，节点间没有弧线表示假设变量之间具备条件独立性。将 BN 图作为一个整体，可以利用条件概率、BN 结构和联合概率分布来确定每个节点的边缘概率或似然性。这个过程称为边缘化。一旦某个边缘概率发生变化，BN 的置信度计算就会生效。观测结果传播到整个网络，在传播过程的每个环节中，不同节点的概率会被更新。根据文献 [31]，在简单网络中，可以利用贝叶斯定理基于联合分布计算每个状态的边缘概率或似然性。

2. 动态贝叶斯网络（Dynamic Bayesian Network，DBN）

在日常生活中，大多数事件并不是在某个特定时刻探测到的，而是可以通过多种观测状态来描述，这些观测状态对事件做出完整的最终判断。DBN 模型描述了一个随时间动态变化或演进的系统。这个模型将使用户能够持续监控和更新系统，甚至预测系统的行为。DBN 通常定义为一种特殊的单连接 BN，专门用于时序建模，如文献 [32] 所述。对系统进行静态解释的所有节点、边缘和概率都与 BN 中的相同。这里的变量可以表示为 DBN 状态，因为其中包括一个时间维度，而且 DBN 描述的系统状态满足马尔可夫条件，如图 8-4 所示。

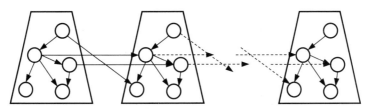

图 8-4　展示时间过程演进概况的时间片

3. 隐马尔可夫模型（Hidden Markov Model，HMM）

HMM 是一个随机有限自动机，每个状态产生（发出）一次观测。下面用 X_t 表示隐藏状态，用 Y_t 表示观测。若有 K 个可能的状态，则 $X_t \in \{1, K\}$。模型参数包括初始状态分布、转换模型和观测模型。转换模型通常由条件多项式分布 $A(i;j) = P(X_t = j \mid X_{t-1} = i)$ 来表征，其中 A 为随机矩阵。随机矩阵 A 通常是稀疏矩阵，其结构通常以图形表示，其中节点表示状态，箭头表示允许转换（即非零概率转换）。

下面重点探讨 DBN 的技术特性，这些特性可归纳为三类。

- **推理**：由于每个时间片只能观测状态子集，因此需要计算 DBN 中所有的未知状态。这种计算通过推理过程实现，不同类型的 DBN 根据其特定结构需要不同类型的估计和计算。在某些情况下，估计概率密度函数的充分统计量可能比估计条件概率密度函数更合适。如果 DBN 与单连接 BN 之间相似性较强，则可以使用高效的前向后向算法。平滑和预测算法也用于 DBN 推理计算。

- **序列解码**：DBN 的另一个问题是如何根据观测结果找出概率最大的隐藏变量序列。由于 DBN 节点可以具有多个状态，因此必须确定概率最大的隐藏状态序列。该过程通常称为序列解码，可以使用动态规划 Viterbi 算法实现。但是，使用 Viterbi 算法解码隐藏状态序列需要一组完整的观测结果。而 Viterbi 算法的变体（截断 Viterbi 算法）只需要固定数量的观测结果。

- **学习**：在 DBN 结构中描述现实问题通常需要引入节点，这些节点的条件概率无法精确计算。即使具备专家知识，也无法解决特定领域的某些条件关系问题。在这种情况下，需要学习这些特定的概率分布。这个学习过程非常复杂，并以期望最大化或广义期望最大化（Generalized Expectation Maximization，GEM）算法为基础。

表 8-1 根据结构是否已知总结了最有效的方法。每种方法都有其独特的优缺点，如表 8-2 所示。

表 8-1　针对不同结构状态的方法

结构状态	可观测性	方法
已知	全量	简单统计
已知	部分	动态规划
未知	全量	最大似然

表 8-2   不同方法的优缺点

方 法	优 点	缺 点
简单统计	计算简便且成本较低	需要完整的结构和全量观测，不太可能实现
动态规划	已知算法：Viterbi	只能做到局部最优
最大似然	EM/GEM 算法，效果较好	只能做到局部最优

　　DBN 在 6G 中有许多潜在的应用。例如，习得的网络变量之间的依赖关系可用于各种无线业务中以获取潜在性能增益。特别是习得的时变结构可用于不同域（信道、活动和内容）的动态用户或网络聚类（典型案例是无小区大规模 MIMO），直接影响无线接入应用。无线信道的时变相关结构是个很好的例子，习得这个结构可以提高 RAN 性能。预计将获得与大规模 MIMO 相关的巨大性能增益，因为掌握了信道结构（确切来说，MIMO 信道）就可以根据 RAN 用户信道条件实现动态用户聚类。信道结构和用户聚类通过减少用于训练的信道资源和与信道估计相关的反馈，促进制定开销较低的信道估计方案。在这种场景下，贝叶斯框架非常有效，因为该框架给出了与涉及的估计质量相关的置信度。这些置信度可以在用户侧和网络边缘进行本地评估，也可以在中心服务器和宏基站进行全局评估，促进信道估计和数据解码的决策制定。在大规模 MIMO、分布式 MIMO 或无小区网络中，该方法将带来新的信道估计和反馈方案。也就是说，动态用户聚类将影响用于训练（上行和下行）蜂窝系统（其中基站配备大量天线）的导频序列的设计和长度。这将有效降低训练开销，释放信道资源以用于数据传输。尤其是可以基于用户聚类和贝叶斯推理过程输出的软信息（置信度）优化信道状态信息（Channel State Information，CSI）的反馈机制。如此一来，还能对基于量化显式反馈的新提案进行研究。

　　此外，贝叶斯框架通过用户激活统计模型（也可以习得）来集成用户活动检测。该模型扩展了非自适应和自适应概率群测试方法，以合并用户之间的依赖关系和用户所遵循的概率分布。这对大规模 MTC/IoT 场景有特殊意义，这些场景中的信道估计和用户活动检测问题应该一起解决，以降低与随机接入过程相关的信令开销和时延。特别是在有两个传输阶段（初始接入和数据传输）的大连接应用中，贝叶斯框架评估了用于初始接入（第一阶段）和数据传输（第二阶段）的最优资源量，从而直接影响数据传输阶段的资源分配。一般来说，在活跃用户数远远超过基站天线数的过载系统中，贝叶斯推理辅助的用户调度可以显著提高整体频谱效率。这将影响调度方案和免授权（Grant-Free，GF）方案的设计，这些方案面向小包传输的 MTC/IoT 应用，并集成初始接入和数据传输。

　　贝叶斯框架也可用于定位和轨迹预测。此外，信道状态和用户位置的分布式预测被视为设计鲁棒的无线通信系统的关键因素。例如，通过预测用户（短期）位置或其角功率谱（即表示天线阵列中每个角单元的平均能量的函数）的演变，调度器获得关于如何对训练符号进行预编码的有用信息，以针对具有相同导频的多个用户获取 CSI。

　　DBN 可能会影响多项技术的发展方向，包括用户活动检测、信道估计和移动性跟踪。

参考文献

[1] I. Goodfellow, Y. Bengio, A. Courville, and Y. Bengio, *Deep learning*, Vol. 1. MIT Press, Cambridge, 2016.

[2] K. Hornik, M. Stinchcombe, H. White *et al.*, "Multilayer feedforward networks are universal approximators." *Neural Networks*, vol. 2, no. 5, pp. 359–366, 1989.

[3] J. Duchi, E. Hazan, and Y. Singer, "Adaptive subgradient methods for online learning and stochastic optimization," *Journal of Machine Learning Research*, vol. 12, no. 7, 2011.

[4] D. P. Kingma and J. Ba, "Adam: A method for stochastic optimization," *arXiv preprint arXiv:1412.6980*, 2014.

[5] S. Fernández, A. Graves, and J. Schmidhuber, "An application of recurrent neural networks to discriminative keyword spotting," in *Proc. International Conference on Artificial Neural Networks*. Springer, 2007, pp. 220–229.

[6] D. Madhubabu and A. Thakre, "Long-short term memory based channel prediction for siso system," in *Proc. 2019 International Conference on Communication and Electronics Systems (ICCES)*. IEEE, 2019, pp. 1–5.

[7] M. L. Puterman, *Markov decision processes: Discrete stochastic dynamic programming*. John Wiley & Sons, 2014.

[8] D. P. Bertsekas, *Dynamic programming and optimal control*, Vol. 1, no. 2. Athena Scientific, Belmont, MA, 1995.

[9] N. Tishby, F. C. Pereira, and W. Bialek, "The information bottleneck method," *arXiv preprint physics/0004057*, 2000.

[10] R. Shwartz-Ziv and N. Tishby, "Opening the black box of deep neural networks via information," *arXiv preprint arXiv:1703.00810*, 2017.

[11] A. A. Alemi, I. Fischer, J. V. Dillon, and K. Murphy, "Deep variational information bottleneck," in *Proc. International Conference on Learning Representations*, 2016.

[12] I. Estella-Aguerri and A. Zaidi, "Distributed variational representation learning," *IEEE Transactions on Pattern Analysis and Machine Intelligence*, to be published.

[13] A. E. Eshratifar, A. Esmaili, and M. Pedram, "Bottlenet: A deep learning architecture for intelligent mobile cloud computing services," in *Proc. 2019 IEEE/ACM International Symposium on Low Power Electronics and Design (ISLPED)*. IEEE, 2019, pp. 1–6.

[14] G. E. Hinton and R. S. Zemel, "Autoencoders, minimum description length and helmholtz free energy," in *Proc. Conference on Advances in Neural Information Processing Systems*, 1994, pp. 3–10.

[15] D. P. Kingma and M. Welling, "An introduction to variational autoencoders," *Foundations and Trends in Machine Learning*, vol. 12, no. 4, 2019.

[16] I. Goodfellow, J. Pouget-Abadie, M. Mirza, B. Xu, D. Warde-Farley, S. Ozair, A. Courville, and Y. Bengio, "Generative adversarial nets," in *Proc. Conference on Advances in Neural Information Processing Systems*, 2014, pp. 2672–2680.

[17] B. McMahan, E. Moore, D. Ramage, S. Hampson, and B. A. Y. Arcas, "Communication-efficient learning of deep networks from decentralized data," in *Proc. Conference on Artificial Intelligence and Statistics*. PMLR, 2017, pp. 1273–1282.

[18] J. Konečný, H. B. McMahan, F. X. Yu, P. Richtárik, A. T. Suresh, and D. Bacon, "Federated learning: Strategies for improving communication efficiency," in *Proc. NIPS Workshop on Private Multi-Party Machine Learning*, 2016.

[19] B. Hitaj, G. Ateniese, and F. Perez-Cruz, "Deep models under the gan: Information leakage from collaborative deep learning," in *Proc. the 2017 ACM SIGSAC Conference on Computer and Communications Security*, 2017, pp. 603-618.

[20] V. Smith, C.-K. Chiang, M. Sanjabi, and A. S. Talwalkar, "Federated multi-task learning," in *Proc. Conference on Advances in Neural Information Processing Systems*, 2017, pp. 4424-4434.

[21] R. S. Sutton and A. G. Barto, *Reinforcement learning: An introduction*. MIT Press, 2018.

[22] I. Goodfellow, Y. Bengio, A. Courville, and Y. Bengio, *Deep learning*, Vol. 1 MIT Press, 2016.

[23] D. Silver, A. Huang, C. J. Maddison, A. Guez, L. Sifre, G. Van Den Driessche, J. Schrittwieser, I. Antonoglou, V. Panneershelvam, M. Lanctot *et al.*, "Mastering the game of Go with deep neural networks and tree search," *Nature*, vol. 529, no. 7587, pp. 484-489, 2016.

[24] D. Silver, J. Schrittwieser, K. Simonyan, I. Antonoglou, A. Huang, A. Guez, T. Hubert, L. Baker, M. Lai, A. Bolton *et al.*, "Mastering the game of Go without human knowledge," *Nature*, vol. 550, no. 7676, pp. 354-359, 2017.

[25] S. Shalev-Shwartz, S. Shammah, and A. Shashua, "Safe, multi-agent, reinforcement learning for autonomous driving," *arXiv preprint arXiv:1610.03295*, 2016.

[26] J. Kober, J. A. Bagnell, and J. Peters, "Reinforcement learning in robotics: A survey," *International Journal of Robotics Research*, vol. 32, no. 11, pp. 1238-1274, 2013.

[27] Y. Li, "Deep reinforcement learning: An overview," *arXiv preprint arXiv:1701.07274*, 2017.

[28] B. Jovanovic and R. W. Rosenthal, "Anonymous sequential games," *Journal of Mathematical Economics*, vol. 17, no. 1, pp. 77-87, 1988.

[29] Y. Shoham and K. Leyton-Brown, *Multiagent systems: Algorithmic, game-theoretic, and logical foundations*. Cambridge University Press, 2008.

[30] H. Tembine, R. Tempone, and P. Vilanova, "Mean-field learning: A survey," *arXiv preprint arXiv:1210.4657*, 2012.

[31] R. Sterritt, A. H. Marshall, C. M. Shapcott, and S. I. McClean, "Exploring dynamic Bayesian belief networks for intelligent fault management systems," in *Proc. 2000 Conference on Systems, Man and Cybernetics*, vol. 5. IEEE, 2000, pp. 3646-3652.

[32] K. P. Murphy, "Dynamic Bayesian networks: Representation, inference and learning," Ph.D. thesis, 2002.

第 9 章

大容量和大连接的理论基础

9.1 电磁信息论

本研究关注无线通信基础问题和天线工程问题的理论刻画，这涉及麦克斯韦电磁理论和香农信息论这两个成熟领域的交叉。由此形成的这类波动论与信息论问题及其解决方案构成一个跨学科领域，即电磁信息论（Electromagnetic Information Theory，EIT）。

该领域的研究结合波动物理学与信息论，具有悠久的历史，可以追溯到信息论[1]的起源，特别是关于光和信息的开创性研究[2-3]。为了表示通信的有效维数，引入了自由度（Degrees of Freedom，DoF）的概念。20 世纪 60 年代出现了用波动论确定 DoF 数的严谨方法，此后，该领域断断续续取得一些进展。

信道容量定义为最大互信息：

$$C = \max_{p(x)} \{I(x, y)\}$$

其中，x 和 y 分别为发射（Tx）和接收（Rx）信号向量。为了考虑电磁定律对信道容量的影响，空间容量 S 在文献 [4] 中被首次提出，定义为 Tx 和 Rx 信号向量之间的最大互信息，同时假设接收机已获得完整的信道状态信息（Channel State Information，CSI）：

$$S = \max_{p(x), E} \{I(x, \{y, G(E)\})\}$$

$$\text{约束：} \langle x^+ x \rangle \leqslant P_T, \quad \nabla^2 E - \frac{1}{c^2} \frac{\partial^2 E}{\partial t^2} = 0, \quad E = E_0, \quad \forall \{r, t\} \in B$$

其中，E 为传输数据的电场，B 为边界条件（取决于散射环境），G 为信道矩阵。电磁场的 DoF 数对于理解无线（辐射）通信系统的物理局限性至关重要。

如图 9-1 所示，广义无线信道由 Tx 阵列、传播信道（环境）和 Rx 阵列组成。Tx 和 Rx 阵列至少会对辐射图和信道的非线性耦合效应造成影响。复数广义无线信道 $G(E)$ 通常表示为阵列的转向矢量与多径物理传播信道之间的卷积：

$$G(E) = H = f(\{\varphi_n, \theta_n\}) = \sum_n h_n a_{\theta_n} a_{\varphi_n}^H$$

其中，n 为多径数，φ_n 和 θ_n 分别为物理传播信道第 n 个路径的到达角（Angle of Arrival，AoA）和离开角度（Angle of Departure，AoD），$\boldsymbol{a}_\theta$ 和 $\boldsymbol{a}_\varphi$ 为发射阵列和接收阵列的转向矢量，h_n 为物理传播信道第 n 个路径的冲击响应。

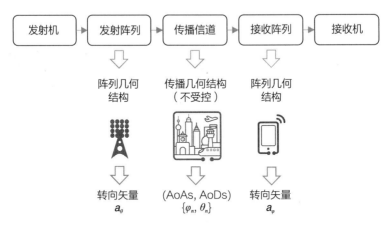

图 9-1　广义无线信道示意图

随着 MIMO 通信在 21 世纪初获得成功，EIT 的关注度逐步提高，EIT 研究的最终目标是脱离天线配置来理解 MIMO 信道[5-8]。在任何场景下（如丰富散射或稀疏散射）[4]，最优天线数和 MIMO 容量在给定天线孔径的前提下是有上界的。如今，大规模 MIMO 技术已经日趋成熟，其关键要素已被纳入 5G NR 标准中。随着大规模 MIMO 在频谱效率和能效方面的优势得到充分理解和认可，自然而然地会进一步引出以下问题：天线数是否能接近无穷大？接下来哪些技术值得期待[9]？这些问题可以通过 EIT 解答，因为 EIT 为无线网络设计和性能分析提供了一个通用框架。文献 [10-12] 已对此展开初步研究。

为了增加广义无线信道 $\boldsymbol{G}(\boldsymbol{E})$ 的 DoF 数，可以将潜在的技术研究方向大致分为三类：（1）物理传播信道；（2）天线阵列图和耦合效应；（3）电磁物理特性。

1. 物理传播信道

1）物理传播环境：从不可控到可控

代表性学科包括可重构智能表面（Reconfigurable Intelligent Surface，RIS）[13] 和智能反射面（Intelligent Reflecting Surface，IRS）[14]，智慧环境的概念也由于这些研究而受到越来越多的关注。智慧环境的主要优势是可以主动构造一个满秩信道矩阵。由于硬件分辨率、反馈开销和终端移动性等一系列约束，目前尚不清楚智慧环境的理论容量极限。EIT可以在相关研究中发挥关键作用。

2）电磁传播路径：从不可逆行为到可逆行为

时间反演（Time Reversal，TR）[15] 是该领域的代表性学科，该学科以电磁波方程解的时间对称性（又称光路可逆性原理）为基础。利用 TR 原理，EIT 有望在获得超宽带（Ultra-WideBand，UWB）系统时空维度的超分辨方面发挥关键作用。

3）电磁场：从远场到近场，甚至表面波

代表性学科包括大型智能表面（Large Intelligent Surface，LIS）[16]和表面波通信（Surface Wave Communication，SWC）[17]。LIS 必须考虑球面波的空间非平稳性以及接收机均衡算法，而 SWC 则利用了长期被忽略的 Zenneck 波，这种波被束缚在介质表面附近，不能向周围扩散。LIS 和 SWC 都需要 EIT 的数学工具来指导其天线设计和微纳米结构加工。

2. 天线阵列图及耦合效应

1）天线阵列几何拓扑：从不变到可变（物理或虚拟）

除了传统的可重构天线，信息超表面[18]也是近来备受关注的领域。基于超材料的柔性控制，利用索引调制[19]可以实现精确空间维度的电磁调制。虽然不能认为单纯通过索引调制就可以改善信道的 DoF 数，但人们普遍认为，在 EIT 研究过程中，还有许多基于超材料的其他技术途径值得采用。

2）阵元间距：从半波长到超紧致

超方向性[20]是该领域的代表性学科。传统天线阵列通过最大传输比将 M 个阵元的相互耦合最小化，从而保持 M 个阵元的波束赋形增益。而超方向性天线阵列则通过使天线间距小于半个波长来产生强相互耦合，从而产生大于 M 个阵元的波束赋形增益。数学上，阻抗矩阵的子空间包括具有小特征值的特征向量，表示传播向量的一部分。物理上，平面波的波谱中含有大量的超波分量，这些波在终端方向上表现为瞬逝波，并呈指数衰减。EIT 可以根据麦克斯韦电磁理论和基尔霍夫电路理论[20-21]解决强耦合问题。

3）阵列：从小孔径阵列到超大孔径阵列（Extremely Large Aperture Array，ELAA）

代表性研究包括 LIS[16]和 ELAA[22]，后者引起了沿阵列的空间非平稳场特性。为了降低 ELAA-MIMO 方案的计算量，建议将整个阵列划分为多个不相交的小规模子阵列[22]，再进行信号处理。EIT 必须提供一个新的分析框架，以更好地处理各种原因引起的空间非平稳场特性。

3. 电磁物理特性

1）从单极化（或双极化）到三极化（或多极化）

虽然 Tse 等人早在 2011 年就分析了三极化阵元的 DoF 增益[23]，该 DoF 增益是重要的理论研究成果，由于许多原因，三维（Three-Dimensional，3D）的三极化天线阵列一直没有得到普及。但是，四臂螺旋天线（Quadrifilar Helix Antenna，QHA）对 MIMO 吞吐率的成功提升，使得 3D 天线阵列和相关多极化信道测量现在越来越受关注[24]。在 6G 时代，多极化信道的测量和建模是研究人员的关注点所在，通过识别一些以前被忽略的信道特征有可能提高信道的 DoF 数。EIT 将在广义信道建模中发挥重要作用。

2）从线性动量（能量）到角动量

轨道角动量[25]是电磁领域具有代表性的研究内容。进一步的研究显示，轨道角动量不太可能成为新的独立 DoF，而只是 MIMO 的一种特殊情形[26]。然而，在一些准近轴和近场环境中，可以通过轨道角动量与 MIMO 形成互补，获得一些有益效果。能否在 EIT 的指导下找到新的可用于无线通信的电磁特性仍是未知数。

传统的空间电磁波的 DoF 分析是基于自由空间无边界（或无限远处边界）的。首先，将电磁波的复杂波前分解为具有标准球谐函数的多极展开项，然后，对经电磁波传播的麦克斯韦格林函数进行线性叠加得到无线信道响应矩阵。最终，在特征空间中确定独立的正交基 [27-28]。在 6G 时代，天线阵列和信道环境的新趋势正在推动我们探索更强大的电磁分析工具，以应对超定向天线阵列、ELAA 和智能超表面的复杂电磁环境，从而更准确地理解信道。

3）计算电磁学（Computational ElectroMagnetics，CEM）

CEM 是一门新兴的交叉学科，能够解决复杂的电磁理论问题和工程问题 [29]。该学科渗透到电磁学的各个领域，与电磁场理论和工程相关。在电磁场工程方面，CEM 用于应对日益复杂的电磁场场景，解决电磁场的建模、仿真、优化和设计问题。在电磁场理论方面，CEM 为复杂的数值计算和分析计算提供方法、手段和结果，并用于研究电磁场的规律和数学方程。常用的 CEM 方法包括有限元法 [30]、有限差分时域法 [31]、传输线矩阵法 [32]、矩量法 [33] 和各种计算加速法。关注 CEM 理论和计算机辅助设计仿真工具的发展，对于更好地理解和普及复杂 6G 电磁环境中的麦克斯韦格林函数和无线信道响应矩阵来说非常有必要。正如第 13 章将进一步讨论的，CEM 在新频段和新应用场景下的 6G 信道建模中是必需的。

6G 的不断发展正在催生许多新的无线技术，而这可能影响电磁信息论（EIT）的发展。这些新技术包括：LIS、RIS、数字可控散射体、轨道角动量、全息 MIMO、时间反演、表面波通信、超大规模 MIMO 和 ELAA 等。

9.2　大规模通信理论

在许多现代工程领域，系统往往部署在越来越大的网络中（如超大规模 MIMO 网络和密集网络）。此外，由于当前对快速变化环境中快速处理能力的要求，系统动力学变得越来越重要。这些网络现在共同面临着很大挑战，即必须同时应对日益增长的系统规模（网络节点更多，且其交互者更多）、不断增加的随机性（随机拓扑变化和随机环境演进），以及分散、自组织处理能力的需求（网络节点必须实现自治，能够动态适应环境变化）。这三个方面的应对能力构成了未来网络性能建模、分析和优化所需的基本要素。在大型复杂系统中，用于应对这些问题的传统方法包括大规模仿真（蒙特卡罗方法）或启发式工具，如神经网络或粒子群。然而，这些方法都存在一些严重弊端，例如数学上不稳定，且不适用于简单解释，因此系统改进和优化要么是基于反复试验，要么根本不可能。在数学模型不具备坚实基础的情况下，这些方法通常被视为备用解决方案。

因此，需要开发新的理论工具，以便对大型随机网络进行系统的、可靠的和可解释的分析。这些工具需要具备足够的泛化能力，能够覆盖各种网络模型，同时又需要能够方便地针对实际网络进行特化。正如下文将进一步详细介绍，近来各种数学工具已被认定为应对大型系统中部分挑战的潜在候选工具。不过，这些工具大多还处于数学发展的早期阶段，或者刚刚开始进入工程研究。其中，以下三个新工具前景最好：

- **随机矩阵理论**：随机矩阵理论，更具体地说，高维随机矩阵理论[34]，在技术上用于研究具有随机项的高维厄米特矩阵。21 世纪初，电磁领域在对当时新兴的多天线和扩频码技术进行分析的过程中，对无线通信产生了浓厚兴趣，这些技术的数学模型是基于随机矩阵通信信道的。尽管从 2000 年到 2010 年（基于 2000 年的数学成果）一直在进行随机矩阵理论的研究，但是很少有研究人员根据需要进一步发展随机矩阵理论的数学基础以应对挑战。然而，近年来，针对大规模 MIMO 和超大规模 MIMO，已经出现与无线通信网络分析相关的新的理论工具。

  随机矩阵理论旨在研究随机项（数量非常大）的矩阵的谱性质（特征值和特征空间）。与随机变量或有限量的随机向量在抽取大样本集（主要基于大数定律或中心极限定理）时表现出确定性极限相似，一些随机矩阵模型的谱测度在行维和列维都趋于无穷时表现出确定性行为。长期以来，随机矩阵一直是数学家的专属领域，但是 21 世纪初，无线通信研究人员发现，随机矩阵也许可以充分建模随机且快速变化的无线通信信道[35]。经过几年的探索，无线通信研究人员清楚地认识到，数学家提出的大多数随机矩阵模型要么不够充分，要么过于简单，无法用于研究现实中的通信信道。第二轮研究热潮随后在 2010 年左右兴起，进一步研究随机矩阵理论的数学工具，以满足无线通信工程师的特定需求。无线通信领域的最新进展为海量无线信道建模、分析和性能优化带来了重要的新成果，如 MIMO 点对点莱斯衰落信道[36]、MIMO 多径信道[37]、MIMO 多址接入（Multiple Access，MA）信道[38]、线性预编码广播信道[39]、具有统一预编码器的通信信道[40]、多跳信道[41]和单小区 / 多小区网络[42-43]。这些成果虽然有时基于非常复杂的系统模型，但是提供相对简化的设计，并且易于优化。随机矩阵理论引入的基本要素是高维近似，能够通过确定性量（称为确定性等价物）分析大型复杂随机系统[44]。高维系统元素的维度是由无线设备的天线数、单个小区的用户数或给定网络的小区数来度量的。随机矩阵理论因而被公认为分析许多本地无线通信系统的有效工具，其中"本地"理解为"单尺度"（天线数或用户数较大）。由于进一步泛化的工具，如迭代确定性等价物[40]的出现，随机矩阵理论现在有望成为建模复杂通信系统的工具，通过将许多高维元素考虑在内，实现宏观和微观的联合分析。此外，随机矩阵理论工具也引起了信号处理界的注意，为大阵列处理[45]提供了 MIMO 雷达技术等创新的检测和估计（统计推理）方案。最后，随机矩阵理论还探索了用于优化多小区 MIMO 网络性能的无中心式算法的设计[46]。

- **分散随机优化**：第二个值得关注的工具是最近一个集成随机逼近和 Gossip 算法用于分散随机优化的框架。分散随机优化可以追溯到文献 [47] 中的研究，该研究提供多种方法用于大型处理器集群的分散计算。然而，这项初步研究存在局限性，因为处理器间通信应该成本较低且与处理器间距无关，所以也应与底层网络拓扑无关。同时，已有分散共识算法可用于解决另一个完全不同的问题：如何在处理和存储能力较低的互联传感器上做出共同决策 [48]。典型的分散共识算法是分布式 MIMO 系统采用的共识算法。假设集群中的每个接入点都进行初始测量，始终在存储器中保持一个值，并且只能将该值发送给最近的邻区，那么就必须设计快速算法使集群最终基于初始测量的平均值做出联合决策。

这里对拓扑进行的考虑对于算法的可行性和收敛性至关重要。分散处理已被应用于通信能力有限的大型互联网络 [49]，旨在解决可以划分为若干个非独立子问题的全网问题。每个网络节点解决自身的子问题，然后将结果（以确定或随机的方式）发送给最近的邻区，从而达成共识，使每个节点最终能够获得解决方案。这些方案有多种扩展方案，其中一些算法是基于随机逼近 [50] 提出的，随机逼近假设每个网络节点只了解子问题的部分信息。在多终端网络中，分散处理已经成为应用研究的课题 [51]。在分散式 MIMO 中，最大化整网吞吐率等许多问题都需要一个中央实体充分了解网络的解决方案。由于接入点的计算和存储能力有限且通信范围较小，分散处理和 Gossip 算法也是最大化密集网络性能的基本要素。特别是，这种分散处理和 Gossip 算法预计将很好地替代博弈论方法和学习方法，这些方法长期被考虑应用到无线通信中，但很少有确凿证据表明其适用于自组织网络。注意，博弈论方法主要基于一系列试验和反馈，往往要求网络参与者在达到预期的纳什均衡之前进行不合理的决策。如果待解决的优化问题提出一些比较严格的节点间约束，博弈论方法往往导致算法的结果不能满足这些约束。而分散处理和 Gossip 技术并非如此，在这些技术中，交换的信息在聚合前没有被使用。

- **张量代数和低秩张量分解**：最简单的张量可以理解为 D 维数据结构。这类似于将向量和矩阵泛化到二维以上（在经典线性代数中，向量是一维数据结构，而矩阵有行和列两个维度）。所生成的 D 维数组可以理解为多重线性应用的一种表达方式（如牛顿物理学使用无坐标张量的表达方式对物理定律进行建模）或一个 D 维（或模式）索引的数据结构 [52]。在第二种情况下，张量秩的概念至关重要。秩为 1 的 D 阶张量定义为恰当维数的 D 个向量的外积。这类似于秩为 1 的矩阵，这种矩阵是只有两个向量（行向量和列向量）的外积。重构给定张量所需的最小秩 1 项数称为秩。

    张量分解问题最初是在 20 世纪 20 年代末被提出的 [53]，并且已经深深地植根于实验科学。具体而言，将给定张量分解为多个秩 1 分量的和（称为正则 – 双峰分解）对许多应用具有实际意义，因为这种分解体现了数据的内部结构。20 世纪 70 年代，低秩张量分解被应用于心理测量学领域，在该领域被称为 PARAFAC [54]，并在 20 世纪 80 年代扩展到化学计量学领域 [55]。

    张量代数以深奥的数学理论为基础。尽管以上关于矩阵的类比让人感到比较熟悉，因为矩阵比较直观 [56]，而正则 – 双峰分解的性质在很大程度上与矩阵是不同的。具体来说，高阶（$D > 3$）张量即使大小适中，秩也可以比较高。矩阵的秩受限于最小行和列维度，与矩阵不同，一般张量的预期秩以更快的速度缩放 [57]。此外，对于一般秩的子秩，其张量（即那些包含由结构化模型产生的数据的张量）的正则 - 双峰分解在温和条件下本质上是唯一的。这也与矩阵不同。例如，如果考虑 QR 或奇异值分解（SVD），矩阵分解之所以唯一的原因是有一些仅存在于技术层面的正交条件，但这些条件在当前问题中并不完全是有用的约束。低秩张量分解的这些独特性质可以通过多种方式利用到无线通信中。例如，如果低秩张量模型是通过与天线阵列耦合的镜面射频传播模型生成的，那么通过张量分解可以实现盲源分离和方向估计，与经典的多信号分类（MUltiple SIgnal Classification，MUSIC）算法或 ESPRIT 算法（利用旋转不变性估计信号参数）[58] 相比，假设没那么严格，源数量也更多。这类没那么严格的假设可能包括使用基于高阶统计的较短的数据样本。盲源分离能力也是非相干、非正交多用户分离方法的核心，这种能力是文献 [59] 针对大规模海量接入场景提出的，后续将在第 24 章中讨论。

当代关于张量理论的扩展面向日益复杂的场景，例如耦合正则 - 双峰分解 [60]（其中耦合产生于所考虑的应用）和适用于大型高阶张量问题的高效存储 Tensor-Train 分解 [61]。近来的理论进展还包括随机张量的研究，该研究聚焦于尖峰模型。在此场景下，目标是分析性地描述在什么条件下可以通过低秩张量近似法可靠地将低秩信息分量与加性测量噪声分离，并预测可实现的精度。一种方法是使用统计物理工具 [62]。同时人们也在尝试发展随机张量的纯谱理论，这是一个公认的难题 [63]。此外，低秩张量分解的泛化能力正在 "缺失数据" 公式 [64] 的场景下进行研究。

随着 6G 的不断发展，许多与大规模通信理论密切相关的技术开始涌现，包括密集网络、联邦学习、无小区大规模 MIMO、以用户为中心的通信、边缘通信、分布式 MIMO 等。

参考文献

[1] C. E. Shannon, "A mathematical theory of communication," *ACM SIGMOBILE Mobile Computing and Communications Review*, vol. 5, no. 1, pp. 3–55, 2001.

[2] D. Gabor, "CIII. Communication theory and physics," *London, Edinburgh, and Dublin Philosophical Magazine and Journal of Science*, vol. 41, no. 322, pp. 1161–1187, 1950.

[3] D. Gabor, "IV light and information," in *Progress in optics*, Vol. 1. Elsevier, 1961, pp. 109–153.

[4] S. Loyka, "Information theory and electromagnetism: Are they related?" in *Proc. 2004 10th International Symposium on Antenna Technology and Applied Electromagnetics and URSI Conference*. IEEE, 2004, pp. 1–5.

[5] J. Y. Hui, C. Bi, and H. Sun, "Spatial communication capacity based on electromagnetic wave equations," in *Proc. 2001 IEEE International Symposium on Information Theory*. IEEE, 2001, p. 337.

[6] J. W. Wallace and M. A. Jensen, "Intrinsic capacity of the MIMO wireless channel," in

Proc. IEEE 56th Vehicular Technology Conference, vol. 2. IEEE, 2002, pp. 701–705.

[7] M. A. Jensen and J. W. Wallace, "Capacity of the continuous-space electromagnetic channel," *IEEE Transactions on Antennas and Propagation*, vol. 56, no. 2, pp. 524–531, 2008.

[8] F. K. Gruber and E. A. Marengo, "New aspects of electromagnetic information theory for wireless and antenna systems," *IEEE Transactions on Antennas and Propagation*, vol. 56, no. 11, pp. 3470–3484, 2008.

[9] E. Björnson, L. Sanguinetti, H. Wymeersch, J. Hoydis, and T. L. Marzetta, "Massive MIMO is a reality. What is next? Five promising research directions for antenna arrays," *Digital Signal Processing*, vol. 94, pp. 3–20, 2019.

[10] T. L. Marzetta, "Spatially-stationary propagating random field model for massive MIMO small-scale fading," in *Proc. 2018 IEEE International Symposium on Information Theory (ISIT)*. IEEE, 2018, pp. 391–395.

[11] A. Pizzo, T. L. Marzetta, and L. Sanguinetti, "Spatial characterization of holographic MIMO channels," *arXiv preprint arXiv:1911.04853*, 2019.

[12] A. Pizzo, T. L. Marzetta, and L. Sanguinetti, "Degrees of freedom of holographic MIMO channels," in *Proc. 2020 IEEE 21st International Workshop on Signal Processing Advances in Wireless Communications (SPAWC)*. IEEE, 2020, pp. 1–5.

[13] E. Basar, M. Di Renzo, J. De Rosny, M. Debbah, M.-S. Alouini, and R. Zhang, "Wireless communications through reconfigurable intelligent surfaces," *IEEE Access*, vol. 7, pp. 116 753–116 773, 2019.

[14] Q. Wu and R. Zhang, "Intelligent reflecting surface enhanced wireless network via joint active and passive beamforming," *IEEE Transactions on Wireless Communications*, vol. 18, no. 11, pp. 5394–5409, 2019.

[15] I. H. Naqvi, G. El Zein, G. Lerosey, J. de Rosny, P. Besnier, A. Tourin, and M. Fink, "Experimental validation of time reversal ultra wide-band communication system for high data rates," *IET Microwaves, Antennas & Propagation*, vol. 4, no. 5, pp. 643–650, 2010.

[16] S. Hu, F. Rusek, and O. Edfors, "Beyond massive MIMO: The potential of data transmission with large intelligent surfaces," *IEEE Transactions on Signal Processing*, vol. 66, no. 10, pp. 2746–2758, 2018.

[17] K-K. Wong, K-F. Tong, Z. Chu, and Y. Zhang, "A vision to smart radio environment: Surface wave communication superhighways," *arXiv preprint arXiv: 2005.14082*, 2020.

[18] H. Wu, G. D. Bai, S. Liu, L. Li, X. Wan, Q. Cheng, and T. J. Cui, "Information theory of metasurfaces," *National Science Review*, vol. 7, no. 3, pp. 561–571, 2020.

[19] J. A. Hodge, K. V. Mishra, and A. I. Zaghloul, "Reconfigurable metasurfaces for index modulation in 5G wireless communications," in *Proc. 2019 International Applied Computational Electromagnetics Society Symposium (ACES)*. IEEE, 2019, pp. 1–2.

[20] T. L. Marzetta, "Super-directive antenna arrays: Fundamentals and new perspectives," in *Proc. 2019 53rd Asilomar Conference on Signals, Systems, and Computers*. IEEE, 2019, pp. 1–4.

[21] M. T. Ivrlač and J. A. Nossek, "The multiport communication theory," *IEEE Circuits and Systems Magazine*, vol. 14, no. 3, pp. 27–44, 2014.

[22] A. Amiri, M. Angjelichinoski, E. De Carvalho, and R. W. Heath, "Extremely large aperture massive MIMO: Low complexity receiver architectures," in *Proc. 2018 IEEE*

Globecom Workshops. IEEE, 2018, pp. 1–6.

[23] A. S. Poon and N. David, "Degree-of-freedom gain from using polarimetric antenna elements," *IEEE Transactions on Information Theory*, vol. 57, no. 9, pp. 5695–5709, 2011.

[24] B. Yang, P. Zhang, H. Wang, and W. Hong, "Electromagnetic vector antenna array-based multi-dimensional parameter estimation for radio propagation measurement," *IEEE Wireless Communications Letters*, vol. 8, no. 6, pp. 1608–1611, 2019.

[25] B. Thidé, H. Then, J. Sjöholm, K. Palmer, J. Bergman, T. Carozzi, Y. N. Istomin, N. Ibragimov, and R. Khamitova, "Utilization of photon orbital angular momentum in the low-frequency radio domain," *Physical Review Letters*, vol. 99, no. 8, p. 087701, 2007.

[26] O. Edfors and A. J. Johansson, "Is orbital angular momentum (OAM) based radio communication an unexploited area?" *IEEE Transactions on Antennas and Propagation*, vol. 60, no. 2, pp. 1126–1131, 2011.

[27] M. R. Andrews, P. P. Mitra, and R. DeCarvalho, "Tripling the capacity of wireless communications using electromagnetic polarization," *Nature*, vol. 409, no. 6818, pp. 316–318, 2001.

[28] A. S. Poon and N. David, "Degree-of-freedom gain from using polarimetric antenna elements," *IEEE Transactions on Information Theory*, vol. 57, no. 9, pp. 5695–5709, 2011.

[29] D. B. Davidson, *Computational electromagnetics for RF and microwave engineering*. Cambridge University Press, 2010.

[30] O. C. Zienkiewicz and P. Morice, *The finite element method in engineering science*. McGraw-Hill, London, 1971.

[31] Y. Liu, R. Mittra, T. Su, X. Yang, and W. Yu, *Parallel finite-difference time-domain method*. Artech, 2006.

[32] C. Christopoulos, "The transmission-line modeling (TLM) method in electromagnetics," *Synthesis Lectures on Computational Electromagnetics*, vol. 1, no. 1, pp. 1–132, 2005.

[33] W. C. Gibson, *The method of moments in electromagnetics*. CRC Press, 2014.

[34] Z. Bai and J. W. Silverstein, *Spectral analysis of large dimensional random matrices*. Springer, 2010.

[35] D. N. C. Tse and S. V. Hanly, "Linear multiuser receivers: Effective interference, effective bandwidth and user capacity," *IEEE Transactions on Information Theory*, vol. 45, no. 2, pp. 641–657, 1999.

[36] W. Hachem, P. Loubaton, J. Najim *et al.*, "Deterministic equivalents for certain functionals of large random matrices," *Annals of Applied Probability*, vol. 17, no. 3, pp. 875–930, 2007.

[37] F. Dupuy and P. Loubaton, "On the capacity achieving covariance matrix for frequency selective MIMO channels using the asymptotic approach," *IEEE Transactions on Information Theory*, vol. 57, no. 9, pp. 5737–5753, 2011.

[38] R. Couillet, M. Debbah, and J. W. Silverstein, "A deterministic equivalent for the analysis of correlated MIMO multiple access channels," *IEEE Transactions on Information Theory*, vol. 57, no. 6, pp. 3493–3514, 2011.

[39] S. Wagner, R. Couillet, and M. Debbah, "Large system analysis of linear precoding in MISO broadcast channels with limited feedback," *arXiv preprint arXiv:0906.3682*, 2009.

[40] J. Hoydis, R. Couillet, and M. Debbah, "Deterministic equivalents for the performance

analysis of isometric random precoded systems," in *Proc. 2011 IEEE International Conference on Communications (ICC)*. IEEE, 2011, pp. 1–5.

[41] N. Fawaz, K. Zarifi, M. Debbah, and D. Gesbert, "Asymptotic capacity and optimal precoding in MIMO multi-hop relay networks," *IEEE Transactions on Information Theory*, vol. 57, no. 4, pp. 2050–2069, 2011.

[42] J. Hoydis, M. Kobayashi, and M. Debbah, "Optimal channel training in uplink network MIMO systems," *IEEE Transactions on Signal Processing*, vol. 59, no. 6, pp. 2824–2833, 2011.

[43] H. Sifaou, A. Kammoun, L. Sanguinetti, M. Debbah, and M.-S. Alouini, "Max–min SINR in large-scale single-cell MU–MIMO: Asymptotic analysis and low-complexity transceivers," *IEEE Transactions on Signal Processing*, vol. 65, no. 7, pp. 1841–1854, 2016.

[44] R. Couillet and M. Debbah, *Random matrix methods for wireless communications*. Cambridge University Press, 2011.

[45] X. Mestre and M. Á. Lagunas, "Modified subspace algorithms for DoA estimation with large arrays," *IEEE Transactions on Signal Processing*, vol. 56, no. 2, pp. 598–614, 2008.

[46] H. Asgharimoghaddam, A. Tölli, L. Sanguinetti, and M. Debbah, "Decentralizing multi-cell beamforming via deterministic equivalents," *IEEE Transactions on Communications*, vol. 67, no. 3, pp. 1894–1909, 2018.

[47] D. P. Bertsekas and J. N. Tsitsiklis, *Parallel and distributed computation: numerical methods*. Prentice Hall, 1989.

[48] F. Benaych-Georges and R. R. Nadakuditi, "The eigenvalues and eigenvectors of finite, low rank perturbations of large random matrices," *Advances in Mathematics*, vol. 227, no. 1, pp. 494–521, 2011.

[49] S. S. Ram, A. Nedić, and V. V. Veeravalli, "Distributed stochastic subgradient projection algorithms for convex optimization," *Journal of Optimization Theory and Applications*, vol. 147, no. 3, pp. 516–545, 2010.

[50] C. Kubrusly and J. Gravier, "Stochastic approximation algorithms and applications," in *Proc. 1973 IEEE Conference on Decision and Control Including the 12th Symposium on Adaptive Processes*. IEEE, 1973, pp. 763–766.

[51] J. J. P. Bianchi, "Distributed stochastic approximation for constrained and unconstrained optimization," *arXiv preprint arXiv: 1104.2773*, 2011.

[52] P. Comon, "Tensors: A brief introduction," *IEEE Signal Processing Magazine*, vol. 31, no. 3, pp. 44–53, 2014.

[53] F. L. Hitchcock, "The expression of a tensor or a polyadic as a sum of products," *Journal of Mathematics and Physics*, vol. 6, no. 1–4, pp. 164–189, 1927.

[54] R. A. Harshman *et al.*, "Foundations of the PARAFAC procedure: Models and conditions for an 'explanatory' multimodal factor analysis," UCLA Working Papers in Phonetics, vol. 16, pp. 1–84, Dec. 1970.

[55] C. J. Appellof and E. R. Davidson, "Strategies for analyzing data from video fluorometric monitoring of liquid chromatographic effluents," *Analytical Chemistry*, vol. 53, no. 13, pp. 2053–2056, 1981.

[56] T. G. Kolda and B. W. Bader, "Tensor decompositions and applications," *SIAM Review*, vol. 51, no. 3, pp. 455–500, 2009.

[57] L. Chiantini, G. Ottaviani, and N. Vannieuwenhoven, "An algorithm for generic and low-rank specific identifiability of complex tensors," *SIAM Journal on Matrix Analysis and Applications*, vol. 35, no. 4, pp. 1265–1287, 2014.

[58] N. D. Sidiropoulos, R. Bro, and G. B. Giannakis, "Parallel factor analysis in sensor array processing," *IEEE Transactions on Signal Processing*, vol. 48, no. 8, pp. 2377–2388, 2000.

[59] A. Decurninge, I. Land, and M. Guillaud, "Tensor-based modulation for unsourced massive random access," *arXiv preprint arXiv:2006.06797*, 2020.

[60] M. Sørensen, I. Domanov, and L. De Lathauwer, "Coupled canonical polyadic decompositions and multiple shift invariance in array processing," *IEEE Transactions on Signal Processing*, vol. 66, no. 14, pp. 3665–3680, 2018.

[61] I. V. Oseledets, "Tensor-train decomposition," *SIAM Journal on Scientific Computing*, vol. 33, no. 5, pp. 2295–2317, 2011.

[62] T. Lesieur, L. Miolane, M. Lelarge, F. Krzakala, and L. Zdeborová, "Statistical and computational phase transitions in spiked tensor estimation," in *Proc. 2017 IEEE International Symposium on Information Theory (ISIT)*. IEEE, 2017, pp. 511–515.

[63] L. Qi and Z. Luo, *Tensor analysis: spectral theory and special tensors*. SIAM, 2017.

[64] M. Nickel and V. Tresp, "An analysis of tensor models for learning on structured data," in *Proc. Joint European Conference on Machine Learning and Knowledge Discovery in Databases*. Springer, 2013, pp. 272–287.

第 10 章

未来机器类通信的理论基础

10.1 语义通信理论

"语义"（意义）一词来源于语言（自然的或形式的）和组合性概念，它指出一个句子的意思由三个成分决定：

- 句子组合规则（句法）
- 各组成部分的意义（语义）
- 上下文

为了定义什么是语义通信，人们提出了许多语义学的概念，但时至今日都没有一个令人满意的定义。由于语义缺乏普遍接受的数学定义，这一领域的进一步发展受到了很大的限制。

然而，当我们期望通信的形式不涉及人类干预时，这种语义信息论就变得非常有必要。在传统的信息论中，我们不考虑所传递信息的意义，因为总会有一个"人脑"来解释它。图像、视频、文本、语音、音频等所有这些信息都通过大脑来解释。比如，当我们听到狗叫声时，我们就会明白"有一只狗，它正在叫"，这是因为我们的大脑能够解释这些声音。当多个智能机器需要在没有人类干预的情况下进行通信时，它们会使用自己的内部语言（就像人类使用自然语言一样）发送编码信息。

6G 一个重要的新的应用场景可能涉及智能机器之间的通信。6G 预期在 10 年后大规模商用，届时机器将获得更先进的能力，尤其是在组合性方面。

自然语言的语义是生成性的。自然语言的合格使用者能够理解并造出无穷的不同句子，即使语言的词汇量是有限的。通过将有限的句法规则应用于有限的词汇，我们能够产生和理解几乎无限多的有意义的句子。这种非凡的能力就是我们所说的人类自然语言是"生成性"的。自然语言的语义也是组合性的，因为有意义的表达是由其他有意义的表达建立起来的。我们可以分析一个句子的意思，例如"鲍勃是老师和小提琴手"，注意这个表达包含两个分句："鲍勃是老师"和"鲍勃是小提琴手"。同样，一个复杂句子如"如果约翰买票，那么本杰明或玛丽会买零食"，其意思部分取决于分句"约翰买票"、"本杰明会买零食"和"玛丽会买零食"的意思。在语言学中,"组合原理"指出,复杂表达的意义是由其结构和成分的意义决定的。

命题逻辑(以及谓词演算)被设计用来建模这种组合语义,并暗示了逻辑与语言之间的一种显性关系:逻辑系统可以表示或建模自然语言的重要结构特征,如生成性和组合性。当然,我们总是可以质疑自然语言是否真的像这里提到的那样是生成性和组合性的。很多人都这么认为,但这是一个经验问题,只能通过实证调查来解决。(自然语言可能不会被证明是严格的组合,但有令人信服的论点认为,自然语言基本上是组合的。)

语义信息论的现状如何?以下是 1949 年香农和韦弗专著 [1] 的摘录:相对于广泛的通信主题,似乎有三个层面的问题。因此,我们有理由这样问:

- 层 A:通信符号的传递的准确程度如何?(这属于技术问题。)
- 层 B:传递的符号表达期望意义的精确程度如何?(属于语义问题。)
- 层 C:接收的意义如何有效地以期望的方式影响行为?(属于有效性问题。)

虽然许多人称赞香农和韦弗试图将信息论构建成涵盖句法、语义和语用的综合框架,但总体结果令人失望。对于那些认为香农公式是信号传输的技术模型的人来说,韦弗对"语义问题"和"有效性问题"的延伸肯定会让他们感到不快,因为香农对信息的语义意义或其对听众的语用效果并不感兴趣。就像最先进的音频处理制造商一样,他并不在乎频道播放的是贝多芬还是莫扎特的音乐,也不关心听众喜欢的是摇滚乐的节拍、爵士乐的摇摆还是巴赫的旋律。相反,他的理论旨在解决高保真声音传输的技术问题。香农对于将他的数学公式广泛应用于人际交往的语义和语用问题上有些谨慎。但韦弗并没有像他那样犹豫,他是洛克菲勒基金会(Rockefeller Foundation)和斯隆 – 凯特林癌症研究所(Sloan-Kettering Institute on Cancer Research)的高管,也是许多私人科学基金会的顾问。香农发表的理论与韦弗的一篇解释文章搭配在一起,后者将信息论描绘为"范围极其广泛,在处理问题上具有重要意义,其得到的结果极其简单而有力量"。文章提出,无论存在什么沟通问题,减少信息丢失是解决之道。然而,香农对信息一词的技术定义并没有将信息与意义等同起来。他强调"通信的语义方面与工程方面无关"。对香农来说,信息就是减少不确定性的机会。它给了我们一个减少熵的机会。

从 Carnap、Bar Hillel 等人的观点 [2] 到 Groenendijk 和 Stokhof 的问题语义学 [3] 或 Barwise、Seligman 等人的信息流 [4] 等现代概念,通常把演绎推理定性为分析推理。在信息方面,这一特征可以表述为:结论中所包含的信息是前提中所包含的信息的子集。换言之,结论中的信息已包含在前提中。在真值函数(一个接受真值作为输入并产生一个唯一的真值作为输出的函数)中,通常认为一个有效推论的结论保留前提中包含的真值,或者,验证所有前提的集合(或结合)的可能词集是验证结论的可能词集的子集。从信息论的语义学角度看,这两种观点并不相悖。更确切地说,这两种观点都假设每个利益命题都是不相交的基本命题 Z 的并集,并且将命题 P 的内容定义为所有 Z 的并集,从而命题 P 暗示了对 Z 的否定。

神经网络也可以用这种方式来看待。所问问题的答案在训练过的神经网络的输出层可见，且逻辑内容在这个输出层最大化。然而，即使输出层的"正则"失真（不考虑意义）很大，网络的输出也能满足我们的需求。

- **示例**：假设 DNN 已经训练好识别图像中的猫。与此 DNN 相关的逻辑非常简单：一种类型（Cat），没有组合性，以及一个命题

$$\{x, \top x \in \text{Cat}\}$$

其中 x 是输入图像，$\top$ 表示 True。因此，$\{x, \top x \in \text{Cat}\}$ 中，图像 x 代表一只猫（该图像是 Cat 类型）。当然，DNN 已在人工标记的数据集上进行训练，而那些标记训练数据集的就是上下文。真理是相对的。语义通信只会传输一个与语句"这是一只猫，对（1）或错（0）"对应的比特。因此，DNN 可以看作是一个语义源编码器，它把一个图像编码成一个比特。

转向更复杂的情况，神经网络可能必须回答许多问题，例如，使用的语言可能包含几个命题、几种类型、连词和析取词。神经网络将压缩数据并将其转换为需要更少比特的命题。作为语义通信的一个合适案例，基于机器学习的联合信源编码和信道编码将在第 23 章中进行讨论。

- **数学角度**：主要由于缺乏适当的数学工具，显然不容易获取语义信息。然而，确实存在一些值得研究的方向。在文献 [5] 中，Baudot 和 Bennequin 没有过多地阐述细节，而是从范畴 / 拓扑角度重新推导了香农的信息测度。

为了定义层 A 的信息测度，香农使用了公理化方法。他说："这个定理，以及证明它所需要的假设，对现在的理论来说并不是必要的。这主要是为了使我们以后的一些定义有一定的可信性。然而，这些定义的真正合理性将取决于它们的含义。"含义表明他是对的，在这种情况下，像熵和互信息这样的标量是充分和成功的。

这种公理化方法在语义场景的推广至今还没有取得成果，而且关于熵的不同观点之间的联系（代数的、概率的、组合的或动态的）似乎仍然没有被充分理解。这就是文献 [5] 中引入一个范畴框架作为足以整合不同理论的形式的主要动机，我们相信它可以创造一种语义信息论。利用这样的框架，Vigneaux-ariztia 在文献 [6] 中发现了非香农信息测度，如 Tsallis 熵、量子熵或组合信息论，其中概率被频率取代。

出发点是信息结构的定义。它是一个 (S, E) 对，其中 S 是表示变量的范畴 [7]（S 的态射通过条件给出），E 是 S 到可测空间范畴的协变函子（functor）。然后，在信息结构之间定义态射，以便创建此类结构的范畴。在现代拓扑学中，通过空间的（上）同态（（co）homology）来研究空间，在一定程度上对空间的形状进行了编码。空间的自然概念拓扑斯（topos）[8] 是由 Grothendieck 提出的，在给定信息结构和最粗糙（coarsest）的 Grothendieck 拓扑时，有趣的拓扑斯是范畴 S 中集合的反变函子构成的范畴（所有的预层都是层）。这些预层（presheave）和它们之间的自然变换形成一个阿贝尔范畴，这就使得定义上同调函子成为可能。

Grothendieck 发现香农熵是拓扑的上同态（cohomology）。而且，我们可以将 S

改为另一个更通用的范畴。目前，正在与特定语言相对应的取决于命题概率的句法范畴内进行研究。此外，在语义的上下文中，信息测度可能不是标量，而是更大的对象，如偏序集和集合。

最后一点与拓扑在几何和逻辑之间引入的强关联有关，因为每个拓扑都有一种内部语言。

6G 将推动许多技术与语义通信理论一起演进和发展，如联合信源信道编码、信源压缩等。

10.2　超分辨率理论

超分辨理论是指将源信息以尽可能接近原始格式的方式进行重构[9]。例如峰值和不连续点这样的事件，可以通过求解方便的凸程序，从一些低频样本中以无限的精度进行超分辨。超分辨率的直接用途是超越传感器系统（例如显微镜）的物理限制进一步提高分辨率。超分辨率也可以用于其他需要从低分辨率数据中推断精细尺度细节或分辨亚像素细节（例如稀疏性和压缩感知）的情况。

在无线通信中，由于物体（如建筑物）的反射，传输信号通常通过多条路径到达接收机。假设 $h(t)$ 为发射信号，$z(t)$ 为信道响应，d_i 和 t_i 为第 i 路的复振幅和时延，则时域接收信号为：

$$x(t) = z(t) * h(t) = \sum_{i=1}^{r} d_i h(t - t_i)$$

其中 r 是路径的数量，我们下文将称之为模态。利用傅里叶变换，我们可以通过如下方式得到频域信号：

$$\hat{x}(f) = \hat{z}(f)\hat{h}(f) = \sum_{i=1}^{r} d_i \hat{h}(f) e^{j2\pi f t_i}$$

由于发射信号 $\hat{h}(f)$ 是已知的，因此观测数据可以表示为：

$$\frac{\hat{x}(f)}{\hat{h}(f)} = \sum_{i=1}^{r} d_i e^{j2\pi f t_i} \qquad \forall f : \hat{h}(f) \neq 0$$

最后，从频域信号回到时域信号，我们可以得到超分辨率理论的经典参数估计模型，它是 r 模态的信号混合：

$$x[t] = \sum_{i=1}^{r} d_i \psi(t; f_i) \quad t \in \mathbf{Z}$$

其中，d_i 是振幅，f_i 是频率，ψ 是（已知）模型函数（例如，$\psi(t; f_i) = e^{j2\pi f t_i}$），$r$ 是模型的模态数或阶数。我们的目的是估计 $2r$ 个未知参数 $\{d_i\}$ 和 $\{f_i\}$。图 10-1 展示了一个简单的示例。

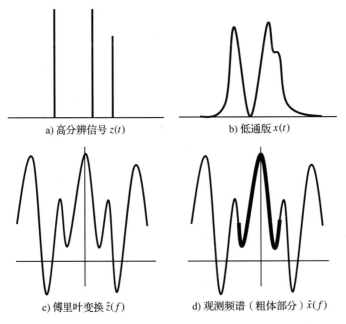

a) 高分辨信号 $z(t)$　　　　b) 低通版 $x(t)$

c) 傅里叶变换 $\hat{z}(f)$　　　　d) 观测频谱（粗体部分）$\hat{x}(f)$

图 10-1　由低频谱（低分辨率数据）推断高频谱（精细尺度细节）的超分辨率

第一个广泛使用的分辨率理论是奈奎斯特 – 香农采样定理[10]，它要求采样频率至少是源信息最高频率的两倍。这被称为奈奎斯特采样频率，并保证了重构信息的相似性和完整性。该定理基于傅里叶变换，将源信息线性地转换为包含无限余弦波基面的新坐标系。使用傅里叶变换，时序信号或序列可以用在无限个基面上的（内积的）投影的总和来表示。奈奎斯特采样频率使得所有投影的分辨率一致。

奈奎斯特 – 香农采样定理主导了通信设计。它指出一个可靠的收发机或者音频、视频、图像和模拟信号的编解码器需要多少带宽。然而，在过去 40 年中，由于无线通信系统的不断发展，无线带宽大幅增加。带宽越来越昂贵，载频越来越高，进一步推动了超分辨率理论的研究。

追根溯源，是否真的有必要按照最高频率分量统一地表示一个信号或信息？这个问题可以进一步分为两个问题。（1）均匀分辨率是否必要？（2）奈奎斯特采样频率是否必要？

均匀分辨率或非均匀分辨率：要回答这个问题，我们必须考虑这样一个源或信号，其接收机或解码器只对其部分频率分量感兴趣。视频就是一个例子，人类视觉更关注近景而不是远景。因此，近景由高频分量组成，低频分量则归类到远景。在这种场景下，在近景使用更高的分辨率而不是实现均匀的分辨率更符合逻辑，也更有效。

这种考虑产生了第二组广泛使用的理论：主成分分析[11]、短时傅里叶变换和小波。主成分分析使用奇异向量分解来分离成分。与傅里叶变换不同的是，主成分分析采用左或右特征矩阵而不是傅里叶基作为新的坐标。JPEG 编码器使用主成分分析来分离和保留主成分，而 MIMO 收发机也使用主成分分析来检测主层。然而，由于海森堡不确定性原理的均匀分辨率，主成分分析会丢失一些信息。对于宽带信号，均匀分辨率对某些部分有利，而对另一些部分则不利。为了解决这一问题，Gabor 首次提出了短时傅里叶变换（以及后来的小波）来实现多分辨率。如果我们将小波信号变换回原始环绕空间（作为解码器），那么分辨率很可能根本不是均匀的。JPEG-2000 使用小波压缩图像。有些人甚至提出用小波变换代替 OFDM，用于宽带信号。

均匀采样或非均匀采样：我们还必须考虑这样的一些信源，它们的高频分量对接收机来说不是很重要。音频是一个简单的例子。由于人耳只能感知到最大 20 kHz 的音频，任何超过这个阈值的声音人类都无法感知。因此，采样超出该范围的高清音频信号是毫无意义的。从个这角度看，8 kHz 的采样频率足以保证良好的语音质量。

这种考虑产生了第三个广泛使用的理论，基于自然信息稀疏性的压缩感知[12]。例如，源信息 x 虽然在其环绕空间中是非稀疏的，但是在新的坐标系中，可以线性转化为只有 K 个非零项的稀疏表示 s。如上所述，变换可以是快速傅里叶变换（Fast Fourier Transform，FFT）、离散傅里叶变换（Discrete Fourier Transform，DFT）或通过小波变换。对于这种自然稀疏信息 x，$M×N$ 随机矩阵（称为测量矩阵）定义了 $M(K < M \ll N)$ 个随机采样点，以便将 x 采样到 $M×1$ 向量 y 中。显然，y 不是均匀采样，其采样频率远低于最高频率的两倍。在解码方面，压缩感知使用 L1 范数而不是 L2 范数来拒绝离群值，而使用匹配追踪（Matching Pursuit，MP）或正交匹配追踪（Orthogonal Matching Pursuit，OMP）来逼近稀疏向量[13-16]。压缩感知不需要奈奎斯特采样频率来采样自然稀疏信息或信号。在 6G 中，传感器可以利用非均匀的随机采样方案，从而大大节省无线带宽。

6G 超分辨率：40 年来，我们见证了在信源编码、图像压缩等场景下，非均匀分辨率如何优于均匀分辨率，以及非均匀采样如何优于均匀采样。超分辨率理论结合了非均匀分辨率和非均匀采样[9]，可以应用于 6G 的很多领域。

一个简单的例子是机器信源编码。随着 6G 系统中连接机器的接收机数量越来越多，机器类接收机的功能可能与人类不同。可以对远景采用更高的分辨率，多分辨率信源编码策略可以灵活适应不同的对象需求，节省传输带宽。

另一个例子是低功耗非均匀采样。高频 6G 系统对动态量化提出了挑战，奈奎斯特采样频率将导致大量功耗。如果信源信息本质上是离散的，那么为了降低功耗，低功耗的非均匀采样是可行的。

超分辨率理论可能影响许多技术的方向，包括定位算法、压缩感知和无线成像算法等。

参考文献

[1] C. E. Shannon and W. Weaver, *The mathematical theory of communication*. University of Illinois Press, 1949.

[2] R. Carnap, Y. Bar-Hillel *et al.*, "An outline of a theory of semantic information," Technical Report no. 247, Research Laboratory of Electronics, MIT, 1952.

[3] J. A. G. Groenendijk and M. J. B. Stokhof, "Studies on the semantics of questions and the pragmatics of answers," joint Ph.D. dissertation, University of Amsterdam, 1984.

[4] J. Barwise, J. Sellgman *et al.*, *Information flow: The logic of distributed systems.* Cambridge University Press, 1997.

[5] P. Baudot and D. Bennequin, "The homological nature of entropy," *Entropy*, vol. 17, no. 5, pp. 3253–3318, 2015.

[6] J.-P. Vigneaux-ariztia, "Topology of statistical systems: A cohomological approach to information theory," thesis, Max Planck Institute for Mathematics in the Sciences, Max Planck Society, 2019.

[7] S. Awodey, *Category theory.*   Oxford University Press, 2010.

[8] S. MacLane and I. Moerdijk, *Sheaves in geometry and logic: A first introduction to topos theory.*   Springer Science & Business Media, 2012.

[9] E. J. Candès and C. Fernandez-Granda, "Towards a mathematical theory of super-resolution," *Communications on Pure and Applied Mathematics*, vol. 67, no. 6, pp. 906–956, 2014.

[10] H. Nyquist, "Transmission systems for communications," *AT&T Technical Journal*, vol. 2, p. 26, 1959.

[11] I. T. Jolliffe, *Principal component analysis (Second Edition).* Springer, 2002.

[12] D. L. Donoho, "Compressed sensing," *IEEE Transactions on Information Theory*, vol. 52, no. 4, pp. 1289–1306, 2006.

[13] E. J. Candes, J. K. Romberg, and T. Tao, "Stable signal recovery from incomplete and inaccurate measurements," *Communications on Pure and Applied Mathematics*, vol. 59, no. 8, pp. 1207–1223, 2006.

[14] E. J. Candès, J. Romberg, and T. Tao, "Robust uncertainty principles: Exact signal reconstruction from highly incomplete frequency information," *IEEE Transactions on Information Theory*, vol. 52, no. 2, pp. 489–509, 2006.

[15] E. J. Candes and T. Tao, "Near-optimal signal recovery from random projections: Universal encoding strategies?" *IEEE Transactions on Information Theory*, vol. 52, no. 12, pp. 5406–5425, 2006.

[16] R. G. Baraniuk, "Compressive sensing [lecture notes]," *IEEE Signal Processing Magazine*, vol. 24, no. 4, pp. 118–121, 2007.

第 11 章

高能效系统理论基础

11.1 能量有效的通信与计算理论

传统的功率分配方案中,传输过程中一直使用最大可用功率,基于能效指标的无线网络设计会极具挑战。但是,随着 5G 网络将每焦耳比特能效(即每焦耳消耗的能量可以可靠传输的数据量)作为 KPI[1],这一情况将发生变化。文献 [2] 讨论了实现能效最大化的系统方法。为此,文献 [4-5] 采用文献 [3] 的框架开发了大规模 MIMO 系统的节能功率控制算法,文献 [6] 采用文献 [3] 的框架开发了节能小区网络。然而,所有现有的研究都考虑了以下两种主要的能量消耗源:

- **发射能量**:每个发射天线输出的能量。
- **静态能量**:每个发射机和接收机中所有硬件模块(例如,模数转换器、数模转换器、模拟滤波、电池备份和冷却系统)所消耗的能量。

事实上,在数字域执行信息处理的计算(例如,计算数字预编码器、接收机、编码操作)所需的能量消耗尚缺乏分析,只有少数分析数据可以参考,这些分析过程使用基本物理/热力学原理来理解数字计算是否本质上必须要消耗能量。

令人惊讶的是,在理论上,答案是否定的:没有任何物理原理规定必须消耗一些能量才能在数字域中进行计算。的确,如果执行的计算没有破坏任何信息,那么它是一个可逆变换,根据热力学第二定律,它不会产生任何熵。因此,理论上可逆计算可以不需要消耗任何能量,正如文献 [7-8] 中首次观察到的那样。实现这种可逆逻辑的机器模型出现在文献 [9-10] 中,通过存储每次计算的输出和输入来操作,而不从计算机存储器中删除任何位。因此,总是可能将机器恢复到其初始状态。既然如此,那为什么现代计算机是基于布尔逻辑的,而这通常是不可逆的(例如,不可能总是从"与"或"或"操作的输出中推断其输入)?

第一个考虑是,即使可逆逻辑机的模型已经被提出,它们也只是理论性的。在实际中,数据处理是由宏观仪器完成的,它耗散了宏观量的能量。第二个考虑也是更为根本的,即使我们可以建立一个可逆逻辑机,其需要的存储器也无法实现,因为需要存储它执行的每个操作的输出和输入，而不会从存储器中删除任何位。然而，由于计算机中可以存储的数据量受到存储体[11]的大小的限制，即使是可逆逻辑机最终也必须覆盖一些存储单元，从而消耗能量。

当检测或纠正通信信道上的错误时，也会出现类似的情况。理论上，检测错误不需要消耗能量，但是纠正错误会导致（环境）信息丢失，从而产生熵。这导致一种不切实际的情况，即为了避免产生熵，通信系统还应该存储接收到的包含错误的消息。因此，我们需要考虑不可逆操作，但对于通信系统中能量耗散的基本极限，我们还知之甚少。这一领域的基础贡献是文献[12]；然而，本书只讨论一台计算机的情形，而非一个完整的通信系统。应用于通信系统的文献[12]的案例很少。

文献[13-14]参考简单的P2P通信系统取得了一些结果，同时分析了运行通用资源分配算法所需的能量消耗。这些前沿技术表明，我们对无线网络能量消耗的认识集中在信息传输过程，而不是信息处理过程中的数字计算。造成该结果的主要原因是，无线时代中的数据处理一直以来都相当简单，通常由数字信号处理器执行，只占整个网络能耗的一小部分。然而，这种情况在原生AI的6G无线网络中会产生逆转。在数字域，ANN通过处理大数据集和运算数字数据进行训练。因此，与现有网络不同，信息处理计算将成为6G时代主要的能量消耗源。

如前文所述，6G的能效要求非常严格。因此，研究ANN在能耗方面的计算成本是非常重要的。此外，能量方面还应结合6G的处理时延要求进行研究，6G的处理时延要求也非常严格，需要快速（且高耗能）的计算。了解信息处理计算的基本能量极限是成功部署6G无线网络的关键一步。如前所述，假设有无限的存储空间，则执行可逆计算所需的能量不存在基本极限。然而，我们也看到，仅仅基于可逆操作来运行网络在物理角度来看是不可能的。因此，从工程学的角度来看，了解实施不可逆操作能够达到的最佳效果是至关重要的。

由于当下的计算机基于不可逆（布尔）逻辑运行，为了理解信息处理的基本能量极限，必须填补可逆计算和不可逆计算之间的空白。由于正在研究的无线网络越来越复杂，远比过去和现在的通信网络复杂得多，这种计算分析变得更加具有挑战性。因此需要开发专门的理论模型来估计网络运行必须处理的信息量。除了研究信息处理所需的能量外，了解信息处理的基本能量极限如何与通信性能的基本极限联系起来也很重要。例如，通信性能和网络能耗之间的最佳平衡是什么？该问题的研究目前只参考了通信所用的能量，而关于信息处理计算所用的能量几乎一无所知。此外，之前的研究考虑传统的网络架构和拓扑结构，没有考虑使用深度学习和ANN的影响。

通信热力学和计算理论有助于6G高能效网络的新算法开发。

11.2 绿色AI理论

未来，AI将经历令人难以置信的演进，渗透到社会的每一个角落。在这个过程中，AI和通信将会融合，或者通信网络为AI应用提供服务和数据管道，或者AI提升通信网络的数据传输效率。然而，AI 使用海量计算资源所产生的电力消耗和碳排放，无论是从环境保护还是经济效益来看，都是不可持续的。因此，绿色 AI 在 AI 社区[15-16]受到越来越多的关注，从红色 AI 到绿色 AI 的转变将深刻影响下一代无线通信网络的设计原则。

红色 AI 表示一个由训练数据集训练并由测试数据集评估的模型。为了开发一个红色 AI 模型，我们通常需要用一组训练数据来迭代调整超参。绿色 AI 则是指这样一种 AI 解决方案，模型、算法和硬件在不增加计算成本的前提下产生新结果，并在理想情况下[15]实际降低计算成本。

一般来说，AI 模型的计算成本与三个关键因素的乘积成正比：单个样本执行模型的成本、训练数据集的大小和超参实验的次数。从 2012 年到 2019 年，使用不同算法实现同一 AI 功能的浮点运算量下降至最初的 1/44，相当于 7 年内算法效率每 16 个月翻一番[17]。同时，由于训练数据集和超参的快速扩展，特别是由于过度追求以海量计算资源提升训练精度，AI 的电力消耗从 2012 年到 2018 年增长了 30 万倍，这相当于每 3.4 个月增加一倍的资源消耗 [18]。Emma Strubell 等人提出了 AI 能耗（p_t）和二氧化碳排放量（CO_2e）的估算[16]：

$$p_t = \frac{\text{PUE} \times t \times (p_c + p_r + gp_g)}{1000} \text{ (kWh)}$$
$$CO_2e = \text{CUP} \times p_t \text{ (pounds)}$$

其中，t 是模型训练的总预期时间；p_c、p_r 和 p_g 分别表示所有 CPU 插槽、所有 DRAM（主存储器）插槽和每个 GPU 的平均功耗（单位为瓦特）；g 是用于加速训练的 GPU 数量。PUE（Power Usage Effectiveness，能源利用效率）表示支持计算基础设施（主要是冷却）所需的额外能源。PUE 系数为基于全球数据中心平均水平得出的 1.58[19]。CUP（Carbon dioxide per Unit Power，单位功耗二氧化碳）取决于当地电力行业的发展水平。美国环境保护署提供的平均二氧化碳生产系数为 0.954 lb/kWh（1 lb＝0.453 592 kg）[20]。

以 NLP 为例，从经济角度来看，不同 AI 模型和硬件对应的功耗和碳排放是不容忽视的[16]。在没有任何发电损耗的情况下，2018 年美国的平均电力成本为 0.12 美元 /kWh。并且，任何对数据集和超参敏感的模型都将非常昂贵，因为每次出现新情况时，它们可能需要重新训练。

近年来，关于 AI 在各个领域的应用涌现了大量学术论文，研究对象包括用于无线通信网络的 AI。然而，AI 实施过程中，暴力计算带来的能耗和碳排放问题，一直没有得到足够的重视。因此，AI 社区正试图提醒研究人员重视起来，并倡导以下几点：（1）在 AI 出版物中报告训练时间和对超参的敏感性；（2）在 AI 实施期间公平地访问计算资源；（3）优先采用计算效率高的 AI 硬件和算法。

为了度量效率，Roy Schwartz 等人建议报告在 AI 应用中生成结果（训练模型和调整超参）所需的工作量[15]。在 AI 应用完成的工作量报告中应包含某些测量量，以便在不同模型之间进行公平比较。测量量包括以下内容：

- **碳排放**：绿色 AI 试图最小化的量。
- **能耗**：与碳排放相关，但与时间、地点无关。

- **已用的真实时间**：生成 AI 结果的总运行时间，是衡量效率的自然指标。
- **参数数量**：AI 模型使用的参数数量（可学习的数量或总数），是衡量效率的另一种常用指标。
- **浮点运算**：在 AI 结果生成过程中的衡量效率的具体指标。

文献 [21] 提出了绿色 AI 概念（一劳永逸的办法），即训练单个网络，然后使其专有化以进行高效部署，以便跨多个设备提供高效推理并适配各种资源限制。传统的方法如果不是人工设计，那么就是使用神经架构搜索来找到一个专门的神经网络，然后针对各种情况对其开始训练，但这计算昂贵，并且会产生大量的二氧化碳排放。相反，"一劳永逸"网络通过解耦训练和搜索来支持不同的架构设置，并且无须额外训练就可以快速获得专门的子网。

如果我们把重点放在新一代无线通信网络的设计上，那么在进行分布式多处理器数据交换时，传统的 AI 优化算法（如联邦学习）通常考虑无线链路的带宽或时延，而不考虑不同区域不同设备之间的能量约束和电力成本差异。缺乏对 AI 能量约束和电力成本的考虑，可能导致无线网络设计与未来 AI 实际部署之间存在较大偏差。因此，我们主张对绿色 AI 和绿色通信给予同等重视。在架构设计之初，应充分考虑 AI 模型、算法和硬件对能耗的影响，使客户的系统运营成本维持在合理范围，从而带来经济效益。

在 6G 时代，能效计算架构必不可少，AI 的能量约束也必须考虑。而在目前的 4G 和 5G 网络中，这两点也迫在眉睫，从而凸显了绿色能效理论的重要性。

参考文献

[1] S. Buzzi, I. Chih-Lin, T. E. Klein, H. V. Poor, C. Yang, and A. Zappone, "A survey of energy-efficient techniques for 5G networks and challenges ahead," *IEEE Journal on Selected Areas in Communications*, vol. 34, no. 4, pp. 697–709, 2016.

[2] A. Zappone and E. Jorswieck, "Energy efficiency in wireless networks via fractional programming theory," *Foundations and Trends in Communications and Information Theory*, vol. 11, no. 3–4, pp. 185–396, 2015.

[3] A. Zappone, L. Sanguinetti, G. Bacci, E. Jorswieck, and M. Debbah, "Energy-efficient power control: A look at 5G wireless technologies," *IEEE Transactions on Signal Processing*, vol. 64, no. 7, pp. 1668–1683, 2015.

[4] A. Zappone, E. Björnson, L. Sanguinetti, and E. Jorswieck, "Globally optimal energy-efficient power control and receiver design in wireless networks," *IEEE Transactions on Signal Processing*, vol. 65, no. 11, pp. 2844–2859, 2017.

[5] M. Di Renzo, A. Zappone, T. T. Lam, and M. Debbah, "System-level modeling and optimization of the energy efficiency in cellular networks: A stochastic geometry framework," *IEEE Transactions on Wireless Communications*, vol. 17, no. 4, pp. 2539–2556, 2018.

[6] C. H. Bennett and R. Landauer, "The fundamental physical limits of computation," *Scientific American*, vol. 253, no. 1, pp. 48–57, 1985.

[7] D. Deutsch, "Is there a fundamental bound on the rate at which information can be processed?" *Physical Review Letters*, vol. 48, no. 4, p. 286, 1982.

[8] Y. Lecerf, "Machines de Turing reversibles-recursive insolubilite en n ∈ N de l'equation

u = $\theta^{\wedge}$ nu, ou θ est un isomorphisme de codes," *Comptes Rendus hebdomadaires des seances de l'academie des sciences*, vol. 257, pp. 2597–2600, 1963.

[9] C. H. Bennett, "Logical reversibility of computation," *IBM Journal of Research and Development*, vol. 17, no. 6, pp. 525–532, 1973.

[10] S. Lloyd, V. Giovannetti, and L. Maccone, "Physical limits to communication," *Physical Review Letters*, vol. 93, no. 10, p. 100501, 2004.

[11] R. Landauer, "Irreversibility and heat generation in the computing process," *IBM Journal of Research and Development*, vol. 5, no. 3, pp. 183–191, 1961.

[12] J. Izydorczyk and L. Cionaka, "A practical low limit on energy spent on processing of one bit of data," in *Proc. 2008 IEEE 8th International Conference on Computer and Information Technology Workshops*. IEEE, 2008, pp. 509–514.

[13] B. Perabathini, V. S. Varma, M. Debbah, M. Kountouris, and A. Conte, "Physical limits of point-to-point communication systems," in *Proc. 2014 12th International Symposium on Modeling and Optimization in Mobile, Ad Hoc, and Wireless Networks (WiOpt)*. IEEE, 2014, pp. 604–610.

[14] E. D. Demaine, J. Lynch, G. J. Mirano, and N. Tyagi, "Energy-efficient algorithms," in *Proc. 2016 ACM Conference on Innovations in Theoretical Computer Science*, 2016, pp. 321–332.

[15] R. Schwartz, J. Dodge, N. A. Smith, and O. Etzioni, "Green AI," *arXiv preprint arXiv:1907.10597*, 2019.

[16] E. Strubell, A. Ganesh, and A. McCallum, "Energy and policy considerations for deep learning in NLP," *arXiv preprint arXiv:1906.02243*, 2019.

[17] D. Hernandez and T. B. Brown, "Measuring the algorithmic efficiency of neural networks," *arXiv preprint arXiv:2005.04305*, 2020.

[18] D. Amodei and D. Hernandez, "AI and compute," *Heruntergeladen von https://blog.openai.com/aiand-compute*, 2018.

[19] R. Ascierto, "Uptime institute global data center survey," Technical Report, Uptime Institute, 2018.

[20] US Environmental Protection Agency, "Emissions and generation resource integrated database (eGRID2007, version 1.1)," 2008.

[21] H. Cai, C. Gan, T. Wang, Z. Zhang, and S. Han, "Once-for-all: Train one network and specialize it for efficient deployment," *arXiv preprint arXiv:1908.09791*, 2019.

第三部分小结

无线网络正在迅速向通信基础设施与环境融合的情景发展。如果 5G 网络的发展方向是基站和天线阵列的密集部署,那么 6G 将可能在这一方向上更进一步,对通信场景对象,如建筑物、墙壁、汽车、路标等物体表面进行智能化,能够放大电磁信号、执行计算和存储数据。伴随着对高性能业务要求较高的连接设备的指数级增长,通信环境将转变为具有空前密度、随机性、异构性以及超大维度的智能无线结构。面对这种挑战,传统网络架构将会失效,其范式需要转变。本书第三部分旨在为 6G 智能无线结构中的通信奠定理论基础,寻找理论性能极限,并设计接近这些极限的实用算法。我们设想由多个分布式区段组成的网络基础设施,每个区段都是具有 AI 能力的独立决策的子系统。运用基础数学和物理学产生的多个学科理论工具的相互作用，可以实现这一愿景。但必须指出的是，我们仍然需要填补一些知识差距，以便有效地建立一个统一的框架。具体知识差距如下：

- 知识差距 1：

　　通常，无线网络的机器学习只针对集中式网络架构，其中，单个 ANN 由中央控制器配置以决定全网策略。而在分布式网络中，每个节点都将根据不同的算法和本地训练数据集来训练自己的 ANN。如果不能正确地加以理解和控制，这种训练可能导致系统不稳定，进而可能引起系统故障、触发网络攻击。

- 知识差距 2：

　　传统的学习方法假设 ANN 的实际运行条件与其训练阶段的运行条件相似。然而，由于 ANN 的快速时变性和异构性，在大型网络和随机网络中很难保证这一点。

- 知识差距 3：

　　上述数学或物理框架从未用于分布式无线网络。现有的基于随机矩阵理论和计算物理学的方法不适用于基于 AI 的分布式无线网络，在这种网络中，每个节点通过独立处理自己的数据集来学习如何运行，不受任何明确、集中的控制。

- 知识差距 4：

　　上述每个数学或物理框架都能捕获复杂无线网络的特定方面，但是，为了充分描述大型随机原生 AI 网络的特点，必须同时使用这些框架。目前，在无线网络中联合使用如此多的复杂框架，其结果尚不可知。

- 知识差距 5：

　　计算需要能量，ANN 通过处理大型数据集来进行训练和操作。因此，计算预计将成为绿色和可持续网络发展的主要障碍。信息处理能量消耗的基本极限仅适用于 P2P 系统，而在多用户无线网络中却无从得知。

- 知识差距 6：

　　为了在最佳通信性能和无线生态系统的可持续性之间达成最佳平衡，必须研究基本性能与计算和通信能量极限之间的平衡。

- 知识差距 7：

　　使用复杂的理论工具可能会产生复杂的解决方案，使得在实际系统中难以实现。例如，电磁信息论或分布式随机优化分析产生的不同方程的求解可能非常复杂。目前缺乏一个能够实现理论解决方案的计算框架。

　　上述这些知识差距只是我们想要实现 6G 网络的统一基础理论所需克服的部分障碍。从理论角度看，引领 ICT 过去一个世纪的时代即将结束。在通信（G 时代）和计算（摩尔时代）方面，许多显著的工程突破都建立在相当古老的基本原理之上，比如奈奎斯特采样定理可以追溯到 1924 年，香农信息论可以追溯到 1948 年，而冯·诺依曼结构可以追溯到 1946 年。今天，当我们越来越接近这些基本原理的极限时，就会发现新的工程解决方案的开发仍缺乏指导。因此，对于本书第三部分所提到的这些基本原理，我们有必要推动其发展，以开启一个崭新的工程时代。

第四部分

新　元　素

简　介

　　6G 有望融合新能力并利用新的无线技术提供新业务。除了新的无线传输技术，6G 系统还将包括许多新元素，如新频谱、新信道、新材料、新天线、新计算技术和新终端设备。本部分首先介绍新频谱和潜在候选频谱的概念，然后探讨将太赫兹频段用于通信和感知所面临的机遇和挑战，还将介绍用于 ELAA、NTN 和毫米波 / 太赫兹感知等场景的新信道建模和测量以及更高的频段。将更高的频段用于通信和感知需要新材料和新天线，因此本部分还将探讨硅光子、异构 III-V 材料、可重构材料、光子晶体、光伏材料和等离子体材料在太赫兹通信和感知中的应用，并讨论了几种用于太赫兹频段的新天线。这点特别重要，因为太赫兹天线传输损耗巨大，不同于传统天线，后者通过同轴电缆或微带线连接射频系统。由于摩尔定律曲线预计将趋于平缓，所以这部分还对类脑计算和量子计算等新计算技术进行了探讨。最后对未来终端设备的发展趋势进行了预测，并探讨了这些设备所提供的新能力。

第 12 章

新 频 谱

　　选用合适的频谱是每一代无线通信系统均需要考虑的一个主要问题。首先，通信系统渴求更多的频谱来提升自己的数据速率和网络容量。其次，全球统一的频谱将在基础设施和终端方面带来更佳的规模经济效益。为此，在全球范围内进行频谱协调和统一标识是至关重要的，这点已经被无线产业通过国际电信联盟无线通信部门（ITU-R）和世界无线电通信大会（World Radiocommunication Conference，WRC）成功实现了。第三，随着无线技术的不断演进，多频段无线通信技术将使我们能够更好地利用已有频谱和新增频谱。第四，全球漫游和技术标准化对于在全球范围内实现业务和应用也是至关重要的。第五，全球统一的频谱分配和监管规则至关重要，这是频谱使用面临的独特挑战。

　　频谱作为无线通信系统的一个核心要素，它的使用通常需要经历两代系统的发展才能走向成熟，并且伴随着每一代新技术的出现，更多更高频率范围的频谱得到了使用。例如，第一代无线通信系统（1G）工作在 Sub-1 GHz 频率范围，而在 2G 和 3G 中，国际移动通信（International Mobile Telecommunications，IMT）系统使用的频谱扩展至 Sub-3 GHz 频率范围。C 波段是全球 5G 先发部署阶段使用最为广泛的频谱，而 3GPP Release 15/16（2020）标准支持高达 52.6 GHz 的毫米波频谱。未来，5G 预计可以支持的频率范围将扩展至 100 GHz 附近。展望 6G，考虑到无线通信将始终追求更高的速率和更多的新业务，因此将无线频谱扩展到更高的频率范围，例如太赫兹频谱，将是一项重要考虑。随着使用频率的提高，下一代无线通信系统将为提供更好的通信服务以及通信之外的新业务开辟新的可能性。

　　本章首先从 5G 频谱分配开始，讨论 6G 的潜在频谱。然后介绍 6G 频谱需求，并根据 6G 新业务的需求确定候选频段。同时重点探讨扩展到更高频段的必要性，以及综合使用多层频谱的重要性（包括所有低频段、中频段、毫米波频段和太赫兹频段）。

12.1　2020 年前全球 5G 频谱分配

ITU-R 设想 5G 需要支持 eMBB、mMTC、URLLC 三种典型应用场景，并能够提供约 20 Gbps 的数据速率、毫秒级时延和超密集连接，这一要求与上一代 IMT 系统相比有着飞跃式进展[1]。

为此，5G 采用了多层频段方式，如图 12-1 所示。通过这种方式，移动网络可以按需接入 "高频段"（24.25 GHz～71 GHz 的毫米波）、"中频段"（2 GHz～6 GHz）和 "低频段"（2 GHz 以下），支持多种应用场景。

	分类	可选频段
eMBB、URLLC	高频段 （24.25 GHz~71 GHz） 超高数据速率层	• 24.25 GHz~27.5 GHz、37 GHz~43.5 GHz 和66 GHz~71 GHz（全球） • 45.5 GHz~47 GHz 和47.2 GHz~48.2 GHz（多国）
eMBB、URLLC、mMTC	中频段 （2 GHz~6 GHz） 覆盖和容量层	• TDD 3300 MHz~3800 MHz、2600 MHz 和2300 MHz • TDD 4800 MHz~4990 MHz 和3800 MHz~4200 MHz（备选）
eMBB、URLLC、mMTC	低频段 （2 GHz 以下） 覆盖层	• FDD 600 MHz 和700 MHz • FDD 800 MHz、900 MHz、1800 MHz 和2100 MHz

图 12-1　多层频段框架和 5G 应用场景的具体可选频段

其中，中频段（2 GHz～6 GHz）对 5G 应用至关重要。这个频段在覆盖和容量之间取得最佳平衡，可以实现低成本部署，同时还可以支持 5G 在广域覆盖中的大部分应用场景。因此，截至 2020 年 1 月，许多国家已经开始将中频段用于首批 5G 商用部署[2]。

中频段的核心是 3300 MHz～3800 MHz、2600 MHz 和 2300 MHz 的时分双工（Time Division Duplex，TDD）频段。随着越来越多的网络运营商将这些频段视为 5G 规模商用的首选频段，这些频段在全球范围内的可用性不断提高。对于这些频段短期内无法利用或不足以满足 5G 用频的一些国家，可以考虑使用 4800 MHz～4990 MHz（如俄罗斯、中国、巴西和南非）和 3800 MHz～4200 MHz（如日本、美国、英国和韩国）的 TDD 频段作为替代。

低频段通常与中频段结合使用，以提供更广、更深的室内覆盖。对于一些未将提升容量作为首要考虑因素的网络运营商，利用低频段可以实现独立快速的低成本部署。低频段资源主要包括两部分：（1）WRC-15 新分配的频分双工（Frequency Division Duplex，FDD）频段（即 600 MHz 和 700 MHz）[3]；（2）已有 2G/3G/4G FDD 频段（例如 800 MHz、900 MHz、1800 MHz 和 2100 MHz），这些频段将通过翻频或动态频谱共享（Dynamic Spectrum Sharing，DSS）的方式共享给 5G。

　　中频段可以与多个低频段结合使用，实现带宽更高的组网，或者将低频段作为上行链路的补充频谱，用于提升系统上行传输能力和覆盖增强。这种创新的频谱使用方法称为辅助上行（Supplementary UpLink，SUL）。

　　高频段，即毫米波频段，在 5G 时代首次被纳入了 IMT 频谱的范围。这些频段主要用于满足某些应用在特定位置所需的额外容量和高速率，例如城市热点或固定无线接入。然而，由于无线电波在毫米波频段的传播损耗高，以及当前无线技术的局限性，毫米波频段在无缝、广域覆盖和支持移动性的应用上仍然面临着许多技术挑战。WRC-19 大会上总带宽为 14.75 GHz 的高频段（即 24.25 GHz～27.5 GHz、37 GHz～43.5 GHz 和 66 GHz～71 GHz）和 2.5 GHz 毫米波频段（即 45.5 GHz～47 GHz 和 47.2 GHz～48.2 GHz）被分别确定为 IMT 的全球协同频段和区域协同频段 [4]。通过载波聚合技术，毫米波和中低频段的结合可以扩大覆盖范围和提高数据速率。

　　目前，5G 频谱分配工作正在全球范围快速推进，以加速 5G 的商用部署。在 2018 年，只有中国、韩国、美国等少数国家率先完成或宣布 5G 频谱分配计划，到了 2020 年 1 月，完成或宣布该计划的国家已超过 60 个 [2]。大多数国家和地区预计最迟将于 2021 年或 2022 年发布 5G 频谱。这意味着，前面提到的大部分频谱将于 2023～2025 年在全球范围内可供利用。

12.2 6G 频谱需求

　　ITU-R 已经开始探讨 6G 的潜在可用频谱 [5]。

　　一般来说，频谱分配与使用场景、应用场景、网络 KPI 等密切相关。5G 的很多方面（如第二部分讨论的 eMBB、mMTC 和 URLLC 等）将继续向 6G 演进。此外，由于频谱分配后有几十年的生命周期，频谱分配更加注重无线政策和法规的连续性。这意味着在 5G 中采用的多层频段框架将同样适用于 6G。

　　随着全息影像通信等新的大带宽应用以及高分辨率感知等新业务和功能不断涌现，预计 6G 将使用比毫米波频段还要高的带宽，以及向上拓展到太赫兹频段，甚至可见光的频段。因此，对于 6G 的详细应用场景（参见第二部分），需要仔细考虑 6G 新技术、新业务和新功能的频谱需求。

　　首先，需要加入更多中频段以保证可用较低的成本持续提升 6G 部署的容量和覆盖范围。此外，在毫米波频段宏蜂窝部署方面的创新应用和无线技术突破对提供 6G 新业务和应用（如高分辨率定位和感知）以及满足 2030 年后更高的容量需求至关重要。太赫兹频段同样应被纳入 6G，因为该频段在各种通信和感知应用中展现了巨大的潜力。图 12-2 给出了 6G 的潜在频谱需求和机会。

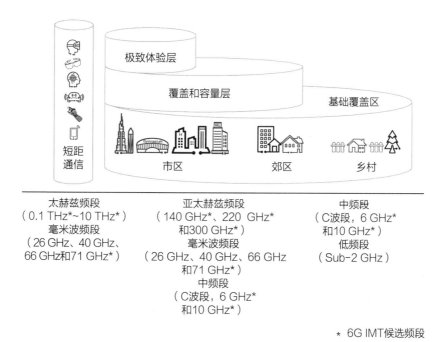

图 12-2　6G 潜在频谱需求和机会

12.3　中频段仍是实现广覆盖最经济的方式

相比早期的 IMT 系统，5G 的需求更加多样化。例如，5G 需要同时保证用户体验数据速率（100 Mbps）和区域流量密度（10 Mbps/m²）。因此，网络运营商在支持大部分目标应用场景的同时，必须考虑广覆盖的成本效益。3 GHz～5 GHz 的中频段在 5G 中发挥着至关重要的作用，预计也将在 6G 中扮演重要角色。

1. 加入更多中频段的驱动因素

5G 充分认识到中频段（3 GHz～5 GHz）的重要性，并提供了 3300 MHz～3800 MHz、2.6 GHz 和 2.3 GHz 等多个候选频段。但是，由于全球频谱监管和分配方式的差异，只有不到 500 MHz 的频率资源可以用于全球范围的中频段部署。因此，在多运营商共存的情况下，单个运营商平均只能获得约 100 MHz 的连续中频频谱。这对于 5G 初级阶段部署来说可能已经足够了，但将远远不能满足 2030 年 6G 用频需求，因为流量预计将增长数十倍甚至数百倍。据报告 [6]，随着超高清（Ultra-High Definition，UHD）视频和 AR/VR 应用的普及，到 2025 年，部分发达市场的平均每月每用户数据流量（Data of Usage，DoU）将超过 150 GB。从 2019 年到 2025 年，DoU 预计将增长 30 倍（如图 12-3 所示），并将持续增长到 21 世纪 30 年代。

这意味着需要更多的中频频谱，以支持到 2030 年的 6G 流量的持续增长。从历史上看，每一代新的 IMT 系统的性能至少比上一代要高 10 倍。因此，可以认为每代 IMT

系统需要的工作带宽大约比上一代多 5 倍。例如，IMT 系统在 2G 时代需要的频谱不到
1 MHz，而在 3G 时代所需频谱增加到 5 MHz，在 4G 时代则需要约 20 MHz。在 5G 中，
所需频谱仍然遵循"5 倍增长"的原则，进一步增加到 100 MHz。按照这一趋势，自然叮
以假设每个运营商在 6G 网络中将需要 500 MHz 的中频频谱，以保证可持续的业务运营。
在多运营商共存的情况下，为了在 21 世纪 30 年代实现覆盖范围和容量的最佳平衡，至少
需要增加 1 GHz～1.5 GHz 的中频频谱。

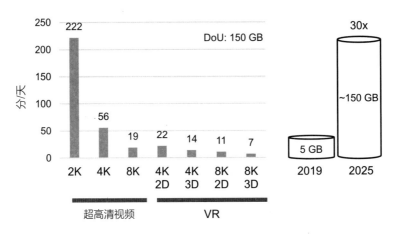

图 12-3   2025 年每月无线 DoU 预测。数据源自文献 [6]

2. 潜在候选频段

6 GHz（即 5925 MHz~7125 MHz）和 10 GHz（即 10 GHz~13.25 GHz）频段是中频范
围内最有竞争力的候选频段。

从频谱特性角度来看，这些频段具有支持连续大带宽的潜力（理论上至少 1 GHz 可
用带宽）。虽然信号的传播衰减在高频段略有增加，但这种增加仍然可以接受，尤其是在
考虑了使用了先进大规模阵列技术（如大规模 MIMO）以及中频（Intermediate Frequency，
IF）和射频（Radio Frequency，RF）器件改进之后。

表 12-1 说明了与 5G C 波段（即 3.5 GHz）相比信号衰减的增加情况。可以看到，在
城市微小区场景（小区半径为 100 m）中，无论是采用视距（Line-Of-Sight，LOS）还是非
视距（Non-Line-Of-Sight，NLOS），与 3.5 GHz 频段相比，6 GHz 和 10 GHz 频段的路损
都分别增加了大约 5 dB 和 9 dB。城市宏小区场景（小区半径为 500 m）也是如此。

表 12-1   城市宏小区和微小区场景下候选中频段与 3.5 GHz 频段的路径损耗差异对比

场景	6 GHz		10 GHz	
	视距差异（dB）	非视距差异（dB）	视距差异（dB）	非视距差异（dB）
宏小区（半径 500 m）	4.7	5.0	9.1	9.7
微小区（半径 100 m）	4.7	5.0	9.1	9.7

从无线电管理政策的角度来看，这些频段已经在无线电管理条例[7]中以主要频率或共主要频率方式分配给了移动业务，如表 12-2 所示。此外，ITU-R 已经启动了一个新的议题（WRC-23 议题 1.2），对前面提到的一些频段（例如，6425 MHz～7125 MHz 和 10 GHz～10.5 GHz）展开频谱可行性研究，用于未来 IMT 频谱的识别[8]。

表 12-2　无线电管理条例中 6 GHz～11 GHz 范围内的移动业务频谱分配

频段（GHz）	频率范围（GHz）	ITU-R 区域			确定 IMT 的 WRC-23 议题
		1	2	3	
6G 频段	5.825～7.25	×	×	×	6.425～7.025（区域 1）
	7.25～8.5	×	×	×	7.025～7.125（全球）
10G 频段	10～10.45	×		×	10～10.5（区域 2）
	10.5～10.68	×	×	×	
	10.7～11.7	×	×	×	
	11.7～12.2	×		×	
	12.2～12.5	×	×	×	
	12.5～12.75		×	×	
	12.75～13.25	×	×	×	

其他中频段（例如 3 GHz～11 GHz 频段）对于 6G 而言也是非常重要的，因此除了 6 GHz 和 10 GHz 中频段外，还应考虑这些频段频谱的可能性。

12.4　毫米波频段在 6G 时代逐渐成熟

与低频段相比，工作在毫米波频段上的无线信号的传播特性更严峻。例如，毫米波频段具有较大的路径损耗（传输距离变小）和穿透损耗（室内业务信号强度变弱）以及稀疏簇（信道秩变小，从而降低多用户 MIMO 传输模式下的复用增益）。由于毫米波传播的阻塞效应限制了系统的覆盖和移动性，因此毫米波通信在广域覆盖的实际应用中面临着更大的挑战。一般认为毫米波频段应用在 eMBB 广覆盖场景的成本较高，更适用于提升个别应用场景的容量，例如具有极高流量密度和超高数据速率的城市热点。

不过，随着毫米波频段在 5G 网络的开发与部署，毫米波技术及其生态系统将更加成熟。从基站的传输距离和功耗，以及用户设备的电池寿命来看，毫米波技术的商用和推广最终将使能 6G 时代的宏小区部署。

1. 毫米波频谱的新动力

毫米波不仅为许多 6G 应用提供超高数据速率，还将在 6G 融合感知和通信中发挥关键作用。

从通信的角度来看，如第 1 章所述，6G 将是第一个可能达到 Tbps 峰值速率的移动通信系统。但是，较低频段（如中频段）中可增加的可用频谱并不足以实现这一目标。以当前欧洲的移动频谱分配情况为例（如图 12-4 所示），传统 5G 频段（即中低频段）的可用带宽约为 1 GHz。即使可以增加 1.5 GHz 的中频频谱，到 2030 年也只有 2.5 GHz 的频谱可供使用。与此同时，如果 WRC-19 确定的毫米波频段陆续用于 IMT-2030（图 12-4 假设大约使用了 14.75 GHz 总频段的一半），6G 系统可以使用的带宽资源将明显增加，大约能比 5G 提升 7 倍。因此，毫米波频段将在填补容量差距方面发挥重要的作用。

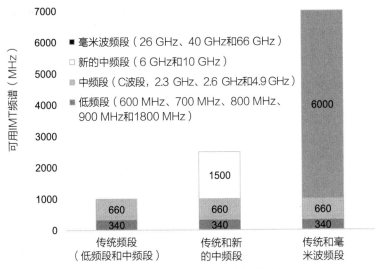

图 12-4　面向 2030 年的移动频谱增长

为了使感知（包括精确定位、成像等）成为 6G 新能力，毫米波频段提供了实现厘米级感知分辨率的关键频谱。根据电磁成像理论，感知分辨率（即距离分辨率、角分辨率和横向距离分辨率）可以用如下公式 [9] 计算：

$$距离分辨率 = \frac{光速}{2 \times 带宽}$$

$$角分辨率 = 1.22 \times \frac{波长}{天线孔径}$$

横向距离分辨率为 $2d \times \tan(0.5 \times 角分辨率)$，其中 d 为感知距离。

通过以上公式可以得出，要达到 10 cm 范围内的分辨率，至少需要 1.5 GHz（即 $3 \times 10^8 / 0.5 \times 10 \times 10^{-2}$）的连续带宽。更高的分辨率需要更大的带宽，这是中频段无法提供的。

为了实现 10 cm 距离内的横向距离分辨率，对于 10 m 的感知距离，角分辨率需要为 0.01 度。使用 60 GHz 左右的毫米波频段，达到该角分辨率所需的天线孔径为 0.6 m。而使用 6 GHz 等中频段所需的天线孔径将高达 6 m。这很难实现。

2. 毫米波频谱新技术

5G 所面临的技术挑战（如移动性和覆盖范围）以及硬件实现问题，将在 6G 时代通过更先进的技术来解决。例如，6G 需要更精确的信道建模以设计更优的无线技术（详细介绍见第 13 章）。此外，需要增强波束赋形（特别是感知辅助波束赋形）来改善毫米波传输的性能

（详细介绍见第 25 章）。此外，随着材料、射频器件和信号处理等相关行业和技术的成熟，毫米波频谱的利用率将大大提高。这样就可以实现超高数据速率和高精度的感知分辨率。

3. 毫米波频谱拥有更多候选频段

WRC-19 将带宽总量为 14.75 GHz（24.25 GHz～27.5 GHz、37 GHz～43.5 GHz 和 66 GHz～71 GHz）和 2.5 GHz（45.5 GHz～47 GHz 和 47.2 GHz～48.2 GHz）的毫米波频段分别确定为 IMT 的全球协同频段和区域协同频段。但需要注意的是，这些频段不是连续的，而是分散在 24 GHz～71 GHz 之间的几个频带区间。如果要实现 Tbps 级数据速率或厘米级高分辨率感知，必须在数十 GHz 范围内聚合使用多个毫米波频段（例如 26 GHz 和 39 GHz、39 GHz 和 66 GHz），但这个方法极具挑战性。

因此，未来的 WRC 大会可能有必要通过确定新的毫米波频段来支持连续大带宽。例如，E 波段（71 GHz～76 GHz 和 81 GHz～86 GHz）可以作为主要的候选频段，因为结合 66 GHz～71 GHz（完成 IMT 频谱标识），将可以构成 10 GHz 的连续频谱。目前移动业务与固网业务或回传链路以共主频方式使用 71 GHz～76 GHz 的 E 波段。随着接入回传一体化（Integrated Access and Backhaul，IAB）技术的不断发展，这两种业务之间的频谱共享问题有望得到解决。

12.5　太赫兹频段为感知和通信开辟了新的可能性

太赫兹频段是 6G 无线通信的新机遇。与低频段相比，太赫兹频段在超高数据速率通信和超高分辨率感知方面具有明显的优势。

太赫兹频段最显著的特点之一是可以为即将到来的 6G 提供超高带宽和大量频谱资源。WRC-19 大会已经将 275 GHz～450 GHz 频率范围内的太赫兹频谱中总共 137 GHz 的频率资源（即 275 GHz～296 GHz、306 GHz～313 GHz、318 GHz～333 GHz 和 356 GHz～450 GHz）分配给了移动和固网业务[4]。这样，加上先前 WRC 历次大会分配的频率，太赫兹频段中 100 GHz～450 GHz 范围内的移动业务总频谱累计达到 230 GHz 以上。表 12-3 为频谱的分配情况。通过提供超过数十甚至数百 GHz 的带宽，可以实现大范围的峰值数据速率和使能对时延敏感的应用。

表 12-3　太赫兹频段中 100 GHz～450 GHz 范围内分配的移动频谱

频段（GHz）	连续带宽（GHz）	频段（GHz）	连续带宽（GHz）
102～109.5	7.5	252～275	23
141～148.5	7.5	275～296*	21
151.5～164	12.5	306～313*	7
167～174.8	7.8	318～333*	15
191.8～200	8.2	356～450*	94
209～226	17		

注：1. * WRC-19 议题 1.15 分配给移动业务的新频段
　　2. 表中不包括带宽小于 5 GHz 的碎片频段

1. 太赫兹通信的可行性

虽然太赫兹频谱中的信号衰减比毫米波频谱更加严重，但是仍然有机会找到合适的频段进行数据传输。我们评估了太赫兹传输链路的理论吞吐率，同时考虑到了当前技术的发射功率和噪声分量以及大气衰减的影响[10]。结果如图 12-5 所示。

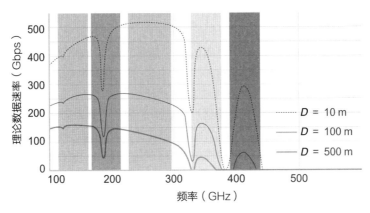

图 12-5   太赫兹传输链路理论吞吐率评估（D 为传输距离）

这些结果表明，存在较多传播特性较好的潜在频段窗口（例如 140 GHz、220 GHz 和 300 GHz 频段）。这些频段窗口避开了大气吸收较强的频率区域，可以用于中等距离（例如，200 m）或短距离（小于 10 m）传输。此外，太赫兹频谱的波长远小于毫米波频谱，可以把更多的天线封装到芯片的同一区域以降低传播衰减，从而提高太赫兹频谱的覆盖范围。

2. 超高分辨率一体化感知的可行性

正如本章前面提到的，太赫兹频段的超高带宽可以提高感知精度和分辨率。此外，与较低频段相比，由于波长更短、设备更小，太赫兹成像的空间分辨率更高。这极大地扩大了太赫兹频段在移动通信设备中的应用范围。例如，在未来，集成太赫兹感知技术的智能终端将具备电磁成像能力，可以获取食物卡路里数等信息，或者检测隐藏的物体（详细介绍见第 3 章）。

与其他电磁成像频段不同，太赫兹频段具有非电离、非侵入和光谱指纹识别能力，在检测过程中带来的伤害较小[11]。由于大多数分子的振动频率和旋转频率都在太赫兹频段内，因此 6G 的太赫兹光谱测量在医疗、工业、食品质量和环境感知等领域有着广泛的应用前景。太赫兹光谱测量能够通过非侵入式和无接触式的动态被动测量提供连续的实时信息，未来将备受关注。特别值得注意的是，太赫兹光谱测量能达到与专业 CT 或 MRI 机器相当的水平，而且更安全、更便携，如图 12-6 所示。

虽然太赫兹频段具有更大的带宽和更有利的天线孔径条件，但毫米波频段更能适应多尘、多雾等恶劣环境条件，因此毫米波是测绘、电磁图像重建等室外感知应用的首选。

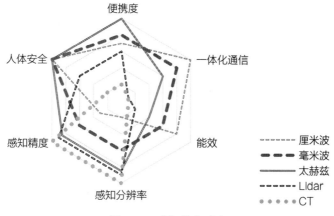

图 12-6 感知能力对比

3. 重重挑战，任重道远

为了推动太赫兹通信技术的快速发展，需要在太赫兹设备研发方面取得突破性进展，包括电子、光子、混合收发机设计、大规模天线阵列、片上或模上阵列、新材料阵列技术等。同时，需要对大功率高频设备的设计、新型天线和射频晶体管材料、收发机架构、信道建模、阵列信号处理和能效问题展开进一步研究。

另外，虽然 ITU-R 已经在 100 GHz～450 GHz 的频率范围内为移动业务分配了超过 230 GHz 的频谱，但 IMT 行业的法规和政策尚不明确，也尚未在全球范围内统一。还需要在 ITU 和 WRC 会议层面共同努力，以进一步达成各方共识。

参考文献

[1] ITU-R, "IMT Vision – framework and overall objectives of the future development of IMT for 2020 and beyond," Recommendation ITU-R M.2083-0, Sept. 2015.

[2] GSA Report, "5G spectrum for terrestrial networks: Licensing developments worldwide," 2020, accessed Feb. 2020. [Online]. Available: https://gsacom.com/paper/5g-spectrum-report-for-terrestrial-networks-executive-summary-feb-2020/

[3] ITU. World Radiocommunication Conference, "Final Acts WRC-15," 2015. [Online]. Available: https://www.itu.int/pub/R-ACT-WRC.12-2015

[4] ITU. World Radiocommunication Conference, "Final Acts WRC-19," 2019. [Online]. Available: https://www.itu.int/pub/R-ACT-WRC.14-2019

[5] ITU-R, "IMT future technology trends towards 2030," ITU-R, M. [Future technology trends] (ongoing developing), 2020.

[6] White paper, "5G spectrum: Public policy position," 2020. [Online]. Available: https://www-file.huawei.com/-/media/corporate/pdf/public-policy/public_policy_position_5g_spectrum_2020_v2.pdf?la=en-gb

[7] *Radio Regulations (Edition of 2016)*. ITU-R publications, International Telecommunications Union, Geneva, Switzerland, 2016.

[8] *Results of the First Session of the Conference Preparatory Meeting for WRC-23 (CPM23-1).* BR Administrative Circular CA/251, Geneva, Switzerland, 2019.

[9] J. Hasch, E. Topak, R. Schnabel, T. Zwick, R. Weigel, and C. Waldschmidt, "Millimeter-wave technology for automotive radar sensors in the 77 GHz frequency band," *IEEE Transactions on Microwave Theory and Techniques*, vol. 60, no. 3, pp. 845–860, 2012.

[10] ITU-R, "Attenuation by atmospheric gases and related effects," Recommendation ITU-R, p. 672–12, Aug. 2019.

[11] I. F. Akyildiz, J. M. Jornet, and C. Han, "Terahertz band: Next frontier for wireless communications," *Physical Communication*, vol. 12, pp. 16–32, 2014.

第 13 章

新 信 道

　　无线电波传播是无线通信的基础研究部分。在构建和运行真实系统之前，我们必须了解无线电传播的原理，并开发相关的信道模型。这些模型描述了关键的传播过程，以此进行可靠的系统评估和系统间性能比较。每一代无线通信系统都使用不同的频段进行商业化部署。因此，与这些频段相关的信道模型对技术发展来说不可或缺。到 5G 标准，频率范围为 0.4 GHz～100 GHz[1-2]。

　　3GPP TR 38.901 标准确定了满足 5G 新场景和频谱要求的信道建模关键技术。例如，其中引入了 6 GHz 以上频段，考虑到链路预算是评估路径损耗的一个重要指标，因此 6 GHz 以上路径损耗模型必须考虑频率依赖性[3]。又例如，大规模 MIMO 成为 5G 关键技术，并使波束赋形成为必要技术。波束赋形和跟踪使空间一致性成为处理信道模型中角变化的新特征[4-5]。该标准还确定并建模了很多其他新的传播特征，包括遮挡、室外到室内的穿透损耗[6]、带宽依赖性[7]和氧气及分子吸收损耗。引入这些新信道特征确保了 5G 新技术设计过程中对传播空间影响的全面准确评估。

　　进一步，6G 系统和技术设计必须基于正确的信道模型。这是因为 6G 新设计（例如新频谱、新场景和新天线）必然会给信道建模带来重大挑战。我们将在其他章节中讨论这些技术点。作为例子，据文献 [8] 研究，太赫兹的路径损耗系数与毫米波不同。还有一些研究引入了一个面向超大孔径天线阵列（Extremely Large Aperture Array，ELAA）的空间非平稳信道[9]。另一方面，随着新技术的发展，可重构智能表面（Reconfigurable Intelligent Surface，RIS）的角度相关移相器模型成为传播模型的一部分[10]。此外，在反射环境感知等感知场景中，必须采用基于雷达的反射传播公式，而不是传统通信中使用的传播公式。这些挑战影响信道建模方法，而且不仅仅涉及公式和参数修改。传统的建模方法可能无法满足这些特性的要求。

13.1　6G 信道建模新要求

　　从历史上看，通过电磁波多径双向传播提取物理环境特征的物理信道模型可以分为三类：确定性模型、几何随机模型（Geometry-Based Stochastic Model，GBSM）和非几何随机模型[11]。确定性模型中的物理传播参数是完全固定的。因此，它可以重构特定场景下的真实物理信道。确定性模型包括计算电磁学（Computational Electromagnetic，CEM）、射线跟踪和测量模型。GBSM 是通过散射簇分布构建的无线信道，由指定的概率密度函数随机生成。由于其随机性，GBSM 模型能够比确定性模型更好地描述一组物理环境的传播，并且非常适合统计评估，如系统仿真。3GPP 模型就是典型的 GBSM 模型。而准确定性模型是确定性模型和随机模型的结合。主导路径由确定性模型计算，散射路径由随机模型生成。

根据 6 GHz～100 GHz 频段的测量和射线跟踪，5G 研究构建了高达 100 GHz 的高频段中的模型，如表 13-1 所示。主要的标准信道建模方法是随机建模和准确定性建模。这些模型体现了统计衰落模型的本质，以及某些天线设计（如交叉极化）的部分实际传播特征。

表 13-1　5G 信道标准化方法

信 道 模 型	组　　织	方　　法
3GPP 38.901	3GPP	随机模型
METIS	METIS	随机模型、基于地图的模型或混合模型
MiWEBA	MiWEBA	准确定性信道模型
ITU-R M	ITU	随机模型
COST2100	COST	随机模型
IEEE 802.11	IEEE	准确定性或射线跟踪
NYU WIRELESS	NYU	随机
QuaDRiGa	Fraunhofer HHI	随机或准确定性
5G mmWave Channel Model Alliance	NIST	随机
mmMAGIC	mmMAGIC	随机或严格验证
IMT-2020	IMT-2020	随机

统计模型可以更简单高效地描述信道，并且由于计算复杂度低，有利于大规模仿真。同时，随机模型不能表达与特定系统或场景相关的确定性参数，如与多径信道参数或通信设备和散射体位置相关的几何信息。而确定性信道在过去几十年里并不是链路和系统设计的需求。这一建模需求主要来自网络规划，其蜂窝站点的几何布局会影响基站配置。

在 6G 新设计中，某些技术（如 RIS、定位和成像）与特定环境高度相关，而这些环境无法用随机模型来描述。因此，我们期盼确定性信道建模方法的引入能够实现更精确评估。

例如，随着新天线和集成技术的发展，ELAA 等大规模阵列预计会显著影响信道建模和性能评估。根据文献 [12] 研究，大规模阵列为建模带来了新的挑战，如近场球面波和非平稳信道[13]。过去，我们只是简单地进行远场建模，可以通过平面波近似实现。然而，如今近场过大，不容忽视，我们需要考虑到球面波。这些传播特性为提高通信容量带来了新的机遇。多天线信道的时空特征是决定时空处理性能的关键因素。因此，对大阵列天线信道的研究必须集中在多天线信道的时空特征上。需要注意的是，这些特征高度依赖于周围环境。尤其是散射分布，很难通过随机模型描述。此外，这些特性将大大增加建模复杂度。有鉴于此，未来的研究必须首先确定这些信道特征如何影响通信性能，才能确定这些特征在信道中建模的程度。

另外，如第 3 章所述，将引入新的应用场景（如感知）作为 6G 新的应用场景。这些场景的算法设计和性能很大程度上取决于目标位置和周围环境。因此，与地理位置相关的确定性模型是首选。不仅如此，当物体的大小近似等于波长时，感知和成像的典型应用需要考虑传播效应（如衍射），而这很难通过传统几何光学方法进行建模。CEM 方法将用来描述衍射等物理现象，如图 13-1 所示。第 8 章介绍了 CEM 中使用的一些技术，如有限元方法、有限差分时域法和矩量法。

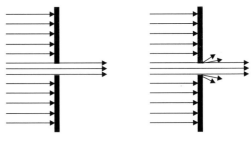

无衍射的几何光学方法　　带衍射的CEM方法

图 13-1　衍射的确定性方法比较

根据上述讨论，单一方案可能无法满足所有应用的评估要求。也就是说，模型准确性和确定性的提高会增加计算复杂度，进而远远超过系统评估能力。因此，本书介绍从 1G 到 5G 各标准中传播模型的演进。如图 13-2 所示，历史上对信道模型的研究倾向于在复杂度约束下提高确定性。而包含多种机制的演进混合模型，其不同机制的权重因应用场景和评估标准而不同，也应把如何在复杂度约束下提高准确性作为一个重要的研究方向。

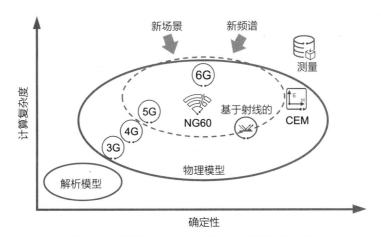

图 13-2　信道建模方法的演进（虚线椭圆指 6G）

13.2　6G 信道测量

13.2.1　新频谱下的信道测量

与 100 GHz 以下频段相比，太赫兹频段具有更高的自由空间路径损耗。此外，太赫兹信号会激发大气中的气体分子。一些信号功率将被转换为气体分子的动能，这一过程被称为分子吸收。不同的气体分子具有不同的谐振频率，对应图 13-3 中不同的分子吸收峰，因此具有较高的频率选择性。水蒸气的吸收效应在太赫兹频段中更为普遍，而氧气的吸收效应在毫米波频段中更为普遍。根据 Beer-Lambert 定律，分子吸收损耗随着传输距离的增加呈指数级增长。因此，在太赫兹链路损耗中，分子吸收效应将引入较高的频率选择性和距离相关性。

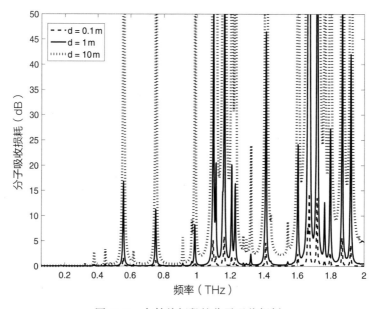

图 13-3　太赫兹频段的分子吸收损耗

另一方面，太赫兹信道也表现出与毫米波信道不同的传播的特性。通常，多径分量由 LOS 路径、镜面反射路径和散射路径组成。实测显示存在较高 K 因子（根据华为测量结果 [8]，在 140 GHz 时会议室中的平均功率为 13 dB），即 LOS 和 NLOS 路径之间的功率比。太赫兹信道测量结果表明，LOS 路径在太赫兹信道中更普遍。太赫兹波的波长短，与物体表面粗糙度相当，因此在较低频率下光滑的表面在太赫兹频段会变得粗糙。这种粗糙度会导致反射损耗，同时也会将反射功率分散到散射路径上，最终削弱了多径的强度，使信道变得稀疏。一些测量结果表明，在低太赫兹频段，如 140 GHz 和 220 GHz，多径仍然存在于室内环境。例如，在 140 GHz 办公室环境中，由于办公桌和液晶显示器的丰富反射（如图 13-4 所示），反射多径的接收功率仅比 LOS 路径的接收功率低 6～7 dB。

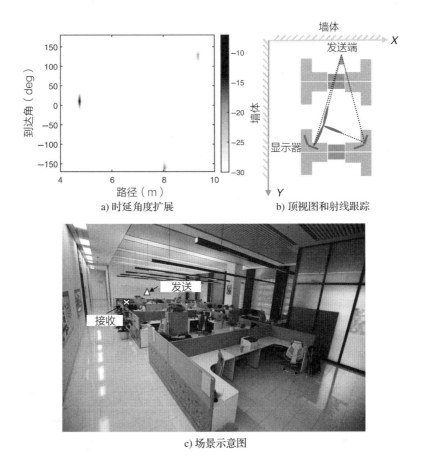

a) 时延角度扩展　　　　　　　b) 顶视图和射线跟踪

c) 场景示意图

图 13-4　140 GHz 室内热点（Indoor Hotspot，InH）测量结果和场景

此外，不同的多径分布使太赫兹频段的大小尺度参数具备新的特性。例如，为了评估路径损耗模型，我们对一个典型的室内环境，如办公室的走廊，在 140 GHz 频段进行测量，如图 13-5 和表 13-2 所示。测量结果与扩展到 140 GHz 的 3GPP TR 38.901 InH 路径损耗公式相比，路径损耗指数（Path Loss Exponent，PLE）略高于 3GPP 模型的 PLE，低于自由空间传播 PLE。这说明在亚太赫兹频段也可以观测到弱波导效应。对于典型室内场景下获得的小尺度参数，测量结果也与现有信道模型标准[14]存在显著差异，如表 13-3 所示。因此，对于 100 GHz 以上新频谱，需要对更准确、更具代表性的参数化信道模型进行深入研究和建模。

表 13-2　140 GHz InH 场景下的路径损耗

	路径损耗（dB）	阴影衰落标准（dB）
华为测量	$PL_{InH140} = 32.4 + 18.5\log_{10}(d_{3D}) + 20\log(f_{140})$	$\delta_{SF} = 0.8$
38.901 GHz 扩展到 140 GHz	$PL_{InH140} = 32.4 + 17.3\log_{10}(d_{3D}) + 20\log(f_{140})$	$\delta_{SF} = 3$

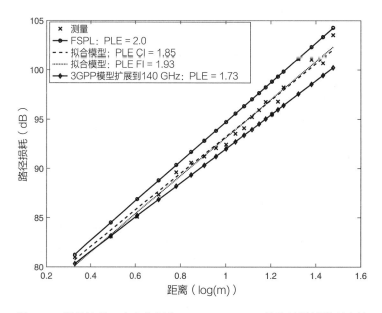

图 13-5 测量结果、自由空间和 3GPP TR 38.901 的路径损耗模型比较

表 13-3 140 GHz InH 场景下的小尺度参数

场景		办公室 LOS	
		3GPP 模型扩展到 140 GHz	测量
时延扩展（DS）$lgDS＝\log_{10}(DS/1s)$	μ_{lgDS}	−7.71	−8.70
	δ_{lgDS}	0.18	0.50
到达角扩展（ASA）$lgASA＝\log_{10}(ASA/1°)$	μ_{lgDS}	1.37	1.29
	δ_{lgDS}	0.37	0.30
垂直向到达角扩展（ZSA）$lgASA＝\log_{10}(ASA/1°)$	μ_{lgZSA}	0.88	0.73
	δ_{lgZSA}	0.18	0.15

13.2.2 新场景的信道测量

如 13.1 节所述，6G 移动通信的新需求促进了新技术的研究，如 ELAA、RIS、毫米波设备到设备通信、毫米波非地面一体化通信以及毫米波 / 太赫兹感知。

1. ELAA 信道建模

当然，新的应用场景和天线架构也给信道建模带来了新的挑战。例如，ELAA 虽然可以有效地提高信道容量和用户峰值速率，但随着天线阵列孔径的增加，近场距离也会增加，这导致部分用户将位于近场范围内。因此，5G 中使用的平面波信道模型可能不再适用。我们需要对新的球面波传播信道的传播特征和信道估计技术进行全面的建模和研究。

ELAA 传播信道的另一个特征是空间域中的非平稳特性。换句话说，随着天线阵列孔径的增加，不同的子阵列可能具有不同的传播信道特性，如功率、簇、到达角和秩。

2. 非地面网络 (Non-Terrestrial Network，NTN) 信道建模

一些新的应用场景，如一体化非地面通信，给信道探测系统带来了巨大的挑战。例如，传统的信道测量需要高信噪比和高同步精度，前者是因为低信噪比使探测仪很难捕获空间多径信息，这两者在 NTN 场景中都难以实现。此外，一体化非地面信道探测系统还需要考虑风、云、雨和雪等大气条件的影响。

3. 毫米波 / 太赫兹感知

除了通信应用，感知应用也是 6G 研究的重要方向。由于使用更高的频谱，通信设备可以实现更大的带宽和更高的天线集成度。因此，对太赫兹频段而言，这些设备可以提供超高精度的空间和时间分辨率，进一步提高信道检测能力。换句话说，由于太赫兹波长较短，可以实现毫米级成像。尽管如此，目前仍然无法使用已有的信道建模方法来准确评估成像性能。例如，如图 13-6 所示，对于与波长相当大小的小孔，传统的几何光学方法无法模拟电磁波的衍射现象，因此无法准确评估成像性能。在此背景下，CEM 方法作为一个潜在研究方向值得关注，该方法可以有效地模拟电磁波的场分布，以较高精度恢复信道传播环境。这最终将有助于提高评估成像分辨率的准确性。如图 13-6 所示，采用 140 GHz 反射信道测量设备来检测具有小孔（最小尺寸为 3.2 mm）的金属物体。采用基于 CEM 的逆散射算法进行电磁成像。如图 13-6 的右图所示，结果与光学图像基本一致。最小分辨率为 3.2 mm。这些成像结果证明了在亚太赫兹频段毫米级成像的可行性。

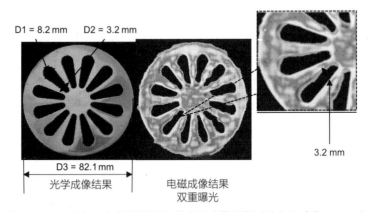

图 13-6　小孔在亚太赫兹频段的毫米级成像示例（最小尺寸为 3.2 mm）

参考文献

[1]　K. Haneda *et al.*, "5G channel model for bands up to 100 GHz," 2015, accessed Dec. 6, 2015. [Online]. Available: http://www.5gworkshops.com/2015/5G_Channel_Model_for_bands_up_to100_GHz(2015-12-6).pdf

[2] K. Haneda, J. Zhang, L. Tan, G. Liu, Y. Zheng, H. Asplund, J. Li, Y. Wang, D. Steer, C. Li et al., "5G 3GPP-like channel models for outdoor urban microcellular and macrocellular environments," in *Proc. 2016 IEEE 83rd Vehicular Technology Conference (VTC Spring)*. IEEE, 2016, pp. 1–7.

[3] H. Yan, Z. Yu, Y. Du, J. He, X. Zou, D. Steer, and G. Wang, "Comparison of large scale parameters of mmwave wireless channel in 3 frequency bands," in *Proc. 2016 International Symposium on Antennas and Propagation (ISAP)*. IEEE, 2016, pp. 606–607.

[4] Y. Wang, Z. Shi, M. Du, and W. Tong, "A millimeter wave spatial channel model with variant angles and variant path loss," in *Proc. 2016 IEEE Wireless Communications and Networking Conference*. IEEE, 2016, pp. 1–6.

[5] K. Zeng, Z. Yu, J. He, G. Wang, Y. Xin, and W. Tong, "Mutual interference measurement for millimeter-wave D2D communications in indoor office environment," in *Proc. 2017 IEEE Globecom Workshops*. IEEE, 2017, pp. 1–6.

[6] Y. Du, C. Cao, X. Zou, J. He, H. Yan, G. Wang, and D. Steer, "Measurement and modeling of penetration loss in the range from 2 GHz to 74 GHz," in *Proc. 2016 IEEE Globecom Workshops*. IEEE, 2016, pp. 1–6.

[7] N. Iqbal, J. Luo, C. Schneider, D. Dupleich, S. Haefner, R. Müller, and R. S. Thomas, "Frequency and bandwidth dependence of millimeter wave ultra-wide-band channels," in *Proc. 2017 11th European Conference on Antennas and Propagation (EUCAP)*. IEEE, 2017, pp. 141–145.

[8] Z. Yu, Y. Chen, G. Wang, W. Gao, and C. Han, "Wideband channel measurements and temporal-spatial analysis for terahertz indoor communications," in *Proc. 2020 IEEE International Conference on Communications Workshops*. IEEE, 2020, pp. 1–6.

[9] S. Wu, C.-X. Wang, H. Haas, M. M. Alwakeel, B. Ai et al., "A non-stationary wideband channel model for massive MIMO communication systems," *IEEE Transactions on Wireless Communications*, vol. 14, no. 3, pp. 1434–1446, 2014.

[10] W. Chen, L. Bai, W. Tang, S. Jin, W. X. Jiang, and T. J. Cui, "Angle-dependent phase shifter model for reconfigurable intelligent surfaces: Does the angle-reciprocity hold?" *IEEE Communications Letters*, 2020.

[11] P. Almers, E. Bonek, A. Burr, N. Czink, M. Debbah, V. Degli-Esposti, H. Hofstetter, P. Kyösti, D. Laurenson, G. Matz et al., "Survey of channel and radio propagation models for wireless MIMO systems," *EURASIP Journal on Wireless Communications and Networking*, vol. 2007, no. 1, p. 019070, 2007.

[12] S. Wu, C.-X. Wang, H. Haas, M. M. Alwakeel, B. Ai et al., "A non-stationary wideband channel model for massive MIMO communication systems," *IEEE Transactions on Wireless Communications*, vol. 14, no. 3, pp. 1434–1446, 2014.

[13] J. Chen, X. Yin, X. Cai, and S. Wang, "Measurement-based massive MIMO channel modeling for outdoor LoS and NLoS environments," *IEEE Access*, vol. 5, pp. 2126–2140, 2017.

[14] 3GPP, "Study on channel model for frequencies from 0.5 to 100 GHz," 3rd Generation Partnership Project (3GPP), Technical Specification (TS) 38.901, 12 2019, version 16.1.0. [Online]. Available: https://portal.3gpp.org/desktopmodules/Specifications/SpecificationDetails.aspx?specificationId=3173

第14章

新 材 料

近年来数字通信的巨大发展概括来说可以归功于半导体技术的显著进步。随着 6G 不再只是一个遥远的现实，新材料技术将继续加快这种转变。本章，我们将回顾 6G 的几种关键材料技术。首先，我们简要介绍硅和 III-V 材料的演变，将其作为与太赫兹频率相关的几种应用的实现技术。然后，我们介绍可以对器件提供灵活控制的新型可重构材料。随着无线频谱向太赫兹等更高的频段移动，先进的光子材料开始发挥作用。具体来说，光子晶体让光学元件的低成本、低损耗硅集成成为可能。此外，光伏材料将光转换为电信号，并使光电探测器成为太赫兹光子系统中的关键部件。最后，等离子体材料支持表面等离子体，可以增加光和材料之间的相互作用。当需要增强太赫兹光子 / 光电系统性能时，这一点特别有用。

14.1　硅的发展历程

基于现有成熟的硅平台，通过新的工艺特性支持实现新功能。该平台具备低成本、高产量、小几何和低功耗的特点。一个合适的例子是始于 20 世纪 90 年代的 SiGe-BiCMOS 开发过程。SiGe-BiCMOS 平台现在可以成功执行许多应用，如成像、光谱和通信，这些应用在标准 CMOS 平台中无法实现。

高效的太赫兹成像需要更快的成像采集，我们可以通过利用焦平面阵列来实现这一目标。多像素成像阵列使用 SiGe 技术 [1] 演示了如何实现这类目标。此外，使用 SiGe-BiCMOS 技术演示了一个精密的太赫兹光谱系统，最高可达 1 THz[2]。此外，为了实现超分辨率成像（超出衍射极限的成像），使用 SiGe-BiCMOS 工艺在 [3] 中开发了近场成像传感器，实现了 10 μm 的空间分辨率。CMOS 和 SiGe 技术也在许多太赫兹通信电路中得到了证明。

硅的发展促进了光子系统的发展 [4-5]。硅光子学在过去几十年中取得的进步绝对值得一提。它是通过优化标准 CMOS 工艺实现的，例如，添加 Ge 生长步骤，以允许光电探测器和调制器集成，而不仅仅使用普通的 CMOS 步骤。平面和多层结构都已被证明可用于光子和电子集成。除此之外，还设计了各种光互连，以实现低损耗和有效利用空间。与平面波导的复杂性相比，多层集成更可取，因为它允许更有效地利用空间并降低复杂性。由于这些特殊的原因，它是许多光电应用最值得研究的候选领域。

如前所述，硅技术已被用于持续推动通信、成像、计算等领域的新一代应用。先进的工艺允许在同一块硅上更高效、更精密地混合集成光电器件。预计在硅方面取得的进展将使我们在不久的将来见证更先进、更精密和更低成本的光电器件。

14.2　异构 III-V 材料平台

光电材料塑造了跨学科的现代技术。随着制造工艺的飞速发展，材料正在不断被开发或改进，以适应更多的应用。在过去的几十年里，摩尔定律让我们能够不断提高硅器件的复杂性和性能。然而，由于其间接带隙，硅在光子应用上有基本限制。因此，提出了具有直接带隙的 III-V 型半导体来满足这一需要。在这方面，III-V 半导体，如磷化铟（Indium Phosphide，InP）和砷化镓（Gallium Arsenide，GaAs），确实已应用于高太赫兹频率（>1 THz）和光子集成电路，并取得了令人满意的成果。尽管如此，由于它们成本比较高，因此没有在整个市场上广泛使用。然而，对光子学的兴趣已经得到了牵引，并使其应用于许多应用，如感知、雷达和通信。

为了克服硅的基本限制，同时也利用光子的优势，与 III-V 半导体的异构集成开始发挥作用，其结合了 III-V 和硅的优势。在标准光刻工艺中，在同一硅晶片上集成 III-V 材料的工艺在许多光子应用中显示出巨大的潜力。

许多高性能的光子器件[6]，如芯片级可调激光器、调制器和光放大器，已经开发出与 III-V 同类器件相比更卓越的性能。例如，与支持硅光子的同类器件相比，III-V 异构集成调制器可以在大折射率诱导的相位调谐、高电子迁移率和低载流子等离子体吸收方面提供更卓越的性能。此外，支持 III-V 的量子阱在性能提升方面也具备额外的优势。

光子集成电路也受益于这种异构平台。具体来说，通过在同一个芯片上焊接不同的 III-V 层，实现每个组件的性能上的优化。不同的是，每个组件的优化材料和设计可以在同一硅芯片上进行选择和集成。在这方面，文献 [7] 演示了一个异构片上网络系统，该系统包括一整套光子通信组件，包括不同 III-V 层堆栈上的激光器、调制器和放大器。

我们还可以使用异构集成方法添加其他非 III-V 材料。已经证实，Ce:YIG[8] 等非互易磁性材料可以集成在硅芯片上，从而在光子集成电路中提供更复杂的资源块（如隔离器和循环器）。

14.3　可重构材料

材料特性的电调谐允许器件提供更多功能、更小尺寸和更低成本。因此，提出了各种调谐材料，并将其嵌入系统中，以实现灵活和动态控制。例如，将可重构材料添加到智能表面中，然后将智能表面与数字控制电路对接，可以通过可编程性实现 RIS。

石墨烯是一种二维碳材料，可以支持表面等离子体振子（Surface Plasmon Polariton，SPP）的传播。通过不同电压电平的偏置，石墨烯可以表现出不同水平的电导率，从而实现可调节电磁行为。使用这种可变电导率开发了各种石墨烯器件，包括开关、移相器和天线。文献 [9] 对石墨烯在太赫兹通信、生物感知等方面的潜在应用进行了详尽的调查。文献 [10-11] 证明石墨烯漏波天线可以执行光束控制。通过施加不同的偏置电压，在可重构石墨烯反射阵列 [12] 中实现了可调谐的反射相位。文献 [13] 提出一种石墨烯开关，它通过偏置不同电压的石墨烯段来工作。标准的石墨烯沉积反应堆价值约 100 万美元（其成本低且不受控制）。

液晶同时显示液体和晶体的特性。向列液晶可以在入射波通过液体时，通过改变施加电场的强度来改变入射波的性质。向列液晶在可重构电子系统中非常有用。在此背景下，文献 [14-15] 提出了一种可重构的反射阵列和超表面，使用液晶进行光束控制。文献 [16] 介绍了一种基于液晶的移相器和相控阵天线，并讨论了其商业化的可能性。

相变材料（Phase Change Material，PCM）通过在非晶态（绝缘）和晶体态（导电）之间切换来加热或冷却材料，以提供可重构性。PCM 开关快速、紧凑，插入损耗低。与微机电系统（Micro-Electro-Mechanical System，MEMS）相比，PCM 在毫米波表现出更好的可靠性和性能。在文献 [17-19] 中，首次演示了用于毫米波应用的 PCM GeTe 射频开关和实时延迟移相器。文献 [20] 提出了一种基于 PCM 的单片集成移相器，用于小型化、可重构毫米波相控阵波束控制应用。

14.4　光子晶体

光子晶体（Photonic Crystal，PC）是一种人工周期结构，它是由不同的介质材料以重复出现的顺序排列而成的超晶格。通过周期性引入局部缺陷结构，PC 可以将光处理成光阱（PC 腔）或控制其流动（PC 波导）。与金属波导相比，PC 波导完全由介质材料制成，这意味着可以将欧姆损耗降到最低。此外，PC 结构可以在保持低成本的同时，有效地集成在硅平台上。

许多 PC 器件已经生产并用于各种光子应用 [21]，如调制器、高分辨率滤波器、传感器和激光器。最近的一些 PC 应用包括生化传感器、激光雷达感知和太赫兹通信。文献 [22] 介绍了一种用于生物分子和化学检测的 PC 纳米激光器。PC 光子相控阵也证明了它们在激光雷达感知方面的能力 [22]。此外，PC 在太赫兹通信方面也显示出了其潜力。文献 [23] 演示了一个基于 PC 的硅基太赫兹通信平台。它使用集成谐振隧道二极管检波器和 PC 波导展示高数据速率。

最近，探索发现拓扑光子晶体可以作为一种新的控制光的方法 [24]。通过利用物质的拓扑相，即使存在缺陷，光也可以被引导到预定的方向上，作为拓扑保护边界态的影响。此外，还探索了各种拓扑 PC 平台，如非线性 PC 系统 [25]、非厄米系统 [26] 和高阶拓扑系

统 [27]，以实现单向光传播鲁棒性。这些系统将有助于保护纳米级光子器件中的光传播。

14.5 光伏材料与光电探测器

当入射光子辐射到达光伏材料时，材料中产生电子电流。一些传统的光伏材料使用硅基晶体结构。随着纳米技术的进步，纳米量子点、碳纳米管和石墨烯等光伏材料已经走上舞台，带来了许多有前景的应用。

光伏技术最直接的应用可能是在太阳能电池中，但我们不应该忽视在数码相机和许多其他应用中普遍使用的 CMOS 传感器。传统上，硅等半导体材料被用来制造太阳能电池。随后，为了提高光电转换效率（Photo Conversion Efficiency，PCE），金属被加入其中，这导致了光电探测器的发展，如肖特基探测器。纳米级光捕获层（如金属纳米颗粒）的实现已被证明可以增加光的浓度和散射，这反过来又提升了 PCE。此外，金属光栅还有助于激发表面等离子体波，从而增加光子和电子之间的相互作用。

光伏材料支持的光电探测器已经被开发并用于许多应用。例如，量子点已被用于增加健康监测应用的光吸收 [28]。研究表明，基于碳纳米管的光电探测器阵列 [29] 可以进行精细分辨率成像。基于石墨烯光电探测器阵列的腕带已生产并用于健康监测 [30]。随着光子系统需求的增加，光伏材料的使用将继续产生精密、高性能的光子器件和高级应用。

14.6 等离子体材料

等离子体材料利用光能产生载荷子（即等离子体）的共振振荡。如前所述，等离子体纳米结构已被用于光伏器件，以增强 PCE。两种常见的结构是金属纳米颗粒和图案化 / 光栅金属电极。前者通过激发局域表面等离子体振子（Surface Plasmon Polariton，SPP）的共振来增加光散射，而后者增加了 SPP 耦合的光路长度 [31]。值得注意的是，金和银常用在这两种结构中。文献 [32] 中说明金纳米颗粒的 PCE 提升 30%。另一方面，文献 [33] 指出，使用银光栅电极，PCE 提升 19%。

自 20 世纪 70 年代以来，等离子体材料一直作为元激发在理论固态物理教材中被研究 [34]，但随着近十年来等离子体超材料技术的迅速发展，它们现在正在实验室中得以实现。利用周期性分布的人工结构，超材料可用来实现所需的材料性能。这些超材料最初应用于微波。为了在光频率下工作，需要纳米级甚至更小的超材料，但比较难以生产。文献 [35] 对如何在光频下实现负折射进行了全面的研究。在文献 [36] 中，提出了一种由两层金属网组成的渔网结构，在两层金属网之间有一个介电间隔件，在近红外频率下实现负介电常数和磁导率。此外，还证明了金属 – 介质 – 金属堆叠波导在可见频率下具有负折射率 [37]。

等离子体超表面由印刷在薄板上的纳米级等离子体结构组成，这些结构具有不同的几何形状和分离度。通过控制纳米结构的相位分布，超表面可以使用不同的入射光配置来产生所需的响应。除了比较常见的功能，如光束控制、轨道角动量（Orbital Angular

Momentum，OAM）光束生成和反射光束控制，等离子体超表面最近被证明能够控制近场区域的光表面波[38]。当图案化的纳米结构与光相互作用时，部分再辐射能量在近场转换为SPP。通过仔细设计纳米结构的形状和排列，可以控制 SPP 激发以满足近场感知和生化检测等要求。

石墨烯也支持 SPP。如前所述，石墨烯可以作为一种可重构材料，因为它具有可调谐的电气性能。此外，石墨烯在太赫兹和红外频率下可以表现出等离子体行为。在石墨烯中，SPP 激发限制在横向维度上。因此，与金属等离子体相比，石墨烯等离子体可以提供明显更小的波长和更强的光 - 物质相互作用。此外，石墨烯和其他传统等离子体纳米结构或超材料的杂化可用于提供进一步增强的石墨烯基器件。这就是为什么从多个角度来看，石墨烯非常有前景。

具有 SPP 波特性的等离子体材料已引起了众多领域的关注。例如，石墨烯天线已证明其独特的可调谐等离子体共振行为和电位可用于许多太赫兹应用。通过利用等离子体超表面的 SPP 激发，智能多功能表面不仅可以执行光束控制，还可以执行生物感测。随着我们对 SPP 性质以及 SPP 支持材料的行为有了更深入的了解，将会涌现更多有趣的应用。

参考文献

[1] U. R. Pfeiffer, R. Jain, J. Grzyb, S. Malz, P. Hillger, and P. Rodríguez-Vízquez, "Current status of terahertz integrated circuits-from components to systems," in *Proc. 2018 IEEE BiCMOS and Compound Semiconductor Integrated Circuits and Technology Symposium (BCICTS)*. IEEE, 2018, pp. 1–7.

[2] K. Statnikov, J. Grzyb, B. Heinemann, and U. R. Pfeiffer, "160-GHz to 1-THz multi-color active imaging with a lens-coupled SiGe HBT chip-set," *IEEE Transactions on Microwave Theory and Techniques*, vol. 63, no. 2, pp. 520–532, 2015.

[3] P. Hillger, R. Jain, J. Grzyb, W. Förster, B. Heinemann, G. MacGrogan, P. Mounaix, T. Zimmer, and U. R. Pfeiffer, "A 128-pixel system-on-a-chip for real-time super-resolution terahertz near-field imaging," *IEEE Journal of Solid-State Circuits*, vol. 53, no. 12, pp. 3599–3612, 2018.

[4] M. U. Khan, Y. Xing, Y. Ye, and W. Bogaerts, "Photonic integrated circuit design in a foundry+ fabless ecosystem," *IEEE Journal of Selected Topics in Quantum Electronics*, Article no. 8201014, 2019.

[5] R. Helkey, A. A. Saleh, J. Buckwalter, and J. E. Bowers, "High-performance photonic integrated circuits on silicon," *IEEE Journal of Selected Topics in Quantum Electronics*, Article no. 8300215, 2019.

[6] T. Komljenovic, D. Huang, P. Pintus, M. A. Tran, M. L. Davenport, and J. E. Bowers, "Photonic integrated circuits using heterogeneous integration on silicon," *Proceedings of the IEEE*, vol. 106, no. 12, pp. 2246–2257, 2018.

[7] C. Zhang, S. Zhang, J. D. Peters, and J. E. Bowers, "8×8×40 Gbps fully integrated silicon photonic network on chip," *Optica*, vol. 3, no. 7, pp. 785–786, 2016.

[8] T. Shintaku and T. Uno, "Optical waveguide isolator based on nonreciprocal radiation," *Journal of Applied Physics*, vol. 76, no. 12, pp. 8155–8159, 1994.

[9] D. Correas-Serrano and J. S. Gomez-Diaz, "Graphene-based antennas for terahertz systems: A review," *arXiv preprint arXiv:1704.00371*, 2017.

[10] J. Gómez-Díaz, M. Esquius-Morote, and J. Perruisseau-Carrier, "Plane wave excitation detection of non-resonant plasmons along finite-width graphene strips," *Optics Express*, vol. 21, no. 21, pp. 24 856–24 872, 2013.

[11] M. Esquius-Morote, J. S. Gómez-Dı, J. Perruisseau-Carrier *et al.*, "Sinusoidally modulated graphene leaky-wave antenna for electronic beamscanning at THz," *IEEE Transactions on Terahertz Science and Technology*, vol. 4, no. 1, pp. 116–122, 2014.

[12] E. Carrasco, M. Tamagnone, and J. Perruisseau-Carrier, "Tunable graphene reflective cells for THz reflectarrays and generalized law of reflection," *Applied Physics Letters*, vol. 102, no. 10, p. 104103, 2013.

[13] J.-S. Gómez-Díaz and J. Perruisseau-Carrier, "Graphene-based plasmonic switches at near infrared frequencies," *Optics Express*, vol. 21, no. 13, pp. 15 490–15 504, 2013.

[14] S. Bildik, S. Dieter, C. Fritzsch, W. Menzel, and R. Jakoby, "Reconfigurable folded reflectarray antenna based upon liquid crystal technology," *IEEE Transactions on Antennas and Propagation*, vol. 63, no. 1, pp. 122–132, 2014.

[15] S. Foo, "Liquid-crystal reconfigurable metasurface reflectors," in *Proc. 2017 IEEE International Symposium on Antennas and Propagation & USNC/URSI National Radio Science Meeting*. IEEE, 2017, pp. 2069–2070.

[16] T. Ting, "Technology of liquid crystal based antenna," *Optics Express*, pp. 17 138–17 153, 2019.

[17] T. Singh and R. R. Mansour, "Characterization, optimization, and fabrication of phase change material germanium telluride based miniaturized DC–67 GHz RF switches," *IEEE Transactions on Microwave Theory and Techniques*, vol. 67, no. 8, pp. 3237–3250, 2019.

[18] N. El-Hinnawy, P. Borodulin, B. P. Wagner, M. R. King, E. B. Jones, R. S. Howell, M. J. Lee, and R. M. Young, "Low-loss latching microwave switch using thermally pulsed non-volatile chalcogenide phase change materials," *Applied Physics Letters*, vol. 105, no. 1, p. 013501, 2014.

[19] T. Singh and R. R. Mansour, "Miniaturized reconfigurable 28 GHz PCM based 4-bit latching variable attenuator for 5G mmWave applications," in *Proc. IEEE MTT-S International Microwave Symposium (IMS)*. IEEE, 2020, pp. 53–56.

[20] T. Singh and R. R. Mansour, "Loss compensated PCM GeTe-based latching wideband 3-bit switched true-time-delay phase shifters for mmWave phased arrays," *IEEE Transactions on Microwave Theory and Techniques*, vol. 68, no. 9, pp. 3745–3755, 2020.

[21] T. Asano and S. Noda, "Photonic crystal devices in silicon photonics," *Proceedings of the IEEE*, vol. 106, no. 12, pp. 2183–2195, 2018.

[22] T. Baba, "Photonic crystal devices for sensing," in *Proc. 2019 Conference on Lasers and Electro-Optics (CLEO)*, 2019, pp. 1–2.

[23] W. Withayachumnankul, M. Fujita, and T. Nagatsuma, "Integrated silicon photonic crystals toward terahertz communications," *Advanced Optical Materials*, vol. 6, no. 16, p. 1800401, 2018.

[24] H. Wang, S. K. Gupta, B. Xie, and M. Lu, "Topological photonic crystals: a review," *Frontiers of Optoelectronics*, pp. 1–23, 2020.

[25] X. Zhou, Y. Wang, D. Leykam, and Y. D. Chong, "Optical isolation with nonlinear topological photonics," *New Journal of Physics*, vol. 19, no. 9, p. 095002, 2017.

[26] S. Yao and Z. Wang, "Edge states and topological invariants of non-hermitian systems," *Physical Review Letters*, vol. 121, no. 8, p. 086803, 2018.

[27] H. Hu, B. Huang, E. Zhao, and W. V. Liu, "Dynamical singularities of floquet higher-order topological insulators," *Physical Review Letters*, vol. 124, no. 5, p. 057001, 2020.

[28] E. O. Polat, G. Mercier, I. Nikitskiy, E. Puma, T. Galan, S. Gupta, M. Montagut, J. J. Piqueras, M. Bouwens, T. Durduran *et al.*, "Flexible graphene photodetectors for wearable fitness monitoring," *Science Advances*, vol. 5, no. 9, p. eaaw7846, 2019.

[29] D. Suzuki, S. Oda, and Y. Kawano, "A flexible and wearable terahertz scanner," *Nature Photonics*, vol. 10, no. 12, pp. 809–813, 2016.

[30] M. Zhang and J. T. Yeow, "A flexible, scalable, and self-powered mid-infrared detector based on transparent PEDOT: PSS/graphene composite," *Carbon*, vol. 156, pp. 339–345, 2020.

[31] S. Ahn, D. Rourke, and W. Park, "Plasmonic nanostructures for organic photovoltaic devices," *Journal of Optics*, vol. 18, no. 3, p. 033001, 2016.

[32] C. C. Wang, W. C. Choy, C. Duan, D. D. Fung, E. Wei, F.-X. Xie, F. Huang, and Y. Cao, "Optical and electrical effects of gold nanoparticles in the active layer of polymer solar cells," *Journal of Materials Chemistry*, vol. 22, no. 3, pp. 1206–1211, 2012.

[33] X. Li, W. E. Sha, W. C. Choy, D. D. Fung, and F. Xie, "Efficient inverted polymer solar cells with directly patterned active layer and silver back grating," *Journal of Physical Chemistry C*, vol. 116, no. 12, pp. 7200–7206, 2012.

[34] O. Madelung, *Introduction to solid-state theory*, Vol. 2. Springer Science & Business Media, 2012.

[35] K. Yao and Y. Liu, "Plasmonic metamaterials," *Nanotechnology Reviews*, vol. 3, no. 2, pp. 177–210, 2014.

[36] S. Zhang, W. Fan, N. Panoiu, K. Malloy, R. Osgood, and S. Brueck, "Experimental demonstration of near-infrared negative-index metamaterials," *Physical Review Letters*, vol. 95, no. 13, p. 137404, 2005.

[37] S. P. Burgos, R. De Waele, A. Polman, and H. A. Atwater, "A single-layer wide-angle negative-index metamaterial at visible frequencies," *Nature Materials*, vol. 9, no. 5, pp. 407–412, 2010.

[38] S. Sun, Q. He, S. Xiao, Q. Xu, X. Li, and L. Zhou, "Gradient-index meta-surfaces as a bridge linking propagating waves and surface waves," *Nature Materials*, vol. 11, no. 5, pp. 426–431, 2012.

第15章

新　天　线

相较于传统天线通过同轴电缆或微带线连接到 RF 系统的设计，太赫兹天线则因其巨大的传输线损耗而采用截然不同的设计。在较低的太赫兹频段（100 GHz～500 GHz），太赫兹硅基集成电路平台已通过集成片上天线和封装天线[1-2]进行了演示。超过 500 GHz，可以利用 III-V 或硅技术应用传统天线到 1 THz。

此外，由于太赫兹系统可以在光子平台中实现，因此可以利用光电导天线（Photo-Conductive Antenna，PCA）或电光晶体驱动光电流来产生太赫兹波。在特定频率的激光束照射下，可以在某些半导体衬底（如 InP 和 GaAs）中产生光电导电流。然后，光电流可以通过偏置天线电极在空间中以太赫兹波的形式辐射。

纳米光电探测器的工作原理相似，不同之处在于它们使用用于成像或感知的读出电路来测量产生的光电流。由于纳米光电探测器体积小、功耗低，在移动和可穿戴应用中具有巨大的潜力。

凭借精心设计的散射体形状和间距，反射阵列和发射阵列等智能表面，可以作为平面"反射器"或"透镜"。这些表面通常嵌入了可重构组件，可以在不同入射照明条件下进行灵活控制。超表面发挥智能作用的方式，是在一定的照明水平下进行自定义响应。通过使用数字控制器可以进一步编程这些响应，保证智能表面提供精密、高效和低成本的太赫兹通信系统。

自 2010 年引入以来，5G 大规模 MIMO 通信系统取得了长足进步[3]。随着 6G 时代的到来，为进一步提升大规模 MIMO 系统的性能，需要提出新的研究视角。在此背景下，轨道角动量（Orbital Angular Momentum，OAM）被提出用来提供额外的 DoF，实现最终的性能提升。此外，几种联合 OAM 和大规模 MIMO 无线通信框架也被认为可以获得倍增的频谱增益[4-5]。

15.1　光电导透镜天线

如前所述，PCA 可以将光子能量转换为太赫兹辐射。然而，光电转换效率通常较低，这反过来又导致低辐射功率（μW）。因此，我们可以利用介质透镜来辅助准直辐射波束，最终增加天线增益。

在典型的光电导透镜天线中，透镜由带有印刷平面天线电极的薄的高介电常数衬底馈电。常见的天线形状包括偶极子型、领结型、螺旋型和对数周期型。通过在天线上施加外部偏置电压来加速瞬态光电流，并最终将太赫兹波辐射到太空中。我们需要设计最佳的透镜尺寸和形状以减少匹配失败并最大限度地提高天线性能。

为了提高光电转换效率，我们探索了一些先进的技术。例如，在光电导间隙中沉积纳米结构[6]，以增加波散射或激发等离子体波[7]，从而提高光电耦合效率。量子点也被用作增加光吸收的涂层[8]。

为了加快成像速度，我们提出了焦平面阵列。场景一利用了连接天线阵列，这种阵列印刷在馈电衬底上来给大孔径透镜馈电。可以配置连接天线阵列以实现波束控制或整形功能，这种配置用于一般成像和通信系统。场景二是在天线元件顶部使用一个密集透镜，以形成一个紧密排列的阵列。这种结构更适合应用于太空或天文学领域，需要多像素成像功能。这两种场景[9]如图 15-1 所示。

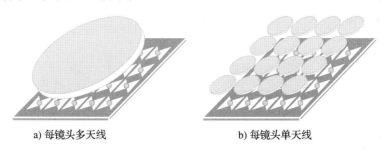

a) 每镜头多天线   b) 每镜头单天线

图 15-1　光电导透镜天线

15.2　反射阵列和发射阵列

反射阵列和发射阵列适用于诸多领域，包括通信距离扩展、无线功率传输、空间调制和高增益天线。这两个阵列的优点都是体积小、效率高，并且可重构。这意味着它们可以很容易地集成到各种各样的系统中，因此最有望应用在新一代通信中。

反射阵列使用印刷在表面上的各种电磁散射体。当被馈线天线照射时，反射阵列的表现与传统的反射器天线相似。具体而言，如图 15-2 所示，散射体可以采用微带贴片的形式（或其他类型的共振结构）。每个散射体都经过精心设计，以产生相移，模拟曲面反射面，从而反射预定的光束。

散射体可以在不改变入射场极化的情况下实现共极化，也可以是双极化或交叉极化，以独立控制或改变入射极化。同时，还可以增加可重构性，以便在不同时间反射不同方向的光束。通过应用可独立控制的先进的可调谐材料，如液晶和石墨烯，可以产生可重构的相位剖面。

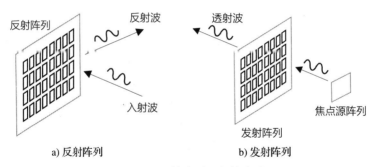

图 15-2　反射阵列和发射阵列

类似地，发射阵列由平面衬底组成，该衬底有许多预定相位分布的印刷谐振器。当焦点源阵列照射发射阵列时，入射波穿过发射阵列平面，然后转换为所需的波束形态。在大多数情况下，发射阵列就像一个平面介质透镜。值得注意的是，可以在源平面和阵列平面上实现波束控制功能。例如，可以配置焦点源以实现所需的源功能。然后，在发射阵列平面上，可以控制谐振器以提供所需的辐射特性。

15.3　超表面

超表面为许多新兴应用提供了有吸引力的辐射解决方案。由于控制灵活，超表面通过数字平台实现"可编程"[10]。此外，其尺寸紧凑，可在各种平台中实现低成本集成。当印刷在柔性衬底上时，超表面可以设计为可穿戴设备，可能用于通信、成像和更先进的应用。例如，文献 [11] 演示了一种可编程的智能超表面玻璃，它允许入射无线电波的全穿透、部分反射和全反射。这种玻璃有助于提高无线通信系统中的信道性能。

从微观上看，超表面上每个单元元素的频率响应都会进行振幅和相位值方面的不断变化。为了实现独立控制，可以在每个单元上应用可调元素。从宏观上看，多个单元可以设计成一个电磁互联网络，该网络建设性地朝着特定功能（如波吸收、表面波消除、天线去耦和波束赋形等）运行。

对于超表面天线，精心设计单元响应，使振幅和相位与可用空间中所需波束形态的振幅和相位相匹配。每个单元都是一个特定形态的小辐射器（radiator），这使得来自所有元素的组合光束可以按需成形。发射天线和接收天线可以集成在同一衬底上，通过单独的波导结构，将辐射器连接到输入或输出信号端口。

超表面全息术可能是超表面最有趣的应用之一。在全息术中，从目标对象散射出来的振幅和相位信息被记录并编码在光绘底片上。然后，通过成像重建算法来生成一个虚拟的三维计算全息图，这与真实的目标对象看上去十分相似。利用单元响应，可以对全息图进行"像素"级记录，因此超表面可以用来记录这种类型的全息图信息。换句话说，每个元素都可以记录特定的振幅和相位响应。之后被具有特定配置的波照射时，这些响应可以叠加在一起，生成原始对象的三维全息图。具体工作原理如图 15-3 所示。

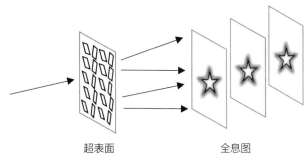

图 15-3　超表面创建的全息图

　　隐形也是一个有趣的应用。放置一个薄的超表面层，使其与要隐形的对象保持一定距离。这个超表面层反过来又可以产生"反相位"相消干扰，从而消除散射。最终结果是特定频率下对象"不可见"。通过添加有源超表面元素可以拓宽操作带宽。

15.4　纳米光电探测器

　　如前所述，由于硅性能的限制，实现 1 THz 以上的成像平台仍然具有挑战性。目前的"超 1 THz"成像系统大多基于大型光学系统，这些系统过于笨重而无法集成。因此，需要一个便携式的、操作方便的测量系统。随着纳米技术的进步，这一目标可以使用纳米光电探测器来实现。

　　纳米技术的最新发展为太赫兹成像开辟了新的可能性。由此看来，纳米光电探测器体积小、可扩展、成本效益高并且能效高。因此，它们可以轻松集成到各种成像系统中，并达到令人满意的性能水平。

　　碳纳米管（Carbon NanoTube，CNT）感知阵列是一个潜在的候选技术。更准确地说，通过使用光热电效应，CNT 可以将太赫兹辐照转换为读出电路处可测量的光电流。文献 [12-13] 描述了用于太赫兹成像的 CNT 扫描仪阵列，其空间分辨率在 1.4 THz 时可以达到数百微米。此外，可以在柔性衬底上制造这种 CNT 阵列，可应用于可穿戴设备。

　　石墨烯光电探测器的工作方式与 CNT 传感器相似。它可以将太赫兹辐照转换为可测量的光电流。基于此，文献 [14] 指出，柔性、可穿戴的石墨烯光电探测器阵列腕带可以用于健康监测。此外，石墨烯的透明性使其可用于屏幕天线、智能眼镜以及可穿戴设备等。

15.5　片上天线和封装天线

　　随着 CMOS、SiGe-BiCMOS 等半导体技术的进步，我们有可能实现太赫兹集成电路。文献 [15-17] 表明，通过 SiGe HBT 技术，完全有可能制造高达 700 GHz 的集成电路。预计 SiGe HBT 的性能极限可能很快达到甚至超过 1 THz。太赫兹硅基集成电路具有成本低、尺寸小、成品率高和易于集成等优点。

实现太赫兹天线的一种便捷方法是直接将其与硅衬底上的前端电路集成。然而，由于衬底中产生的表面波，片上天线设计具有挑战性。表面波会干扰天线辐射，导致性能不佳。为了提高性能，文献 [18-19] 提出了一种背面辐射透镜天线，并演示了在太赫兹成像和感知中的应用。

太赫兹近场成像（Near-Field Imaging，NFI）是一个新兴的应用。NFI 的成像空间分辨率不受衍射极限的限制，可用于微观或纳米级成像。该应用要求天线具有很强的近场耦合性能。例如，分环谐振器（Split-Ring-Resonator，SRR）等共振结构，在文献 [20] 中已被证明能够进行生物特征的人类指纹成像。

封装天线设施为我们提供了另一种实现集成的方法。然而，在太赫兹频率下，天线和单片微波集成电路（Monolithic Microwave Integrated Circuit，MMIC）之间的互联损耗很高。幸运的是，目前有效的封装技术正在开发，以解决这一问题，可以将损耗降至最低。多层低温共烧陶瓷（Low-Temperature Co-fired Ceramic，LTCC）封装 [21] 提供了一种 300 GHz 衬底集成波导喇叭天线，并在 KIOSK 下载系统中对其进行了演示。

15.6 轨道角动量

传统的增加无线链路的容量手段是复用空间、频率、时间、码和极化。从天线的角度来看，开发不同极化的 MIMO 天线也提高了数据性能。最近，一种新的复用维度（即 OAM）引起了广泛关注。在 OAM 中，天线可以产生正交模，每个模都与不同的轨道动量相关联。例如，信号可以具有 $e^{-j\phi}$、$e^{-j2\phi}$ 等相位因子。每个模可以携带不同的信息，因此，多种 OAM 模态可以共存，并通过单个通信链路同时传输数据。在接收端正确提取所需的 OAM 模态，可以优化频谱效率。

针对 OAM 通信系统已经展开了大量研究。例如，文献 [22] 建议使用带有多个移相器和组合器的圆形阵列，通过控制相位模式来生成 OAM 波。文献 [23] 演示了一个 OAM-MIMO 复用系统，该系统利用多个均匀圆形天线生成五种 OAM 模态。文献 [24-25] 已经证明，通过 OAM 通信系统也可以实现高数据速率。

OAM 技术在蜂窝回传、数据中心内互联等 LOS 无线通信应用中具有巨大的潜力。此外，OAM 和大规模 MIMO 通信的结合将极大地提高数据速率，并实现更高的频谱效率。例如，文献 [5] 介绍了一个 OAM-MIMO 复用通信系统，该系统在 10 m 的距离内可以实现 100 Gbps 的数据速率。这种复用方法在 28 GHz 频率下使用了 11 种 OAM 模态。

OAM 是一种有前景的传输技术，其在 6G 的应用正在研究中。由于 OAM 阵列的发射天线特性，20 GHz 以上是 6G 有可能使用的 OAM 系统的频段，因此，毫米波频段是很好的候选频段。在紧凑型天线架构和毫米波 OAM 阵列的设计方面，已经做出了一些努力 [26-27]。OAM 应用的主要问题是如何用于移动场景。对此，我们需要技术上的突破，能够使用简单的用户侧天线来解调 OAM 信号。而在移动应用场景中，这一技术尤为关键 [28]。

参考文献

[1] P. Hillger, J. Grzyb, R. Jain, and U. R. Pfeiffer, "Terahertz imaging and sensing applications with silicon-based technologies," *IEEE Transactions on Terahertz Science and Technology*, vol. 9, no. 1, pp. 1–19, 2018.

[2] Y. Zhang and J. Mao, "An overview of the development of antenna-in-package technology for highly integrated wireless devices," *Proceedings of the IEEE*, vol. 107, no. 11, pp. 2265–2280, 2019.

[3] T. L. Marzetta, "Noncooperative cellular wireless with unlimited numbers of base station antennas," *IEEE Transactions on Wireless Communications*, vol. 9, no. 11, pp. 3590–3600, 2010.

[4] W. Cheng, H. Zhang, L. Liang, H. Jing, and Z. Li, "Orbital-angular-momentum embedded massive MIMO: Achieving multiplicative spectrum-efficiency for mmWave communications," *IEEE Access*, vol. 6, pp. 2732–2745, 2017.

[5] D. Lee, H. Sasaki, H. Fukumoto, Y. Yagi, and T. Shimizu, "An evaluation of orbital angular momentum multiplexing technology," *Applied Sciences*, vol. 9, no. 9, p. 1729, 2019.

[6] S.-G. Park, Y. Choi, Y.-J. Oh, and K.-H. Jeong, "Terahertz photoconductive antenna with metal nanoislands," *Optics Express*, vol. 20, no. 23, pp. 25 530–25 535, 2012.

[7] H. Tanoto, J. Teng, Q. Wu, M. Sun, Z. Chen, S. Maier, B. Wang, C. Chum, G. Si, A. Danner *et al.*, "Nano-antenna in a photoconductive photomixer for highly efficient continuous wave terahertz emission," *Scientific Reports*, vol. 3, p. 2824, 2013.

[8] E. O. Polat, G. Mercier, I. Nikitskiy, E. Puma, T. Galan, S. Gupta, M. Montagut, J. J. Piqueras, M. Bouwens, T. Durduran *et al.*, "Flexible graphene photodetectors for wearable fitness monitoring," *Science Advances*, vol. 5, no. 9, p. eaaw7846, 2019.

[9] O. Yurduseven, "Wideband integrated lens antennas for terahertz deep space investigation," Ph.D. dissertation, Delft University of Technology, 2016.

[10] T. J. Cui, M. Q. Qi, X. Wan, J. Zhao, and Q. Cheng, "Coding metamaterials, digital metamaterials and programmable metamaterials," *Light: Science & Applications*, vol. 3, no. 10, p. e218, 2014.

[11] NTT DoCoMo, "DOCOMO conducts worlds first successful trial of transparent dynamic metasurface," Tokyo, 2020.

[12] D. Suzuki, S. Oda, and Y. Kawano, "A flexible and wearable terahertz scanner," *Nature Photonics*, vol. 10, no. 12, pp. 809–813, 2016.

[13] D. Suzuki, Y. Ochiai, and Y. Kawano, "Thermal device design for a carbon nanotube terahertz camera," *ACS Omega*, vol. 3, no. 3, pp. 3540–3547, 2018.

[14] M. Zhang and J. T. Yeow, "A flexible, scalable, and self-powered mid-infrared detector based on transparent PEDOT: PSS/graphene composite," *Carbon*, vol. 156, pp. 339–345, 2020.

[15] J. Grzyb, B. Heinemann, and U. R. Pfeiffer, "Solid-state terahertz superresolution imaging device in 130-nm SiGe BiCMOS technology," *IEEE Transactions on Microwave Theory and Techniques*, vol. 65, no. 11, pp. 4357–4372, 2017.

[16] J. Grzyb, B. Heinemann, and U. R. Pfeiffer, "A 0.55 THz near-field sensor with a μm-range lateral resolution fully integrated in 130 nm SiGe BiCMOS," *IEEE Journal of Solid-State Circuits*, vol. 51, no. 12, pp. 3063–3077, 2016.

[17] P. Hillger, R. Jain, J. Grzyb, W. Förster, B. Heinemann, G. MacGrogan, P. Mounaix, T. Zimmer, and U. R. Pfeiffer, "A 128-pixel system-on-a-chip for real-time super-resolution terahertz near-field imaging," *IEEE Journal of Solid-State Circuits*, vol. 53, no. 12, pp. 3599–3612, 2018.

[18] J. Grzyb and U. Pfeiffer, "Thz direct detector and heterodyne receiver arrays in silicon nanoscale technologies," *Journal of Infrared, Millimeter, and Terahertz Waves*, vol. 36, no. 10, pp. 998–1032, 2015.

[19] D. F. Filipovic, S. S. Gearhart, and G. M. Rebeiz, "Double-slot antennas on extended hemispherical and elliptical silicon dielectric lenses," *IEEE Transactions on Microwave Theory and Techniques*, vol. 41, no. 10, pp. 1738–1749, 1993.

[20] P. Hillger, R. Jain, J. Grzyb, W. Förster, B. Heinemann, G. MacGrogan, P. Mounaix, T. Zimmer, and U. R. Pfeiffer, "A 128-pixel system-on-a-chip for real-time super-resolution terahertz near-field imaging," *IEEE Journal of Solid-State Circuits*, vol. 53, no. 12, pp. 3599–3612, 2018.

[21] T. Tajima, T. Kosugi, H.-J. Song, H. Hamada, A. El Moutaouakil, H. Sugiyama, H. Matsuzaki, M. Yaita, and O. Kagami, "Terahertz MMICs and antenna-in-package technology at 300 GHz for KIOSK download system," *Journal of Infrared, Millimeter, and Terahertz Waves*, vol. 37, no. 12, pp. 1213–1224, 2016.

[22] M. Klemes, H. Boutayeb, and F. Hyjazie, "Orbital angular momentum (OAM) modes for 2-D beam-steering of circular arrays," in *Proc. 2016 IEEE Canadian Conference on Electrical and Computer Engineering (CCECE)*. IEEE, 2016, pp. 1–5.

[23] H. Sasaki, D. Lee, H. Fukumoto, Y. Yagi, T. Kaho, H. Shiba, and T. Shimizu, "Experiment on over-100-Gbps wireless transmission with OAM-MIMO multiplexing system in 28-GHz band," in *Proc. 2018 IEEE Global Communications Conference (GLOBECOM)*. IEEE, 2018, pp. 1–6.

[24] Y. Ren, L. Li, G. Xie, Y. Yan, Y. Cao, H. Huang, N. Ahmed, Z. Zhao, P. Liao, C. Zhang *et al.*, "Line-of-sight millimeter-wave communications using orbital angular momentum multiplexing combined with conventional spatial multiplexing," *IEEE Transactions on Wireless Communications*, vol. 16, no. 5, pp. 3151–3161, 2017.

[25] A. M. Yao and M. J. Padgett, "Orbital angular momentum: Origins, behavior and applications," *Advances in Optics and Photonics*, vol. 3, no. 2, pp. 161–204, 2011.

[26] M. Klemes, H. Boutayeb, and F. Hyjazie, "Minimal-hardware 2-D steering of arbitrarily large circular arrays (combining axial patterns of phase-modes)," in *Proc. 2016 IEEE International Symposium on Phased Array Systems and Technology (PAST)*. IEEE, 2016, pp. 1–8.

[27] Z. Zhao, G. Xie, L. Li, H. Song, C. Liu, K. Pang, R. Zhang, C. Bao, Z. Wang, S. Sajuyigbe *et al.*, "Performance of using antenna arrays to generate and receive mm-wave orbital-angular-momentum beams," in *Proc. IEEE Global Communications Conference (GLOBECOM)*. IEEE, 2017, pp. 1–6.

[28] M. Klemes, "Reception of OAM radio waves using pseudo-doppler interpolation techniques: A frequency-domain approach," *Applied Sciences*, vol. 9, no. 6, p. 1082, 2019.

第 16 章

太赫兹技术

半导体技术的最新发展消除了由于缺乏使能太赫兹技术的硬件造成的"太赫兹带隙"，并推动了各种太赫兹应用的发展。在频谱上，太赫兹位于毫米波和红外频率之间。太赫兹信号可以穿透不同深度的介质材料，可用于实现新的成像方法。根据衍射极限理论，太赫兹频谱的空间成像分辨率将远远高于毫米波频谱。太赫兹辐射频率低于紫外线范围，属于非电离辐射，在生物医学应用方面有巨大潜力。此外，多种材料在 0.5 THz～3 THz 太赫兹频段展现的独特响应可以作为材料检测和表征的光谱"指纹"。

随着对高速率和低时延的需求不断增加，高频率和大带宽在通信系统发展中变得越来越重要。多种太赫兹通信系统架构已被充分探讨，并通过以下方式搭建了测试台：（1）电子方法，通过频率相乘达到太赫兹；（2）光子方法，通过光频率相除达到太赫兹。值得注意的是，这些系统大多面向短距离室内通信，部分原因是太赫兹频谱传输的大气衰减较高。不过，通过选择大气损耗较低的"太赫兹窗口"（如第 12 章提到的 140 GHz、220 GHz 和 300 GHz）可以在一定程度上避免这种情况。

本节总结了最先进的太赫兹技术。首先讨论太赫兹器件，并比较其在不同技术中的性能。然后对太赫兹通信和成像系统的性能进行分析，并探讨太赫兹面临的挑战和相关研究的当前进展。

16.1 太赫兹器件

如前所述，太赫兹系统可以使用电子或光子方法实现。光子方法主要针对较高频率的太赫兹频段，而电子方法则面向频率较低的太赫兹频段。太赫兹电路最大工作频率取决于使用特定固态工艺技术的晶体管的最大频率 f_{max}。

在传统的 CMOS 和 BiCMOS 技术中，晶体管的 f_{max} 在 200 GHz 到 350 GH 之间 [1]。采用 SiGe-BiCMOS 技术，晶体管的 f_{max} 可达到 0.5 THz 甚至 0.75 THz [2]。III-V 型半导体，如基于 InP 的高电子迁移率晶体管（High Electron Mobility Transistor，HEMT）或异质结双极晶体管（Heterojunction Bipolar Transistor，HBT），可以将 f_{max} 提高到 1 THz 以上 [3]。

基于 InP 和 SiGe 的技术已制定了技术路标[1]。在不久的将来，使用 SiGe CMOS 和 III-V 技术的太赫兹电子技术有望超过 1 THz 并达到 2 THz。

16.1.1　电子方法

由于晶体管频率 f_{max} 的基本限制，电子方法主要针对低太赫兹频率的系统。要使用更高的太赫兹频率，就需要对系统进行仔细的设计，以减轻器件非线性和谐波效应。

文献 [4] 中比较了采用 CMOS 和 SiGe 技术的最先进的太赫兹源。本节对 InP HEMT/HBT 太赫兹源进行了不完全调研。表 16-1 总结了 300 GHz 以上的 InP 太赫兹源的性能，图 16-1 和图 16-2 对比了采用不同技术的太赫兹源。如图所示，大多数太赫兹源的工作频率为 0.2 THz～0.5 THz，输出功率为 −10 dBm～+10 dBm。在相同的输出功率下，InP 太赫兹源的直流 − 射频转换效率较高（即输出功率与消耗直流功率之比）。对于超过 0.5 THz 的频率范围，基于三种技术的太赫兹源都进行了介绍。CMOS 和 SiGe 太赫兹源由于工作频率超过 f_{max}，并且性能受到谐波效应的影响，其输出功率较低。而 InP 太赫兹源[5-6]可以输出较高功率，这对于太赫兹波束控制和成形应用至关重要。

表 16-1　最先进的 InP 太赫兹源对比

技术	频率（GHz）	工艺	输出功率	直流功率	参考文献
InP HBT	300	250 nm	+5.3 dBm	87.4 mW	[6]
InP DHBT	300	250 nm	+4.8 dBm	88 mW	[7]
InP DHBT	300	250 nm	−5 dBm	46.2 mW	[8]
InP DHBT	300	250 nm	+1.5 dBm	148 mW	[9]
InP DHBT	300	130 nm	+4.7 dBm	75.6 mW	[10]
InP DHBT	303	800 nm	−6.2 dBm	37.6 mW	[11]
InP DHBT	306	800 nm	−1.6 dBm	36 mW	[12]
InP DHBT	325	800 nm	−7 dBm	40 mW	[13]
InP DHBT	330	250 nm	−6.5 dBm	13.5 mW	[14]
InP HBT	413	250 nm	−5.6 dBm	<115 mW	[15]
InP DHBT	480	300 nm	−11 dBm	15 mW	[5]
InP HBT	487	250 nm	−8.9 dBm	<115 mW	[15]
InP HBT	573	250 nm	−19.2 dBm	<115 mW	[15]
InP HBT	591	250 nm	−17.4 dBm	49.3 mW	[6]
InP HBT	645	250 nm	−17.4 dBm	49.3 mW	[16]
InP HEMT	670	25 nm	+2.55 dBm	1.7 W	[17]

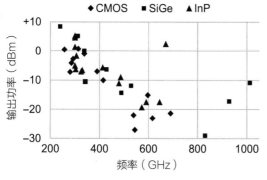

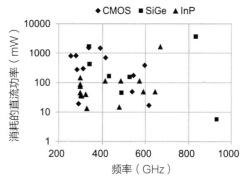

图 16-1　最先进的 CMOS、SiGe 和 InP 太赫兹源的输出功率对比。CMOS 和 SiGe 的数据来自文献 [4]，而 InP 的数据来自表 16-1

图 16-2　最先进的 CMOS、SiGe 和 InP 太赫兹源的直流功率对比。CMOS 和 SiGe 的数据来自文献 [4]，而 InP 的数据来自表 16-1

　　先前的研究比较了各种使用 CMOS、SiGe、GaAs 和 InP 技术的太赫兹功放（Power Amplifier，PA）[18-20]。文献 [20] 全面对比了各种 PA 技术，但频率大多在 100 GHz 以下。文献 [18] 比较了使用 CMOS 和 SiGe 技术在 110 GHz～180 GHz 下最先进的 PA 性能，结果表明在功率附加效率（Power-Added Efficiency，PAE）通常低于 10% 的情况下，可以产生高达 20 dBm 的输出功率。文献 [19] 中比较了 200 GHz 左右的基于 InP 的 PA，结果表明在 PAE 低于 10% 的情况下，可以产生 20 dBm～30 dBm 的输出功率。本节对 300 GHz 以上的 PA 进行了不完全调研。表 16-2 和图 16-3 比较了采用不同技术的 PA 性能。基于 GaAs 和 InP 的 PA 频率都在 300 GHz 左右，但后者显示出更高的输出功率水平。进一步的研究 [21-22] 将基于 InP 的 PA 的工作频率扩展到 850 GHz。

表 16-2　采用不同技术的最先进太赫兹 PA 对比

技术	工艺（nm）	频率（GHz）	增益（dB）	饱和功率（dBm）	直流功率（mW）	功率附加效率	参考文献
CMOS SOI	32	210	15	4.6	40	6.00%	[23]
SiGe BiCMOS	130	230	12.5	12	740	1.00%	[24]
SiGe BiCMOS	130	215	25	9.6	—	0.50%	[25]
GaN	50	190	12	14.1	—	1.20%	[26]
InGaAs mHEMT	35	320	13.5	8.6	—	—	[27]
InGaAs mHEMT	35	320	12	7	—	—	[27]
InGaAs mHEMT	35	310	7	8.5	521	—	[28]
InGaAs mHEMT	35	294	15	4.8	—	—	[29]
InP HEMT	50	340	15	10	—	—	[30]
InP HBT	250	300	12	9.2	848	1.10%	[31]
InP HBT	250	300	13.4	13.5	—	—	[32]
InP HBT	130	325	10	9.4	243	2.20%	[33]
InP HBT	130	325	9.4	11.4	243	1.09%	[33]

（续）

技术	工艺 （nm）	频率 （GHz）	增益 （dB）	饱和功率 （dBm）	直流功率 （mW）	功率 附加效率	参考 文献
InP DHBT	250	325	11	1.13	—	0.60%	[34]
InP HEMT	80	300	20	12	—	—	[35]
InP HEMT	80	300	14	9.5	—	—	[36]
InP DHBT	130	670	24	−4	—	—	[37]
InP DHBT	130	655	20	−0.7	—	—	[37]
InP HBT	130	585	20	2.8	455	—	[22]
InP HEMT	25	850	17	−0.3	60	—	[21]

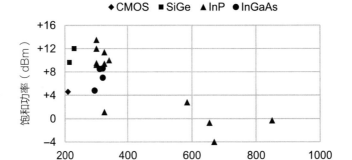

图 16-3 采用不同技术的最先进太赫兹 PA 对比。CMOS 和 SiGe 的数据来自文献 [4]，而 InP 的数据来自表 16-2

太赫兹接收机可分为零差 / 外差接收机和直接检波式接收机。文献 [4] 比较了各种基于 CMOS 和 SiGe 技术的太赫兹接收机，范围从 200 GHz 到接近 1 THz。此处对 InP 和 GaAs 太赫兹接收机进行了不完全调研。表 16-3、图 16-4 和图 16-5 比较了采用不同技术的太赫兹接收机的性能。如图 16-4 所示，InP 和 SiGe 接收机都超过 500 GHz。在 670 GHz 上，使用 InP HEMT 技术可使增益高达 25 dB[38]。一些 InP HEMT 收发机已被用于通信 [39-41]。SiGe 接收机主要用于太赫兹成像和感知应用 [42]。

表 16-3　采用不同技术的最先进太赫兹接收机对比

技术	工艺 （nm）	频率 （GHz）	增益 （dB）	噪声系数 （dB）	功率损耗 （mW）	参考文献
InP HBT	130	577	20	16	—	[43]
InP HEMT	25	850	—	12	1160	[40]
InP HEMT	25	670	25	10.3	1800	[38]
InP HEMT	80	300	—	15	—	[39]
InP DHBT	250	300	26	16.3	482	[41]

（续）

技术	工艺（nm）	频率（GHz）	响应度（kV/W）	等效噪声功率（pW/Hz$^{0.5}$）		参考文献
InP DHBT	250	280	350	0.13		[44]
InP HBT	250	300	40	35		[45]
GaAs HEMT	—	271	42	135		[46]
GaAs HEMT	—	632	1.6	1250		[46]
GaAs HEMT	—	650	70	300		[47]

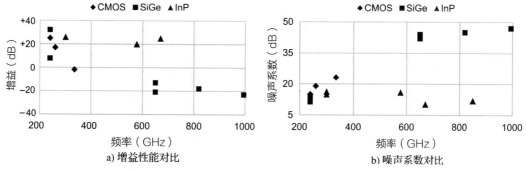

图 16-4 采用不同技术的最先进太赫兹零差/外差接收机对比。CMOS 和 SiGe 的数据来自文献 [4]，而 InP 的数据来自表 16-3

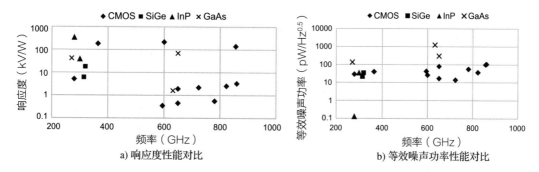

图 16-5 采用不同技术的最先进太赫兹直接接收机对比。CMOS 和 SiGe 的数据来自文献 [4]，而 InP 的数据来自表 16-3

　　大多数直接探测器与天线集成，因此被称为天线耦合直接探测器。背面辐射片上天线和外部超半球面硅透镜天线是两种最常见的集成形式。响应度和等效噪声功率（Noise-Equivalent Power，NEP）用于评估这些探测器的增益和灵敏度性能。与零差/外差接收机相比，直接探测器在工作频段的噪声要高得多。因此，它们主要用于成像和感知应用，这些应用对噪声的要求较低。

16.1.2 混合方法和光子方法

如上一章所述,硅的间接带隙阻碍了有源光源(如激光器)的片上集成。为了解决这一限制,需要一个 III-V/硅异构平台,将激光器、光放大器和调制器等各种光器件完全集成在单个硅片上。这是新一代光子集成电路的一大发展前景。

在硅上集成 III-V 半导体器件有两种方法:在硅衬底上直接生长 III-V 材料和通过晶圆级封装进行异构集成。这两种方法都比较成熟,可用于商用产品交付。

异构 III-V/硅分布式反馈激光器在 2008 年面世[48],此后取得了重大进展[49-50]。通过控制异质结构层(例如 InGaAs 和 GaAs)之间的量子阱中的电子约束,III-V/硅激光器可以带来高于传统激光器的性能,如调制速度更快和效率更高。量子点(Quantum Dot,QD)激光器在有源区使用 QD,可以直接在硅衬底上生长。在有源区使用 QD 可对载荷子进行三维约束,从而实现类原子能态。与量子阱和传统激光器相比,这种特性有助于在高温下提供更好的性能,并提供更低的阈值电流和更长的寿命。

光放大器,顾名思义,可放大半导体增益介质中的光信号。III-V 型材料的直接带隙缩短了载流子寿命,因此可以实现更快的开关。III-V/硅光放大器在 2007 年问世[51],此后取得了重大进展。文献 [52] 回顾了异构 III-V/硅光放大器的各种最新进展。例如,文献 [53] 介绍了增益高达 28 dB 的 III-V/硅光放大器,文献 [52] 介绍了饱和输出功率高达 16.8 dBm 的 III-V/硅光放大器。异构光放大器实现了光子 IC 的新应用,如激光雷达等光束控制设备。

光调制器将电信号转换到光域。传统的硅光调制器利用了硅器件中的等离子体色散效应,其中材料折射率随自由电荷密度的变化而变化。这种变化导致相位变化,随后通过干涉仪或谐振器转换为幅度调制。在异构平台中使用 III-V 材料有助于提高调制器性能,实现折射率大幅变化、高电子迁移率等[49]。进一步利用量子阱可实现量子诱导斯塔克效应(材料吸收系数因电场变化而改变),并可以为光调制器提供快速开关解决方案[54]。

光子平台中的光电探测器在功能上相当于天线。光电探测器需要足够敏感,以在给定数据速率下接收满足误码率(Bit Error Rate,BER)要求的功率。Ge 材料带宽高、响应度高,而且能够轻松集成在基于 CMOS 的平台上,因此成为一种受欢迎的候选材料。基于 III-V 的光电探测器通常可以提供类似或更好的性能。文献 [55] 介绍了一种在带宽超过 67 GHz 时响应度高达 0.7 A/W 的 III-V 光电探测器。

16.2 太赫兹系统

随着各种太赫兹器件在高度集成的平台上被开发出来,出现了许多太赫兹应用。例如,基于 SiGe 的平台已用于太赫兹无线通信、成像和感知应用,主要是在 300 GHz 以下的频率[4]。此外,如前几节所述,III-V 技术(如涉及 InP 的技术)已被证明能够实现高性能太赫兹系统。异构 III-V/硅集成平台很适合用于实现商用和工业太赫兹便携式系统。

16.2.1　太赫兹通信系统

部分太赫兹频段"窗口"（如 140 GHz、220 GHz 和 300 GHz）在许多短距离无线通信应用中显示出巨大的潜力。IEEE 802.15.3d 工作组研究了 252 GHz～325 GHz 频谱，并定义了一系列应用场景，如 KIOSK 下载、片内 / 板内无线通信、数据中心无线通信以及移动前传和回传链路[56]。本节总结了 275 GHz～450 GHz 频段中最先进的太赫兹系统性能。

如前几节所述，太赫兹频谱由于大气衰减强，路径损耗可能较高。表 16-4 对 275 GHz～450 GHz 进行了链路预算估计，天线发射（Tx）和接收（Rx）增益为 30 dB，发射功率为 0 dBm，链路距离为 10 m，噪声系数为 15 dB。由于路径损耗较高（约 100 dB），因此需要一个高度定向的锐方向性射束作为补偿。

表 16-4　在 275 GHz～450 GHz 下的链路预算估计

发射功率 （dBm）	频率 （GHz）	距离 （m）	路径损耗 （dB）	大气吸收 （dB/km）	噪声系数 （dB）	天线发射 / 接收增益 （dB）	接收功率 （dBm）
0	275～296	10	−101.5	10	15	30	−56.6
0	306～313	10	−102.3	16	15	30	−57.4
0	318～333	10	−102.7	20	15	30	−57.9
0	356～450	10	−104.5	10	15	30	−59.6

表 16-5 总结了关于最先进太赫兹无线通信系统及其在 275 GHz～450 GHz 下性能的不完全调研。电子方法和光电方法都证明数据速率高达 100 Gbps，但通信距离大多不到 2 m。文献 [35] 介绍了一个使用 InP-HEMT 技术的系统，该系统在 9.8 m 的距离下实现了高达 120 Gbps 的数据速率。同时还介绍了一个光电系统，该系统由一个光子单行载流子二极管发射机和一个基于 InGaAs HEMT 技术的有源电子接收机组成。该系统据说能够在 15 m 的距离内实现高达 100 Gbps 的数据速率。

表 16-5　太赫兹链路性能的最新总结

技　术	频率 （GHz）	数据速率 （Gbps）	距离 （m）	发射功率 （dBm）	调制	参考文献
GaAs mHEMT	300	64	1	−4	QPSK	[57]
INP HEMT	300	20	0.8	+3	ASK	[58]
CMOS	300	56	0.05	−5.5	16QAM	[59]
CMOS	300	105	—	−5.5	32QAM	[60]
CMOS	300	20	0.1	—	16QAM	[61]
InP-HEMT	300	100	2.22	—	16QAM	[62]
InP-HEMT	300	120	9.8	—	16QAM	[35]
InGaAs	300	60	0.5	−7	16QAM	[63]
Optoelectronic	280	100	0.5	−10	16QAM	[64]
Optoelectronic	300	10	0.3	−20	OOK	[65]

（续）

技 术	频率（GHz）	数据速率（Gbps）	距离（m）	发射功率（dBm）	调制	参考文献
Optoelectronic	300	100	0.5	−16.1	16QAM	[66]
Optoelectronic	300	100	15	−8	32QAM	[67]
Optoelectronic	330	50	1	−10.5	ASK	[68]
Optoelectronic	350	100	2	−12	16QAM	[69]
Optoelectronic	350	100	2	+14	16QAM	[69]
Optoelectronic	385	32	0.5	−12	QPSK	[70]
Optoelectronic	400	60	0.5	−17	QPSK	[71]
Optoelectronic	400	60	0.5	−21	QPSK	[72]
Optoelectronic	450	132	1.8	+16	64QAM	[73]
Optoelectronic	350–475	120	0.5	−15	QPSK	[74]
Optoelectronic	400	106	0.5	—	QPSK	[75]
Optoelectronic	400	160	0.5	−17.5	QPSK	[76]

16.2.2 太赫兹成像和感知系统

太赫兹频谱可用于许多成像和感知应用，如材料表征、生物医学成像和生化感知。太赫兹频谱利用了样品对太赫兹辐射照射的响应特性，这意味着太赫兹频谱可用于材料表征和安全成像等。由于太赫兹波长较短，太赫兹雷达成像可通过反射信号来实现更精确的手势识别。太赫兹近场成像可以克服根本的成像衍射极限，提供超高分辨率采样图像，在生物分子成像等医疗应用中极具前景。

太赫兹光谱成像可分为时域光谱学（Time-Domain Spectroscopy，TDS）和连续波谱学（Continuous Wave Spectroscopy，CWS）。在 TDS 中，首先产生一个指向材料样品的太赫兹脉冲，然后采集发射或反射信号，并转换到频域。所记录的频谱包含样品唯一的"指纹"，可用于确定样品材料性质。为了产生宽带太赫兹信号，可以使用光电导透镜天线（稍后详述）。TDS 系统因包含辅助光器件，体积通常较为庞大。

太赫兹 CWS 遵循类似的原理，但是，CWS 产生窄带频谱而非宽带脉冲以实现高频分辨率。基于硅的电子平台可以提供一个体积较小的解决方案，以将光谱学原理应用在较低的太赫兹频谱中。文献 [77] 介绍了一种使用 250-nm SiGe HBT 工艺的多频段（160 GHz 的六次谐波）成像芯片，其工作频率范围为 160 GHz～1000 GHz。随着 III-V/ 硅技术的进步，预计性能将会进一步提升。

太赫兹雷达成像利用雷达的距离选通能力，可以提供高分辨率 / 精确的图像质量。汽车系统、医疗保健、移动设备和其他应用最近对雷达传感器提出了更多需求，硅平台很适合用于满足此类需求。文献 [78] 指出，采用 130-nm SiGe HBT 技术、在 210 GHz～270 GHz 下工作的单芯片调频连续波（Frequency Modulated Continuous Wave，FMCW）雷达前端模块能够实现 2.57 mm 的空间分辨率。

太赫兹 NFI 可以实现 μm 甚至 nm 级的超高分辨率成像。使用近场扫描光学显微镜是太赫兹近场成像的一种传统方法。虽然这种方法的分辨率可以达到 nm 级，但该系统通常体积庞大，难以集成。因此，考虑使用片上 SRR 传感器进行近场成像。例如，文献 [79] 介绍了使用 130-nm SiGe 技术的近场成像系统，该系统使用 SRR 传感器在几 μm 的距离内耦合近场功率，然后馈送到读出电路进行测量。该系统在 550 GHz 下的空间分辨率为 10 μm～12 μm。

16.3　挑战

毫米波无线通信系统路径损耗较高，而太赫兹无线通信的路径损耗则更高。例如，28 GHz 下在 10 m 距离上的路径损耗为 81 dB，但在 280 GHz 下增加到 101 dB。高度定向天线阵列通常用于补偿高路径损耗。为了生成高度定向波束，所有天线振子的发射波束的等相面应垂直于波传播方向。在大多数情况下，需要模拟移相器来补偿由不同天线振子在一定距离（通常是半波长）开始间隔造成的相位时延。产生的相移主要由载波频率决定。这给宽带系统带来了一个问题，因为宽带系统使用了跨越宽频率范围的多个载波。产生的波束可能会随着频率变化而分散，导致阵列增益损失。在毫米波系统中，这种效应被称为光束偏斜。在太赫兹系统中，由于带宽更高且波束非常窄（这种波束被称为锐方向性射束），这种效应变得更加严重。生成的波束可能会随着频率的变化而向不同的方向分裂，导致阵列增益损失日益严重。为了区分太赫兹系统与毫米波系统，这种效应在太赫兹系统中被称为光束分裂。最近，文献 [80-81] 提议使用（在第 15 章中探讨过的）超表面来减轻这种效应。其成果振奋人心，为设计波束性能更高、复杂度更低的通信系统提供了一条新的途径。

尽管已证明 III-V/ 硅半导体技术能够构建可扩展、低成本的平台用于太赫兹成像和通信系统，但仍存在一些关键挑战。首先是材料的宽带频谱特性和半导体源的有限调谐范围，即太赫兹源的工作频率可能不足以覆盖被检测材料的整个频谱范围。因此，光谱成像需要大范围调谐的太赫兹源。最近的研究有不错的进展。例如，文献 [82] 介绍了一种可大范围调谐（0.04 THz～0.99 THz）的太赫兹源。此外，快速太赫兹成像采集需要具备一定波束赋形能力的可调源，以避免机械扫描固有的缺乏灵活性问题。可重构源需要与大规模太赫兹天线阵列紧密集成，并有望促进压缩感知等先进成像算法的实现。

III-V/ 硅半导体的发展使各种高性能器件的异构集成得以实现，如电子、光子、磁性和石墨烯器件等。因此，需要一个紧凑且高度异构的集成平台，并包含所有此类器件，以实现最佳性能。此外，等离子体技术的最新进展表明等离子体器件片上硅集成具有良好的前景 [83-84]。尽管这一领域极具挑战性，但研究仍将继续，目标是催熟等离子体 - 硅转换技术。因此，在单个硅晶片上优化集成异构器件可以使电子 - 光子 / 等离子体系统实现最佳性能，同时能够在成本、效率和可编程性之间取得最佳平衡，该系统可用于新一代商业和工业太赫兹器件。

参考文献

[1] P. Garcia, A. Chantre, S. Pruvost, P. Chevalier, S. T. Nicolson, D. Roy, S. P. Voinigescu, and C. Garnier, "Will BiCMOS stay competitive for mmW applications?," in *Proc. 2008 IEEE Custom Integrated Circuits Conference*. IEEE, 2008, pp. 387–394.

[2] B. Heinemann, H. Rücker, R. Barth, F. Bärwolf, J. Drews, G. Fischer, A. Fox, O. Fursenko, T. Grabolla, F. Herzel *et al.*, "SiGe HBT with fx/fmax of 505 GHz/720 GHz," in *Proc. 2016 IEEE International Electron Devices Meeting (IEDM)*. IEEE, 2016, pp. 3.1.1–3.1.4.

[3] M. Urteaga, Z. Griffith, M. Seo, J. Hacker, and M. J. Rodwell, "InP HBT technologies for THz integrated circuits," *Proceedings of the IEEE*, vol. 105, no. 6, pp. 1051–1067, 2017.

[4] U. R. Pfeiffer, R. Jain, J. Grzyb, S. Malz, P. Hillger, and P. Rodríguez-Vízquez, "Current status of terahertz integrated circuits – from components to systems," in *Proc. 2018 IEEE BiCMOS and Compound Semiconductor Integrated Circuits and Technology Symposium (BCICTS)*. IEEE, 2018, pp. 1–7.

[5] M. Hossain, N. Weimann, M. Brahem, O. Ostinelli, C. R. Bolognesi, W. Heinrich, and V. Krozer, "A 0.5 THz signal source with 11 dBm peak output power based on InP DHBT," in *Proc. 2019 49th European Microwave Conference (EuMC)*. IEEE, 2019, pp. 856–859.

[6] J. S. Rieh, J. Yun, D. Yoon, J. Kim, and H. Son, "Terahertz InP HBT oscillators," in *Proc. 2018 IEEE International Symposium on Radio-Frequency Integration Technology (RFIT)*. IEEE, 2018, pp. 1–3.

[7] J. Yun, D. Yoon, H. Kim, and J.-S. Rieh, "300-GHz InP HBT oscillators based on common-base cross-coupled topology," *IEEE Transactions on Microwave Theory and Techniques*, vol. 62, no. 12, pp. 3053–3064, 2014.

[8] J.-Y. Kim, H.-J. Song, K. Ajito, M. Yaita, and N. Kukutsu, "InP HBT voltage controlled oscillator for 300-GHz-band wireless communications," in *Proc. 2012 International SoC Design Conference (ISOCC)*. IEEE, 2012, pp. 262–265.

[9] D. Kim and S. Jeon, "A WR-3 band fundamental voltage-controlled oscillator with a wide frequency tuning range and high output power," *IEEE Transactions on Microwave Theory and Techniques*, vol. 67, no. 7, pp. 2759–2768, 2019.

[10] D. Kim and S. Jeon, "A 300-GHz high-power high-efficiency voltage-controlled oscillator with low power variation," *IEEE Microwave and Wireless Components Letters*, vol. 30, no. 5, pp. 496–499, 2020.

[11] T. K. Johansen, M. Hossain, S. Boppel, R. Doerner, V. Krozer, and W. Heinrich, "A 300 GHz active frequency tripler in transferred-substrate InP DHBT technology," in *Proc. 2019 14th European Microwave Integrated Circuits Conference (EuMIC)*. IEEE, 2019, pp. 180–183.

[12] M. Hossain, S. Boppel, W. Heinrich, and V. Krozer, "Efficient active multiplier-based signal source for 300 GHz system applications," *Electronics Letters*, vol. 55, no. 23, pp. 1220–1221, 2019.

[13] M. Hossain, K. Nosaeva, N. Weimann, V. Krozer, and W. Heinrich, "A 330 GHz active frequency quadrupler in InP DHBT transferred-substrate technology," in *Proc. 2016 IEEE MTT-S International Microwave Symposium (IMS)*. IEEE, 2016, pp. 1–4.

[14] D. Yoon, J. Yun, and J.-S. Rieh, "A 310–340-GHz coupled-line voltage-controlled oscillator based on 0.25-μm InP HBT technology," *IEEE Transactions on Terahertz*

Science and Technology, vol. 5, no. 4, pp. 652–654, 2015.

[15] M. Seo, M. Urteaga, J. Hacker, A. Young, Z. Griffith, V. Jain, R. Pierson, P. Rowell, A. Skalare, A. Peralta et al., "InP HBT IC technology for terahertz frequencies: Fundamental oscillators up to 0.57 THz," IEEE Journal of Solid-State Circuits, vol. 46, no. 10, pp. 2203–2214, 2011.

[16] J. Yun, J. Kim, D. Yoon, and J.-S. Rieh, "645-GHz InP heterojunction bipolar transistor harmonic oscillator," Electronics Letters, vol. 53, no. 22, pp. 1475–1477, 2017.

[17] A. Zamora, K. M. Leong, G. Mei, M. Lange, W. Yoshida, K. T. Nguyen, B. S. Gorospe, and W. R. Deal, "A high efficiency 670 GHz x36 InP HEMT multiplier chain," in Proc. 2017 IEEE MTT-S International Microwave Symposium (IMS). IEEE, 2017, pp. 977–979.

[18] S. Daneshgar and J. F. Buckwalter, "Compact series power combining using subquarter-wavelength baluns in silicon germanium at 120 GHz," IEEE Transactions on Microwave Theory and Techniques, vol. 66, no. 11, pp. 4844–4859, 2018.

[19] M. Urteaga, Z. Griffith, M. Seo, J. Hacker, and M. J. Rodwell, "InP HBT technologies for THz integrated circuits," Proceedings of the IEEE, vol. 105, no. 6, pp. 1051–1067, 2017.

[20] H. Wang, F. Wang, H. Nguyen, S. Li, T. Huang, A. Ahmed, M. Smith, N. Mannem, and J. Lee, "Power amplifiers performance survey 2000–present," vol. 10, 2018.

[21] K. M. Leong, X. Mei, W. Yoshida, P.-H. Liu, Z. Zhou, M. Lange, L.-S. Lee, J. G. Padilla, A. Zamora, B. S. Gorospe et al., "A 0.85 THz low noise amplifier using InP HEMT transistors," IEEE Microwave and Wireless Components Letters, vol. 25, no. 6, pp. 397–399, 2015.

[22] M. Seo, M. Urteaga, J. Hacker, A. Young, A. Skalare, R. Lin, and M. Rodwell, "A 600 GHz InP HBT amplifier using cross-coupled feedback stabilization and dual-differential power combining," in 2013 IEEE MTT-S International Microwave Symposium Digest (MTT). IEEE, 2013, pp. 1–3.

[23] Z. Wang, P.-Y. Chiang, P. Nazari, C.-C. Wang, Z. Chen, and P. Heydari, "A CMOS 210-GHz fundamental transceiver with OOK modulation," IEEE Journal of Solid-State Circuits, vol. 49, no. 3, pp. 564–580, 2014.

[24] M. H. Eissa and D. Kissinger, "4.5 A 13.5 dBm fully integrated 200-to-255 GHz power amplifier with a 4-way power combiner in SiGe: C BiCMOS," in Proc. 2019 IEEE International Solid-State Circuits Conference (ISSCC). IEEE, 2019, pp. 82–84.

[25] N. Sarmah, K. Aufinger, R. Lachner, and U. R. Pfeiffer, "A 200–225 GHz SiGe power amplifier with peak Psat of 9.6 dBm using wideband power combination," in Proc. ESSCIRC Conference 2016: 42nd European Solid-State Circuits Conference. IEEE, 2016, pp. 193–196.

[26] M. Ćwikliński, P. Brückner, S. Leone, C. Friesicke, R. Lozar, H. Maßler, R. Quay, and O. Ambacher, "190-GHz G-band GaN amplifier MMICs with 40GHz of bandwidth," in Proc. 2019 IEEE MTT-S International Microwave Symposium (IMS). IEEE, 2019, pp. 1257–1260.

[27] L. John, A. Tessmann, A. Leuther, P. Neininger, and T. Zwick, "Investigation of compact power amplifier cells at THz frequencies using InGaAs mHEMT technology," in Proc. 2019 IEEE MTT-S International Microwave Symposium (IMS). IEEE, 2019, pp. 1261–1264.

[28] L. John, P. Neininger, C. Friesicke, A. Tessmann, A. Leuther, M. Schlechtweg, and

T. Zwick, "A 280–310 GHz InAlAs/InGaAs mHEMT power amplifier MMIC with 6.7–8.3 dBm output power," *IEEE Microwave and Wireless Components Letters*, vol. 29, no. 2, pp. 143–145, 2018.

[29] A. Tessmann, A. Leuther, V. Hurm, H. Massler, S. Wagner, M. Kuri, M. Zink, M. Riessle, H.-P. Stulz, M. Schlechtweg *et al.*, "A broadband 220–320 GHz medium power amplifier module," in *Proc. 2014 IEEE Compound Semiconductor Integrated Circuit Symposium (CSICS)*. IEEE, 2014, pp. 1–4.

[30] V. Radisic, W. R. Deal, K. M. Leong, X. Mei, W. Yoshida, P.-H. Liu, J. Uyeda, A. Fung, L. Samoska, T. Gaier *et al.*, "A 10-mW submillimeter-wave solid-state power-amplifier module," *IEEE Transactions on Microwave Theory and Techniques*, vol. 58, no. 7, pp. 1903–1909, 2010.

[31] Z. Griffith, M. Urteaga, P. Rowell, and R. Pierson, "A 6–10 mW power amplifier at 290–307.5 GHz in 250 nm InP HBT," *IEEE Microwave and Wireless Components Letters*, vol. 25, no. 9, pp. 597–599, 2015.

[32] J. Kim, S. Jeon, M. Kim, M. Urteaga, and J. Jeong, "H-band power amplifier integrated circuits using 250-nm InP HBT technology," *IEEE Transactions on Terahertz Science and Technology*, vol. 5, no. 2, pp. 215–222, 2015.

[33] A. S. Ahmed, A. Simsek, M. Urteaga, and M. J. Rodwell, "8.6–13.6 mW series-connected power amplifiers designed at 325 GHz using 130 nm InP HBT technology," in *Proc. 2018 IEEE BiCMOS and Compound Semiconductor Integrated Circuits and Technology Symposium (BCICTS)*. IEEE, 2018, pp. 164–167.

[34] J. Hacker, M. Urteaga, D. Mensa, R. Pierson, M. Jones, Z. Griffith, and M. Rodwell, "250 nm InP DHBT monolithic amplifiers with 4.8 dB gain at 324 GHz," in *2008 IEEE MTT-S International Microwave Symposium Digest*. IEEE, 2008, pp. 403–406.

[35] H. Hamada, T. Tsutsumi, G. Itami, H. Sugiyama, H. Matsuzaki, K. Okada, and H. Nosaka, "300-GHz 120-Gb/s wireless transceiver with high-output-power and high-gain power amplifier based on 80-nm InP-HEMT technology," in *Proc. 2019 IEEE BiCMOS and Compound semiconductor Integrated Circuits and Technology Symposium (BCICTS)*. IEEE, 2019, pp. 1–4.

[36] H. Hamada, T. Kosugi, H.-J. Song, M. Yaita, A. El Moutaouakil, H. Matsuzaki, and A. Hirata, "300-GHz band 20-Gbps ASK transmitter module based on InP-HEMT MMICs," in *Proc. 2015 IEEE Compound Semiconductor Integrated Circuit Symposium (CSICS)*. IEEE, 2015, pp. 1–4.

[37] J. Hacker, M. Urteaga, M. Seo, A. Skalare, and R. Lin, "InP HBT amplifier MMICs operating to 0.67 THz," in *2013 IEEE MTT-S International Microwave Symposium Digest (MTT)*. IEEE, 2013, pp. 1–3.

[38] W. Deal, K. Leong, A. Zamora, W. Yoshida, M. Lange, B. Gorospe, K. Nguyen, and G. X. Mei, "A low-power 670-GHz InP HEMT receiver," *IEEE Transactions on Terahertz Science and Technology*, vol. 6, no. 6, pp. 862–864, 2016.

[39] H. Hamada, T. Tsutsumi, H. Matsuzaki, T. Fujimura, I. Abdo, A. Shirane, K. Okada, G. Itami, H.-J. Song, H. Sugiyama *et al.*, "300-GHz-band 120-Gb/s wireless front-end based on InP-HEMT PAs and mixers," *IEEE Journal of Solid-State Circuits*, vol. 55, no. 9, pp. 2316–2335, 2020.

[40] K. M. Leong, X. Mei, W. H. Yoshida, A. Zamora, J. G. Padilla, B. S. Gorospe, K. Nguyen, and W. R. Deal, "850 GHz receiver and transmitter front-ends using InP HEMT," *IEEE*

Transactions on Terahertz Science and Technology, vol. 7, no. 4, pp. 466–475, 2017.

[41] S. Kim, J. Yun, D. Yoon, M. Kim, J.-S. Rieh, M. Urteaga, and S. Jeon, "300 GHz integrated heterodyne receiver and transmitter with on-chip fundamental local oscillator and mixers," *IEEE Transactions on Terahertz Science and Technology*, vol. 5, no. 1, pp. 92–101, 2014.

[42] K. Statnikov, J. Grzyb, B. Heinemann, and U. R. Pfeiffer, "160-GHz to 1-THz multi-color active imaging with a lens-coupled SiGe HBT chip-set," *IEEE Transactions on Microwave Theory and Techniques*, vol. 63, no. 2, pp. 520–532, 2015.

[43] M. Urteaga, Z. Griffith, M. Seo, J. Hacker, and M. J. Rodwell, "InP HBT technologies for THz integrated circuits," *Proceedings of the IEEE*, vol. 105, no. 6, pp. 1051–1067, 2017.

[44] C. Yi, M. Urteaga, S. H. Choi, and M. Kim, "A 280-GHz InP DHBT receiver detector containing a differential preamplifier," *IEEE Transactions on Terahertz Science and Technology*, vol. 7, no. 2, pp. 209–217, 2017.

[45] J. Yun, S. J. Oh, K. Song, D. Yoon, H. Y. Son, Y. Choi, Y.-M. Huh, and J.-S. Rieh, "Terahertz reflection-mode biological imaging based on InP HBT source and detector," *IEEE Transactions on Terahertz Science and Technology*, vol. 7, no. 3, pp. 274–283, 2017.

[46] E. Javadi, A. Lisauskas, M. Shahabadi, N. Masoumi, J. Zhang, J. Matukas, and H. G. Roskos, "Terahertz detection with a low-cost packaged GaAs high-electron-mobility transistor," *IEEE Transactions on Terahertz Science and Technology*, vol. 9, no. 1, pp. 27–37, 2018.

[47] D. M. Yermolaev, I. Khmyrova, E. Polushkin, A. Kovalchuk, V. Gavrilenko, K. Maremyanin, N. Maleev, V. Ustinov, V. Zemlyakov, V. A. Bespalov *et al.*, "Detector for terahertz applications based on a serpentine array of integrated GaAs/InGaAs/AlGaAs-field-effect transistors," in *Proc. 2017 International Conference on Applied Electronics (AE)*. IEEE, 2017, pp. 1–4.

[48] A. W. Fang, E. Lively, Y.-H. Kuo, D. Liang, and J. E. Bowers, "A distributed feedback silicon evanescent laser," *Optics Express*, vol. 16, no. 7, pp. 4413–4419, 2008.

[49] T. Komljenovic, D. Huang, P. Pintus, M. A. Tran, M. L. Davenport, and J. E. Bowers, "Photonic integrated circuits using heterogeneous integration on silicon," *Proceedings of the IEEE*, vol. 106, no. 12, pp. 2246–2257, 2018.

[50] M. Tang, J.-S. Park, Z. Wang, S. Chen, P. Jurczak, A. Seeds, and H. Liu, "Integration of III-V lasers on Si for Si photonics," *Progress in Quantum Electronics*, vol. 66, pp. 1–18, 2019.

[51] H. Park, A. W. Fang, O. Cohen, R. Jones, M. J. Paniccia, and J. E. Bowers, "A hybrid AlGaInAs–silicon evanescent amplifier," *IEEE Photonics Technology Letters*, vol. 19, no. 4, pp. 230–232, 2007.

[52] M. L. Davenport, S. Skendžić, N. Volet, J. C. Hulme, M. J. Heck, and J. E. Bowers, "Heterogeneous silicon/III–V semiconductor optical amplifiers," *IEEE Journal of Selected Topics in Quantum Electronics*, vol. 22, no. 6, pp. 78–88, 2016.

[53] P. Kaspar, G. de Valicourt, R. Brenot, M. A. Mestre, P. Jennevé, A. Accard, D. Make, F. Lelarge, G.-H. Duan, N. Pavarelli *et al.*, "Hybrid III-V/silicon SOA in optical network based on advanced modulation formats," *IEEE Photonics Technology Letters*, vol. 27, no. 22, pp. 2383–2386, 2015.

[54] D. A. Miller, "Device requirements for optical interconnects to silicon chips," *Proceedings of the IEEE*, vol. 97, no. 7, pp. 1166–1185, 2009.

[55] L. Shen, Y. Jiao, W. Yao, Z. Cao, J. van Engelen, G. Roelkens, M. Smit, and J. van der Tol,

"High-bandwidth uni-traveling carrier waveguide photodetector on an InP-membrane-on-silicon platform," *Optics Express*, vol. 24, no. 8, pp. 8290–8301, 2016.

[56] K. Sengupta, T. Nagatsuma, and D. M. Mittleman, "Terahertz integrated electronic and hybrid electronic–photonic systems," *Nature Electronics*, vol. 1, no. 12, pp. 622–635, 2018.

[57] I. Kallfass, P. Harati, I. Dan, J. Antes, F. Boes, S. Rey, T. Merkle, S. Wagner, H. Massler, A. Tessmann *et al.*, "MMIC chipset for 300 GHz indoor wireless communication," in *Proc. 2015 IEEE International Conference on Microwaves, Communications, Antennas and Electronic Systems (COMCAS)*. IEEE, 2015, pp. 1–4.

[58] H.-J. Song, T. Kosugi, H. Hamada, T. Tajima, A. El Moutaouakil, H. Matsuzaki, Y. Kawano, T. Takahashi, Y. Nakasha, N. Hara *et al.*, "Demonstration of 20-Gbps wireless data transmission at 300 GHz for KIOSK instant data downloading applications with InP MMICs," in *Proc. 2016 IEEE MTT-S International Microwave Symposium (IMS)*. IEEE, 2016, pp. 1–4.

[59] K. Takano, K. Katayama, S. Amakawa, T. Yoshida, and M. Fujishima, "56-Gbit/s 16-QAM wireless link with 300-GHz-band CMOS transmitter," in *Proc. 2017 IEEE MTT-S International Microwave Symposium (IMS)*. IEEE, 2017, pp. 793–796.

[60] K. Takano, S. Amakawa, K. Katayama, S. Hara, R. Dong, A. Kasamatsu, I. Hosako, K. Mizuno, K. Takahashi, T. Yoshida *et al.*, "17.9 A 105 Gb/s 300 GHz CMOS transmitter," in *Proc. 2017 IEEE International Solid-State Circuits Conference (ISSCC)*. IEEE, 2017, pp. 308–309.

[61] S. Hara, K. Takano, K. Katayama, R. Dong, S. Lee, I. Watanabe, N. Sekine, A. Kasamatsu, T. Yoshida, S. Amakawa *et al.*, "300-GHz CMOS transceiver for terahertz wireless communication," in *Proc. 2018 Asia-Pacific Microwave Conference (APMC)*. IEEE, 2018, pp. 429–431.

[62] H. Hamada, T. Fujimura, I. Abdo, K. Okada, H.-J. Song, H. Sugiyama, H. Matsuzaki, and H. Nosaka, "300-GHz. 100-Gb/s InP-HEMT wireless transceiver using a 300-GHz fundamental mixer," in *Proc. 2018 IEEE/MTT-S International Microwave Symposium-IMS*. IEEE, 2018, pp. 1480–1483.

[63] I. Dan, G. Ducournau, S. Hisatake, P. Szriftgiser, R.-P. Braun, and I. Kallfass, "A terahertz wireless communication link using a superheterodyne approach," *IEEE Transactions on Terahertz Science and Technology*, vol. 10, no. 1, pp. 32–43, 2019.

[64] V. Chinni, P. Latzel, M. Zégaoui, C. Coinon, X. Wallart, E. Peytavit, J. Lampin, K. Engenhardt, P. Szriftgiser, M. Zaknoune *et al.*, "Single-channel 100 Gbit/s transmission using III–V UTC-PDs for future IEEE 802.15. 3D wireless links in the 300 GHz band," *Electronics Letters*, vol. 54, no. 10, pp. 638–640, 2018.

[65] E. Lacombe, C. Belem-Goncalves, C. Luxey, F. Gianesello, C. Durand, D. Gloria, and G. Ducournau, "10-Gb/s indoor THz communications using industrial si photonics technology," *IEEE Microwave and Wireless Components Letters*, vol. 28, no. 4, pp. 362–364, 2018.

[66] C. Castro *et al.*, "32 GBd 16QAM wireless transmission in the 300 GHz band using a PIN diode for THz upconversion," in *Proc. Optical Fiber Communications Conference and Exhibition (OFC)*. Optical Society of America, 2019.

[67] I. Dan, P. Szriftgiser, E. Peytavit, J.-F. Lampin, M. Zegaoui, M. Zaknoune, G. Ducournau, and I. Kallfass, "A 300-GHz wireless link employing a photonic transmitter and an active

electronic receiver with a transmission bandwidth of 54 GHz," *IEEE Transactions on Terahertz Science and Technology*, vol. 10, no. 3, pp. 271–281, 2020.

[68] T. Nagatsuma and G. Carpintero, "Recent progress and future prospect of photonics-enabled terahertz communications research," *IEICE Transactions on Electronics*, vol. 98, no. 12, pp. 1060–1070, 2015.

[69] K. Liu, S. Jia, S. Wang, X. Pang, W. Li, S. Zheng, H. Chi, X. Jin, X. Zhang, and X. Yu, "100 Gbit/s THz photonic wireless transmission in the 350-GHz band with extended reach," *IEEE Photonics Technology Letters*, vol. 30, no. 11, pp. 1064–1067, 2018.

[70] G. Ducournau, K. Engenhardt, P. Szriftgiser, D. Bacquet, M. Zaknoune, R. Kassi, E. Lecomte, and J.-F. Lampin, "32 Gbit/s QPSK transmission at 385 GHz using coherent fibre-optic technologies and THz double heterodyne detection," *Electronics Letters*, vol. 51, no. 12, pp. 915–917, 2015.

[71] X. Yu, R. Asif, M. Piels, D. Zibar, M. Galili, T. Morioka, P. U. Jepsen, and L. K. Oxenløwe, "400-GHz wireless transmission of 60-Gb/s Nyquist-QPSK signals using UTC-PD and heterodyne mixer," *IEEE Transactions on Terahertz Science and Technology*, vol. 6, no. 6, pp. 765–770, 2016.

[72] X. Yu, R. Asif, M. Piels, D. Zibar, M. Galili, T. Morioka, P. U. Jepsen, and L. K. Oxenløwe, "60 Gbit/s 400 GHz wireless transmission," in *Proc. 2015 International Conference on Photonics in Switching (PS)*. IEEE, 2015, pp. 4–6.

[73] X. Li, J. Yu, L. Zhao, W. Zhou, K. Wang, M. Kong, G.-K. Chang, Y. Zhang, X. Pan, and X. Xin, "132-Gb/s photonics-aided single-carrier wireless terahertz-wave signal transmission at 450 GHz enabled by 64QAM modulation and probabilistic shaping," in *Proc. Optical Fiber Communication Conference*. Optical Society of America, 2019, pp. M4F–4.

[74] S. Jia, X. Yu, H. Hu, J. Yu, T. Morioka, P. U. Jepsen, and L. K. Oxenløwe, "120 Gb/s multi-channel THz wireless transmission and THz receiver performance analysis," *IEEE Photonics Technology Letters*, vol. 29, no. 3, pp. 310–313, 2017.

[75] S. Jia, X. Pang, O. Ozolins, X. Yu, H. Hu, J. Yu, P. Guan, F. Da Ros, S. Popov, G. Jacobsen *et al.*, "0.4 THz photonic-wireless link with 106 Gb/s single channel bitrate," *Journal of Lightwave Technology*, vol. 36, no. 2, pp. 610–616, 2018.

[76] X. Yu, S. Jia, H. Hu, M. Galili, T. Morioka, P. U. Jepsen, and L. K. Oxenløwe, "Ultra-broadband THz photonic wireless transmission," in *Proc. 2018 23rd Opto-Electronics and Communications Conference (OECC)*. IEEE, 2018, pp. 1–2.

[77] K. Statnikov, J. Grzyb, B. Heinemann, and U. R. Pfeiffer, "160-GHz to 1-THz multi-color active imaging with a lens-coupled SiGe HBT chip-set," *IEEE Transactions on Microwave Theory and Techniques*, vol. 63, no. 2, pp. 520–532, 2015.

[78] J. Grzyb, K. Statnikov, N. Sarmah, B. Heinemann, and U. R. Pfeiffer, "A 210–270-GHz circularly polarized FMCW radar with a single-lens-coupled SiGe HBT chip," *IEEE Transactions on Terahertz Science and Technology*, vol. 6, no. 6, pp. 771–783, 2016.

[79] P. Hillger, R. Jain, J. Grzyb, W. Förster, B. Heinemann, G. MacGrogan, P. Mounaix, T. Zimmer, and U. R. Pfeiffer, "A 128-pixel system-on-a-chip for real-time super-resolution terahertz near-field imaging," *IEEE Journal of Solid-State Circuits*, vol. 53, no. 12, pp. 3599–3612, 2018.

[80] A. Mehdipour, J. W. Wong, and G. V. Eleftheriades, "Beam-squinting reduction of leaky-wave antennas using Huygens metasurfaces," *IEEE Transactions on Antennas and Propagation*, vol. 63, no. 3, pp. 978–992, 2015.

[81] M. Faenzi, G. Minatti, D. Gonzalez-Ovejero, F. Caminita, E. Martini, C. Della Giovam-paola, and S. Maci, "Metasurface antennas: New models, applications and realizations," *Scientific Reports*, vol. 9, no. 1, pp. 1–14, 2019.

[82] X. Wu and K. Sengupta, "Single-chip source-free terahertz spectroscope across 0.04–0.99 THz: Combining sub-wavelength near-field sensing and regression analysis," *Optics Express*, vol. 26, no. 6, pp. 7163–7175, 2018.

[83] T. Harter, S. Muehlbrandt, S. Ummethala, A. Schmid, S. Nellen, L. Hahn, W. Freude, and C. Koos, "Silicon–plasmonic integrated circuits for terahertz signal generation and coherent detection," *Nature Photonics*, vol. 12, no. 10, pp. 625–633, 2018.

[84] S. Moazeni, "CMOS and plasmonics get close," *Nature Electronics*, vol. 3, no. 6, pp. 302–303, 2020.

第 17 章

后摩尔定律时代的计算

摩尔定律在过去几十年中被用来有效预测技术行业的发展趋势。但现在，随着硅光刻技术和电子产品微型化的进步，摩尔定律预计到 2025 年将趋于平缓[1]。短期内，硅基平台将继续推动 IC 性能提升和功能扩展，实现如第 14 章所述的 III-V 半导体、光子 / 等离子体和其他先进材料的异构集成。专用计算硬件等新计算架构和优化算法，将有助于提高软件的计算性能。从长远来看，脑启发技术和量子计算有望实现计算性能的飞跃。脑启发技术，如神经形态计算和深度学习，能够像大脑一样高效处理信息。量子计算能够利用量子位的多项式叠加性质显著降低计算负担。本章将详细讨论这些技术。

17.1 后摩尔定律时代

1965 年，戈登·摩尔断定，特定领域的晶体管数量每两年就会翻一番[2]。1975 年，这一断言被证实，晶体管数量的增长趋势一直持续到 21 世纪前 10 年中期。而后，该趋势逐渐放缓，因此许多人认为行业正处于后摩尔定律时代。

过去 50 年在缩小器件尺寸方面取得了重大创新。例如，金属氧化物半导体场效应晶体管（Metal-Oxide-Semiconductor Field-Effect Transistor，MOSFET）的栅极长度从 20 世纪 70 年代初的 10 μm 缩小到如今的 5 nm[2]。MOSFET 的栅极长度缩小到 50 nm 后，出现了两种结构：平面完全耗尽的绝缘体上硅结构和 3D 鳍式场效应晶体管（Fin Field-Effect Transistor，FinFET）结构。如今，极端紫外线光刻技术的进步和各种工艺的改进，正在催生原子级晶体管。完全依赖摩尔定律已不可能；需要提出设备、架构和计算范式新概念。

在未来几年里，硅基设备将继续发展。例如，已经开发出多层电子 IC 方案，用于促进电路的垂直增长，而且硅与 III-V 半导体和其他功能材料的异构集成将继续提高 IC 性能。此外，集成光子器件的硅光子将功能扩展到光子领域。由于纳米技术的进步、高效的能源管理和先进的电路设计，这些技术将不断演进。

2018 年实现了 7-nm FinFET 的量产，而仅仅过了两年，5-nm FinFET 就在 2020 年实现了量产。虽然尺寸的缩小（从 7 nm 到 5 nm）看起来并不显著，但实际上缩小了 30%，这是相当可观的。按照这一趋势，有望在 2022 年至 2024 年实现原子级晶体管。在原子维度上，量子效应将开始占主导地位，使我们能够实现现今无法采用的新技术，并淘汰传统的电路逻辑。到 2030 年，2 nm 技术有望实现首批 6G 器件。半导体芯片技术的长期路标规划对于 6G 成功商业化至关重要。

从长远来看，我们需要在经济地控制和利用信息方面取得根本性进展。能够打破 CMOS 限制的技术对于实现计算范式转变至关重要。晶体管的历史发展趋势表明，基础器件物理需要大约 10 年的时间才能得到普及。在未来 20 年里，正在进行的研究预计将取得成果，带来先进的芯片工艺、新的计算范式和相关的现实应用。

成本方面也需要考虑。5 nm 新型硅制造预计将耗资 120 亿美元。能够构建此类设施并具备相应运营能力的供应商数量极少。而专用集成电路（Application-Specific Integrated Circuit，ASIC）的一次性工程成本高达数千万美元，这意味着新的制造工艺只有在容量要求极高的集成电路中才能产生收益。

17.2 神经形态计算

随着 AI 的出现，模仿大脑功能的计算技术（如神经网络和机器学习）彻底改变了计算行业。AI 像大脑一样处理数据，并可以进行自我学习，识别大量数据的隐藏模式。最初，AI 的设计用于执行一些基本功能，如语音识别和图像处理，但 AI 后来发展到可以执行更高级的功能，如下棋、作曲，甚至写文章。

尽管近年来 AI 的进步已经实现了自动化处理数据，但我们仍然希望有一个能够像人脑一样处理信息的计算平台，实现真正的机器智能。人脑由数十亿个神经元组成，这些神经元在三维空间中通过数万亿个突触进行连接。通过激发突触电位，信息在能量消耗相当低的神经元之间传递。神经网络的互连性使其能够并行处理多个信息流，在消耗很少能量的情况下实现更快速计算。因此，有必要开发仿脑计算模型，以实现智能和节能的机器芯片。

从算法的角度来看，深度学习算法模仿了人脑处理信息的方式。基于大量可用数据，这类算法通过模拟神经活动传输的多层网络从原始数据中提取高阶特征进行自我训练。每一层都学习从上一层提取较抽象和典型的特征，并将这些特征传递到下一层进行更精细的提取。最终，在输出层输出识别结果。

在硬件实现方面，神经形态计算早期通过 CMOS 晶体管电路来模拟神经元和突触的活动[3]。由此出现了基于模拟特大规模集成电路（Very-Large-Scale Integration，VLSI）技术的"神经形态"硅神经元（Silicon Neuron，SiN）。随后，多种 SiN 被设计用于模拟具有多层复杂度的真实神经元[4]。文献 [4] 介绍了常用于 SiN 设计的各种电路。例如，突触传递可以通过简单的一阶微分方程进行数学建模。为了实现这一功能，可以使用时域积分电路。然而，由于该电路过于庞大，基于该电路建立一个实现广泛连接的系统很困难。

为了更好地适应神经形态算法和提高计算效率，提出使用现场可编程门阵列（Field

Programmable Gate Array，FPGA）或 ASIC 的数字实现。优化的存储接口和存储处理能力，如可重构存储接口和高带宽存储，已应用于神经形态计算系统，以提高数据处理能力。

最近，非易失性存储已经成为研究的焦点，因为它提供了替代的数据存储方式[5]。例如，忆阻器记录器件中激励的历史画像。这是一个独特的特性。忆阻器，简言之就是生物记忆的电子等效物，应用于神经形态计算时，可以提供新的数据处理方式。例如，它能更有效地记录历史数据搜索并应用于后续搜索，帮助深度学习神经网络更智能地执行任务。

神经形态计算模拟生物的信息处理，并在精密和节能的平台上处理信息。这项脑启发技术有望实现真正的机器智能，并将随着 AI 市场的增长继续向前发展。

17.3　量子计算

量子计算是一种新的计算范式。与传统计算机目前的二进制运算相比，量子计算机基于量子力学处理信息。量子位，用于表示量子力学中的信息，是量子计算机中的基本计算单元。与离散的二进制位相比，量子位可以在连续球面，即布洛赫球面上取从 0 到 1 的相干态。利用叠加的概念，量子位可以同时表示 2^n（其中 n 是量子位的数量）个状态的信息。由于量子位本质上是多个状态的多项式叠加，量子计算机可以并行处理所有 2^n 个状态，计算速度显著提高。

在过去十年里，已经开发出许多量子算法，以证明量子计算平台和传统计算平台的不同复杂度水平[6]。例如，量子傅里叶变换需要 $O(n \log n)$ 步，而经典算法需要 $O(n2^n)$ 步。由此可以看出，量子计算以多项式的方式降低了计算开销。

围绕量子位的硬件实现，已经进行了大量的研究。最初，研究将液态核磁共振（Nuclear-Magnetic Resonance，NMR）和离子阱作为实现量子位的可能方法[7-8]。然而，最近焦点已经转移到基于半导体的量子位上。例如，硅量子位使用一个或多个量子点（Quantum Dot，QD）。这些 QD 在双栅硅晶体管上的两个电调电极之间电容耦合。可以基于这些 QD 之间的不同电容耦合水平建模不同的量子态。图 17-1 是一个双 QD 系统的示例。特别值得一提的是，硅量子位具有更长的自旋相干时间，同时也继承了硅的所有优势。自从第一个硅量子位出现以来[9-10]，许多实验室和代工厂都在合作推动可扩展量子器件的制造。例如，在加拿大，注册管理咨询师协会（Certified Management Consultant，CMC）最近宣布，它正致力于与 IBM Q-HUB 一起启动量子计算计划[11]。

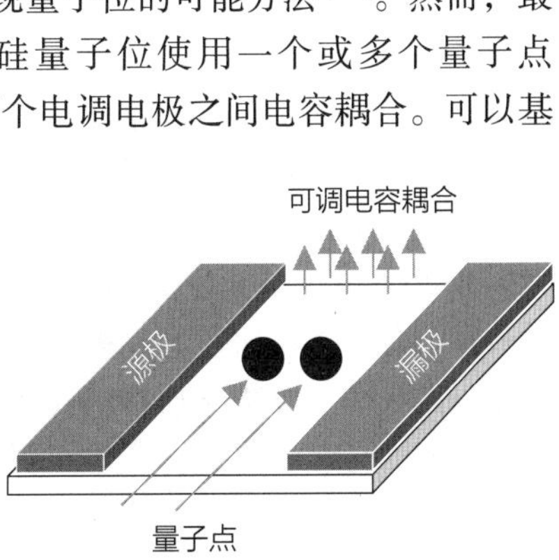

图 17-1　双 QD 系统

量子位控制和读出需要一个外围系统。控制器的功能包括量子信号放大、下变频和数字化等。图 17-2 是该系统的框图[12]。采用光链路进行量子位读出，采用复用和解复用加速量子位与控制器之间的多流量子信号传输。

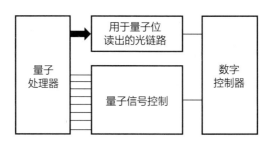

图 17-2　量子位控制 / 读出的外围系统框图 [12]

控制器电路通常在室温下工作，而量子计算系统在低温下工作。它们之间的较大温度差会引起热噪声，从而导致量子误差。因此，采用冗余量子位进行纠错，但这增加了延迟，降低了量子计算效率。为了解决这个问题，许多研究人员设计出了在深低温（低于10 K）下工作的基于 CMOS 的控制器系统，即低温 CMOS 电路。量子处理器和控制器电路都处于低温可以显著降低热噪声。这也可以降低它们之间的互连复杂性。文献 [12-13]介绍了几种低温 CMOS 器件，包括量子位读出、无源循环器和低噪放大器（Low-Noise Amplifier，LNA）。并构造了基于 160-nm CMOS 技术的由这些器件组成的芯片，作为上述控制器系统的样例。

低温 CMOS 允许量子控制器和处理器在相同的温度下工作，最终将两者完全集成在同一芯片上。尽管目前对 CMOS 电路在低温下的行为的理解仍然有限，但在低温物理、新模型和系统级模拟方面已进行了重要的研究。随着对低温 CMOS 电路模型和量子系统级性能的进一步理解，我们期待在不久的将来，高性能、低功耗和具有可扩展良率的硅量子计算机将成为现实。

17.4　新计算架构

摩尔定律的终结可以促进新计算范式的发展，但目前的数字计算平台仍有必要进行新的改进。尽管可以根据线程或核的数量大致成比例地提高传统并行计算的速度，但并行计算无法优化任务分配，这意味着个别处理器可能不会分配到为其设计的任务。图形处理单元（Graphical Processing Unit，GPU）的出现使其目标硬件能够处理专门的任务，其他专用的处理器 / 加速器也被开发出来用于执行某些科学任务。例如，文献 [1] 介绍了一种专门用于分子动力学模拟的超级计算机，其性能是传统高性能计算机（High-Performing Computer，HPC）的 180 倍。专用化通过更有效地优化硬件使用，显著提高计算性能。在短期内，可以通过专用硬件继续提高计算性能。

多种专用处理器 / 加速器可以合设在一个异构计算平台中。例如，中央处理器（Central Process Unit，CPU）和 GPU 可以集成在同一 IC 上，以结合两者的优势。CPU 专注于操作系统相关的任务，而 GPU 则处理 3D 图形相关的任务和密集的科学计算任务。最近报道了许多专用处理器 / 加速器，包括密码协处理器、张量处理单元和其他深度学习加速器。CPU 和专用硬件的集成使任务处理更加高效。

从经济角度来看，成本增加和交货期长，与前沿的节点工艺技术有关。大型企业有财力购买定制的高端硬件，但中小型企业没有，因此这一技术无法充分惠及中小型企业。为了充分利用异构计算这一概念，提出了硬件，特别是小芯片的灵活使用 [1]。与单个硅晶片将所有专用处理器 / 加速器和 CPU 异构集成以满足特定需求（由于定制，成本通常很高）不同，小芯片将系统分解为功能块，每个功能块都执行最小化任务。这使制造商能够以更低的成本和更快的周转速度组装定制化所需的所有功能块。

异构计算平台需要实现新软件。如今使用的计算机架构将数据存储和处理单元分隔开，导致数据在它们之间移动时，计算速度大幅下降。这个问题被称为"冯·诺依曼瓶颈"或"内存墙"。为了解决这个问题，新软件除了执行高阶算术运算外，还必须尽量减少数据移动操作。

重新设计现有的算法和编程环境，以反映专用硬件在目标应用中提供的优势，是实现新软件的关键。除了算法优化，与数据移动相关的成本也是一个需要考虑的问题。文献 [1] 指出，不应仅仅根据浮点运算次数得出总体计算复杂度，还应考虑算法所需的强制数据移动的复杂性。因此，新软件应该采用优化的内存 / 数据访问拓扑，如非一致性内存访问。

在硬件方面，需要彻底重新设计硬件，以解决内存瓶颈问题。例如，需要减少或替换金属互连，因为它们限制了能源效率。硅光子学是解决这一问题的一个很有前景的候选技术，它可以采用低损耗光子互连和波导来减少数据移动所需的能量。使用集成光子技术的一个例子是 ARPAe ENLITENED 项目 [14]，该项目开发了新型的基于光子的网络拓扑，用于在数据中心传输信息。

参考文献

[1] J. Shalf, "The future of computing beyond Moore's law," *Philosophical Transactions of the Royal Society A*, vol. 378, no. 2166, p. 20190061, 2020.

[2] Wikipedia, "Moore's law," 2020, accessed Sept. 29, 2020. [Online]. Available: https://en.wikipedia.org/wiki/Moore's_law

[3] C. Mead, *Analog VLSI and neural systems*. Addison-Wesley Longman Publishing Co., 1989.

[4] G. Indiveri, B. Linares-Barranco, T. J. Hamilton, A. Van Schaik, R. Etienne-Cummings, T. Delbruck, S.-C. Liu, P. Dudek, P. Häfliger, S. Renaud *et al.*, "Neuromorphic silicon neuron circuits," *Frontiers in Neuroscience*, vol. 5, p. 73, 2011.

[5] Y. Chen, H. H. Li, C. Wu, C. Song, S. Li, C. Min, H.-P. Cheng, W. Wen, and X. Liu, "Neuromorphic computing's yesterday, today, and tomorrow – an evolutional view," *Integration*, vol. 61, pp. 49–61, 2018.

[6] A. Steane, "Quantum computing," *Reports on Progress in Physics*, vol. 61, no. 2, p. 117, 1998.

[7] L. M. Vandersypen and I. L. Chuang, "NMR techniques for quantum control and

computation," *Reviews of Modern Physics*, vol. 76, no. 4, p. 1037, 2005.

[8] P. Schindler, D. Nigg, T. Monz, J. T. Barreiro, E. Martinez, S. X. Wang, S. Quint, M. F. Brandl, V. Nebendahl, C. F. Roos *et al.*, "A quantum information processor with trapped ions," *New Journal of Physics*, vol. 15, no. 12, p. 123012, 2013.

[9] R. Maurand, X. Jehl, D. Kotekar-Patil, A. Corna, H. Bohuslavskyi, R. Lavit'eville, L. Hutin, S. Barraud, M. Vinet, M. Sanquer *et al.*, "A CMOS silicon spin qubit," *Nature Communications*, vol. 7, p. 13575, 2016.

[10] L. Hutin, R. Maurand, D. Kotekar-Patil, A. Corna, H. Bohuslavskyi, X. Jehl, S. Barraud, S. De Franceschi, M. Sanquer, and M. Vinet, "Si CMOS platform for quantum information processing," in *Proc. 2016 IEEE Symposium on VLSI Technology*. IEEE, 2016, pp. 1–2.

[11] CMC, "CMC becomes member of IBM Q-HUB at Université de Sherbrooke," 2020, accessed Sept. 29, 2020. [Online]. Available: https://www.cmc.ca/cmc-becomes-member-of-ibm-q-hub-at-universite-de-sherbrooke/

[12] E. Charbon, "Cryo-CMOS electronics for quantum computing applications," in *Proc. ESSDERC 2019–49th European Solid-State Device Research Conference (ESSDERC)*. IEEE, 2019, pp. 1–6.

[13] S. Schaal, A. Rossi, V. N. Ciriano-Tejel, T.-Y. Yang, S. Barraud, J. J. Morton, and M. F. Gonzalez-Zalba, "A CMOS dynamic random access architecture for radio-frequency readout of quantum devices," *Nature Electronics*, vol. 2, no. 6, pp. 236–242, 2019.

[14] ARPA-E, "ENLITENED," 2020, accessed Sept. 29, 2020. [Online]. Available: https://arpa-e.energy.gov/?q=arpa-e-programs/enlitened

第 18 章

新 终 端

无线技术对社会产生了深远的影响。如今，大多数人认为移动终端设备在日常生活中必不可少。已经完全取代上一代功能手机的智能手机，已不再是可有可无的物品，而是必需品。智能手机革命始于一种愿景，即使用计算机通过移动宽带服务访问互联网。自那以后，随着移动互联网应用和 OTT 服务模式的普及，移动互联网的应用实现了爆发式增长。现在已出现大量应用，其功能几乎一应俱全，如日历、相机、计算器、旅行社、地图、钱包、新闻和公共交通等。有的应用甚至可以智能地推荐餐厅、购物中心、停车场和在线课程。本章将探讨移动设备的发展趋势以及人机接口。

18.1　未来的移动终端设备

就像智能手机取代功能手机一样，下一次移动终端设备的革命预计将在 6G 时代发生。到 2030 年，6G 通信系统将为未来的设备带来一系列新功能，如感知和成像、触觉通信、全息显示、AI 及其他功能。

这些全新的功能正在重新定义终端设备以及它们在我们生活中扮演的角色。移动设备正在不断演进以具备以下能力：

- 人类水平的感知（如为人类水平的视觉 / 音频感知和高保真人 – 人通信 [1] 提供无限带宽）
- 环境感知（如多光谱成像 [2] 和高精度定位的能力）
- 人 – 网交互（如用于人与数字世界交互的全息近眼显示器 [3]）
- 能量收集（如无线充电、无线数能同传）

这些能力将使当前的"智能助手"世界转型为"数字 – 物理融合"世界，如图 18-1 所示。如今的智能手机相当于连接物理世界和数字世界的网关，主要用于接入互联网。在未来的"数字 – 物理融合"世界中，终端设备预计将演变为可穿戴超级终端，即所谓的"数字自我"。这些终端设备将具备一些超越人类的功能，如智能识别和环境感知。

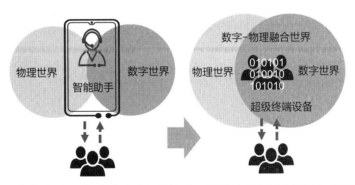

图 18-1　从"智能助手"到"数字自我"的演进，"数字自我"即终端用户或设备的虚拟化

如图 18-2 所示，上述能力推动移动设备向四大方向发展。

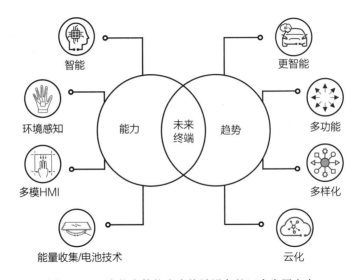

图 18-2　四大能力使能未来终端设备的四大发展方向

1. 更智能——不仅让智能手机更智能，还增强现实，使能一切自动化

如今的智能手机比美国国家航空航天局（NASA）在阿波罗 11 号任务中 [4] 使用的计算机强大数百万倍。随着计算能力的提高，智能手机也变得更加智能。

根据摩尔定律稳步增长的计算能力，近年来有力推动了 AI 和机器学习（ML）的发展。此外，半导体技术的发展为更好的计算性能、更高的能效、体积更小的芯片和更高的晶体管密度奠定了基础。

越来越强大的智能手机足以实现 AI 功能。如今，越来越多的智能手机配备了专门用于 AI 计算的内置神经网络处理单元。AI/ML 算法可用于执行许多计算密集型任务，如 AR、面部识别和语音识别。为了推动创新应用的开发，业界提供大量的 AI API，如华为的 HiAI、Facebook 的 Caffe2Go、谷歌的 TensorFlow Lite 和苹果的 CoreML。

同时，计算密集型任务也可以从移动设备卸载到边缘云，这就是所谓的边缘计算。边缘计算将充分利用下一代网络的超高数据速率、超低时延和超高可靠性。未来，得益于边缘计算、云计算、本地 CPU、GPU 和专用 AI 加速硬件，终端设备将通过利用分布式计算和学习，在保护隐私的同时变得更加智能。

短距离通信技术和 AI 算法的发展使无人机群、车队和机器人集群能够进行本地交互，并与环境互动。再借助去中心化和自组织控制（如群体智能和协作机器人），这些群组设备就能够达成其任务目标。随着 6G 短距离通信技术和 AI/ML 算法的不断发展，未来的设备将更加智能，使自动化融入生活的方方面面，提高业务体验和生产力。

2. 多功能——不仅提供网络连接能力，还有全新的感知能力，为未来的移动互联网应用开辟新天地

未来，无线网络连接将成为各类设备的基础能力，因为其对个人、家庭、组织和行业都必不可少且至关重要。在高度沉浸式、以人为中心的体验场景中（如第 2 章所述），6G 网络可以实现 Tbps 级的吞吐率，同时确保传输时延小于 1 ms。这样可以支持多感官 VR 信息的顺畅交换，包括沉浸式视频、音频，甚至触觉信息。多感官能力使未来的设备可以集成到人体中以实现更多功能，如克服残疾。这些能力通过整合可与人体协同，从而促进人类发展为控制论机体。

除了通信能力，通信感知一体化技术还支持新的感知能力（如图 18-3 所示）。这些能力将使未来的移动设备支持许多新功能。例如，如第 3 章所述，太赫兹无线通信可用于成像和太赫兹光谱分析，使能个人分子级 "X 射线" 成像。此外，无线感知和机器学习还能实现人与设备的非接触式交互，从而使能健康监测（监测心跳、跌倒等）、非法侵入和手势识别。

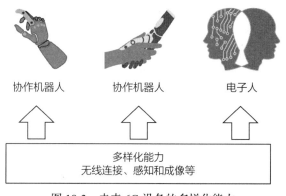

协作机器人　　　协作机器人　　　电子人

多样化能力
无线连接、感知和成像等

图 18-3　未来 6G 设备的多样化能力

此外，人与机器、物理世界与数字世界之间的交互将更加深入。例如，触觉感知 - 执行系统将结合 VR 技术，提供更多信息让用户超越时空限制在头脑中构建一个虚拟世界，而由脑电波远程操控的设备将显著扩大人的活动的范围。HBC（Human Bond Communication）旨在通过融合人类五个感官特征来增强人类沟通感。HBC 将利用高度可靠、响应迅速的智能连接交换更具表现力的整体感官信息。

要实现这些多功能应用，就必须大幅延长电池寿命。通过使用新型电池材料和架构（如石墨烯、磷酸铁锂和聚合物电池），集成到人体中的设备不需要每天使用有线充电器充电。取而代之的是各类能量收集技术，包括无线能量传输，这种技术可以远距离（如穿过房间）高效安全地给移动设备充电。

3. 多样化——不仅是智能手机，各类设备都能作为传感器和执行器

如今，智能手机是个人消费者使用的主要移动设备。在全球范围内，2020年智能手机的普及率为65%，预计到2025年将超过80%[5]。与此同时，随着无线网络朝着高速率、低时延和高可靠的目标发展，无线终端技术也在不断演进。此外，服务模式也从服务个人消费者转变为同时服务个人消费者和垂直行业/行业客户。

随着半导体技术和软件平台的发展，智能手机、平板电脑、笔记本电脑甚至智能汽车等智能设备逐渐成为生活中不可缺少的一部分。未来将会出现一系列的以人为中心的设备和工业设备，这些设备集成了先进的传感器、新的显示技术和人工智能（如图18-4所示）。

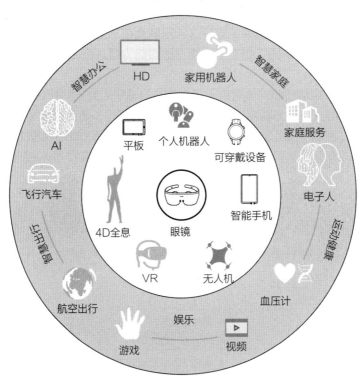

图18-4　以人为中心的应用和多样化设备

- **在以人为中心的设备方面**：预计可穿戴设备（VR头戴设备、AR眼镜、智能手表和外骨骼机器人）、植入式医疗设备等将得到增强。
- **在工业设备方面**：汽车、机器人/协作机器人（Collaborative robot，Cobot）、智慧工厂设备将接入6G网络；大量低成本、低功耗（甚至无电池，即"无源"）物联网

设备将无处不在，为智慧城市和家庭、智慧医疗、污染监控、资产跟踪和其他应用提供支持。

这些设备将作为集计算、网络和物理过程于一身的数字 - 物理融合系统的传感器和执行器。

随着各种设备的爆炸式增长，对互联互通的要求将会显著提高。例如，智能手机将与电视连接以增强视频观看体验，可穿戴设备将与智能手机连接以进行信息收集。未来什么样的设备会成为锚点设备呢？锚点设备应该具有强大的无线连接能力、电池寿命和计算能力；智能手机、VR 头戴设备、外骨骼机器人和智能汽车都是不错的选择。通过 6G 网络，锚点设备及其连接的设备将提供无缝、一致的用户体验。

4. 云化——不再只是物理设备，还有使能隐私保护和新商业模式的虚拟设备

随着云计算和 IoE 在 6G 连接的驱动下逐渐成熟，每个 6G 物理设备在云上将对应一个虚拟设备作为其代理（如图 18-5 所示）。去中心化技术可将用户的个人数据存储在用户控制的虚拟设备中，而不是存储在终端设备或集中在第三方处，这样用户不必担心潜在的隐私问题。虚拟设备的概念将推动共享 6G 设备的诞生，这些设备通常部署在公共场所并按需使用。通过集成生物识别、AI、个性化自动配置和隐私保护技术，6G 设备将能够提供各种易用的功能，如基于生物识别的授权和超个性化配置。如此一来，最终用户将能够通过共享设备随时随地接入所需的服务。6G 共享设备的类型将非常广泛，包括租赁车辆、会议室、云设备以及任何可以在公共场所共享或租赁的具有输入 / 输出和计算能力的设备。

中心云　　　　　边缘云中的虚拟设备　　　　　物理设备

图 18-5　终端设备虚拟化

此外，一些 6G 设备将支持云计算。客户可以购买支持私有云计算的 6G 设备，以满足更高的计算存储要求，实现更智能的语音辅助、私有图片和视频存储等。这些设备可以通过 6G 连接与公有云服务交互，以提供更强大的功能。此外，借助云上的虚拟设备，物理设备可以将计算密集型任务转移到云上，从而延长电池寿命并避免终端过热问题。

18.2　未来的脑机接口

脑机接口（Brain-Computer Interface，BCI）的概念可以追溯到 20 世纪 70 年代，当时 Jacques Vidal 试图建立一种系统的人 - 机通信方法 [6-7]。最初，研究人员的目标是将 BCI 系统用于诊断神经疾病和大脑疾病（如控制癫痫发作）。该系统记录和处理头皮脑电

图（EEG）信号，并从数据中提取有关的特征来诊断癫痫。2004 年发表的文献 [8] 介绍了一个可以使用非侵入性方法控制多维运动的 BCI 系统。这项突破使科学界和工业界对 BCI 研究产生了巨大的兴趣。如图 18-6 所示，典型的 BCI 系统至少包括以下组成部分：信号处理、特征提取、分类与模式识别（将数据转换为机器命令），以及应用接口（如计算机或机械臂）。应用接口最终将感官信息反馈给用户，形成双向链路。

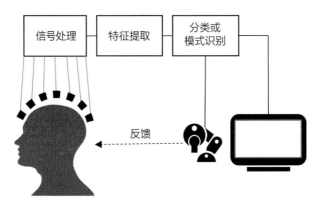

图 18-6　BCI 系统示意图

在过去的十年里，BCI 技术快速发展，曾经出现在科幻小说中的技术已成为现实。例如，如文献 [9] 所示，神经假体有助于脊髓损伤后的运动恢复。在大脑中放置电极可使瘫痪病人通过大脑控制机器假肢。此外，曾被认为是超能力的心灵感应如今也能在某种程度上实现。在这方面，文献 [10] 表明我们可以通过脑电波控制无人机的飞行。最近，文献 [11] 证明了通过将神经芯片植入动物大脑，可以准确预测动物的关节运动。这为治疗失明、瘫痪、精神疾病等开辟了一片新天地。

侵入性和非侵入性方法都已被用来记录大脑活动。后者将电极放置在头皮上，而前者则将皮质内和立体脑电图（SEEG）电极放置在大脑皮层上。与非侵入性方法相比，侵入性方法的时空分辨率更高，噪声更小。在此背景下，文献 [11] 证明将含有数千个电极的硬币大小的神经芯片植入动物大脑可以收集皮质内 EEG 信号。尽管这些技术似乎很有前景，但要应用到人体仍然面临一些困难。

此外，深度学习的发展也促进了 BCI 技术的进步。通常，EEG 源定位问题（逆问题）采用以下方法解决：通过迭代计算 EEG 正演问题，直到模拟 EEG 信号在期望的容差水平内匹配测量值。深度学习可以利用大量可用数据来解决逆问题 [12-13]。除了被动读取大脑信号外，双向 BCI 链路还可以提供来自受控对象（如假肢）的感官反馈。根据这些方法，文献 [14-15] 表明可以用电刺激患者的外周神经或皮质神经来提供体感反馈。皮层刺激针对特定的体感皮层区域，这些区域与某些感觉功能和身体部位有关。这些区域通常是局部的，需要微型电极来精确刺激。此外，也需要实时反馈来模拟由中枢神经系统传递的自然生物力。这意味着连接速度（即脑机通信的带宽）至关重要。此外，文献 [16] 表明，一种超密集封装的微电极阵列芯片可以记录啮齿类动物大脑的皮层信号。这种封装的神经芯片的尺寸小于 851 mm^3，据报道它能够在所有通道上产生刺激，以实现神经调节，但这一点还有待证实。具有新型神经传感器的植入式神经芯片有望进一步推动这类研究的发展[17]。

外周刺激可以与电子人（Cyborg）的概念联系起来，这一概念主要来自科幻电影，通过将机器人部件与生物体结合来实现人类增强。仿生学的最新进展表明，Cyborg 的时代可能即将到来。为了更好地理解这一点，文献 [18-19] 介绍了一种激动剂拮抗肌神经界面（Antagonist Myoneural Interface，AMI），AMI 将大脑命令发送到末端肌肉，以进行动态假肢控制，并将本体感觉反馈到大脑。在这种 AMI 中，外科医生首先在截肢过程中在患者的残肢中创造 AMI 肌肉组。当患者有意移动时，目标 AMI 肌肉上的肌电图（EMG）被记录下来，并随后转换为机器命令，以控制假肢的运动。反过来，当假肢关节运动时，感觉信号在 AMI 肌肉中自然产生，然后通过神经发送到大脑，使患者能够感觉到运动。TED 演讲[20] 演示了 AMI 以及可用来跑步、攀爬和跳舞的假肢。AMI 提供了一个很有前景的框架，在这个框架内我们可以将机器人和生物人结合起来。看来 Cyborg 时代指日可待。

在未来几十年里，预计大脑控制的神经假体将成为现实，从而提高瘫痪和残疾患者的生活质量。通过大脑控制机械臂或假肢，患者可以行走、移动物体和进行需要用到肢体的活动。

18.3 全新的可穿戴设备

近几年，功能强大的可穿戴设备快速发展。将可穿戴电子设备附着到皮肤上可以监测各种生理功能，如心率、心电图、皮肤温度、肢体动作和血压。这些设备广泛应用于体育、军事活动、医疗和日常生活等领域。随着 6G 的到来，全新的可穿戴设备预计将使能新的场景和应用。

文献 [21] 表明，一种带有织物传感器阵列的可伸缩触觉手套能够识别单个物体形状，估计物体重量，并在抓握物体时绘制触觉模式。在这项研究中，整只手和不同物体之间的交互被触觉手套上的 548 个传感器记录下来。然后训练一个深度卷积神经网络以提取抓握的触觉特征。这些特征在机器人和假肢的开发中非常有用。

文献 [22] 演示了一种室温下基于碳纳米管（Carbon NanoTube，CNT）薄膜的宽带柔性太赫兹成像可穿戴设备。太赫兹 CNT 扫描仪能够对平坦和弯曲的样品进行被动成像。这项技术将推动便携式太赫兹设备应用于许多领域，包括安全检查和健康监测。

基于石墨烯的可穿戴设备被证明可用于健康监测。文献 [23] 表明使用半导体量子点敏化的石墨烯光电探测器（GQD-PD）可用于柔性的透明可穿戴设备。利用这类 GQD-PD 可以设计许多原型设备。例如，带有 GQD-PD 和集成光源的手环可以在反射和透射模式下监控心率。文献 [24] 提出了一种柔性透明手环，这种手环集成了由聚（3，4- 乙烯二氧噻吩）- 聚（4- 苯乙烯磺酸）（PEDOT/PSS）/ 石墨烯构成的中红外光电探测器。这种手环可通过跟踪人体排放物的变化来监测健康状况。

参考文献

[1] W. Wang, X. Deng, L. Ding, and L. Zhang, *Brain-inspired intelligence and visual perception*. Springer, 2019.

[2] V. C. Coffey, "Multispectral imaging moves into the mainstream," *Optics and Photonics News*, vol. 23, no. 4, pp. 18–24, 2012.

[3] A. Maimone, A. Georgiou, and J. S. Kollin, "Holographic near-eye displays for virtual and augmented reality," *ACM Transactions on Graphics*, vol. 36, no. 4, pp. 1–16, 2017.

[4] "Your smartphone is millions of times more powerful than the Apollo 11 guidance computers." [Online]. Available: https://www.zmescience.com/science/news-science/smartphone-power-compared-to-apollo-432/

[5] GSM. Association *et al.*, "Global mobile trends 2020 new decade, new industry?" 2019.

[6] J. J. Vidal, "Toward direct brain-computer communication," *Annual Review of Biophysics and Bioengineering*, vol. 2, no. 1, pp. 157–180, 1973.

[7] Wikipedia, "Brain computer interface." [Online]. Available: https://en.wikipedia.org/wiki/Brain%E2%80%93computer_interface

[8] J. R. Wolpaw and D. J. McFarland, "Control of a two-dimensional movement signal by a noninvasive brain–computer interface in humans," *Proceedings of the National Academy of Sciences*, vol. 101, no. 51, pp. 17 849–17 854, 2004.

[9] D. Borton, M. Bonizzato, J. Beauparlant, J. DiGiovanna, E. M. Moraud, N. Wenger, P. Musienko, I. R. Minev, S. P. Lacour, J. D. R. Millán *et al.*, "Corticospinal neuroprostheses to restore locomotion after spinal cord injury," *Neuroscience Research*, vol. 78, pp. 21–29, 2014.

[10] CTV News, "'Pure thought': Edmonton graduates using brain waves to fly drones." [Online]. Available: https://www.ctvnews.ca/sci-tech/pure-thought-edmonton-graduates-using-brain-waves-to-fly-drones-1.4343715

[11] A. Regalado, "Elon Musk's Neuralink is neuroscience theater." [Online]. Available: https://www.technologyreview.com/2020/08/30/1007786/elon-musks-neuralink-demo-update-neuroscience-theater

[12] S. Cui, L. Duan, B. Gong, Y. Qiao, F. Xu, J. Chen, and C. Wang, "EEG source localization using spatio-temporal neural network," *China Communications*, vol. 16, no. 7, pp. 131–143, 2019.

[13] K. H. Jin, M. T. McCann, E. Froustey, and M. Unser, "Deep convolutional neural network for inverse problems in imaging," *IEEE Transactions on Image Processing*, vol. 26, no. 9, pp. 4509–4522, 2017.

[14] D. W. Tan, M. A. Schiefer, M. W. Keith, J. R. Anderson, and D. J. Tyler, "Stability and selectivity of a chronic, multi-contact cuff electrode for sensory stimulation in human amputees," *Journal of Neural Engineering*, vol. 12, no. 2, p. 026002, 2015.

[15] G. A. Tabot, J. F. Dammann, J. A. Berg, F. V. Tenore, J. L. Boback, R. J. Vogelstein, and S. J. Bensmaia, "Restoring the sense of touch with a prosthetic hand through a brain interface," *Proceedings of the National Academy of Sciences*, vol. 110, no. 45, pp. 18 279–18 284, 2013.

[16] E. Musk *et al.*, "An integrated brain–machine interface platform with thousands of channels," *Journal of Medical Internet Research*, vol. 21, no. 10, p. e16194, 2019.

[17] C. Li and W. Zhao, "Progress in the brain–computer interface: An interview with Bin He," *National Science Review*, vol. 7, no. 2, pp. 480–483, 2020.

[18] T. R. Clites, M. J. Carty, J. B. Ullauri, M. E. Carney, L. M. Mooney, J.-F. Duval, S. S. Srinivasan, and H. M. Herr, "Proprioception from a neurally controlled lower-extremity prosthesis," *Science Translational Medicine*, vol. 10, no. 443, p. eaap8373, 2018.

[19] S. Srinivasan, M. Carty, P. Calvaresi, T. Clites, B. Maimon, C. Taylor, A. Zorzos, and H. Herr, "On prosthetic control: A regenerative agonist–antagonist myoneural interface," *Science Robotics*, vol. 2, no. 6, 2017.

[20] H. Herr, "New bionics let us run, climb and dance." [Online]. Available: https://ed.ted .com/lessons/g8KC49mB

[21] S. Sundaram, P. Kellnhofer, Y. Li, J.-Y. Zhu, A. Torralba, and W. Matusik, "Learning the signatures of the human grasp using a scalable tactile glove," *Nature*, vol. 569, no. 7758, pp. 698–702, 2019.

[22] D. Suzuki, S. Oda, and Y. Kawano, "A flexible and wearable terahertz scanner," *Nature Photonics*, vol. 10, no. 12, pp. 809–813, 2016.

[23] E. O. Polat, G. Mercier, I. Nikitskiy, E. Puma, T. Galan, S. Gupta, M. Montagut, J. J. Piqueras, M. Bouwens, T. Durduran *et al.*, "Flexible graphene photodetectors for wearable fitness monitoring," *Science Advances*, vol. 5, no. 9, p. eaaw7846, 2019.

[24] M. Zhang and J. T. Yeow, "A flexible, scalable, and self-powered mid-infrared detector based on transparent PEDOT : PSS/graphene composite," *Carbon*, vol. 156, pp. 339–345, 2020.

第四部分小结

即将到来的 6G 时代大力推动了硬件技术的研究，这些技术将使基础设施能够支撑即将到来的范式转变。随着毫米波频谱的不断成熟，包括太赫兹候选频段在内的 6G 新频谱将蓬勃发展。毫米波和太赫兹频段的结合有望提供 Tbps 级的数据速率和高分辨率成像。新的频谱、应用场景和硬件技术（如智能表面）需要一个能够准确反映无线电波传播特性的新信道模型。从硬件角度来看，异构 III-V 平台可以通过优化单个晶粒上的每个器件来进一步提升硅系统性能。光子晶体、光伏板和等离子体等新型材料可以添加到硅中以提升性能。片上和封装天线技术结合 RIS 等紧凑透镜头技术可以更好地控制天线性能，同时也可以减小系统尺寸。太赫兹技术将使能新的通信和成像方法，但太赫兹系统基于电子学、光电子学和光子学，其实现将取决于应用场景和工作频率。第四部分探讨了这些太赫兹系统的性能。一个包含联合轨道角动量和大规模 MIMO 无线通信（一种有前景的 6G 传输技术）的框架已被证明可以提高系统性能，实现频谱增益倍增。最后，随着摩尔定律趋于平缓和硅技术接近极限，两种新的计算范式（神经形态计算和量子计算）有望使计算性能实现质的飞跃。

第五部分

6G 空口设计使能技术

简　　介

5G 无线接入网（Radio Access Network，RAN）的设计理念源自对万物互联的憧憬，这在 eMBB、URLLC、mMTC 场景中都有体现。总体来说，这些场景有三大诉求：带宽 100 MHz 的前提下速率达到 20 Gbps；空口时延 1 ms 的前提下可靠性达到 99.999%；广覆盖的前提下连接达到 100 万终端 / 平方公里。

为了支持多样化应用场景和更宽的频谱范围，5G 引入了统一的新空口。该空口具有良好的灵活性和适应性，可以原生使能 RAN 切片，实现高效的业务复用，有效提升频谱效率、增大连接数、降低时延。为了避免由于小区的地理划分带来的小区边缘体验差的问题，5G 无线接入侧将用户专用的物理信号与小区标识解耦，使网络能够更加自由地选择一个或多个最优波束来服务用户，从而实现以用户为中心无小区边界的架构（User Centric No-Cell，UCNC）。该架构通过原生支持的协作传输方案可以提升小区边缘用户的体验。

展望 6G，除了进一步增强 5G 的应用场景外，我们还希望它能够提供感知、AI 等新业务，全面实现人联、物联、智联，这在本书第 1 章有详细的阐述。我们在第 1 章就曾指出：相对 5G 而言，6G 空口需要支持新的、更高或更严格的性能指标；6G 需要支持更广的频谱范围和更大的带宽，以提供超高速的数据业务和高分辨率的感知业务。为了实现这些充满挑战的目标，6G 空口设计需要做出革命性的突破，而首要任务就是重新思考设计理念。以下是我们设想的几种范式转变：

1. 从"软空口"到"智能空口"

5G 空口放弃了"一刀切"的方式，其灵活性和可配置性（即"软件定义的程度"）使我们能够在统一的框架下针对不同应用场景（如 eMBB、URLLC、mMTC）优化空口。

6G 空口设计结合了模型和数据双驱动的人工智能，以期完成空口的定制优化从动态配置切换到自学习。个性化空口可以根据用户终端 / 服务特点定制传输方案和参数，在不牺牲系统容量的前提下，实现体验最优。此外，空口还可以灵活扩展，支持接近零时延的URLLC。其简单、敏捷的信令机制也最大限度地减少了信令开销和时延。

2. 从"改造型 AI"到"原生 AI"

人工智能（Artificial Intelligence，AI）和机器学习（Machine Learning，ML）技术可以持续提升 5G 能力。在 6G 中，AI 将成为空口的原生特性，使物理层和媒体接入控制（Media Access Control，MAC）层更加智能。AI 将不再局限于网络管理优化（如负载均衡、节能等），相反，它将替代收发模块中一些非线性、非凸算法，或者弥补非线性模型的不足。

AI 将使 6G 的物理层更强大、更高效，可以进一步优化物理层功能模块和流程设计，包括重构收发流程。除此之外，AI 还有助于提供新的感知和定位能力，这些能力反过来又会极大地改进空口设计。AI 感知和定位有助于实现低成本、高精度的波束赋形和跟踪。基于单智能体或多智能体强化学习（包括网络和终端的协同式机器学习），智能 MAC 层可以提供智能控制器。例如，通过多参数联合优化以及单个或组合的流程训练，在系统容量、用户体验、功耗等方面可以迅速提升性能。

3. 从"附加节能"到"原生节能"

6G 空口设计的首要目标是将网络节点和终端设备的功耗降到最低。在 5G 网络中，节能只是一个附加特性或可选模式。而到了 6G，节能将成为内生特性和默认模式。借助智能功率管理、按需功控策略，以及其他新型技术（如感知 / 定位辅助的信道探测），预计6G 网络和终端的能源效率将大幅提升。

4. 从"单一通信"到"通信感知一体化"

感知不仅提供了新功能、新商机，而且能辅助通信。比如，通信网络可以变成一个高分辨率、广覆盖的感知网络，该网络除了提供高分辨率和广覆盖，还会产生辅助通信的信息，如位置信息、多普勒信息、波束方向和图像等。此外，感知成像能力将使终端解锁更多功能。

全新的 6G 设计包括建立一个"二合一"网络，将感知和通信两大功能集成到同一个空口设计框架之中，以提供完善的感知能力，更有效地满足各项通信指标。

5. 从"被动的波束调整"到"主动的以用户为中心的波束管理"

波束传输对高频（如毫米波）非常重要。对于高度定向的天线，如何使发送端和接收端的波束精确对准是一个难题。5G 波束管理的目的是通过调整波束方向来适应传输环境的变化和移动的终端，但是，这种调整会产生额外的训练开销、接入时延和功耗，在高频中这些问题尤为突出。

6G 时代，频谱范围会进一步拓宽，波束管理也因此变得更具挑战性。幸运的是，借助感知、高精度定位、人工智能等新技术，我们可以从传统的波束扫描、波束故障检测和波束恢复机制演进到以用户为中心的主动波束生成、跟踪和调整机制。此外，"免切换"的移动性至少可以在物理层实现。这些以用户为中心的智能波束赋形、波束管理技术将使用户体验和整体系统性能得到极大的提升。

新兴的可重构智能表面（Reconfigurable Intelligent Surface，RIS）技术和新型的移动天线（例如配备了天线的 UAV）使我们能够主动控制信道条件，而不再只是被动地应对。使用 RIS 和移动分布式天线，我们可以部署能够感知信道条件的天线阵列，通过改变无线传输环境，创造理想的信道条件，从而达到最佳性能。

6. 从"跟踪信道变化"到"预测信道变化"

准确的信道信息是实现高可靠无线通信的必要条件。当前，通信系统是基于参考信号进行信道测量的。由于信道测量和信息上报存在时延，再加上测量开销，我们很难实时获取信道信息。信道老化也会导致性能变差，对于高速移动用户来说，这一影响尤为明显。

AI 将使能新的信道探测技术，在感知 / 定位功能的辅助下，我们不再依赖参考信号，而是通过感知环境来获取信道信息。利用感知 / 定位获取到的信息，可以极大地简化波束搜索过程。主动的信道跟踪与预测可以提供实时信道信息，解决信道老化问题。这种新的信道信息获取技术将信道获取开销和网络 / 终端的功耗都降到了最低。

7. 从"地面 + 卫星"到"地面与非地面一体化"

新近 5G 协议中引入了卫星系统，将其作为地面通信系统的延伸。6G 的地面与非地面一体化通信系统将实现全球覆盖和按需覆盖能力。在 6G 地面与非地面一体化通信系统中，卫星星座、无人飞行器（Unmanned Aerial Vehicle，UAV）、高空平台站（High Altitude Platform Station，HAPS）、无人机等被视为新型移动网络节点。深度集成的地面与非地面系统可以更高效地进行多连接操作、更灵活地共享功能、更快速地进行跨连接切换，这些新机制将在很大程度上帮助 6G 在低功耗的前提下实现全球覆盖、无缝切换。

8. 从"多载波"到"超灵活频谱利用"

5G 支持 6 GHz 以下载波和毫米波载波聚合，也支持时分双工（Time Division Duplex，TDD）和频分双工（Frequency Division Duplex，FDD）载波的交叉使用。智能频谱利用和信道资源管理是 6G 设计的要点，未来将探索频率更高、带宽更大的频谱（比如更高的毫米波频段及太赫兹频段），使数据速率再创新高。但是，更高频率往往意味着更大的损耗，包括路径损耗（简称"路损"）和大气吸收损耗。为了解决这个问题，在设计 6G 空口时，必须考虑如何同时利用这些新频谱和其他较低频段。此外，尽管全双工技术在 5G 就已经得到推广，人们仍热切期待着它在 6G 时代会更加成熟。我们应考虑开发一套简化机制，实现快速的载波间切换和灵活的双向频谱资源分配。还应考虑为 FDD、TDD 和全双工统一定义帧结构和信令，以简化系统操作，使具备不同双工能力的终端得以共存。

9. 从"模拟/射频无感知系统"到"模拟/射频感知系统"

一直以来，由于难以对模拟/射频模块的损耗和非线性进行建模，基带信号处理和算法设计往往没有充分考虑这些模块的特征。在较低频率中，尤其是线性化效应（如功率放大器的数字预失真）范围内，这个问题还不是十分明显。在 6G 的太赫兹等高频下，基带物理层设计必须要考虑射频损耗或限制。利用原生 AI 能力，射频和基带联合设计、优化或将实现。

第 19 章

智能空口框架

19.1 背景与动机

新空口（New Radio，NR）是新型无线技术发展的一个重要里程碑，它可以支持不同的应用场景。与 4G LTE 相比，NR 在性能、灵活性、可扩展性和效率方面都有显著提升。

NR 设计提供了统一框架，支持 6 GHz 以下和 6 GHz 以上的频段（如毫米波），既可以进行授权接入，也可以进行非授权接入。可配置的统一空口支持 RAN 网络和用户之间的 Uu 链路，以及终端设备之间的直连链路。可扩展 Numerology 可以灵活针对不同频段和业务对传输参数进行优化。

NR 的这种统一空口框架在频域上采用自包含设计，这种设计允许不同业务在频率和时间上共享信道资源，因此可以支持更灵活的 RAN 切片。并且，这种自包含的信号设计支持前向兼容，也就是说，它可以跟 NR 演进版本无缝兼容。此外，时域自包含设计可以快速响应低时延业务。

结合本书第 1 章所描述的技术趋势和第二部分所描述的应用场景和关键性能指标来看，6G 无线网络在功能上将比 5G 复杂得多，在成本最低原则下，新应用、新要求、新指标都给空口设计带来了巨大挑战。因此，6G 空口亟须革新。相比 NR，6G 的空口框架要更智能、更节能，才能满足 6G 在部署效率、成本、功耗、复杂度等方面的需求。为了实现这些目标，6G 空口框架在设计之初就必须要考虑到相关空口使能技术，包括人工智能、新频谱、非地面通信系统和感知通信等。

本章将简要阐述这种智能空口框架，其中 19.2 节全方位描述了 AI/ML 技术在无线通信领域的现状，19.3 节列举了对空口设计的期望和研究方向。

19.2 技术现状

对网络运营商和设备供应商而言，OPEX 和 CAPEX 都急需优化。从网络运营商的角度来看，最关键的两个方法是：（1）高效利用碎片化的频谱；（2）提升能源效率，打造可持续网络，这是网络运营成功的关键。此外，设备的续航时间也是决定用户体验的一个重要方面，会影响多样化业务的使用。为了提供更好的 6G 用户体验，如何降低设备能耗变得至关重要。因此，在 19.2.1 节中，我们会简要介绍 NR 设计中的频谱管理和节能机制。

人工智能技术，特别是机器学习的应用有望提升电信系统的性能和效率。针对无线通信中的 AI/ML 技术，19.2.2 节和 19.2.3 节重点介绍以下三个方面：物理层和 MAC 层的 AI/ML 技术、AI 算法、学习架构。

对于物理层，业界正在研究如何利用 AI/ML 技术来优化模块设计、提高算法性能，例如将 AI/ML 用于信道编码和 MIMO。对于 MAC 层，研究表明，如何使用 AI/ML 在学习和预测方面的能力，用改良的策略和最优解来应对复杂的优化类问题，仍是一个值得探索的难题。19.2.3 节提供了几个案例，如利用深度强化学习优化 MAC 层的调度和功率控制功能。

19.2.1　NR 频谱利用与能效

NR 有灵活的频谱管理运营机制，使运营商能高效地利用多个可用频谱资源。而为了有效地利用这些频谱资源，NR 通过载波聚合和双连接来提升用户设备带宽。

载波聚合是指为同一个设备分配多个载波分量。在双连接中，设备可以通过主辅基站在两个小区组的多个载波分量上同时发送和接收数据。

NR 载波聚合支持灵活频谱聚合，它既可以聚合 6 GHz 以下和 6 GHz 以上的频谱，又可以聚合 FDD 和 TDD 频谱。NR 双连接支持多种网络架构，使主基站和辅基站互联更加紧密。NR 双连接分为 LTE-NR 双连接和 NR-NR 双连接。LTE-NR 双连接指设备首先连接到 LTE 无线网和核心网，然后通过无线资源控制（Radio Resource Control，RRC）重配置连接到 NR 无线网；NR-NR 双连接指设备首先连接到 NR 无线网和核心网，然后通过 RRC 重配置增加另外一个 NR 网。

能效在网络侧和设备侧都是关键的性能指标，5G NR 系统设计灵活、易扩展，可采用不同的标准节能技术，来匹配网络上不同的流量负载和流量类型。具体来说，NR 标准支持灵活的参考信号设计（避免永久在线的参考信号）和灵活的资源预留设计，从而以前向兼容的方式实现高能效网络运行，并支持非连续接收机制（discontinuous reception）以及 RRC 非活跃态（RRC INACTIVE state）。

NR R15 在 RRC 连接态（RRC CONNECTED state）和 RRC 空闲态（RRC IDLE state）之外，又新引入了 RRC 非活跃态，目的是使处于 RRC 非活跃态的设备可以更快速、更高效地恢复到 RRC 连接态，并以更低的信令开销、时延和功耗完成数据传输，从而达到节能的效果。

19.2.2　物理层 AI/ML

AI/ML 在物理层模块中的应用，业界已有研究 [1-3]。下面简单介绍几个例子，包括如何将 AI/ML 用于信道建模和估计、信道编码、调制、MIMO 和波形设计。

AI/ML 可以提取无线信道的时域、频域和空域特征，例如，文献 [4] 基于递归神经网络（Recurrent Neural Network，RNN）建立了神经网络模型，如长短期记忆模型（Long Short-Term Memory，LSTM）和门控循环单元，来学习无线信道的时间相关性。训练后的模型可以预测信道变化，相比基于导频的信道估计而言，该模型在深衰落场景下可以提供更准确的信道信息。为了从无线信道中提取更多的特征，文献 [5] 引入了多域嵌入的方法，将嵌入的数据输入 Transformer 网络，再进行信道模型预训练。预训练的信道模型可以用于多种下游任务，如信道预测、信道海图、定位等。

理想状态下，信道编码是在完善的理论指导下设计的，但在实践中却不尽如此，一个典型的例子是：当 Polar 码使用连续消除列表（Successive Cancellation List，SCL）译码时，性能难以分析。文献 [6] 使用基于强化学习的框架，在 SCL 译码器中根据特定的译码列表宽度搜索 Polar 码。

神经网络也可以直接用作译码器，神经网络信道译码器不仅可以降低复杂度 [7]，还可以更好地补偿非线性 [8]。AI/ML 的另一个应用领域是信源信道联合编码（Joint Source and Channel Coding，JSCC）。文献 [9] 中引入了基于自编码器的 JSCC 框架，与传统方法相比，这种框架的信息恢复质量更高。

对于调制功能，AI/ML 方法面临的首要挑战就是从未知无线信号中识别调制类型，为此，文献 [10] 使用卷积神经网络（Convolutional Neural Network，CNN）来识别多种数字调制和模拟调制类型。此外，人们还引入了神经网络解调器。例如，文献 [11] 使用全连接网络来近似软解调中使用的对数最大后验算法（Log-MAP）。为了获得整形增益，自编码器框架还用来设计调制方案，实现几何整形和概率整形 [12]。

AI/ML 方法在 MIMO 系统中有着广泛的应用。首先，这些方法为信道信息获取提供了多种便利，例如，文献 [13] 将每个天线集和频段中的信道通过全连接网络映射到另一个天线集和频段中的信道，这表明即使在 FDD 系统中也有可能通过上行信道探测直接获取下行信道信息。文献 [14-15] 通过对基于自编码器的神经网络进行训练，压缩了信道状态信息（Channel State Information，CSI），从而降低了 CSI 上报的开销。自编码器框架也可用于预编码设计，尤其在 CSI 不完善的情况下 [16]，它可以使性能更稳健。MIMO 接收端也可以基于 AI/ML 进行设计，例如，文献 [17] 将基于深度图像先验网络特别设计的深度神经网络（Deep Neural Network，DNN）用于 MIMO 信道估计。此外，深度展开方法通常用于 MIMO 检测（如文献 [18]），以提升性能、降低复杂度。

对于波形，文献 [19] 提出在有噪瑞利衰落信道下，使用深度复卷积网络将采用正交幅度调制（Quadrature Amplitude Modulation，QAM）下的正交频分复用（Orthogonal Frequency-Division Multiplexing，OFDM）信号直接恢复成比特信息。基于 AI/ML 生成波形主要是为了降低 OFDM 信号的峰均比。文献 [20] 提出了一个基于自编码器的框架，将调制的符号映射到发送端 OFDM 子载波上，然后在接收端解映射。因此，与传统方法相比，OFDM 符号的峰均比更低。在文献 [21] 中，使用所提出的 DNN 顺序地从整个带宽中选择一组子载波来映射特殊设计的调制符号，这可以显著降低所生成的 OFDM 信号的峰均比。

19.2.3 MAC 层 AI/ML

在 MAC 层，有些工作（如文献 [??]）依赖监督学习或无监督学习。监督学习即构建优化问题并提供数据标签；而无监督学习，则是构建优化问题并提供优化目标。但是，MAC 层的决策对环境的变化（如信道、位置等）非常敏感。深度强化学习可以动态地做出决策并灵活调整决策策略，因此对 MAC 层非常有用。文献 [23] 对通信和网络中的深度强化学习等研究工作做了深入的总结，在此我们提供一些典型的案例。

传统的自适应调制编码方案大多是被动的，它们根据接收机的反馈来调整调制和编码方案。文献 [24] 中使用的深度强化学习智能体在决定调制和编码方案的设置之前，需要先学习其他智能体的经验以及智能体间的交互，以确保做出更优决策。

资源分配是 MAC 层的另一个重要功能，可分配的资源包括接入机会、传输机会、功率或频谱等。在文献 [25] 中，深度强化学习智能体帮助设备选择自己的接入模式，包括在某个时隙打开或关闭接收机，以及确定每个所选模式的概率。仿真结果表明，深度强化学习方法比固定收发模式切换协议的性能更优。

在基站中，深度强化学习智能体可用作 MAC 调度器，在传输机会分配过程中它起到了决定性作用 [26-27]。在满缓冲区（full-buffer）业务场景中，它能实现最佳性能；在非满缓冲区（non-full-buffer）业务场景中，与比例公平方案相比，它能产生高达 30% 的增益。

文献 [28] 提出了一种基于指纹的深度 Q 网络方法，以解决车到车（Vehicle-to-Vehicle，V2V）、车到基础设施（Vehicle-to-Infrastructure，V2I）链路之间的频谱共享问题。深度强化学习智能体经过集中训练，再分发到各个 V2V 链路，进行本地决策，不需要复杂的集中控制，就能提升系统吞吐率。针对毫米波超密集网络和基于 LTE 的异构网络中类似的频谱共享问题，文献 [29] 提出了基于强化学习的分布式 Q 学习算法，文献 [30] 提出了异构多目标分布式策略。

文献 [31] 中研究了超密集小站场景的功率控制和干扰协调问题，提出了基于强化学习和深度强化学习的两种方法，目的是将目标小区的吞吐最大化，同时将其发射功率降至最低，从而限制对邻区的干扰。在多用户蜂窝网络的功率控制方面，文献 [32] 既考虑了小区间干扰，又考虑了小区内干扰，并使用深度强化学习方法（如深度 Q 网络、深度确定性策略梯度）来解决这些干扰问题。

19.3   设计展望和研究方向

为了支撑新兴的 6G 无线接入技术，6G 空口设计应提供一个全新的框架，并具备以下主要特征：

- 更智能、更绿色，支持原生 AI 和节能。
- 频谱利用更灵活，最高可达太赫兹。
- 通信和感知一体化。

- 地面与非地面通信一体化。
- 协议和信令机制更简单，降低开销和复杂度。

本节将主要讨论对 6G 智能空口框架的期望：针对每个用户应用和业务进行原生个性化设计，开销低、敏捷性高。这种个性化设计主要包括 AI 使能的智能物理层设计、智能 MAC 层控制器设计、智能协议和信令设计，以及全新的端到端原生 AI 链路设计。

19.3.1　AI 使能个性化空口

智能协议和信令机制是 AI 使能的个性化空口的重要组成部分。该机制原生支持智能物理层和 MAC 层，这是 6G 智能空口与 NR 灵活空口的主要区别。

- **智能物理层**：AI/ML 技术能够处理海量采样数据，解决非线性映射问题，设计自动力化的传输机制。AI/ML 也有可能为不同的物理层功能提供一种通用的优化模块，增加物理层的适应性和灵活度。AI/ML 还可以进一步挖掘潜在增益，提升无线链路性能。因此，需要一个智能机制来改良物理层模块，充分使能 AI 的能力，提供与快速和海量数据处理相关的感知、定位和深度沉浸式体验等用例。
- **智能 MAC 层控制器**：AI/ML 技术能够提供预测和决策能力，在收集无线数据后，它可以开展自主学习。基于此，我们设想可以在系统中采用智能 MAC 层控制器，实现空口算法和参数的在线调整。通过累积式学习，智能 MAC 层控制器会变得越来越聪明，从而记住经验教训并做出正确的决策。通过该控制器还可以对收发机进行跨模块的参数联调和跨网络实体的协同，这些将转化成巨大的性能增益。
- **智能协议和信令**：对于智能物理层和智能 MAC 层来说，独立设计和一体化设计都需要新的协议和信令。预计 6G 将设计一套智能机制，确保智能物理层和 MAC 层的高效运行。

接下来，我们将结合一些用例说明在物理层设计中如何使用 AI，另外也会探讨如何使用 AI/ML 技术使 MAC 层受益。

1. AI 使能智能物理层

近来 AI/ML 领域的一系列突破激励了无线通信研究人员利用 AI/ML 来设计下一代无线通信系统的物理层模块。基于 AI/ML 的设计通常能够适应物理层模块的非线性因素，这些在信道编码、调制和波形等传统网络中基于数学模型实现的模块设计中都有体现。此外，6G 时代通过感知收集的大量信道和环境数据可以辅助基于 AI/ML 的物理层设计，例如 MIMO 系统的 CSI 获取。下面针对一些主要的物理层模块，阐述使用 AI/ML 方法的好处。

- **信道编 / 译码**：信道编码用于在噪声信道中进行可靠的数据传输，一个好的信道码可以逼近"香农极限"。"香农信息论"只是为信道码提供了一个目标或评价标准，它并没有直接提供精确的编码设计方案。信息论框架下的信道编码设计主要基于加性高斯白噪声（Additive White Gaussian Noise，AWGN）信道的假设。但在实际应用中，大部分信道都是衰落信道。而在衰落信道下的信道编码设计甚至缺乏理论指导，AI/ML 则可以弥补这个不足。除了编码方案，译码算法也很困难，因为译码过程通常涉及很复杂的计算。有时必须简化假设，将复杂度降到可接受范围内再进行译码，这样做会牺牲掉一部分性能。对此，AI/ML 可用于信道译码器，将译码过程建模成分类任务。

- **调制解调**：调制模块的主要目标是在有限的带宽下，将多个比特映射到一个传输符号中，从而获得更高的频谱效率。传统的调制方式如多进制正交幅度调制在无线通信系统中有广泛的应用。它的方形星座设计使得接收端的解调工作变得没那么复杂。在一些其他星座设计中还发现了额外的几何特征，如非欧几里得距离和概率整形增益。因此，可以通过 AI/ML 方法，充分利用整形增益，设计出适合特定应用场景的星座。

- **MIMO 和接收机**：MIMO 之所以如此有吸引力，是因为它能提高无线通信的鲁棒性或吞吐率。随着天线数量的增加，MIMO 系统可以获得更多的增益，但也因此变得更复杂。使用 AI 驱动的技术（如 CSI 反馈方案、天线选择、预编码、信道预估和检测技术）对 MIMO 相关模块的设计大有裨益，大部分 AI/ML 算法都可以用离线训练 / 在线推理的方式部署，这可以弥补 AI/ML 方法训练开销大的弊端。

- **波形和多址接入**：波形生成负责将信息符号映射到适合电磁传播的信号中。深度学习单元可以替代传统模块来生成波形。例如，在不使用离散傅里叶变换（Discrete Fourier Transform，DFT）的情况下，深度学习可以基于学习的方法设计出先进波形。更进一步，甚至可以通过设置一些特定要求，例如峰均比约束或低水平的带外泄漏，直接设计新的波形，完全取代标准的 OFDM 波形。这样可以实现异步传输，避免海量终端信令同步造成的巨大开销。基于 AI/ML 方法设计的波形同样可以在时域上表现出良好的可定位性，以提供低时延和支持小包传输的服务。

基于上述逐模块的讨论，我们发现 AI/ML 在物理层中的潜在应用场景无处不在。进一步，我们认为 AI 技术将使通信系统发生翻天覆地的变化。未来可能的研究方向包括：

- **物理层参数优化与更新**：各模块的参数配置（如编码、调制、MIMO 参数等）对通信系统的性能影响很大。在实际环境中，由于物理层的快速时变信道特性，最优的参数配置可能会动态变化。AI/ML 方法大大降低了神经网络获取最优参数的复杂度。传统的参数优化（例如比特交织编码调制模型[33]）是针对单个物理层功能模块的，而基于 AI 神经网络的多个模块的联合优化（例如信源信道联合优化）可以提供额外的性能增益。为了适应快速时变信道状态，可以利用 AI/ML 的优化参数自学习进一步提高性能。

- **信道获取**：作为无线通信的一大特点，获取无线信道和传输环境的信息一直是系统设计中的基本功能。历史信道数据和感知数据以数据集形式存储，基于这些数据集，AI/ML 方法可以绘制出无线环境地图。使用该地图，信道信息不仅可以通过信道测量获得，还可以借助其他信息（如位置）推断得到。

- **波束赋形与跟踪**：随着载波频率上升到毫米波甚至太赫兹级别，波束传输、波束对准、波束跟踪等以波束为中心的设计在无线通信中得到了广泛的应用。因此，高效的波束赋形和跟踪算法变得尤为重要。依靠预测能力，AI/ML 可以用来优化天线选择、波束赋形和预编码等流程。
- **感知和定位**：高质量的数据是 AI/ML 技术的基础。6G 系统有带宽大、频谱新、网络密集、视距（Line Of Sight，LOS）链路多的特征，因此可以获取到更多的信道测量数据和感知定位数据。基于这些数据，结合 AI/ML 方法可以绘制出无线环境地图，将信道信息与相应的定位或环境信息联系起来，从而增强物理层设计。

2. AI 使能智能 MAC 层控制器

MAC 层的控制器对无线接入网的顺利运行起着至关重要的作用。在通信系统的生命周期中，控制器要做出许多关键决策，如传输接收点（Transmit/Receive Point，TRP）布局、波束赋形和波束管理、频谱利用、信道资源分配、调制和编码方案自适应、混合自动重传请求（Hybrid Automatic Repeat Request，HARQ）管理、收发模式自适应、功率控制、干扰管理等。由于信道条件、业务状态、负载、干扰等因素的变化，无线通信环境具有高度动态的特征。一般来说，只要传输参数能够适应快速变化的环境，系统性能就会得到改善。上述问题往往是 NP-hard 的，而传统方法主要依靠优化理论，实现起来过于复杂。在此背景下，AI/ML 可以成为构建 MAC 层空口传输优化智能控制器的有效手段。

在原生使用 AI/ML 设计智能 MAC 控制器时，应仔细考虑两个问题：

- **单智能体还是多智能体**：在其他领域使用的深度强化学习模型中，往往一个智能体可能就足以满足大多数应用的要求。然而，无线通信系统需要一个多智能体深度强化学习框架。虽然每个基站的控制器都可以单独决策，但是通过多个基站的联合决策，系统性能更佳。幸运的是，几乎所有的深度强化学习算法都支持多智能体，但是多智能体深度强化学习的训练比单智能体深度强化学习的训练要困难得多。选择单智能体或多智能体从根本上来说是在性能和训练复杂性之间进行权衡。
- **联合优化还是单独优化**：传统算法由于计算能力的限制，一般只在小范围内被采用。例如，在蜂窝网络中，许多决策都是在单个小区内做出的，因此只能达到局部最优。借助多智能体，可实现大范围的联合优化，多智能体交互是构建智能 MAC 层控制器的一种有效方法。

结合本章开篇有关智能控制器的讨论，我们认为 MAC 层的智能化将是实现未来智能控制器的关键。MAC 层各功能模块的联合优化将进一步提升性能，这些功能模块包括：

- **智能 TRP 管理**：TRP 包括宏站、小站、微微站、家庭基站、射频拉远头（Remote Radio Head，RRH）、中继节点等。在 5G 时代，对单 TRP 传输和多 TRP 联合传输已经有过研究。如何在平衡性能和复杂性的前提下设计出一套高效的 TRP 管理方案一直是一个挑战，比如 TRP 选择、TRP 开关、功率控制、资源分配这些典型问题很难解决，特别是对于大规模网络。AI/ML 可取代传统复杂的数学优化算法，提供更优的解决方案，不仅能降低复杂度，还能动态适应网络环境。比如，可以基于深度强化学习或多智能体深度强化学习设计和部署策略网络，以支持智能 TRP 管理，将地面网络和非地面网络完美融合。

- **智能波束管理**：多个天线（或一个相移天线阵列）可以根据信道条件动态地形成一个或多个波束，针对一个或多个用户定向传输，这需要接收机将接收天线面板精确地对准到达波束的方向。通过 AI/ML，可以在很短的时间内更准确地学习环境变化，控制波束。为更好地引导射频设备（即天线单元）的相移操作，可以生成规则，智能地学习不同场景下的策略。

- **智能调制和编码方案**：自适应调制和编码是帮助系统适应无线信道动态的重要技术。传统的自适应调制和编码算法依赖接收端的反馈被动地做出决策，由于信道变化很快，加上调度时延，反馈经常无法及时送达。为了解决这一问题，可以利用 AI/ML 来决定调制和编码方案的设置，通过经验学习和与其他智能体的互动，智能体更有可能主动做出更好的决策。

- **智能 HARQ 策略**：除了对物理层多个冗余版本的合并算法外，HARQ 流程还涉及其他影响性能的操作，包括有限的传输机会、新传输和重传之间需要分配的资源等。为实现全局优化，有必要跨层考虑这个问题，此时，AI/ML 由于可以处理从不同来源获取大量信息而成为最佳选择。

- **智能收发模式自适应**：在多用户通信网络中，协同是提高效率的关键。在真实系统中，系统条件（如无线信道和缓存状态）和其他用户的行为都是动态变化的，用传统方法很难甚至根本无法进行预测。业界已经努力在解决这一问题，但目前的解决方案可能还不够好，因为未来用户数只会越来越多，问题会变得更加严重。AI/ML 可以通过学习和预测更准确地降低收发模式自适应开销，从而提高系统的整体性能。

- **智能干扰管理**：干扰管理一直是蜂窝网络的关键任务。干扰是动态变化的，如果没有实时通信，很难准确测量干扰。我们期望 AI/ML 能够单独和批量获取基站和终端的干扰情况，然后自动配置全局最优策略，控制干扰，从而实现频谱和功率效率的最大化。

- **智能信道资源分配**：用于分配信道资源的调度器好比蜂窝网络的大脑，因为它能决定如何分配传输机会，进而影响系统性能。除了传输机会，频谱、天线端口、扩频码等其他无线资源也可以由智能体和智能 TRP 管理模块进行管理，在多个基站之间进行无线资源协调，提升全局性能。

- **智能功率控制**：无线信号的衰减和无线信道的广播特性，意味着无线通信必须对功率进行控制。另外，在确保网络覆盖到小区边缘用户的同时，需要将对其他用户的干扰降到最低。因此，功率控制和干扰协调往往需要同时优化。相对于用传统方法求解一些复杂的优化问题，且需要在环境变化时重新求解，AI/ML 为解决这些问题提供了另一种可选方案。

3. AI 使能智能协议和信令

通过智能物理层和智能 MAC 层可以实现定制空口框架，满足多种业务和设备的需要。而为了原生支持智能物理层和智能 MAC 层，需要一种新的协议和信令机制，可以通过自定义参数提供个性化空口，在满足特殊要求的同时，使用个性化的人工智能技术最大限度地降低信令开销并提高系统整体的频谱效率。下面介绍几个智能协议和信令的例子：

- **超灵活帧结构 + 敏捷信令**：在个性化空口框架中，可以设计出超灵活帧结构，其中波形参数和传输时间都更为灵活，可以根据不同场景的不同需求进行定制，如实现 0.1 ms 极低时延。因此，系统中的每个参数都会有很多选项。6G 控制信令框架应力求简化和敏捷的机制，只需要少量的控制信令格式，且控制信息可以具有灵活的大小。在全新的设计下，控制信息检测可以通过简化的流程、最小化的开销和最小化终端能力来实现。该框架也可以前向兼容，以免需要在未来的 6G 演进中引入新的控制信令格式。

- **智能频谱利用**：如第 12 章所述，6G 的潜在频谱可以是低频段、中频段、毫米波频段、太赫兹频段，甚至是可见光频段。因此，6G 的频谱范围远大于 5G，如何让一个系统支持这么大的频谱范围，不能不说是一个挑战。

   4G 和 5G 网络都用了载波聚合和双连接两种方案来利用多个宽频谱，特别是 5G，采用了多种双连接方案，灵活利用频谱。到了 6G，载波组合更多，需要一个简化高效的智能新空口，支持整体的频谱管理。

   当前的频谱分配和帧结构通常与双工模式（FDD 或 TDD）有关，这可能会限制频谱的有效利用。预计全双工模式在 6G 会成熟起来，新兴的无线网络可能包含越来越多使用不同频段的节点（包括终端用户和接入点）。

   有些通信并不局限于上行和下行传输，比如设备到设备（Device-to-Device，D2D）通信、接入回传一体化（Integrated Access and Backhaul，IAB）通信、非地面通信等。这就要求智能空口框架提供双工透明技术，并具备足够的灵活配置能力，以支持不同的通信节点和通信类型。单一帧结构可以设计成支持所有双工模式和通信节点，而智能空口中的资源分配方案能够支持多个空口链路的有效传输。

- **原生智能节能**：在 6G 网络设计中，节能是一个明确且基本的要求。在设计时就应该从根本上考虑原生节能技术，尽量降低设备和网络节点的功耗。

   6G 空口支持智能 MIMO 和波束管理、智能频谱利用、精准定位。与传统技术相比，可以大幅降低设备和网络节点的功耗，尤其是数据功耗，因此，6G 空口框架更加节能。

预计 6G 智能技术可以极大缩短数据传输时间，当设备不主动访问网络或与网络交互时，可以运行更长时间，这将实现系统的原生节能，对节能设备和环保网络尤为重要。

有效的传输信道设计可以优化控制信令，并尽量减少状态转换或功率模式变化的次数，以实现设备和网络节点的最大节能。此外，由于 6G 网络必须支持超低时延应用，如突发的增强型 URLLC（或 URLLC Plus）业务，这些支持原生节能的方案或机制也有望提供更灵活的功能，实现超快的网络接入和超大的数据传输，比如通过优化 RRC 状态设计支持智能功率模式。

由于设备空口是个性化的，不同类型的设备对功耗有不同的要求，因此，在满足通信要求的前提下，也要为不同类型的设备定制节能方案。

19.3.2 端到端 AI 链路设计及遗留问题

大多数将 AI/ML 引入无线网络的最新尝试都倾向于以简单结合的方式取代一个或多个传统的物理层模块。在 6G 时代，人们设想基础网络框架将与 AI 技术紧密耦合，这将使 6G 有别于 5G 和以前的无线通信系统，因为在 6G 之前，AI/ML 技术并不是原生考虑的。而 6G 将 AI 技术融入无线链路流程，实现极高效的信息处理、传输环境感知和智能空口能力。

图 19-1 展示了一个完全不同的 AI/ML 应用路径，即端到端设计。在这个设计中，传输链和模块可以重新组织，前面提到的一些功能可能会消失。在信息传输和接收过程中，发送端借助神经网络智能地匹配信息源的实时变化，接收端也将根据具体任务从接收的数据中提取有效信息。这将不再是香农通信框架[34] 中所描述的那种基于唯一度量（准确无误地传递和恢复消息）的"一刀切"的数据处理方式。

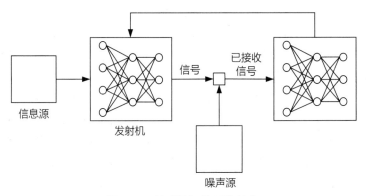

图 19-1 端到端智能通信链路

关于人工智能有很多理论，其中，信息瓶颈理论[35] 最贴合物理层的通信问题，因为它采用信息论中交互信息的概念作为优化的度量。基于信息瓶颈理论，自编码器架构是端到端 AI 链路设计的关键工具。有关信息瓶颈理论和自编码器架构的详细说明，可参见本书第三部分。

上述智能通信链路能够解锁新的可能性，有望成为未来通信的基本框架。然而，AI/ML 技术需要大量数据，在无线通信领域应用 AI/ML，需要采集、存储和交换越来越多的数据。与计算机视觉或自然语言处理领域等简单的数据不同，无线数据维度高、范围广，比如，频段从 sub-6 GHz、毫米波扩展到太赫兹，空间从室外扩展到室内，形式从文字扩展到语音、视频等。这些数据差异很大，很难在一个框架中完成数据收集、处理和使用。

参考文献

[1] Y. Sun, M. Peng, Y. Zhou, Y. Huang, and S. Mao, "Application of machine learning in wireless networks: Key techniques and open issues," *IEEE Communications Surveys & Tutorials*, vol. 21, no. 4, pp. 3072–3108, 2019.

[2] Q. Mao, F. Hu, and Q. Hao, "Deep learning for intelligent wireless networks: A comprehensive survey," *IEEE Communications Surveys & Tutorials*, vol. 20, no. 4, pp. 2595–2621, 2018.

[3] C. Zhang, P. Patras, and H. Haddadi, "Deep learning in mobile and wireless networking: A survey," *IEEE Communications Surveys & Tutorials*, vol. 21, no. 3, pp. 2224–2287, 2019.

[4] Y. Huangfu, J. Wang, R. Li, C. Xu, X. Wang, H. Zhang, and J. Wang, "Predicting the mumble of wireless channels with sequence-to-sequence models," in *Proc. 2019 IEEE 30th Annual International Symposium on Personal, Indoor, and Mobile Radio Communications (PIMRC)*. IEEE, 2019, pp. 1–7.

[5] Y. Huangfu, J. Wang, C. Xu, R. Li, Y. Ge, X. Wang, H. Zhang, and J. Wang, "Realistic channel models pre-training," in *Proc. 2019 IEEE Globecom Workshops*. IEEE, 2019, pp. 1–6.

[6] L. Huang, H. Zhang, R. Li, Y. Ge, and J. Wang, "AI coding: Learning to construct error correction codes," *IEEE Transactions on Communications*, vol. 68, no. 1, pp. 26–39, 2019.

[7] T. Gruber, S. Cammerer, J. Hoydis, and S. ten Brink, "On deep learning-based channel decoding," in *Proc. 2017 51st Annual Conference on Information Sciences and Systems (CISS)*. IEEE, 2017, pp. 1–6.

[8] Y. He, J. Zhang, C.-K. Wen, and S. Jin, "TurboNet: A model-driven DNN decoder based on max-log-MAP algorithm for turbo code," in *Proc. 2019 IEEE VTS Asia-Pacific Wireless Communications Symposium (APWCS)*. IEEE, 2019, pp. 1–5.

[9] N. Farsad, M. Rao, and A. Goldsmith, "Deep learning for joint source-channel coding of text," in *Proc. 2018 IEEE International Conference on Acoustics, Speech, and Signal Processing (ICASSP)*. IEEE, 2018, pp. 2326–2330.

[10] T. J. OShea, J. Corgan, and T. C. Clancy, "Convolutional radio modulation recognition networks," in *Proc. International Conference on Engineering Applications of Neural Networks*. Springer, 2016, pp. 213–226.

[11] O. Shental and J. Hoydis, "Machine learning: Learning to softly demodulate," in *Proc. 2019 IEEE Globecom Workshops*. IEEE, 2019, pp. 1–7.

[12] M. Stark, F. A. Aoudia, and J. Hoydis, "Joint learning of geometric and probabilistic constellation shaping," in *Proc. 2019 IEEE Globecom Workshops*. IEEE, 2019, pp. 1–6.

[13] M. Alrabeiah and A. Alkhateeb, "Deep learning for TDD and FDD massive MIMO: Mapping channels in space and frequency," in *Proc. 2019 53rd Asilomar Conference on Signals, Systems, and Computers*.   IEEE, 2019, pp. 1465–1470.

[14] C.-K. Wen, W.-T. Shih, and S. Jin, "Deep learning for massive MIMO CSI feedback," *IEEE Wireless Communications Letters*, vol. 7, no. 5, pp. 748–751, 2018.

[15] T. Wang, C.-K. Wen, S. Jin, and G. Y. Li, "Deep learning-based CSI feedback approach for time-varying massive MIMO channels," *IEEE Wireless Communications Letters*, vol. 8, no. 2, pp. 416–419, 2018.

[16] F. Sohrabi, H. V. Cheng, and W. Yu, "Robust symbol-level precoding via autoencoder-based deep learning," in *Proc. 2020 IEEE International Conference on Acoustics, Speech and Signal Processing (ICASSP)*. IEEE, 2020, pp. 8951–8955.

[17] E. Balevi, A. Doshi, and J. G. Andrews, "Massive MIMO channel estimation with an untrained deep neural network," *IEEE Transactions on Wireless Communications*, vol. 19, no. 3, pp. 2079–2090, 2020.

[18] H. He, C.-K. Wen, S. Jin, and G. Y. Li, "A model-driven deep learning network for MIMO detection," in *Proc. 2018 IEEE Global Conference on Signal and Information Processing (GlobalSIP)*. IEEE, 2018, pp. 584–588.

[19] Z. Zhao, M. C. Vuran, F. Guo, and S. Scott, "Deep-waveform: A learned OFDM receiver based on deep complex convolutional networks," *arXiv preprint arXiv:1810.07181*, 2018.

[20] M. Kim, W. Lee, and D.-H. Cho, "A novel PAPR reduction scheme for OFDM system based on deep learning," *IEEE Communications Letters*, vol. 22, no. 3, pp. 510–513, 2017.

[21] B. Wang, Q. Si, and M. Jin, "A novel tone reservation scheme based on deep learning for PAPR reduction in OFDM systems," *IEEE Communications Letters*, vol. 24, no. 6, June 2020.

[22] W. Cui, K. Shen, and W. Yu, "Spatial deep learning for wireless scheduling," *IEEE Journal on Selected Areas in Communications*, vol. 37, no. 6, pp. 1248–1261, 2019.

[23] N. C. Luong, D. T. Hoang, S. Gong, D. Niyato, P. Wang, Y.-C. Liang, and D. I. Kim, "Applications of deep reinforcement learning in communications and networking: A survey," *IEEE Communications Surveys & Tutorials*, vol. 21, no. 4, pp. 3133–3174, 2019.

[24] M. P. Mota, D. C. Araujo, F. H. C. Neto, A. L. de Almeida, and F. R. Cavalcanti, "Adaptive modulation and coding based on reinforcement learning for 5G networks," in *Proc. 2019 IEEE Globecom Workshops*.   IEEE, 2019, pp. 1–6.

[25] A. Destounis, D. Tsilimantos, M. Debbah, and G. S. Paschos, "Learn2MAC: Online learning multiple access for URLLC applications," *arXiv preprint arXiv:1904.00665*, 2019.

[26] J. Wang, C. Xu, Y. Huangfu, R. Li, Y. Ge, and J. Wang, "Deep reinforcement learning for scheduling in cellular networks," in *Proc. 2019 11th International Conference on Wireless Communications and Signal Processing (WCSP)*. IEEE, 2019, pp. 1–6.

[27] C. Xu, J. Wang, T. Yu, C. Kong, Y. Huangfu, R. Li, Y. Ge, and J. Wang, "Buffer-aware wireless scheduling based on deep reinforcement learning," in *Proc. 2020 IEEE Wireless Communications and Networking Conference (WCNC)*. IEEE, 2020, pp. 1–6.

[28] L. Liang, H. Ye, and G. Y. Li, "Spectrum sharing in vehicular networks based on multi-agent reinforcement learning," *IEEE Journal on Selected Areas in Communications*,

vol. 37, no. 10, pp. 2282–2292, 2019.

[29] C. Fan, B. Li, C. Zhao, W. Guo, and Y.-C. Liang, "Learning-based spectrum sharing and spatial reuse in mm-wave ultradense networks," *IEEE Transactions on Vehicular Technology*, vol. 67, no. 6, pp. 4954–4968, 2017.

[30] G. Alnwaimi, S. Vahid, and K. Moessner, "Dynamic heterogeneous learning games for opportunistic access in LTE-based macro/femtocell deployments," *IEEE Transactions on Wireless Communications*, vol. 14, no. 4, pp. 2294–2308, 2014.

[31] L. Xiao, H. Zhang, Y. Xiao, X. Wan, S. Liu, L.-C. Wang, and H. V. Poor, "Reinforcement learning-based downlink interference control for ultra-dense small cells," *IEEE Transactions on Wireless Communications*, vol. 19, no. 1, pp. 423–434, 2019.

[32] F. Meng, P. Chen, L. Wu, and J. Cheng, "Power allocation in multi-user cellular networks: Deep reinforcement learning approaches," *IEEE Transactions on Wireless Communications*, 2020.

[33] G. Caire, G. Taricco, and E. Biglieri, "Bit-interleaved coded modulation," *IEEE Transactions on Information Theory*, vol. 44, no. 3, pp. 927–946, 1998.

[34] C. E. Shannon and W. Weaver, *The mathematical theory of communication*. University of Illinois Press, 1964.

[35] N. Tishby, F. C. Pereira, and W. Bialek, "The information bottleneck method," *arXiv preprint physics/0004057*, 2000.

第 20 章

地面与非地面一体化通信

20.1 背景与动机

6G 网络通过将非地面通信（Non-Terrestrial Communication，NTN）集成到地面蜂窝系统，可以真正实现全球覆盖，即使发生自然灾害，也能保持较高的可用性和鲁棒性。一体化的地面网络与非地面网络有利于通过非地面节点扩大蜂窝网络的覆盖范围，确保用户能随时随地接入网络，并向无服务或欠服务地区提供移动宽带服务、弥合欠服务地区的覆盖差距，上述地区包括海洋、山区、森林或其他难以部署地面接入点或基站的偏远地区。此外，无论用户是在城区还是偏远地区，都可以利用非地面节点的广覆盖优势增强多播和各种应用的服务能力 [1]。

除了能增强服务，一体化地面网络与非地面网络还可以带来很多新业务、新应用，包括无处不在的连接、遥感、被动感知和定位、导航、跟踪、自主配送等。这就需要统一的网络设计，从功能上将非地面网络节点（如通过星间链路连接的卫星星座、UAV 和 HAPS 网络节点）、地面网络节点全部视作基站，从而保证用户终端可以无缝接入地面及非地面基站。还有一种方案，就是把非地面网络节点当作 IAB 节点，这些节点支持系统深度集成、集中协同、通信、缓存或移动边缘计算。

对基于卫星或 HAPS 的网络节点而言，传输节点一直可用，可以通过将卫星、HAPS 或 UAV 的点波束照射到特定区域来实现按需服务，从而提高整个网络的可靠性和弹性。这种部署基于业务感知机制，需要地面和非地面网络传输节点高效协同。

基于按需部署的临时 HAPS，增强后的 IAB 技术可以提供需求驱动的网络加站方案。利用这个技术，UAV 和低空 HAPS 可偶尔用作中继器，无须部署密集的地面基础设施，它们就能够提供临时回传服务。此外，IAB 技术还可以使诸如客机和货运无人机之类的飞行器同时充当空中用户和空中基站，帮助偏远地区或地面网络拥塞地区的用户和基站接入网络。显然，在有 IAB 节点的情况下，要管理干扰并避免地面和非地面网络产生拥塞，子系统之间必须紧密融合。

精准定位是 6G 网络的关键需求之一。地面和非地面网络一体化的框架有助于实现这一需求。例如，非地面网络的广覆盖和 LOS 特点可以帮助用户更好地接收到定位参考信号，甚至接收多个基站的 LOS 信号，以提高定位性能。此外，可以通过测量反射的卫星广播信号"被动感知和定位"附近的目标。

为了进一步提升非地面网络的链路预算、解决卫星通信中的高路损和高移动性问题，需要综合运用多种使能技术，如强大的载荷处理能力、可生成窄波束的大天线阵列、先进的空口方案和可按需密集部署的非地面 TRP。

20.2　现有方案

3GPP 已开始非地面网络和 5G NR 的融合工作 [1]，这些研究为每种 5G 场景（eMBB、mMTC 和 URLLC）建议了不同的用例。通过整合 UAV、HAPS 和不同轨道上的卫星等非地面网络节点，可以将这些预期用例的价值发挥到极致。

表 20-1 总结了各种非地面网络节点的主要特征（高度和传播时延）和预期用例 [1]。

表 20-1　非地面节点的主要特征和预期用例

NTN 节点	海拔高度	传播时延	预期用例
GEO 卫星	35 786 km	120 ms	广覆盖（eMBB、mMTC）
			媒体广播（eMBB）
			公共内容广播（eMBB）
			固定 / 移动小区回传连接
			城市 / 偏远地区用户通信
LEO 卫星	400～1600 km	1.3～5 ms	固定 / 移动小区回传连接
			城市 / 偏远地区用户通信
			媒体多播业务
			广域物联网业务
VLEO 卫星	100～400 km	0.33～1.3 ms	固定 / 移动小区回传连接
			城市 / 偏远地区用户通信
			媒体多播业务
			广域物联网业务
			宽带互联网
HAPS	15～25 km	50～83 μs	空中 / 地面基站回传连接
			城市 / 偏远地区用户通信
			媒体多播业务
			本地物联网业务
UAV	0.1～10 km	0.33～33 μs	地面基站回传连接
			空中中继 /TRP
			热点点播
			区域应急服务

传统的地球同步轨道（Geostationary Earth Orbit，GEO）卫星虽然可以很好地向本地服务器广播公共和流行内容（如媒体内容、安全消息、联网汽车软件更新等），但无法满足时延敏感应用的要求。如果将三颗 GEO 卫星部署在赤道上方 35 786 km 处，卫星相对地表保持静止，就足以提供除极地外的全球覆盖。

相对而言，低轨（Low Earth Orbit，LEO）卫星在广覆盖和传播时延 / 路损之间可以取得更好的平衡。GEO/LEO 卫星覆盖面积大，在数百公里内无须切换小区或波束即可保障移动小区的业务连续性，无论这些小区是在陆地、海洋还是空中。GEO/LEO 卫星也可以用作固定小区的回传，特别是偏远小区的回传。由于路损过大，地面用户可能无法直接接入 LEO 卫星，但随着 LEO 卫星天线技术的发展，不久的将来用户设备将能直接接入 6G 非地面网络。另有一种可选方案，就是把 UAV 或 HAPS 等作为中继节点，利用 IAB 技术，为没有卫星连接的偏远地区用户提供非地面接入。

随着空间技术的发展，我们可以将卫星稳定在海拔高度约 100~400 km 的极低地球轨道（Very Low Earth Orbit，VLEO）上，这个高度远低于传统的 LEO 卫星。同时，其他一些使能技术也大大降低了将卫星发射到更低轨道的成本，技术的发展和成本的降低使我们能够创建大型的 VLEO 卫星星座以提供移动宽带服务。VLEO 卫星不仅能改善链路预算、缩短地面用户的通信时延，还有利于产生更小的波束覆盖，从而在固定的覆盖范围内尽可能多地复用频率。例如，SpaceX 公司计划发射大约 12 000 颗 LEO/VLEO 卫星，组成一个卫星星座，在 2027 年前为互联网接入提供全球覆盖。

HAPS 海拔高度中等，可以为功率预算有限的用户降低空口的路损，同时利用 HAPS 的 LOS 特性和其他优势（如大天线阵列），在回传过程中高效地与卫星或地面基站通信。HAPS 能帮助偏远基站在传播时延 / 路损与覆盖之间取得很好的平衡；针对偏远基站以及城市地面网络忙时过载的情况，HAPS 还能充当骨干网，提供通信和计算能力 [2-3]。文献 [4] 提出，HAPS 在使能其他应用的同时，也可以在通信设施的基础之上作为超级宏终端补充城市地区的地面网络覆盖，通过在 HAPS 中实现存储和计算能力，可以使能物联网、智能交通系统、高风险货运无人机等潜在应用，当遇到不可预测的突发事件时，这些应用可以提供按需服务、计算卸载等。一些研究者提出一种新架构，在一体化垂直异构网络中将 HAPS 用作空中 / 地面节点与卫星巨型星座节点之间的中间节点。他们还建议将可重构智能表面集成到 HAPS 的有效载荷中，从而为空中 / 地面基站提供高能效的回传。

UAV 等低空平台可以覆盖局部地区，因此仍可用于密集部署。UAV 轨道调整的灵活度也为部署提供了额外的自由度 [5]，它们的易部署性使其成为部署按需热点的有效方案（例如，在某项活动或体育比赛期间部署热点），或为应急响应者建立一个自组网络。

随着载荷天线、大功率功放、大天线阵列和信号处理能力的不断进步，星载 / 空载非地面平台的性能有了显著改善，特别是提供高吞吐率业务方面的能力。

虽然非地面传输节点的吞吐率与 5G 基站的设计目标相当，在某些情况下甚至超过了 5G 基站的设计目标，但与地面网络可实现的区域容量相比，服务能力仍然相当有限。由于链路预算有限，非地面网络的链路级频谱效率仍然较低。

以下技术局限性是影响非地面网络服务质量的关键因素:

- **频谱效率低**:随着机上处理能力的提高,同频干扰抑制技术可以应用于卫星通信。目前部署的多色频率复用方案,大多采用频率复用因子 3~4,无法取得较高的频谱效率。多卫星联合传输等先进传输方案可以提高用户吞吐率,但在实际部署前仍需要进一步研究。

- **缺少按需自适应覆盖**:由于各卫星之间缺乏协同调度以及载荷天线的成本限制,非地面平台的无线覆盖通常是固定的或预先规划好的,并没有考虑实际的业务需求。因此,卫星通信无法充分获得自适应按需服务带来的增益。

- **移动性和波束管理开销**:由于卫星的快速运动,移动性管理流程会产生大量高层信令和功耗开销,这将给网络带来巨大的信令负担,到了 6G 时代,移动用户数量激增,将使这一问题更加突出。在基于波束的通信中,VLEO 卫星的在轨移动也会给波束管理带来巨大的信令开销,从而给波束扫描流程、波束失败恢复流程以及用户移动跟踪带来更多的挑战。此外,这些流程的时延开销也很高。因此,优化移动性和波束管理流程是 6G 网络的一个重要研究课题。

- **缺乏感知支持**:目前,NR 网络尚无感知支持,但感知在 6G 网络中将发挥重大作用,可以同时在地面和非地面网络中部署感知来提升用户体验。

- **固有时延**:现有非地面平台大多没有部署基站功能,具备完整信号处理能力的 VLEO 卫星、HAPS、UAV 载荷和稳定的星间链路是实现低时延传输的先决条件。

- **地面网络与非地面网络之间缺乏紧密融合**:在 NR R15 的基础上,R16 开展了新特性"非地面网络融合"的讨论。但是面向地面的 NR 设计理念并没有从根本上针对载荷的射频硬件和非地面网络平台的移动性进行优化。人们普遍认识到,非地面网络仍需改进,以便将非地面网络节点集成到地面网络,在地面与非地面一体化网络的基础上实现更广泛的服务和应用。之所以要一体化,是因为地面网络或非地面网络无法独立实现这些服务和应用,地面与非地面一体化是唯一的途径。需要注意的是,这种一体化不同于 3GPP 在 5G NR R16 及后续版本中所提出的非地面一体化网络方法 [1],后者仅增强了 NR 空口,把非地面网络当成是地面网络的延伸,它并没有实现真正意义上的一体化。

20.3　设计展望和研究方向

20.3.1　一体化多层网络

将非地面网络节点融入地面通信系统会产生一个包含多个层级的异构网络,如图 20-1 所示。地面网络与非地面网络一体化设计的主要目标是通过高效的多链路联合工作、灵活的功能共享、快速的物理层链路切换(地面与非地面网络之间)来提升整体性能。

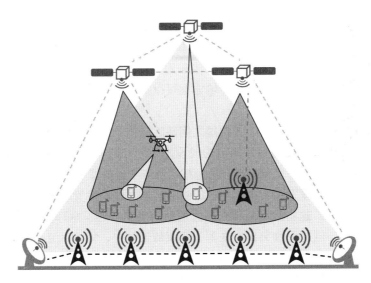

图 20-1　地面与非地面一体化网络（灰色虚线表示无线回传连接，黑色虚线表示光纤连接）

这种一体化网络包含了不同轨道的卫星、HAPS 和其他空中或地面接入点，正是由于这种异构性和多样性，它可以为用户提供多个跨层连接，从而提高网络覆盖及可靠性。值得关注的是，这些层单独使用时可能无法达到期望的性能水平，例如，虽然特定用户或物联网设备可以接入多个地面基站、VLEO 卫星或 HAPS，但是每条候选接入链路并非始终可靠，因此，快速选择和切换到最佳接入链路至关重要。为了提高可靠性，有必要在紧密融合的各层中，因地制宜地选择最合适的路径。在 5G NR 中，地面系统和非地面系统在设计上是各自独立运行的；但在未来的 6G 网络中，这两个系统的功能、操作、资源管理和移动性管理都有望实现融合。接下来我们将讨论几种融合方式和各种方式下的预期改进。

1. 融合方式

应用层融合是最简单的松散融合形式。为了共存，每个子系统都必须实现所有层的功能和应用层接口，允许用户通过多个跨子系统的连接与应用服务器交换信息。这种方法易于实现，但可能效率不高，因为不同子系统之间缺乏协同[6]。

核心网融合主要是 3GPP 蜂窝网络（如 LTE）与非 3GPP 网络（如 WLAN）互通的一种松散融合方式，其中，两个网络的无线接入部分各自运行，仅在核心网上存在一些互通。用户能得到一些网络辅助信息以及与运营商策略相关的配置[6]。用户基于网络配置、无线链路质量、个人偏好等选择其中一个 RAN 网络来发送数据，从而确保通过最优的 RAN 网络建立连接。但是，用户基于本地信令或测量做出决策，会出现次优选择。此外，由于不同的无线接入资源可能由不同的 RAN 网络管理，导致资源无法得到有效利用。

深度 RAN 融合是指不同的子系统在 RAN 级别融合，它们可能共享相同的资源[6]。RAN 融合的一个例子是 3GPP 使用不同的无线接入技术（如 LTE 和 NR）建立双连接 / 多连接的方案，这些无线接入技术可能共享同一载波的带宽。根据回传连接的不同，这里的融合可以是部分协同（如 LTE/NR 多连接方案），也可以是完全融合（即单无线接入技术方案），在地面与非地面网络之间使用统一空口。部分协同是指各个子系统相互配合来协调不同 TRP 或子系统间的干扰；而在单无线连接方案中，地面与非地面网络的 TRP 是由各区域的集中控制单元来协调的，区域控制单元之间通过大容量回传接口互联。地面与非地面网络的无线资源通过统一控制面进行联合管理，根据瞬时信道条件调整统一空口的物理层参数，从而在充分利用资源的同时，提高用户可靠性和服务质量。

5G 地面网络和非地面网络本质上使用同一设计：由于 5G NR 的前向兼容性，非地面网络融合是在 5G 地面网络协议完成后进行的。

到了 6G，地面网络和非地面网络从一开始就使用统一的端到端设计，地面节点和地面网络、非地面节点和非地面网络间只是实现方式不同而已。因此，在部署 LEO 卫星星座后，6G 网络将能覆盖全球。地面网络将为用户终端提供更高的数据速率，而非地面网络将在地面网络不可达之处提供基本的数据连接。在这种 6G 架构下，可以利用多个机载或空载层，在城区按需扩展地面网络的覆盖范围。

从成本效益的角度来看，通过密集部署昂贵的地面基础设施来覆盖随机和散发的高峰用户需求并非明智之举。利用非地面网络的广覆盖，可以适时地向迫切需要更大覆盖的区域提供非地面资源。在一体化多层 6G 网络结构中，非地面资源应需要跨层协同，即各层收发点的资源统一由一个控制面实体调度。

2. 挑战和研究方向

在过去的几十年里，无线网络主要由静态地面接入点组成。然而，考虑到未来可能普遍存在的 UAV、HAPS 和 VLEO 卫星，以及人们将卫星通信融入蜂窝网络的愿望，未来的系统将不再是横向的、二维的。如图 20-2 所示，新兴的 3D 垂直网络包括许多移动的高空接入点（不包括对地静止卫星），例如 UAV、HAPS 和 VLEO 卫星。

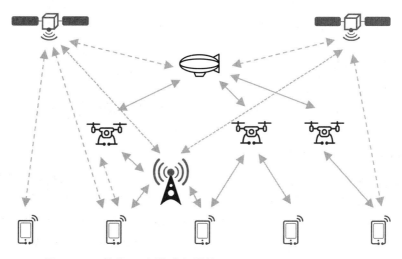

图 20-2　一体化 6G 网络中新增的 UAV、HAPS 和 VLEO 卫星

支持多样化且异构的接入点是 6G 面临的新挑战之一，为此，需要网络实现自组织，无须重新配置用户就能无缝集成新 UAV 或低轨卫星。UAV、HAPS 和 VLEO 卫星由于离地面相对较近，可以实现类似地面基站的功能，因此被视为 6G 时代的新型基站，但是，它们同时也会给我们带来一系列新挑战。尽管它们可以在地面通信系统中使用相似的空口和频段，在非地面接入节点之间或地面接入节点与非地面接入节点之间，我们需要找到新的方法来规划、获取和切换小区。此外，与地面节点类似，非地面节点及其客户端也需要自适应、动态的无线回传，以维持连接。为了支持这种多样化、异构的接入点，需要自组织将新 UAV 无缝集成到网络，无须耗费高开销进行重配置。这类基于虚拟空口的解决方案应简化小区和 TRP 的获取以及数据和控制路由，从而高效、无缝地将空中节点融入底层地面网络。因此，除了和垂直接入点相关的物理层操作，如上下行同步、波束赋形、测量、反馈等，用户终端应该很大程度上感知不到空中接入点的增删。

6G 地面与非地面网络的目标是共享统一的物理层和 MAC 层设计，新特性使用融合的协议栈，使得一块调制解调器芯片就可以同时支持地面、非地面通信。只使用单套芯片虽然更节省成本，但是在实际应用中很难实现，因为地面、非地面网络的设计要求不同，导致在物理层信号设计、波形、自适应调制编码方案等方面存在差异。例如，卫星通信系统可能具有严格的峰均比要求。虽然 NR Numerology 已经针对低时延通信进行了优化，但卫星通信应该能够适应大传输时延。统一的物理 /MAC 层设计框架可以通过灵活调整和定制若干参数，以适应不同的部署场景，并原生支持机载 / 空载非地面通信，下一节将详细讨论这一架构如何增强非地面通信。

20.3.2　增强型非地面通信

UAV、HAPS、VLEO 卫星等非地面网络节点将成为 6G 网络基础设施的一部分，虽然它们能提供和地面基站类似的功能，但非地面节点的设计仍需改进，以满足严格的链路预算要求。结合载荷射频模块和处理能力的预期进展，6G 空口设计有很大的突破空间，应遵循两大原则：

- 克服非地面通信带来的挑战。
- 利用非地面节点特有的属性。

针对 20.2 节中强调的非地面通信的局限性，下文将提供相应的解决方案以及提升非地面网络效率的潜在研究方向。

1. 高频谱效率传输技术

现有卫星系统整体频谱效率远低于蜂窝网络，一部分原因是传输距离长导致的链路预算低，另一部分原因是卫星通信中的同频干扰大。同频干扰的问题无法随载荷处理能力或用户接收能力的进步而缓解。当前卫星通信普遍采用多色频率复用方案，以降低频谱效率为代价来缓解相邻波束的同频干扰。多波束预编码是蜂窝网络中一项非常成熟且有效的技术，在卫星通信环境下，可以有效缓解同频干扰，实现全频率复用，提升地面与非地面一体化网络的整体用户体验。为了高效地获取信道信息，我们需要低开销信道反馈方案，并进一步研究可以满足射频和其他部署约束的预编码策略。

极化复用是卫星通信场景特有的技术，由于卫星通常会配备圆极化天线，使用该技术可以提高频谱效率。由于 LOS 信道特性，右旋圆极化信号和左旋圆极化信号可以不受长距离传输过程中交叉极化的影响。在传统的时间、频率维度基础上，极化提供了一种新的正交维度，在非地面网络系统设计中值得深入研究。卫星通信中，不同极化方向是相互隔离的，因此相邻点波束可以利用不同极化方向来避免同频干扰。在两个隔离的极化信道上可以应用其他先进的传输方案，如 MIMO[7] 和空间调制 [8]，进一步提高传输效率。

多卫星联合传输是另一个有望提高传输效率的解决方案，但这一方案也更具挑战性。它通过使一个用户同时接收多个卫星的信号，或者使多颗卫星借助分布式 MIMO 技术检测同一个用户的上行信号，达到提高实际传输速率的目的。后者（即分布式 MIMO）可以有效缓解由于用户传输功率有限而导致的上行链路预算瓶颈，还可以使能物理层联合发送和接收，从而获得处理增益。分布式 MIMO 方案的信道容量应根据协同卫星的拓扑结构、链路预算进行优化。要实现 LEO 星座的星间同步和协同收发，我们还需要付出更多的努力。

2. 智能按需覆盖

为了提供灵活按需的覆盖，基于星座的网络应该智能化，如图 20-3 所示。假设非地面网络节点之间有理想的回传连接，我们可以把空中基础设施看作一个资源池，池中所有的资源都可以同时调度，从而提高整体资源效率。网络应能感知用户需求，并通过管理时频资源的分配和部署高度定向点波束来动态协调可用资源，以满足用户需求。当某个热点区域出现突发需求时，应将空中可视区域内的所有资源集中服务于突发需求所在的区域，以提升区域容量密度。同样，当某个卫星节点发生故障时，其他卫星应能立即补盲，降低突发的容量损失。

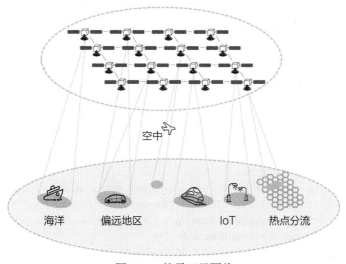

图 20-3 按需卫星覆盖

卫星沿轨道移动时,干扰会发生变化,因此,应动态调整其波束覆盖区域以降低干扰。在特定时间内,卫星覆盖范围内不同区域对于服务的需求不尽相同,并且卫星侧感知的需求会因卫星的移动而时时变化,这要求资源调度器能够动态适配这些变化,在保证对低负载区域用户维持基本响应的前提下,将低负载区域的时间、频率、功率资源协调给热点区域,以更好地服务热点区域。当卫星覆盖范围迁移到新区域时,资源分配模式可以实时更新。调度算法应充分考虑载荷能力的限制以及与地理位置相关的服务需求。

3. 高效移动性管理

针对非 GEO 卫星移动所带来的频繁波束切换问题,卫星网络应具备高效移动性管理能力,从而减少信令开销、缩短中断时间、降低功耗。

由于无法观测到远近效应(near-far effect),在地面网络中广泛采用的基于功率的重选和切换触发策略在卫星通信中是行不通的。我们需要一些基于用户和卫星波束相对位置的新指标,还需要针对特定切换场景优化重选和切换流程,包括星内切换、星间切换、卫星和蜂窝切换等。由于用户相对位置变化主要是卫星移动导致的,通过预测卫星移动轨迹可以减少切换信令开销。

卫星波束切换后,如果新波束上的资源不可用,会出现连接失败的情况。为了保证业务连续性,需要采用资源预留机制,保证切换后用户仍能够获得所需的资源。因此,地面网络可以辅助非地面网络上的移动性流程,反之亦然。

4. 高精度快速定位

LEO 巨型星座可以提供内置定位能力,减少用户侧对外部全球导航卫星系统(Global Navigation Satellite System,GNSS)的依赖,同时保证更好的用户体验。与现有的 GNSS 系统相比,巨型星座可以极大地改善几何精度因子(Geometric Dilution Of Precision,GDOP)的值[9]。若二者的定位精度需求相似,基于巨型星座的定位可以降低载荷时钟的精度要求,对于扰动带来的轨道误差有更大的容忍度。在通信系统中,使用先进的定位方案能够快速、准确地测量到达时间(Time Of Arrival,TOA)和到达频率(Frequency Of Arrival,FOA)。例如,在专用时隙中调度定位波束可以避免数据传输时产生干扰。然而,如何在降低开销的同时通过调度定位波束和参考信号实现这个目标,仍是一个未解的难题。

参考文献

[1] 3GPP, "Study on new radio (NR) to support non-terrestrial networks," 3rd Generation Partnership Project (3GPP), Technical Report (TR) 38.811, 10 2019, version 15.2.0. [Online]. Available: https://portal.3gpp.org/desktopmodules/Specifications/SpecificationDetails.aspx?specificationId=3234

[2] O. Kodheli, E. Lagunas, N. Maturo, S. K. Sharma, B. Shankar, J. Montoya, J. Duncan, D. Spano, S. Chatzinotas, S. Kisseleff et al., "Satellite communications in the new space

era: A survey and future challenges," *arXiv preprint arXiv:2002.08811*, 2020.

[3] P. Wang, J. Zhang, X. Zhang, Z. Yan, B. G. Evans, and W. Wang, "Convergence of satellite and terrestrial networks: A comprehensive survey," *IEEE Access*, vol. 8, pp. 5550–5588, 2019.

[4] G. Kurt, M. G. Khoshkholgh, S. Alfattani, A. Ibrahim, T. S. Darwish, M. S. Alam, H. Yanikomeroglu, and A. Yongacoglu, "A vision and framework for the high altitude platform station (HAPS) networks of the future," *arXiv preprint arXiv:2007.15088*, 2020.

[5] H. Wang, H. Zhao, W. Wu, J. Xiong, D. Ma, and J. Wei, "Deployment algorithms of flying base stations: 5G and beyond with UAVs," *IEEE Internet of Things Journal*, vol. 6, no. 6, pp. 10 009–10 027, 2019.

[6] S. Andreev, M. Gerasimenko, O. Galinina, Y. Koucheryavy, N. Himayat, S.-P. Yeh, and S. Talwar, "Intelligent access network selection in converged multi-radio heterogeneous networks," *IEEE Wireless Communications*, vol. 21, no. 6, pp. 86–96, 2014.

[7] A. Byman, A. Hulkkonen, P.-D. Arapoglou, M. Bertinelli, and R. De Gaudenzi, "MIMO for mobile satellite digital broadcasting: From theory to practice," *IEEE Transactions on Vehicular Technology*, vol. 65, no. 7, pp. 4839–4853, 2015.

[8] P. Henarejos and A. I. Pérez-Neira, "Dual polarized modulation and reception for next generation mobile satellite communications," *IEEE Transactions on Communications*, vol. 63, no. 10, pp. 3803–3812, 2015.

[9] T. G. Reid, B. Chan, A. Goel, K. Gunning, B. Manning, J. Martin, A. Neish, A. Perkins, and P. Tarantino, "Satellite navigation for the age of autonomy," in *Proc. 2020 IEEE/ION Position, Location and Navigation Symposium (PLANS)*. IEEE, 2020, pp. 342–352.

第 21 章

通感一体化

21.1 背景与动机

蜂窝网络最初是为无线通信而设计的,随着人们对基于位置应用的需求迅速增长,蜂窝网络定位的研究引发了极大关注。如第 3 章所述,一些 6G 应用需要通过高精度定位、制图及重构,以及手势 / 活动识别来感知环境。感知(一种获取周边环境信息的行为)将成为一种新型 6G 业务,它可以通过各种方式来操作实现,具体分为以下几类:

- **射频感知**:发送射频信号,然后通过接收和处理反射信号来了解环境。
- **非射频感知**:通过从周边(如相机)获取的图片和视频来了解环境。

通过发射电磁波和接收回波,射频感知能够提取环境中对象的信息,包括对象是否存在及其质地、距离、速度、形状、方向。在当前系统中,射频感知用于定位、检测、跟踪无源对象,即未注册到网络上的对象。现有的射频感知系统主要有两点不足:

- 由具体应用驱动、独立运行,即与其他射频系统之间不存在交互。
- 只支持无源对象,不能识别有源对象(如注册到网络上的对象)的特征。

现今,无线网络设计的主要目标是优化通信性能,包括提升频谱效率和可靠性、最大限度地降低时延和功耗。通信系统应支持多样化应用场景,业务质量高、覆盖范围广,因此现在比以往任何时候都更需要高效、敏捷、有认知能力的通信系统以及能提供必要知识的感知系统。传统实践涉及两个不同的子系统通过交换有限的信息来实现一定程度的认知,但这种方法有许多弊端,如开销大、功耗大、效率低、系统笨重。未来,无线系统会向更高频率(如毫米波甚至太赫兹)演进,且有大量可用频谱,通信系统将具备与感知系统相似的能力。为了减少功耗与复杂度,两种系统可以共享一些硬件模块,如天线、功率放大器、振荡器等。此外,相比各自使用指定资源,时间和频谱资源也可以在系统间共享,从而进一步提升系统性能。

随着新技术的出现,一方面会促使无线通信系统朝着高速率、低时延、海量连接的方向不断迈进,另外也会衍生出如感知 / 成像和定位等其他系统能力,引入大量创新应用,从而提升无线系统的性能。在通感一体化(Integrated Sensing And Communication,ISAC)

系统中，感知和通信将成为两个互惠互利的功能。在这一趋势的推动下，5G 的定位功能（仅限有源设备）将扩展成更多的感知业务，这也意味着，定位精度这一关键性能指标将在 6G 被新指标（如感知精度、感知分辨率等）取代。如第 3 章所述，关键性能指标是针对不同应用场景提出的，精度可达 1～10 cm，分辨率可达 1 mm。这些目标依赖一些使能技术，这也是本章的讨论重点。

21.2　现有方案

3GPP 从 GSM 时代开始就致力于通信和定位一体化[1]，最近，5G NR R17 计划将定位增强为一个特性，以满足室内工业环境对精度和时延的高要求[2]。然而，5G NR 的定位能力与 GNSS 系统一样，都是针对有源对象（基于设备）设计的，即设备与多个网络节点间收发信号，然后在本地或通过网络实体远程估计位置信息。但是在诸如环境感知、手势识别、禁区监控等场景，我们也需要检测和定位无源对象（无设备）。

无源对象检测属于传统雷达研究的范畴。多年来，雷达已广泛应用于机场/港口交通管制、地球遥感、高精度地表微小形变探测、毁林测量、火山和地震监测等领域；近来，又扩展到车辆巡航控制与防撞、个人健康状况（包括心跳、呼吸和声带运动）监测。作为一种无处不在的传感器，雷达应用的场景已然超出了最初开发和设计时的预期，例如 Google 开发的 Soli 系统[3]。尽管从系统设计角度看，5G NR 并不天然支持无源对象感知，但学术界正在就如何利用现有蜂窝信号进行单站或双站目标检测开展大量研究[4-5]。例如，文献[6]以感知为目的，将 LTE 和 NR 中的下行波形用作辐射信号源以实现感知，并研究了单站配置中的全双工问题。

直接应用传统蜂窝系统（包括 5G NR）的物理层信号进行感知存在一定的局限性。首先，虽然感知可以重用 5G NR 中用于信道估计和相位跟踪的参考信号，但是这些参考信号没有足够的频谱、时间或空间资源来支撑高精度、高分辨率的感知[7]。这是因为从通信角度来说，频谱是非常稀缺的资源，参考信号通常是以最小化开销为目的进行精心设计的，且通信并不需要非常精确地估计周围环境。其次，利用蜂窝信号的双站或多站被动射频感知系统在设计上存在限制，其主要原因是被动相干接收机需要单独的定向天线（直视信道）来接收 LOS 信号作为相干检测中的参考信号[8]。在现实环境中，由于噪声、干扰和衰落效应的影响，很多时候并不存在这样的 LOS 参考信号。此外由于从基站侧要通过波束赋形（数字或模拟）向不同方向的用户发射不同的信号，目标反射信号可能并不是 LOS 参考信号经过时延和衰减的副本，这进一步加剧了参考信号缺失的问题。这些问题会导致相干检测不实用、被动感知系统性能不可预测。虽然 LOS 信号在通信中一般是有用的，但在被动感知系统中，为了提取目标的微弱回波，必须抑制泄漏到监测信道的强 LOS 信号，这就是为什么被动感知接收机的动态范围要求比通信接收机更加严格。最后，在被动感知多站配置中，收发节点之间没有协作，因此，干扰抑制、相干处理变得相当困难。

作为一种感知业务，利用射频信号的高分辨率成像可以获得更多对象信息，并能为对象分类和识别提供基础数据[9]。成像在本质上可以看作是逆电磁散射问题[10]，主要原理是利用电磁波对目标进行辐射，通过收集散射回波信号来重建目标信息。成像研究可分为两大类——2D 成像和 3D 层析成像。2D 成像用于完美的导电材料，3D 层析成像则用于介质体，如图 21-1 所示。在传统的成像系统中，发射机和成像目标之间的距离通常较大，因此 2D 成像模型可以简化为远场中的线性逆问题[11]。3D 层析成像需要解决非线性逆问题，以获得介电常数、电导率等定量信息，并将它们转化为成像结果。与 2D 成像相比，3D 层析成像更为复杂，因为多散射效应会导致非线性成像问题[12]。近年来，研究人员基于时空随机辐射场的多重观测提出一种高分辨率成像方法[13]。2013 年，基于压缩感知理论和格林函数相关性计算，研究人员提出了相干成像模型[14]，利用特别设计的超材料天线对目标进行定位。随着超材料和可调材料的发展，这种成像系统的性能进一步提高，支持更高分辨率。在 6G 网络中，感知是与通信并行的业务，可以独立产生收益。这要求系统设计从单纯的通信转变成感知与通信交互，从而同时满足这两种业务的关键性能指标。

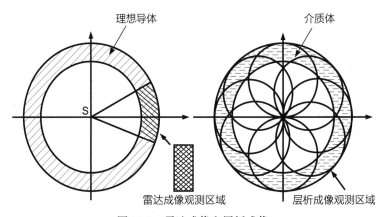

图 21-1   雷达成像和层析成像

通信系统与感知系统之间的交互可分为以下几个级别[15]：
- **共存**：通信系统与感知系统都视对方为干扰，不共享任何信息。
- **合作**：通信系统与感知系统单独设计，但为了减少系统间干扰，二者会共享信息。
- **联合 / 一体化设计**：通信系统与感知系统被设计成一个统一的系统。

一体化设计方面的研究大多聚焦联合波形，这在本书的 22.2.4 节中有详细阐述，这种设计面临的最大挑战是通信和感知的 KPI 是相互矛盾的。比如，通信需要将频谱效率最大化，而感知则需要能实现精确估计和高分辨率的波形设计。换言之，当仅需要估计距离时，最佳感知波形的时域自相关函数是类似 delta 的冲击函数，其在强噪声或干扰环境中，可以产生较高的处理增益从而使能参数估计。

波形设计虽然是 ISAC 的一个重要方面，但它并不是全部。一些研究人员提出通感一体化应该远超过波形层面的融合。例如，文献 [16] 提出将雷达和通信信号在功率域中叠加，文献 [17] 提出一个功率域和空域联合的方法。然而，几乎所有的研究都只聚焦在链路级，没能上升到系统级。我们认为，为了保证通信系统和感知系统的充分集成，从而为各类业务和应用提供预期的价值，需要进行系统化的架构设计。

21.3　设计展望和研究方向

展望未来，6G 的工作频段将更高，带宽将更大（达到太赫兹），超大规模天线阵列也更加可用。这为我们创造了绝佳的机会，可以将蜂窝网络的应用范围从单纯的通信扩展到通信 + 感知领域。6G 时代，ISAC 解决方案会应运而生。如图 21-2 所示，该方案会取代传统的各系统（5G NR、GNSS、无源目标感知系统等）独立运作的方案。随着 6G 的发展（包括超材料、可重构智能天线和人工智能技术的引入），驱动感知、通信两大业务的新型使能技术将持续演进，ISAC 方案也将不断完善。

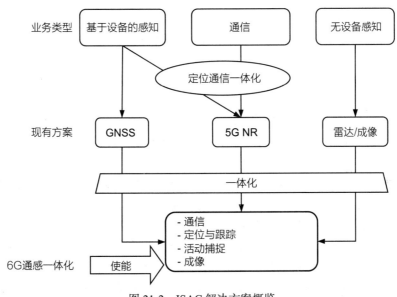

图 21-2　ISAC 解决方案概览

与其他新技术一样，ISAC 也是机遇与挑战并存。要释放它的巨大潜力，我们首先要了解并解决以下挑战：

- 通信和感知模块如何在系统层面共存？系统层面的设计如何有效地支持这种共存？
- ISAC 解决方案可以为通信和感知业务带来哪些价值？它可以解决当前通信和感知系统中的哪些挑战？又会带来哪些新挑战？

通过回答这些问题，我们可以确定未来的研究方向。

21.3.1　ISAC 系统设计

图 21-3 是通信与感知的简单示意图，图中，射频源 S 发射了信号 $S(t)$，该信号通过

通信媒介 $\mathcal{M}$ 传播，并被一个或多个接收机接收或处理。在通信过程中，射频信号 $S(t)$ 由射频源操控并携带信息 (d_S)。传输速率的理论极限很好理解，可以用香农极限 $I(S(t)$; $Y(t)|\mathcal{M}(t))$ 表示，其中 $Y(t)$ 表示目标接收机接收到的信号，$I(x; y|z)$ 表示在给定变量 z 时变量 x 和 y 之间的信息论互信息。在这个公式中，所有变量都假设成时间（t）的函数。在感知过程中，射频信号由通信媒介操控，而不是射频源。也就是说，我们可以将感知视为一种特殊的通信方法，在通信媒介中携带信息 $(d_\mathcal{M})$，通过第三方射频信号将该信息传送至接收端。在通信中，我们可以将感知速率极限定义为 $I(Y(t)$;

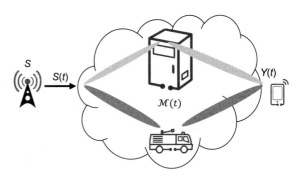

图 21-3 同一平台下的通信与感知

$\mathcal{M}(t)|S(t))$[18]。不难看出，这种方式与传统的通信和感知的不同之处在于信息源和射频源是否共址。

这表明，感知和通信可以在一个通信范畴下表示，其发射的信号同时受到源数据（d_S）和媒介信息（$d_\mathcal{M}$）的作用。由此，我们可以定义设计 ISAC 网络的框架，其中的节点能够同时提供感知和通信功能，具有以下价值：

- **资源利用率更高**：一体化设计有助于资源高效共享，打破了传统资源划分（FDMA、TDMA 等）的掣肘。

- **抑制感知与通信信号之间的干扰**：不言而喻，一体化设计的主要价值是可以避免或抑制两个系统间的干扰，有助于二者在时域、频域或空域中更好地共享资源。

- **通信性能更优**：一体化设计在两个方面提升了通信性能，一是借助感知信息，通过更有效的波束赋形和干扰抑制技术进行媒介知识辅助通信。二是利用通信信道当前和未来的状态信息在最佳时机进行机会性、预测性通信，这需要将环境特征化并预测环境内部变化。事实上，通过了解通信环境，无须持续观测就能找出信道状态变化的根因。

- **感知更高效**：ISAC 网络可实现高效按需感知，感知不再仅仅是应用驱动的业务，现在它甚至可以通过其他网络节点的需求来触发。

- **功耗更小**：考虑到射频系统中的大部分电力都耗散在模拟前端，如功率放大器、模数 / 数模转换器，如果系统一体化到一定程度，功率可以得到更高效的利用。

在 ISAC 系统分析中，主要挑战之一是获取性能极限。在最早的一批研究中，文献 [19] 提出单一目标系统的 ISAC 框架，其中一个重要发现是，由于信号源发射的信号总能量是固定的，所以在回波和吸收波之间必须进行权衡。这个 ISAC 框架是一个针对单站感知（即感知信号的收发端共址）的特定例子。ISAC 的另一个众所周知的例子是相干通信范式中的"信道估计"过程，其中一些"已知"信号（又称为"参考信号"或"导频"）与携带信息的信号一起传输，通信信号和感知信号的接收端是同一设备。这样，发送的射频信号可以同时通过源信息和传播信道操控。在这个例子中，感知信息（传播信道）本身并不具有独特价值，它仅用于帮助接收机译码源信息。在一般的 ISAC 框架中，感知被视作单独的业务，它不一定用于辅助通信。即使用于辅助通信，感知也不只用于检测和均衡。

未来 6G 系统将继续采用先进的技术，进一步提升移动通信系统的性能。包括终端和网络基础设施在内的某些技术对于 6G 系统而言至关重要，会带来以下超感知能力：

- 频谱越来越多、频段越来越高，带宽越来越大。
- 超大阵列和超表面的天线演进设计。
- 基站与终端协同规模更大。
- 先进的干扰消除技术。
- 先进信号处理与人工智能一体化。

ISAC 系统设计主要分为五个等级：前两级主要用来共享频谱等可用资源、共享硬件和射频链；第三级可以在物理层共享数字信号处理资源和能力，如处理算法、模块等；第四级可能需要协议接口设计来实现跨层、跨模块、跨节点信息共享；第五级（也是最高效、最理想的设计）可以共享所有可用资源和信息，以提升通信与感知性能。根据具体的应用场景、KPI 和实现成本，不同等级的通感融合可能在 6G 网络中共存。例如，汽车对通信时延和对象识别率或检测率要求极高，可能同时需要五个等级的一体化设计。

由于通信和感知固有的共性，这种设计乍看之下似乎很简单，但要实现这种一体化的系统，需要克服以下几大挑战：

- **多样化节点能力**：相比 5G，未来的无线网络将有更多无线节点，这些节点在处理、内存、带宽、射频方面能力差异巨大。由于节点能力对感知的性能影响要比通信大得多，一体化将极具挑战。
- **半双工节点**：虽然全双工收发机在当前系统中已经有雏形，性能也可以接受，并且在不久的将来有望实现商用，但要打造完全由全双工节点组成的网络，我们仍有很长的路要走。由于未来网络将有相当多的半双工设备，节点的半双工能力也给感知带来挑战，特别是在收发端共址的单站模式下。
- **感知覆盖有限**：在蜂窝网络中，感知面临的最大挑战是有效感知距离随着发射功率的四次方根提升，而不是通信中的二次方根。

以下研究方向可进一步推动通信与感知的融合：

- **通用 ISAC 网络性能分析**：基于文献 [19] 中简单框架所得出的基本性能极限，我们最好将结果更多地应用到配置了多站感知的多节点多目标网络的通用设置里，并找到下列问题的答案——感知性能和通信容量之间的最佳平衡点是什么？如何设计出接近最佳平衡点的实用方案，如波形、码本、框架和协议？文献 [20] 将感知目标看作虚拟能量接收机，ISAC 可建模成无线信道上信息和能量的资源分配问题。从信息论的角度看，感知目标就是接收探测波形并将其转发到发送端的中继器，这些中继器在回波中携带了自身的参数信息。想要更好地了解 ISAC 网络在不同场景下的性能极限，我们还需要更多的方法和见解。

- **ISAC 无线接入网设计**：ISAC 会影响无线接入网不同层的设计，这是当前亟须解决的问题。从物理层来看，我们需要做到以下几点：
  - 设计上允许通信和感知信号以及相关配置之间灵活和健康共存，保证通信和感知系统的性能不受影响。
  - 开发出系统级方案，协同发掘不同节点（包括网络节点和用户设备）的感知能力。
  - 探索一套支持各种网络实体的信令机制，以推动相关参数的设计与配置。
- **感知辅助通信**：虽然感知在未来将作为一项单独的业务引入，但研究如何在通信中利用感知获取的信息还是十分有价值的。感知至少可以使环境特征化，而随着传播信道的确定性和可预测性不断提升，这可以使能媒介知识辅助通信。图 21-4 展示了感知辅助通信的几个示例，证明了通过感知获取的环境知识能够改善通信。示例 a 展示了如何利用环境知识来优化终端的媒介感知波束赋形；示例 b 展示了如何利用环境知识来解锁传播信道中所有潜在自由度（媒介感知信道秩提升）；示例 c 展示了媒介感知可以降低或抑制终端间干扰。于通信而言，感知不只是用来提升吞吐率、抑制干扰的，它还有更多价值等待挖掘。同时，感知子模块如何取代传统通信系统的功能也是个有意思的课题。总体来说，感知可以大幅节省开销、缩短时延。

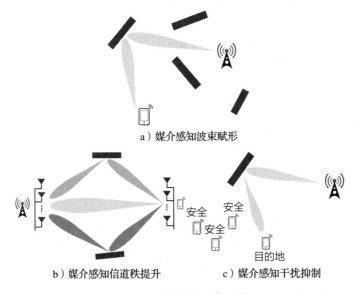

a）媒介感知波束赋形

b）媒介感知信道秩提升　　　c）媒介感知干扰抑制

图 21-4　感知辅助通信示例

- **感知使能通信**：ISAC 设计所带来的另一个变化是可以借助感知提供新的通信方式。前面也提过，通信和感知可视为一种通用平台，来自某个射频源的信号可通过另一位置的数据操控，并由第三方接收。这个平台打破了数据源和射频源必须共址的约束，这对处理能力有限的数据采集设备（未来系统中的大部分物联网设备）尤其有利。设备可以操控射频域（而不是基带）中不同射频源发出的信号，而不再需要发送收集的数据，从而大大节省功率。此类感知使能通信被称为"后向散射通信"[21]。文献 [22] 给出了另一个基于媒介的通信示例，有意改变了通信媒介来传送信息。

- **通信辅助感知**：通过通信平台，多个感知节点可以相互连接，实现更高效、更智能的感知。在连接用户的网络中，可以实现按需感知，即由其他节点请求触发感知或授权其他节点完成感知。此外，还可以在多个感知节点间实现协同感知，帮助这些节点获取环境信息。上述这些先进特性需要一张特别设计的 RAN 网络，才能使感知节点通过上下行及侧行信道以最小的开销、最大的感知效率来完成通信，这也是一个值得探讨的研究课题。

- **感知辅助定位**：有源定位是指通过向终端发送信号或从终端接收信号来定位终端，其主要优点是实现简单。尽管准确获取终端位置非常重要，但受多径、时频同步不精确、用户采样 / 处理能力不足、终端动态距离有限等因素的影响，要准确获取终端位置十分困难。

　　无源定位是通过处理一个或多个位置发送的信号回波来获取有源或无源对象的位置信息。与有源定位相比，感知辅助的无源定位具有以下显著优势：

　　■ 有助于识别 LOS 链路、抑制 NLOS 残差。

　　■ 受终端与网络之间的同步误差影响较小。

　　■ 在目标终端定位带宽有限的情况下，可以提高定位分辨率和精度。

　　鉴于此，研究时可以重点分析如何通过感知辅助的无源定位弥补有源定位的不足，从而发挥两种方式的最大价值。例如无源定位的匹配问题不容小觑。由于接收回波并没有唯一的签名，无法明确地将它们与反射对象（及其可能的位置变量）联系起来。这跟有源或信标定位完全相反，在有源或信标定位中，根据信标或地标记录的签名可以唯一标识关联对象。因此，我们需要利用一些先进的方案来将感知观测结果与有源设备的位置关联起来，从而大大提高有源定位的精度和分辨率。

21.3.2　无线感知设计与算法

　　本节首先探讨通用射频感知技术中存在的挑战及其潜在的研究方向，然后讲述成像感知涉及的具体技术挑战。

　　相比 5G，6G 的 ISAC 系统将使用更大的带宽和天线阵列，这既是机遇，也是挑战。从感知角度来看，最明显的优点是分辨率和精度更高，最主要的挑战有如下几个方面：

- **资源碎片化**：作为 6G 子系统，射频感知不能同时使用所有带宽、时隙和天线单元，在相应域中，分配给射频感知的资源是不连续的。因此，在不降低频谱效率和感知性能的前提下，如何在时域、频域、空域中高效完成信号设计和资源分配协调是一项重大挑战。

- **实现复杂**：对数据通信而言，6G 射频感知的大带宽通常伴随着高采样率、瞬时大带宽波形和海量处理信道，这给计算复杂度和功耗带来了不小的挑战。
- **系统覆盖范围小**：在 6G 中，由于工作频段越来越高，在基站数量和功耗不变的情况下，系统覆盖范围会缩小。另外，由于传播信道的 NLOS 特性，在恶劣环境下（如室内、城市峡谷等地），系统覆盖会更差。因此，虽然高频可能带来高分辨率和高精度的射频感知，系统可能没有足够的节点来持续提供高质量的业务。
- **高分辨率要求**：在 6G 中，感知可用于对分辨率要求较高的场景，如应用场景章节所述，这将使能一系列应用，也将带来更多挑战，如在近场感知使用大阵列天线、通过射频信令设计缩短感知时间、感知内部结构复杂的对象等。

为了应对这些挑战，我们可以从以下几个方向努力：

- **射频感知联合信号设计**：6G 系统中的通信业务和感知业务将共享时域、频域和空域资源，为使通信业务和感知业务都能达到各自的设计要求，我们必须协调好这些资源。事实上，射频感知可能并不需要占用所有带宽、时隙和天线单元，这意味着我们可以通过稀疏化来减少分配给感知业务的资源。鉴于感知目标或环境参数在物理定律约束下通常不会发生剧变（也就是说，信道在相干时间内不会突变），因此可以对时频子空间进行分区，每个时隙的瞬时带宽将只是全带宽上的离散片段，复合处理后的分辨率与使用全带宽达到的分辨率完全相同。面向 6G，借助感知信号的稀疏设计，我们可以在保证超高精度感知业务的同时，减少对宝贵的传输资源的需求，节省下来的资源可以用来保证通信业务质量。因此，在不降低感知性能的前提下，将联合信号空间（时频空间）中的感知信号稀疏化将十分有意义。
- **射频感知压缩感知算法**：压缩感知和采样理论为我们提供了一个数学框架，获取和处理大量模拟信号的速率可以低于奈奎斯特速率。压缩感知的核心是从少量的测量数据中恢复稀疏高维向量，易于应用到稀疏信号上。除此之外，压缩感知还可以有效减少计算负担。虽然传统的射频感知技术能可靠地估计目标参数，但它们要求信号采样不能低于奈奎斯特速率。例如，在存在加性高斯白噪声的情况下，它们使用匹配滤波或脉冲压缩来最大化信噪比。在一些应用中，也可以使用其他滤波器来优化各类指标，例如峰值旁瓣比和积分旁瓣比 [23-25]。感知分辨率反比于模糊函数的支集（使得函数值非零的自变量集合），这就限制了高分辨率感知密集目标的能力。为了达到满意的距离分辨率，许多现代射频感知系统通常使用几百 MHz 甚至几十 GHz 的大带宽，这需要高速模数转换器的支撑，会导致大量的处理功率开销。为了使大带宽高分辨率算法更加可行，业界提出了一套基于欠奈奎斯特速率的采样和目标参数估计方案 [26]。除了频域之外，在多普勒域中也提出了类似的子采样方法 [27]。带有天线阵列的射频感知装置面临类似的空域采样问题，因此，我们需要探索如何在 MIMO 阵列装置中使用空间欠采样的奈奎斯特处理，在不降低角分辨率的情况下使用更少的天线单元。
- **近场高分辨率感知**：基于信道特性，通过使用大量天线可以充分利用传播路径进行传输，从而增加通信信道的秩和容量。随着高频应用和芯片的发展，在亚太赫兹或太赫兹频谱可用时，厘米级的大阵列天线可能被广泛集成、部署在高频段上，依靠大阵列天线的高分辨率感知将成为 ISAC 系统的固有功能。此外，考虑到在较高频率（如太赫兹）下传输功率和路损方面的限制，在手持终端附近提供 ISAC 功能将是大势所趋。本书第 3 章中提到的感知终端或手套将工作在几米或十几米的范围内，这意味着该系统主要工作在近场区域。

传统的感知系统主要通过在自由空间辐射电磁信号，再通过散射体接收回波信号。用于成像的信号可以根据天线孔径的大小 D 和发射机的工作波长在近场或远场辐射，近场距离与天线阵列大小和频率的关系如表 21-1 所示。

表 21-1　天线近场距离

频率	按照 $2D^2$ 计算的近场距离		
	256 单元（16×16）	1024 单元（32×32）	2048 单元（45×45）
3.5 GHz	11 m	44 m	87 m
6 GHz	6 m	26 m	51 m
10 GHz	4 m	15 m	30 m
39 GHz	0.98 m	3.9 m	7.8 m
73 GHz	0.5 m	2.1 m	4.2 m
140 GHz	0.3 m	1.1 m	2.2 m

在远场成像中，电磁波以平面波的形式入射。同时，细微的距离差对回波信号的幅度影响不大，因此，我们可以把目标上每个点的距离都看作等距离。利用简化的回波公式，通过傅里叶变换可以快速地重建目标图像。但在近场假设中，目标中心点与边缘的相位差较大，因此必须采用球面波假设，这就导致成像公式中会出现非线性相位项，距离压缩中不能用近似处理来减少计算负担。

- **有源无源并行定位**：在不给定环境且不知道移动用户的位置的情况下，定位将变得十分困难。针对这个问题，在机器人领域有一项重大发现，可以在定位同一个位置未知的感知用户的同时，迭代式构建环境地图，这种方法称作"同步定位与地图构建"（Simultaneous Localization And Mapping，SLAM），其前提是地图构建与定位是一体的——如果我们将它们分开对待，就不会产生理想的结果。

早在 20 世纪 90 年代，机器人领域的前辈们就已经用数学方式证明了这两者之间的本质联系[28-29]。此外，从逻辑角度而言，地图不准确会直接影响感知设备的定位精度，而位置不准确则直接导致地图不准确。因此，将感知设备挂接在静态环境或移动导航设备上，测量结果很可能是相同的。这也意味着，无论感知模块挂接在何处（导航设备或固定点），唯一要做的就是找到与感知信号交互的对象，这种交互可以是反射、接收或传输。总而言之，无源定位与有源定位之间不仅没有概念上的区别，而且在本质上是互相交融的。

所有这些都表明，仅用手持设备作为传感器的有源无源并行定位面临着严峻的挑战。幸运的是，在 6G 中会出现大量应用场景，如 UAV、车辆、物联网设备等，可以促进有源无源并行定位快速发展。UAV、车辆、物联网设备和终端可以帮助网络定位到自己并构建环境地图，在此基础上，蜂窝系统可以在网络空间中构建一个虚拟环境。

- **多节点协作射频感知**：协作射频感知是指感知节点相互分享观测结果并试图就周围环境达成共识，它可以显著提高定位效果[30]。具体过程包括协作节点通过分布式传输和处理形成动态参考网格，通过数据融合，这种协作可以减少测量的不确定性，扩大覆盖范围，提升感知精度和分辨率。

参考文献

[1] R. S. Campos, "Evolution of positioning techniques in cellular networks, from 2G to 4G," *Wireless Communications and Mobile Computing*, vol. 2017, Article ID 2315036, 17 pages, 2017. [Online]. Available: https://doi.org/10.1155/2017/2315036

[2] B. Bertenyi, "5G in Release 17 – strong radio evolution," Technical Report, 2019. [Online]. Available: https://www.3gpp.org/news-events/2098-5g-in-release-17-%E2%80%93-strong-radio-evolution

[3] J. Lien, "Soli radar-based perception and interaction in pixel 4," Technical Report. [Online]. Available: https://ai.googleblog.com/2020/03/soli-radar-based-perception-and.html

[4] M. Bica, K.-W. Huang, V. Koivunen, and U. Mitra, "Mutual information based radar waveform design for joint radar and cellular communication systems," in *Proc. 2016 IEEE International Conference on Acoustics, Speech and Signal Processing (ICASSP)*. IEEE, 2016, pp. 3671–3675.

[5] M. Schmidhammer, S. Sand, M. Soliman, and F. de Ponte Muller, "5G signal design for road surveillance," in *Proc. 2017 14th Workshop on Positioning, Navigation and Communications (WPNC)*. IEEE, 2017, pp. 1–6.

[6] C. B. Barneto, T. Riihonen, M. Turunen, L. Anttila, M. Fleischer, K. Stadius, J. Ryynänen, and M. Valkama, "Full-duplex OFDM radar with LTE and 5G NR waveforms: Challenges, solutions, and measurements," *IEEE Transactions on Microwave Theory and Techniques*, vol. 67, no. 10, pp. 4042–4054, 2019.

[7] R. M. Rao, V. Marojevic, and J. H. Reed, "Probability of pilot interference in pulsed radar-cellular coexistence: Fundamental insights on demodulation and limited CSI feedback," *IEEE Communications Letters*, vol. 24, no. 8, pp. 1678–1682, Aug. 2020.

[8] D. E. Hack, L. K. Patton, B. Himed, and M. A. Saville, "Detection in passive MIMO radar networks," *IEEE Transactions on Signal Processing*, vol. 62, no. 11, pp. 2999–3012, 2014.

[9] J. Yan, X. Feng, and P. Huang, "High resolution range profile statistical property analysis of radar target," in *Proc. 6th International Conference on Signal Processing, 2002*, vol. 2. IEEE, 2002, pp. 1469–1472.

[10] M. Bertero and P. Boccacci, *Introduction to inverse problems in imaging*. CRC Press,

1998.

[11] D. M. Sheen, D. L. McMakin, and T. E. Hall, "Three-dimensional millimeter-wave imaging for concealed weapon detection," *IEEE Transactions on Microwave Theory and Techniques*, vol. 49, no. 9, pp. 1581–1592, 2001.

[12] J. P. Guillet, B. Recur, L. Frederique, B. Bousquet, L. Canioni, I. Manek-Hönninger, P. Desbarats, and P. Mounaix, "Review of terahertz tomography techniques," *Journal of Infrared, Millimeter, and Terahertz Waves*, vol. 35, no. 4, pp. 382–411, 2014.

[13] Y. Guo, D. Wang, X. He, and B. Liu, "Super-resolution staring imaging radar based on stochastic radiation fields," in *Proc. 2012 IEEE MTT-S International Microwave Workshop Series on Millimeter Wave Wireless Technology and Applications*. IEEE, 2012, pp. 1–4.

[14] J. Hunt, T. Driscoll, A. Mrozack, G. Lipworth, M. Reynolds, D. Brady, and D. R. Smith, "Metamaterial apertures for computational imaging," *Science*, vol. 339, no. 6117, pp. 310–313, 2013.

[15] B. Paul, A. R. Chiriyath, and D. W. Bliss, "Survey of RF communications and sensing convergence research," *IEEE Access*, vol. 5, pp. 252–270, 2016.

[16] X. Zheng, T. Jiang, and W. Xue, "A composite method for improving the resolution of passive radar target recognition based on WiFi signals," *EURASIP Journal on Wireless Communications and Networking*, vol. 2018, no. 1, p. 215, 2018.

[17] J. A. Zhang, X. Huang, Y. J. Guo, J. Yuan, and R. W. Heath, "Multibeam for joint communication and radar sensing using steerable analog antenna arrays," *IEEE Transactions on Vehicular Technology*, vol. 68, no. 1, pp. 671–685, 2018.

[18] M. R. Bell, "Information theory and radar waveform design," *IEEE Transactions on Information Theory*, vol. 39, no. 5, pp. 1578–1597, 1993.

[19] M. Kobayashi, G. Caire, and G. Kramer, "Joint state sensing and communication: Optimal tradeoff for a memoryless case," in *Proc. 2018 IEEE International Symposium on Information Theory (ISIT)*. IEEE, 2018, pp. 111–115.

[20] F. Liu, C. Masouros, A. Petropulu, H. Griffiths, and L. Hanzo, "Joint radar and communication design: Applications, state-of-the-art, and the road ahead," *IEEE Transactions on Communications*, vol. 68, no. 6, pp. 3834–3862, 2020.

[21] H. Stockman, "Communication by means of reflected power," *Proceedings of the IRE*, vol. 36, no. 10, pp. 1196–1204, 1948.

[22] A. K. Khandani, "Media-based modulation: A new approach to wireless transmission," in *Proc. 2013 IEEE International Symposium on Information Theory*. IEEE, 2013, pp. 3050–3054.

[23] N. Levanon, *Radar principles (First Edition)*. John Wiley & Sons, 1988.

[24] J. E. Cilliers and J. C. Smit, "Pulse compression sidelobe reduction by minimization of l/sub p/-norms," *IEEE Transactions on Aerospace and Electronic Systems*, vol. 43, no. 3, pp. 1238–1247, 2007.

[25] J. George, K. Mishra, C. Nguyen, and V. Chandrasekar, "Implementation of blind zone and range-velocity ambiguity mitigation for solid-state weather radar," in *Proc. 2010 IEEE Radar Conference*. IEEE, 2010, pp. 1434–1438.

[26] Y. C. Eldar, *Sampling theory: Beyond bandlimited systems*. Cambridge University Press, 2015.

[27] J. Akhtar, B. Torvik, and K. E. Olsen, "Compressed sensing with interleaving slow-time pulses and hybrid sparse image reconstruction," in *Proc. 2017 IEEE Radar Conference*

(RadarConf). IEEE, 2017, pp. 0006–0010.

[28] S. Thrun, W. Burgard, and D. Fox, "A probabilistic approach to concurrent mapping and localization for mobile robots," *Autonomous Robots*, vol. 5, no. 3 4, pp. 253 271, 1998.

[29] H. Durrant-Whyte and T. Bailey, "Simultaneous localization and mapping: Part I," *IEEE Robotics & Automation Magazine*, vol. 13, no. 2, pp. 99–110, 2006.

[30] M. Z. Win, Y. Shen, and W. Dai, "A theoretical foundation of network localization and navigation," *Proceedings of the IEEE*, vol. 106, no. 7, pp. 1136–1165, 2018.

第 22 章

新型波形和调制方式

22.1　背景与动机

当前 4G 和 5G 通信系统在 6 GHz 以下频段面临较大多径衰落的问题。为了解决这一问题，LTE 和 NR 标准都采用 OFDM 波形，这种波形可以和 MIMO 叠加使用，从而提高频谱效率。然而，相较于单载波波形，OFDM 波形的峰均比更高。因此，在上行覆盖受限的场景下，LTE 和 NR 还支持低峰均比的离散傅里叶变换扩展正交频分复用（Discrete-Fourier-Transform-spread Orthogonal Frequency Division Multiplexing，DFT-s-OFDM）波形。

在调制方面，LTE 和 NR 都使用带有格雷标记的规则 QAM 星座，虽然会损失一些整形增益，但是 QAM 可以做到简单解调、虚实分离，便于系统设计。在 DFT-s-OFDM 波形的基础上，通过引入 $\pi/2$ 二进制相移键控（Binary Phase Shift Keying，BPSK）的调制方法，进一步降低了峰均比，从而以极低的频谱效率实现广覆盖。

尽管多载波波形（特别是 OFDM）和规则 QAM 星座未来可能会继续在无线接入系统中扮演重要角色，但随着新应用场景、新设备、新频谱的涌现，有可能引入新的波形和调制方式，这也是本章的重点。

首先，对于大多数应用来说，低峰均比都至关重要。例如，高频段（如太赫兹）有助于满足人们日益增长的数据速率和新型业务的需求。低峰均比对高频波形和调制非常重要，这是因为高频面临着要设计出高效的高频宽带功放、解决传输路损并处理在时空域中稀疏散射的相对平坦信道的挑战[1]。为了应对这些挑战，我们可以引入新型波形以及新型调制方式。这些特性同样适用于收发端距离较近、平坦 LOS 信道占主导地位的通信场景。在这类场景中，为解决多径衰落而使用的循环前缀 OFDM（Cyclic Prefix OFDM，CP-OFDM）不再具有优势，且循环前缀还会产生额外的开销。另外大容量是短距离通信的关键需求，通过牺牲容量来降低峰均比这一方法并不可取。同样在卫星通信中，由于卫星的功率限制和非线性功放的应用，需要一种新的低峰均比波形。对那些功放价格低、计算能力差、供电能力有限的低成本设备而言，低峰均比是实现低功耗的关键需求。

其次，复杂度也是低成本设备不可忽视的问题。由于低成本硬件存在一定程度的射频失真，波形和调制方式应降低处理复杂度，对相位噪声、载波频偏、定时偏移、非线性等有较高的容忍度。

再次，在高速场景下，多普勒效应给无线信道造成的时间选择性问题不容忽视。如果经历的是以 LOS 为主的信道，可以通过导频辅助估计或先验信息在发送端或接收端对多普勒效应进行补偿；如果经历的是双选信道，特别是在 MIMO 系统中，在满足具体场景需求的前提下，需要考虑一些低开销和低复杂度的先进技术方案。

然后，对于 URLLC 应用场景，低时延和高可靠性非常关键。这要求波形和调制方式应满足持续时间短、解调译码性能高这两个硬要求，同时不影响频谱效率等其他方面的性能。

最后，ISAC 也会对无线系统的波形设计产生深远影响。我们期望通信和感知使用相同的波形，但这也意味着波形设计还需额外考虑感知独有的需求。具体来说，通信波形通常具有高频谱效率、低带外泄漏的特征，而最佳的感知波形设计需满足不同的诉求，如估计准确性、估计精度等。尤其是当仅需要估计距离时，采用时域自相关具有类似于冲击响应特性的信号可以更好地估算时延。此外，感知波形需要有足够的处理增益，以便在强噪声、强干扰、多径衰落、硬件失真（时 / 频异步、相位噪声、功放非线性）等特殊场景中仍能具有良好的估计性能。虽然一定范围内的失真在通信系统中是可以接受的，但是会严重影响感知业务的准确度。

22.2　现有方案

蜂窝通信的波形和调制方式设计主要考虑以下需求：

- 多应用场景，包括 eMBB、mMTC 和 URLLC。
- 高频谱效率，以满足 eMBB 场景数据流量指数级增长的需求。
- 足够广的覆盖范围。
- 上行、下行、侧行链路统一设计，MIMO 兼容性好，频谱效率高。
- 高低频统一设计。
- 低复杂度，实现简单，能效高。

每种波形都既有优点，也有缺点，没有哪种波形在所有方面都比其他波形好。下面将详细讨论业界各种波形和调制方式。

22.2.1　多载波波形

多载波波形频谱效率高，但是由于不同子载波的信号会随机叠加在一起，从而导致比较高的峰均比。下面我们将讨论多载波波形的变体，并重点讲述它们的优缺点。有关不同波形更详细的性能评估和比较，请参见文献 [2]。

- 带频谱约束的循环前缀正交频分复用（Cyclic Prefix Orthogonal Frequency Division Multiplexing，CP-OFDM）：LTE 下行采用的 CP-OFDM 在频域处理（包括用

户和信道复用、资源分配和载波聚合）上非常灵活，收发端的复杂度低，误块率性能也不错。此外，它还兼容 MIMO，而 MIMO 是实现高频谱效率和可靠性的关键技术。其缺点是带外泄漏严重。针对这一缺点，提出了滤波和加窗的频谱约束技术，如图 22-1 所示。

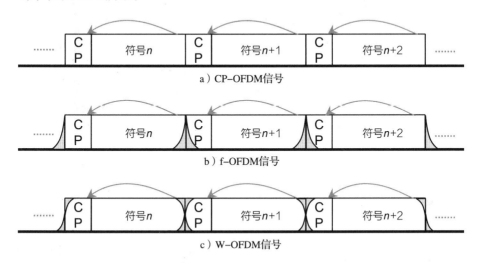

图 22-1　滤波和加窗频谱约束技术的时域图解

- **滤波正交频分复用**（filtered Orthogonal Frequency Division Multiplexing，f-OFDM）：当 OFDM 信号使用不同的 Numerology 或 OFDM 信号之间存在异步传输时，可以使用子带滤波来抑制子带间干扰 [3-4]。子带滤波可以降低带外泄漏，但它会破坏每个子带中连续 OFDM 符号之间的时域正交性，不过造成的性能损失可以忽略不计。与传统的 OFDM 相比，f-OFDM 允许子带间使用不同的 Numerology，支持异步传输，无须进行全局同步。如果计算复杂度可以承受，得益于良好的带外泄漏和误块率性能，f-OFDM 消耗的保护带资源会显著减少，从而更有效地利用频谱。
- **加窗正交频分复用**（Windowed Orthogonal Frequency Division Multiplexing，W-OFDM）：这种波形采用时域非矩形窗使连续 OFDM 符号之间的过渡更加平滑，具有较低的处理复杂度 [5]。但是，部分循环前缀用于加窗，导致有效循环前缀长度缩短，进而影响了 W-OFDM 的整体性能。

图 22-2 和图 22-3 分别比较了在下行 [6] 和上行 [7] 使用混合 Numerology 的情况下 f-OFDM、W-OFDM 和 OFDM 的误块率。保护子载波数分别为 0 和 12。图中的性能是在假定理想的信道估计、4 GHz 频点、1000 ns 时延拓展的 NLOS TDL-C 得出的。在图 22-2 中，目标子带和干扰子带的子载波间隔分别为 15 kHz 和 30 kHz。在图 22-3 中，目标终端和两个干扰终端的子载波间隔分别为 15 kHz 和 30 kHz，干扰终端的功率比目标终端高 5 dB。从这两个图中可以看出，f-OFDM 具有更好的性能。为了在复杂度和性能之间取得平衡，在不同的场景中我们可以选择不同的方案，只要保证发射信号满足射频要求即可。

在接收端，可以通过滤波或加窗来抑制相邻子带的干扰。因此，在 5G 中没有明确要求在
CP-OFDM 基础上使用滤波或加窗技术。

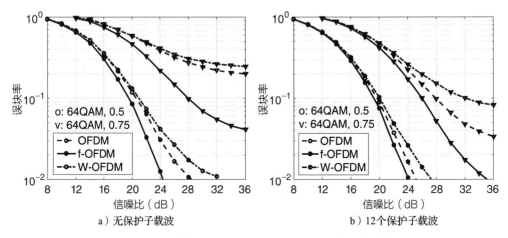

图 22-2　下行使用混合 Numerology 时 f-OFDM、W-OFDM 和 OFDM 的误块率对比

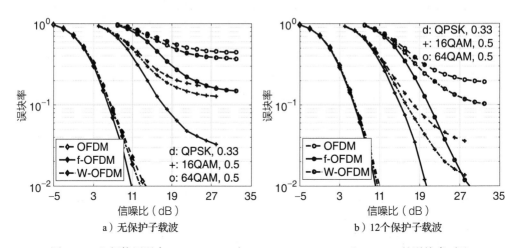

图 22-3　上行使用混合 Numerology 时 f-OFDM、W-OFDM 和 OFDM 的误块率对比

- **通用滤波多载波**（Universal Filtered Multi-Carrier，UFMC）：UFMC 对每个 OFDM
  符号都采用子带滤波。由于滤波的线性卷积特性，符号扩展代替了循环前缀，从而
  在符号间形成保护间隔[8]。因此保护间隔的长度限制了 UFMC 滤波器的长度，进
  而限制了带外泄漏水平。与 CP-OFDM 相比，由于缺少循环前缀，UFMC 的解调过
  程更复杂，对定时同步也更加敏感。
- **广义频分复用**（Generalized Frequency Division Multiplexing，GFDM）：为提供
  良好的带外泄漏性能，GFDM 采用了子载波滤波。子载波距离较近且互不正交，需
  要高阶的子载波循环滤波和咬尾技术来抑制载波间干扰[9]。同时使用先进接收机才

可以降低滤波后的残留载波间干扰（特别是在高阶调制中），但是导频设计、MIMO传输却会因此变得非常复杂。此外，GFDM 是按数据块处理的，这种做法虽然可以减少循环前缀开销，但会增加处理时延，因此不适用于低时延传输场景。

- **频谱预编码正交频分复用**（Spectrally Precoded Orthogonal Frequency Division Multiplexing，SP-OFDM）：SP-OFDM 是在 OFDM 调制之前对数据符号进行预编码，从而减少带外泄漏 [10]。但是其效果有限，尤其是在小带宽场景中。需要注意的是：预编码会产生载波间干扰，但只要接收端拥有预编码器信息，就有办法抑制这类干扰（例如，乘以预编码器的逆矩阵）。但这也意味着，译码会更加复杂，且可能需要额外的信令。此外，预编码可能导致带内波动，从而限制解调性能。

- **偏移正交幅度调制的滤波器组多载波**（Filter Bank Multi-Carrier with Offset Quadrature Amplitude Modulation，FBMC-OQAM）：在 FBMC-OQAM 中，每个子载波单独滤波，以此保持良好的带外泄漏性能 [11]。与其他基于前缀或填充的系统（如 CP-OFDM）相比，FBMC-OQAM 不需要保护间隔，从而节省了时域开销。但是，子载波滤波会导致滤波器较长（例如，是 OQAM 符号持续时间的三倍多），因此，FBMC-OQAM 并不适用于低时延应用。同时，FBMC-OQAM 采用的信道估计方案较为复杂。由于复数域的非正交性，在 MIMO 场景的应用会非常复杂，从而限制了其应用范围。

- **滤波器组多载波正交幅度调制**（Filter Bank Multi-Carrier Quadrature Amplitude Modulation，FBMC-QAM）：该方案旨在降低 FBMC-OQAM 波形的复杂度。在 FBMC-OQAM 波形中，偶数子载波和奇数子载波使用不同的滤波器 [12]。FBMC-QAM 对这两种滤波器进行了优化，最大限度地减少了复数域非正交性所带来的载波间干扰。子载波滤波的本质决定了要降低带外泄漏，就需要使用长滤波器。但是，FBMC-QAM 并不能彻底消除固有的载波间干扰，即使采用先进的非线性接收机，也仍然会有性能损失。此外，非正交性也使 FBMC-QAM 在 MIMO 和非正交多址（Non-Orthogonal Multiple Access，NOMA）场景下的应用更加复杂。

- **加权循环卷积带偏移正交幅度调制的滤波器组多载波**（Weighted Circular Convolution Filter Bank Multi-Carrier with Offset Quadrature Amplitude Modulation，WCC-FBMC-OQAM）：为了去除 FBMC-OQAM 方案中子载波滤波器线性卷积所带来的拖尾，文献 [13] 提出了加权循环卷积方案，该方案不会引入额外的时域开销，也不会造成任何载波间干扰或符号间干扰。另外，借助加权时域加窗技术，可以在信号边缘实现平滑的过渡，从而解决循环卷积引起的时域信号边缘尖锐的问题。WCC-FBMC-OQAM 以极小的时域窗口开销大幅降低了带外泄漏。虽然通过滤波去除了信号拖尾，但它仍然具有 FBMC-OQAM 的固有缺点，例如与 MIMO 不兼容，而 MIMO 是实现高频谱效率的关键技术。

- **灵活配置正交频分复用**（Flexible Configured Orthogonal Frequency Division Multiplexing，FC-OFDM）：FC-OFDM 允许 FBMC-OQAM 和 OFDM 在一个快速傅里叶

变换（Fast Fourier Transform，FFT）中共存，它保留了保护子载波以隔离 FBMC-OQAM 对 OFDM 的干扰[14]。换言之，在统一的传输结构中可以同时支持 FBMC-OQAM 和 OFDM 两种波形。然而，为了抑制 OFDM 的带外泄漏，需要额外的滤波或加窗。此外，为了支持低复杂度处理，FBMC-OQAM 重叠因子（滤波器长度除以 FFT 大小）固定为 1，这就失去了传统 FBMC-OQAM 在带外泄漏方面的优势——传统 FBMC-OQAM 会使用较大的重叠因子（例如 4）。

- 正交时频空调制（Orthogonal Time-Frequency Space，OTFS）：OTFS 使用二维傅里叶变换将数据由传统时频域变换到时延多普勒域，并且这种变换后的时延多普勒域数据可以由传统的 OFDM 调制器进行传输[15]。OTFS 假设信道在时延多普勒域中是稀疏且固定不变的，在高速场景中可以获得潜在增益，但需要足够长的符号长度和较高的均衡复杂度，这些问题在 MIMO 场景中会更加突出。对高速移动用户来说，添加了额外的数据解调导频信号的 CP-OFDM 可以提供较好的性能，尤其是在 LOS 为主的信道下。

- 高频谱效率频分复用（Spectrally Efficient Frequency Division Multiplexing，SEF-DM）/ 重叠频域复用（OVerlapped Frequency Domain Multiplexing，OVFDM）：与 OFDM 相比，SEFDM/OVFDM 使用的子载波间隔小于子载波宽度[16-17]。因此，信号可以在频域中进行压缩，压缩程度越大，占用的带宽就越小，但载波间干扰也就越严重。通过使用先进接收机（如球形接收机）可以有效地抑制这种载波间干扰，但通常都很复杂，特别是在高阶调制和多个子载波的情况下。所获取的增益可以看成是一种编码增益，如果系统采用能力强的编码（如 Polar 码），则可能无法获得额外的容量增益。另外，由于高阶调制对噪声和干扰比较敏感，载波间干扰可能会额外造成容量损失。

- 向量正交频分复用（Vector Orthogonal Frequency Division Multiplexing，V-OFDM）：在 V-OFDM[18]中，OFDM 的 N 个子载波数据被划分成长度为 N/K 的 K 个子向量。可以在每个子向量中应用一个 N/K 快速傅里叶逆变换（Inverse Fast Fourier Transform，IFFT），并将得到的 K 个子向量进行交织，生成一个长度为 N 的交织向量，与循环前缀一起传输。与采用 N 个子载波的 OFDM 相比，V-OFDM 通过减小快速傅里叶变换（Fast Fourier Transform，FFT）的大小来简化发送端的处理、降低峰均比。不过，交织的信号也会带来非连续频谱的问题。此外，K 个子向量之间存在符号间干扰，导致 V-OFDM 的均衡复杂度比 CP-OFDM 更高。

- 非正交频分复用（Non-Orthogonal Frequency Division Multiplexing，NOFDM）/ 脉冲整形正交频分复用（Pulse-shaped Orthogonal Frequency Division Multiplexing，P-OFDM）/ 滤波器组正交频分复用（Filter Bank Orthogonal Frequency Division Multiplexing，FB-OFDM）：CP-OFDM 使用的是矩形脉冲，而 NOFDM/P-OFDM/FB-OFDM 将脉冲作为额外的设计自由度，以满足不同的设计要求[19-21]。比如，可以设计一种具有良好带外特性的脉冲，从而提供比 OFDM 更强的频域局域

化能力。由于使用均匀的 DFT 滤波器组，在发送端进行离散傅里叶逆变换（Inverse Discrete Fourier Transform，IDFT）之后、接收端进行 DFT 之前，多相网络可以有效地实现信号收发。各种多载波波形，如 CP-OFDM、W-OFDM、GFDM、FBMC-OQAM 等，可以使用类似的传输处理机制，只是脉冲形状、符号间隔等参数不一样。这意味着，波形的优缺点会因脉冲形状、符号间隔等而异。

- **小波 OFDM**：小波 OFDM 并不像 OFDM 一样采用 FFT，相反，它采用的是离散小波变换（Discrete Wavelet Transform，DWT）[22]。具体来说，是通过滤波器组在发送端实现离散小波逆变换（Inverse Discrete Wavelet Transform，IDWT）、在接收端实现 DWT。与子载波滤波方案类似，由于符号重叠（长滤波器带来的时域拖尾），小波 OFDM 可以获得良好的带外泄漏性能，而且它不需要保护间隔，从而减少了时域开销。但是，由于它的时域拖尾较长，不适用于低时延传输。另外，如何降低 MIMO 场景下的实现复杂度还需要进一步研究。

- **拉格朗日 - 范德蒙分复用**（Lagrange Vandermonde Division Multiplexing，LVDM）：LVDM 是零填充正交频分复用（Zero-Padding Orthogonal Frequency Division Multiplexing，ZP-OFDM）的拓展，其中发送端使用拉格朗日矩阵进行调制，而接收端使用范德蒙矩阵进行解调[23]。用于构造拉格朗日矩阵和范德蒙矩阵的特征根需根据衰落信道信息进行优化。如果信道未知，让特征根散布在一个单位圆上，则 LVDM 退化成 ZP-OFDM。相关的性能增益还有待研究（例如，可以在编码系统下进行误块率比较）。

- **啁啾变换波形**：在 OFDM 所使用的傅里叶变换的基础上，文献 [24] 提出了基于分数傅里叶变换的波形，文献 [25] 提出了基于仿射傅里叶变换的波形，二者都是为了解决多普勒效应引起的信道时变问题。与 OFDM 相比，如果多径信道的时延和多普勒频移呈线性关系，给啁啾参数引入自由度可以使系统更好地抵御载波间干扰的影响。而对于一般的双选信道，还需要更多的研究来评判其相对于 OFDM 的优势与劣势。

- **基于 Slepian 基的非正交多载波**（Slepian-basis-based Non-orthogonal Multi-Carrier，SNMC）：在 SNMC[26] 中，多个携带数据信息（如 QAM 符号）的正交 Slepian 基函数复用同一个子载波。Slepian 基的能量聚集效果在时频域中是最优的，因此 SNMC 具有很好的带外泄漏性能。虽然 Slepian 基在一个子载波上是正交的，但由于子载波之间为非正交，载波间干扰仍然存在，只能通过先进接收机来抑制这种干扰。载波间干扰会加大导频设计和信道估计的难度，在 MIMO 场景中，使用 SNMC 预计会比 OFDM 复杂得多。

22.2.2 单载波波形

与多载波波形相比，单载波波形（如 LTE 和 NR 上行中使用的 DFT-s-OFDM）在峰均比方面更有优势。由于时域估计和补偿相对简单，因此它对相位噪声的鲁棒性也更高。但单载波波形也存在一些共同的缺点，限制了其应用范围。比如，对于 FDM 功能（如 FDM 用户、FDM 参考信号和数据、载波聚合）的支持会影响波形的峰均比。为了保持低峰均比和合理的处理复杂度，对单载波波形的用户而言，频率资源分配和数据映射都将受到严格限制。另外，针对多径频选的无线信道，采用简单的频域均衡（如 OFDM 系统中采用的）会造成性能损失。在 MIMO 场景下，因为 OFDM 可以在不影响峰均比的前提下实现频域预编码（可以到子载波级），性能损失会更大，而单载波波形要保持低峰均比，必须实现全带预编码。下面是一些典型的单载波波形：

- **DFT 扩展单载波**：前面讨论的大多数多载波波形都可以转换成相应的单载波，DFT-s-OFDM 就是一个典型的例子。在 DFT-s-OFDM 中，通过 DFT 将输入信号转换到频域。频域频谱整形可以降低峰均比，但通常会使用更多的带宽（即会牺牲频谱效率）。频域频谱整形滤波器在高阶调制下不能透明，因为这会显著降低译码性能，因此可能造成额外的信令开销。频域信号在映射到相应的带宽后，再经过 IFFT 转换回时域；通过增加循环前缀在接收端实现单抽头频域均衡。虽然资源分配在频域处理上与 OFDM 兼容，但为了简化 DFT 操作，可分配的选项还是很有限。

- **单载波正交幅度调制**（Single-Carrier Quadrature Amplitude Modulation，SC-QAM）/ **单载波频域均衡**（Single-Carrier Frequency Domain Equalization，SC-FDE）：SC-QAM/SC-FDE 是传统的单载波波形，其中所有处理都在时域进行 [27]。与 DFT-s-OFDM 类似，SC-QAM/SC-FDE 通过添加循环前缀、数字 0 或独特字在接收端实现单抽头频域均衡。与 DFT-s-OFDM 相比，SC-QAM/SC-FDE 的复杂度更低（因为发送端没有 DFT 或 IFFT），但在频域操作上没有 DFT-s-OFDM 灵活。SC-QAM/SC-FDE 仅支持全带宽发送 / 接收，不考虑 FDM 用户、信道和参考信号等频域操作。

- **ZT/UW-DFT-s-OFDM**：ZT/UW-DFT-s-OFDM 是 DFT-s-OFDM 的一个变体，它会在 DFT 之前添加数字 0 或独特字以替代循环前缀 [28]。在 DFT-s-OFDM 中，循环前缀开销对所有用户都是固定的、通用的，而在 ZT/UW-DFT-s-OFDM 中，数字 0 或独特字的长度可以因用户而异，从而达到根据信道多径时延和传播时延动态调整开销的目的，从而帮助低时延扩展用户节省开销。然而，由于缺少循环前缀，ZT/UW-DFT-s-OFDM 的符号持续时间与前文描述的所有循环前缀波形都不同。因此，即使是在同一频段内，ZT/UW-DFT-s-OFDM 波形用户也不能与其他波形用户正交复用。基站侧和终端侧需要感知信道多径时延，并且需要额外的信令开销。另外，由于不具备循环卷积的特征，高阶调制的性能将受到限制。

- **超奈奎斯特**（Faster Than Nyquist，FTN）/ **重叠时域复用**（OVerlapped Time Domain Multiplexing，OVTDM）：与 SEFDM/OVFDM 不同，FTN/OVTDM 对时域的符号进行压缩，然后以 FTN 速率进行传输 [17-29]。FTN/OVTDM 和 SEFDM/OVFDM 有相同的缺点：与那些编码方案能力强的系统相比，复杂接收机可能提供的容量增益很少或者没有增益。OVFDM 和 OVTDM 统称为重叠 X 域复用（OVerlapped X Domain Multiplexing，OVXDM）[17]。

22.2.3　调制方式

在规则 QAM 之外，还有很多其他调制方式可以获得更好的整形增益、更低的峰均比以及对射频失真更高的鲁棒性，下面着重讲解几种调制方式：

- **旋转 QAM**：旋转 QAM 将相位旋转应用于规则 QAM 方式中。例如，在窄带物联网的上行应用了 π/4 旋转正交相移键控（Quadrature Phase Shift Keying，QPSK），相位旋转等于 π/4×(n mod 2)，其中 n 为符号索引。在使用单载波的情况下，相位旋转可以减小相邻调制符号间的相位偏移，从而降低峰均比。但是，在 QPSK 以上的高阶调制中，这种峰均比增益非常有限。旋转 QAM 通常与非透明频域频谱整形一起用于 DFT-s-OFDM，提供良好的峰均比和误块率性能。

- **非规则 QAM**：5G 讨论中已经提出了几种非规则 QAM 方式，包括一维 / 二维非均匀星座优化 QAM、概率整形编码调制 [30] 和幅度相移键控，它们可以提供更好的整形增益、更低的峰均比以及对射频失真更高的鲁棒性，但相应地，解调复杂度也更高。

- **星座插值**：为了减少相邻调制符号间的相位偏移，文献 [31] 提出了星座插值法：在调制星座输入到 DFT-s-OFDM 的 DFT 之前，先沿着平滑的恒包络轨迹（针对 QPSK）或近恒包络轨迹（针对 QAM）进行插值，插值是通过简单的 Q 个状态栅格编码器实现的，其中 Q 为原始星座大小。插值比越大，星座轨迹约束越严格，峰均比越小——但插值也越复杂。频域频谱整形通过使用不同的频谱整形滤波器来平衡频谱效率和峰均比。可以使用标准的单抽头频域均衡器进行信道均衡，针对均衡后的符号，Q 个状态栅格译码器为前向纠错译码器提供对数似然比以进行译码。星座插值虽然在峰均比抑制方面具有较好的性能，但会增加收发复杂度。目前，还需进一步研究不同频谱效率与峰均比权衡下的误块率性能。

- **多维调制**：多维调制可以提供更多的自由度来提升性能，但也会增加复杂度。与传统的 QAM 星座相比，多维调制能提高整形增益，还可以为海量用户接入提供新的自由度，如提供编码增益的稀疏码多址接入（Sparse Code Multiple Access，SCMA）方案 [32-33]。此外，格拉斯曼星座可以应用于无导频非相干检测，显著降低某些应用（如 mMTC 及大规模 MIMO 系统）的导频开销，不足点是会增加检测复杂度 [34]。

- **索引调制**：索引调制即通过通信系统中的功能模块索引来传递附加信息，它可以应用于空间调制和索引调制 OFDM 中 [35]。空间调制除了使用传统的符号调制方式（如 QAM）之外，还使用发射天线的索引来传输信息；而索引调制 OFDM 则利用发射子载波的索引来传输信息。总体来说，索引调制的能效较高，但频谱效率会比传统的 QAM 通信系统低一些。

22.2.4　感知波形

感知及其对通信波形的重用在学术界已引起广泛讨论，下面介绍几种典型的感知波形：

- **多载波波形**：随着循环前缀的引入，多载波波形，特别是 CP-OFDM 波形，因其频谱效率高、可扩展性强、灵活性高，已经成为主流的通信波形。因此，许多研究者也考虑将这种波形用于感知。鉴于循环前缀可能会导致时域自相关性恶化[36]，需要一种新的频域处理方法，在高效估计基于 CP-OFDM 的参数的同时，将处理增益最大化[37]。实践证明，CP-OFDM 不存在距离 - 多普勒耦合的问题，这意味着在 CP-OFDM 中，距离估计和多普勒估计可以视作两个独立的问题[38]。载波距离、保护间隔长度、帧长、导频设计等 CP-OFDM 参数可以针对感知检测和数据通信的性能及鲁棒性进行优化[39]，但前提是收发端能实现时间和频率的完美同步。众所周知，完美同步是几乎不可能的，特别是在双站感知中（即感知信号的收发端位置不同）。在这种情况下，循环前缀可能无法为感知提供任何性能增益，因此需要考虑无循环前缀的多载波波形。去除循环前缀会引入符号间干扰，从而使数据检测变得更复杂。另外，对于关注能效的感知应用，还需要解决多载波波形（无论有没有循环前缀）峰均比偏高的问题。

- **调频连续波**：调频连续波一般用在雷达系统中，它具备优良的自相关性能、对硬件失真的高鲁棒性和低峰均比，这些都是对感知非常重要的特性。但是，它对通信不一定合适，而通信功能对 ISAC 十分重要。因此，一些研究者对调频连续波进行了改进，使其更适用于通信系统。例如：文献 [40] 提出将啁啾波上升部分用于通信系统、啁啾波下降部分用于雷达系统；文献 [41] 提出了"梯形调频连续波"的概念，这种新波形在时域上复用了雷达周期和通信周期。虽然这些方案能够有效地复用通信数据和感知信号，但由于啁啾感知信号的存在，仍然存在频谱效率偏低的问题。

- **单载波波形**：单载波波形在码域对雷达和通信信号进行扩频处理[42-47]，其中雷达性能受到序列自相关性能的影响。长扩频码虽然能提供良好的自相关性，但会降低通信的频谱效率。因此，在扩频码长度不够的情况下，多普勒估计不是一件容易的事情，需要更复杂的算法。

22.3　设计展望和研究方向

本节将总结一些与波形、调制方式有关的应用场景、设备和频谱需求。6G 波形和调制方式要满足这些需求，可能需要多种设计方案。

- **超高频**：关键需求是低峰均比提升覆盖、对射频失真（如相位噪声）的高鲁棒性、低复杂度的宽带通信以及兼容 MIMO。信道具有路损高、稀疏散射的特征。

- **卫星通信**：关键需求是低峰均比提升覆盖、低复杂度降低能耗。由于距离长、卫星移动，信道具有路损高、变化快的特征。

- **短距离通信**：关键需求是容量高（如与 MIMO 兼容）、对射频失真的高鲁棒性。信道以 LOS 为主，频率响应较平坦。

- **低成本设备**：关键需求是低峰均比、低复杂度降低能耗、对低成本硬件的高鲁棒性。信道特征因场景而异，例如在广覆盖窄带场景中，信道相对平坦。

- **高移动性**：关键需求是针对多普勒效应的高鲁棒性并能兼容 MIMO。受多普勒效应的影响，信道通常是时选或时频双选类型的。

- **URLLC**：关键需求是超低时延和高可靠性（如与 MIMO 兼容）。信道特征因场景而异。

- **ISAC**：除了前面列举的通信需求，感知的关键需求是估计准确性和估计精度，特别是在射频失真时，如时 / 频同步误差、相位噪声、非线性导致的射频失真。信号在往返感知过程中路损较高，并与通信系统共享相同的多径无线信道。

基于以上需求，6G 系统设计应考虑以下因素——其中部分已经在 52.6 GHz 以上的 NR 技术报告 [48] 中提及：

- **功放效率**：对于高频段，功放效率会降低，另外有些场景（如卫星通信）对功耗较为敏感，因此，我们需要考虑使用低峰均比的波形，最大限度地降低功放回退、提升效率和覆盖。此外，一些用于太赫兹的高电子迁移率晶体管不能持续地传输功率，这意味着未来可能需要支持间歇脉冲的波形 [49]。

- **模数 / 数模转换器的动态范围**：在给定功耗下，带宽越大，就越难保证模数 / 数模转换器有较高的有效位数。而为了适配更高峰均比的基带信号，发送端数模转换器需要更高的有效位数。此外，低成本设备也有可能使用有效位数较低的模数 / 数模转换器。这些因素在波形和调制方式设计的时候都需要考虑到。

- **调制信号准确性和带外泄漏**：整个链路的设计和调整都是为了满足射频需求，如频谱发射模板、相邻频道泄漏比、带内杂散、带外泄漏、误差向量幅度等。波形和调制方式应满足这些要求，提供合适的带内信号质量，尽量减少对相邻信道的干扰和影响。在给定的信道带宽下，占用信号带宽和保护频带决定了频率利用率，这对于实现高吞吐率（如短距离通信）至关重要。

- **复杂度和性能**：工作在高数据率和高采样率下的高频低成本设备，以及对功率敏感的卫星通信中，在设计中应权衡好波形产生 / 调制和接收 / 解调的复杂度和性能。

- **频谱灵活性**：不同的应用场景和不同政府对频率的分配可能导致不同的工作带宽，因此，在设计时要考虑频谱的灵活性。

- **对时间偏移、频率偏移、相位噪声的鲁棒性**：载波频率偏移和相位噪声在非理想功放和晶振下会比较严重，尤其是在高频段。同时，多普勒频移和扩展会随载波频率和相对移动速度的提升而增大。低成本设备只支持粗定时同步，除了频率偏移和相位噪声（取决于工作频率），这种场景还需考虑时间偏移。要实现高分辨率感知，需要信号的积累，而这依赖于回波的相干性。因此，相位噪声也是影响感知系统相干性的主要因素之一。

- **MIMO 兼容性**：MIMO 是提升频谱效率的有效手段。即使是纯 LOS 信道，毫米波和太赫兹通信也可以支持 2×2 双极化 MIMO。因此，新型波形必须兼容 MIMO 且实现简单。

- **感知**：最大的挑战是通信和感知的 KPI 相互矛盾。通信主要追求高频谱效率和低带外泄漏等 KPI ；然而对于距离和多普勒感知而言，最优波形设计应尽量提高估计准确性和估计精度。

鉴于上述要求和考虑因素，本节主要探讨以下几个潜在研究方向：

- **低峰均比**：将先进的降峰均比技术应用于多载波波形、将先进的调制技术应用于单载波波形是两个有希望的研究方向，它们可以在不影响频谱效率的前提下尽量降低峰均比。此外，基于 AI 联合优化的星座点和解调器也有助于降低峰均比。

- **低复杂度**：对于低成本设备而言，波形设计需要考虑低复杂度的窄带场景以降低功耗。同时，针对低成本硬件的局限性（如时频偏移）也要保持较高的鲁棒性。在目标速率和接入速率满足特定场景要求的前提下，开关式的调制 / 解调就是一个很容易实现的例子。在毫米波 / 太赫兹频段中，波形通常是为大带宽设计的。为避免高功耗，需要一种具有简单均衡特性的波形。

- **时频局域化**：短距离通信通常要求高速率，增强的时频局域化波形有助于提高频率利用率和频谱效率、降低低成本设备上行接入的定时同步要求。除了过滤和加窗外，其他技术（如 FTN 传输）也值得研究。URLLC 也需要较强的时域局域化能力，以获得相对较短的符号持续时间和更好的译码性能。

- **高频谱效率**：时频局域化有助于提高频谱效率，使用 AI 联合优化的高阶星座点和解调器可以进一步提高频谱效率，从而以合理的解调复杂度提高整形增益。对于导频开销敏感的应用，也可以考虑采用无导频非相干调制和解调技术。

- **高移动性**：在经历双选信道的高速场景中，应考虑能满足开销、复杂度和其他要求（例如，时延敏感应用要求低时延）的先进技术方案。基线方案是 NR 系统中附加解调参考信号的 OFDM 波形。

- **对射频失真的鲁棒性**：传统的信号处理技术，如相位噪声跟踪、针对功放非线性的数字预失真，已经引起学术界的广泛关注。然而，这些技术的实际性能和理想性能之间仍存在一定的距离。为了缩小两者间的差距，可以考虑使用基于 AI 的技术，从而达到接近理想性能的水平。

- **ISAC**：尽管学术界对 ISAC 系统的波形设计已做过大量的研究，但由于通信和感知的性能需求互相矛盾，波形设计仍有很大的改进空间，从而在两者之间取得平衡，特别是应考虑 ISAC 信号的用途：是专用于感知还是带一般感知功能的数据通信？还是两者兼顾？

参考文献

[1] C. Lin and G. Y. L. Li, "Terahertz communications: An array-of-subarrays solution," *IEEE Communications Magazine*, vol. 54, no. 12, pp. 124–131, 2016.

[2] X. Zhang, L. Chen, J. Qiu, and J. Abdoli, "On the waveform for 5G," *IEEE Communica-*

tions Magazine, vol. 54, no. 11, pp. 74–80, 2016.

[3] J. Abdoli, M. Jia, and J. Ma, "Filtered ofdm: A new waveform for future wireless systems," in *Proc. 2015 IEEE 16th International Workshop on Signal Processing Advances in Wireless Communications (SPAWC)*. IEEE, 2015, pp. 66–70.

[4] X. Zhang, M. Jia, L. Chen, J. Ma, and J. Qiu, "Filtered-ofdm-enabler for flexible waveform in the 5th generation cellular networks," in *Proc. 2015 IEEE Global Communications Conference (GLOBECOM)*. IEEE, 2015, pp. 1–6.

[5] R. Zayani, Y. Medjahdi, H. Shaiek, and D. Roviras, "WOLA-OFDM: A potential candidate for asynchronous 5G," in *Proc. 2016 IEEE Globecom Workshops*. IEEE, 2016, pp. 1–5.

[6] Huawei and HiSilicon, "Waveform evaluation updates for case 2," 3rd Generation Partnership Project (3GPP), RAN1 (R1) 166120, Aug. 2016. [Online]. Available: https://www.3gpp.org/ftp/tsg_ran/wg1_rL1/TSGR1_86/Docs/

[7] Huawei and HiSilicon, "Waveform evaluation updates for case 4," 3rd Generation Partnership Project (3GPP), RAN1 (R1) 166091, Aug. 2016. [Online]. Available: https://www.3gpp.org/ftp/tsg_ran/wg1_rL1/TSGR1_86/Docs/

[8] F. Schaich and T. Wild, "Waveform contenders for 5G OFDM vs. FBMC vs. UFMC," in *Proc. 2014 6th International Symposium on Communications, Control and Signal Processing (ISCCSP)*. IEEE, 2014, pp. 457–460.

[9] N. Michailow, M. Matthé, I. S. Gaspar, A. N. Caldevilla, L. L. Mendes, A. Festag, and G. Fettweis, "Generalized frequency division multiplexing for 5th generation cellular networks," *IEEE Transactions on Communications*, vol. 62, no. 9, pp. 3045–3061, 2014.

[10] X. Huang, J. A. Zhang, and Y. J. Guo, "Out-of-band emission reduction and a unified framework for precoded OFDM," *IEEE Communications Magazine*, vol. 53, no. 6, pp. 151–159, 2015.

[11] F. Schaich, "Filterbank based multi carrier transmission (FBMC) evolving OFDM: FBMC in the context of WiMAX," in *Proc. 2010 European Wireless Conference (EW)*. IEEE, 2010, pp. 1051–1058.

[12] C. Kim, K. Kim, Y. H. Yun, Z. Ho, B. Lee, and J.-Y. Seol, "QAM-FBMC: A new multi-carrier system for post-OFDM wireless communications," in *Proc. 2015 IEEE Global Communications Conference (GLOBECOM)*. IEEE, 2015, pp. 1–6.

[13] M. J. Abdoli, M. Jia, and J. Ma, "Weighted circularly convolved filtering in OFDM/OQAM," in *Proc. 2013 IEEE 24th Annual International Symposium on Personal, Indoor, and Mobile Radio Communications (PIMRC)*. IEEE, 2013, pp. 657–661.

[14] H. Lin, "Flexible configured OFDM for 5G air interface," *IEEE Access*, vol. 3, pp. 1861–1870, 2015.

[15] R. Hadani, S. Rakib, M. Tsatsanis, A. Monk, A. J. Goldsmith, A. F. Molisch, and R. Calderbank, "Orthogonal time frequency space modulation," in *Proc. 2017 IEEE Wireless Communications and Networking Conference (WCNC)*. IEEE, 2017, pp. 1–6.

[16] X. Liu, T. Xu, and I. Darwazeh, "Coexistence of orthogonal and non-orthogonal multicarrier signals in beyond 5G scenarios," in *Proc. 2020 2nd 6G Wireless Summit (6G SUMMIT)*. IEEE, 2020, pp. 1–5.

[17] D. Li, "Overlapped multiplexing principle and an improved capacity on additive white gaussian noise channel," *IEEE Access*, vol. 6, pp. 6840–6848, 2017.

[18] X.-G. Xia, "Precoded and vector OFDM robust to channel spectral nulls and with reduced cyclic prefix length in single transmit antenna systems," *IEEE Transactions on Communications*, vol. 49, no. 8, pp. 1363–1374, 2001.

[19] W. Kozek and A. F. Molisch, "Nonorthogonal pulseshapes for multicarrier communications in doubly dispersive channels," *IEEE Journal on Selected Areas in Communications*, vol. 16, no. 8, pp. 1579–1589, 1998.

[20] Z. Zhao, M. Schellmann, Q. Wang, X. Gong, R. Boehnke, and W. Xu, "Pulse shaped OFDM for asynchronous uplink access," in *Proc. 2015 49th Asilomar Conference on Signals, Systems and Computers*. IEEE, 2015, pp. 3–7.

[21] X. Yu, Y. Guanghui, Y. Xiao, Y. Zhen, X. Jun, and G. Bo, "FB-OFDM: A novel multicarrier scheme for 5G," in *Proc. 2016 European Conference on Networks and Communications (EuCNC)*. IEEE, 2016, pp. 271–276.

[22] S. Galli, H. Koga, and N. Kodama, "Advanced signal processing for PLCs: Wavelet-OFDM," in *Proc. 2008 IEEE International Symposium on Power Line Communications and Its Applications*. IEEE, 2008, pp. 187–192.

[23] K. Tourki, R. Zakaria, and M. Debbah, "Lagrange Vandermonde division multiplexing," in *Proc. 2020 IEEE International Conference on Communications (ICC)*. IEEE, 2020, pp. 1–6.

[24] M. Martone, "A multicarrier system based on the fractional Fourier transform for time-frequency-selective channels," *IEEE Transactions on Communications*, vol. 49, no. 6, pp. 1011–1020, 2001.

[25] T. Erseghe, N. Laurenti, and V. Cellini, "A multicarrier architecture based upon the affine Fourier transform," *IEEE Transactions on Communications*, vol. 53, no. 5, pp. 853–862, 2005.

[26] X. Yang, X. Wang, and J. Zhang, "A new waveform based on Slepian basis for 5G system," in *Proc. 2016 Wireless Days Conference (WD)*. IEEE, 2016, pp. 1–4.

[27] F. Pancaldi, G. M. Vitetta, R. Kalbasi, N. Al-Dhahir, M. Uysal, and H. Mheidat, "Single-carrier frequency domain equalization," *IEEE Signal Processing Magazine*, vol. 25, no. 5, pp. 37–56, 2008.

[28] G. Berardinelli, F. M. Tavares, T. B. Sørensen, P. Mogensen, and K. Pajukoski, "Zero-tail DFT-spread-OFDM signals," in *Proc. 2013 IEEE Globecom Workshops*. IEEE, 2013, pp. 229–234.

[29] J. B. Anderson, F. Rusek, and V. Öwall, "Faster-than-Nyquist signaling," *Proceedings of the IEEE*, vol. 101, no. 8, pp. 1817–1830, 2013.

[30] O. İşcan, R. Böhnke, and W. Xu, "Probabilistic shaping using 5G new radio polar codes," *IEEE Access*, vol. 7, pp. 22 579–22 587, 2019.

[31] MediaTek Inc., "A new DFTS-OFDM compatible low PAPR technique for NR uplink waveforms," 3rd Generation Partnership Project (3GPP), RAN1 (R1) 1609378, Oct. 2016. [Online]. Available: https://www.3gpp.org/ftp/TSG_RAN/WG1_RL1/TSGR1_86b/Docs/

[32] H. Nikopour and H. Baligh, "Sparse code multiple access," in *Proc. 2013 IEEE 24th Annual International Symposium on Personal, Indoor, and Mobile Radio Communications (PIMRC)*. IEEE, 2013, pp. 332–336.

[33] M. Taherzadeh, H. Nikopour, A. Bayesteh, and H. Baligh, "Scma codebook design," in *Proc. 2014 IEEE 80th Vehicular Technology Conference (VTC2014-Fall)*. IEEE, 2014, pp. 1–5.

[34] R. H. Gohary and H. Yanikomeroglu, "Noncoherent MIMO signaling for block-fading channels: Approaches and challenges," *IEEE Vehicular Technology Magazine*, vol. 14, no. 1, pp. 80–88, 2019.

[35] E. Basar, "Index modulation techniques for 5G wireless networks," *IEEE Communications Magazine*, vol. 54, no. 7, pp. 168–175, 2016.

[36] B. Paul, A. R. Chiriyath, and D. W. Bliss, "Survey of RF communications and sensing convergence research," *IEEE Access*, vol. 5, pp. 252–270, 2016.

[37] C. Sturm, E. Pancera, T. Zwick, and W. Wiesbeck, "A novel approach to OFDM radar processing," in *Proc. 2009 IEEE Radar Conference*. IEEE, 2009, pp. 1–4.

[38] M. Braun, C. Sturm, and F. K. Jondral, "Maximum likelihood speed and distance estimation for OFDM radar," in *Proc. 2010 IEEE Radar Conference*. IEEE, 2010, pp. 256–261.

[39] M. Braun, C. Sturm, A. Niethammer, and F. K. Jondral, "Parametrization of joint OFDM-based radar and communication systems for vehicular applications," in *Proc. 2009 IEEE 20th International Symposium on Personal, Indoor and Mobile Radio Communications*. IEEE, 2009, pp. 3020–3024.

[40] G. N. Saddik, R. S. Singh, and E. R. Brown, "Ultra-wideband multifunctional communications/radar system," *IEEE Transactions on Microwave Theory and Techniques*, vol. 55, no. 7, pp. 1431–1437, 2007.

[41] L. Han and K. Wu, "Radar and radio data fusion platform for future intelligent transportation system," in *Proc. 7th European Radar Conference*. IEEE, 2010, pp. 65–68.

[42] K. Mizui, M. Uchida, and M. Nakagawa, "Vehicle-to-vehicle 2-way communication and ranging system using spread spectrum technique: Proposal of double boomerang transmission system," in *Proc. Vehicle Navigation and Information Systems Conference*. IEEE, 1994, pp. 153–158.

[43] S. Lindenmeier, K. Boehm, and J. F. Luy, "A wireless data link for mobile applications," *IEEE Microwave and Wireless Components Letters*, vol. 13, no. 8, pp. 326–328, 2003.

[44] S. Xu, Y. Chen, and P. Zhang, "Integrated radar and communication based on DS-UWB," in *Proc. 2006 3rd International Conference on Ultrawideband and Ultrashort Impulse Signals*. IEEE, 2006, pp. 142–144.

[45] Z. Lin and P. Wei, "Pulse amplitude modulation direct sequence ultra wideband sharing signal for communication and radar systems," in *Proc. 2006 7th International Symposium on Antennas, Propagation & EM Theory*. IEEE, 2006, pp. 1–5.

[46] Z. Lin and P. Wei, "Pulse position modulation time hopping ultra wideband sharing signal for radar and communication system," in *Proc. 2006 CIE International Conference on Radar*. IEEE, 2006, pp. 1–4.

[47] M. Bocquet, C. Loyez, C. Lethien, N. Deparis, M. Heddebaut, A. Rivenq, and N. Rolland, "A multifunctional 60-GHz system for automotive applications with communication and positioning abilities based on time reversal," in *Proc. 7th European Radar Conference*. IEEE, 2010, pp. 61–64.

[48] 3GPP, "Study on requirements for NR beyond 52.6 GHz," 3rd Generation Partnership Project (3GPP), Technical Report (TR) 38.807, Jan. 2020, version 16.0.0. [Online]. Available: https://portal.3gpp.org/desktopmodules/Specifications/Specification Details.aspx?specificationId=3522

[49] J. M. Jornet and I. F. Akyildiz, "Femtosecond-long pulse-based modulation for terahertz band communication in nanonetworks," *IEEE Transactions on Communications*, vol. 62, no. 5, pp. 1742–1754, 2014.

第 23 章

新型编码

23.1 背景与动机

信道编码是无线通信最基本的组成部分，从 2G 到 5G，无线系统一直采用最先进的信道编码技术，例如 2G 的卷积码、3G/4G 的 Turbo 码、5G 的 Polar 码与低密度奇偶校验（Low-Density Parity Check，LDPC）码，这些信道编码设计上的创新加速了编码技术的发展。遵循摩尔定律，高性能、低功耗、低成本的编 / 译码器持续涌现，在此基础上出现了各种先进的信道编码技术。到了 2020 年，信道编码性能几乎达到 AWGN 信道的香农极限，且实现成本较合理。

在恶劣或动态的信道环境中，使用信道编码可以提升通信可靠性、改善服务质量。由于 6G 覆盖的场景非常广泛，有些场景的要求极高（如超高速率、超低时延、超低功耗等），因此 6G 需要对信道编码进行创新，提供更强大的信道编码方案，从而为给定的信道条件和使用场景提供最佳码构造，详见本书 23.2 节。

香农信息论的核心是在信道容量最大化的同时将信道编码和信源编码分为两层。这一定理适用于信息块非常大的场景，但会增加编码器、译码器的实现复杂度和时延。因此，针对超高速率、超低时延业务，使用信源编码与信道编码分离方案并不是最优的。6G 将探索一种跨层方案，实现信源编码与信道编码的联合设计（详见 23.3 节），这类探索对优化 6G 应用性能具有重要意义。

在经典的香农信息论之外，我们需要拓宽智能通信的定义。在 1949 年与香农合著的书 [1] 中，沃伦·韦弗提出了三层智能通信的架构：第一层是香农信息论（技术层），第二层是语义，第三层是有效性。语义通信在大部分 6G 场景中都有使用，尤其是机器间通信、人机通信领域。在这个智能通信架构中，无线传输信道采用基于香农信息论的内部信道编码与外部语义信道。在语义信道中，信源编码不只是简单地将语义压缩成信息熵，相反，它还会提取出相关语义。关于无线传输信道与外部语义信道的融合，业界已经有了一些探索 [2]，这将成为 6G 中的一个全新的基础研究领域。在机器学习中，语义提取通常使用数据驱动的方法，详见 23.3 节。

信道编码可用于 AWGN 信道的点对点通信，也可以用于非 AWGN 信道或非固定信道的多点到点、点到多点以及多点到多点通信。随着机器间通信、人机通信的增多，在 6G 的多点到点、点到多点以及多点到多点通信场景中可以使用网络编码来提升整体的频谱效率。网络编码的基本思路是将多个包合并为一个包，从而提高编码增益，在数字或模拟域中消除干扰，而这种编码增益可以惠及所有网络设备。网络编码通常是在应用层实现的，但到了 6G，为了满足时延和吞吐率方面的要求，它有可能在物理层实现，详见 23.4 节。

23.2 信道编码方案

23.2.1 背景

自 1948 年香农信息论发表以来，各通信系统便提出并实现了各种不同的信道编码方案。早期的方案使用代数码，其信息比特和编码比特满足线性代数关系。这类设计的宗旨是使用线性代数属性将码距最大化，从而最大限度地提升纠错能力。最早的信道编码方案有 Hamming 码 [3]、Golay 码 [4] 和 Reed-Muller（RM）码 [5]，这些码构造支持的码长和速率是有限的。循环码 [6] 的发现使码构造变得更加灵活，Bose-Chaudhuri-Hocquenghem（BCH）码 [7-8] 和 Reed-Solomon 码 [9] 是两类典型的循环码。这些代数循环码具有良好的码距，在软译码器中可以提供良好的性能 [10]。列表译码 [11]、分阶统计译码 [12] 等强大的软译码方案可以使性能达到许多短码的最大似然。

信道编码一直是帮助无线系统接近香农极限的关键驱动力。虽然代数码能够对数字信号进行长距离传输，但它相对适用于短码，编码增益远未达到香农极限。无线通信系统已经使用过多种不同的编码方案，如 2G 使用了卷积码 [13]，3G/4G 使用了 Turbo 码 [14]。Turbo 码等现代编码方案的信息块较大，接近理论信道容量，极大地提高了移动通信中的频谱效率。在 Turbo 迭代译码器大获成功后，LDPC 码重新回到人们的视野，LDPC 码的非正则构造 [15] 与香农极限间仅有 0.0045 dB 的细微差距。Polar 码是第一个被证明能达到理论信道容量并缩小差距的码型 [16]。

能够达到理论容量的信道编码在很多方面都有助于改善用户体验。例如：编码增益越高，网络覆盖就越广，服务质量就越好，特别是在小区边缘；高度并行的译码器可以提高峰值速率；简单、硬件友好的设计可以大大降低功耗，从而延长电池寿命。这些优势为前几代无线系统的成功打下了坚实的基础。随后的 5G NR 标准在控制信道上采用 Polar 码，在数据信道上采用 LDPC 码，这两种编码具备速率兼容、硬件友好的特性，因此编码增益更大。

与 5G 相比，6G 应用的性能要求更高，如更高的速率、更高的可靠性、更低的复杂度、更低的功耗，其 KPI 也比前几代更多样化。下面将着重讨论 6G 信道编码设计中的关键要求、KPI 以及设计原则。

23.2.2 6G 信道编码的目标 KPI

在现有的 5G 应用场景（eMBB、URLLC、mMTC）中，6G 信道编码将进一步提升性能，包括将峰值速率提升到 Tbps 级（当前 eMBB 数据面译码速率为 10 Gbps～20 Gbps）、消除 URLLC 中的块译码误码平台、提高 mMTC 的短码译码性能（直至达到有限长编码的性能极限）[17]。自动驾驶、垂直行业、卫星通信等应用场景的目标 KPI 包括亚毫秒级时延、7～10 个 9 的可靠性、高能效、电池寿命长等。图 23-1 对比了 5G NR 信道编码（包括控制信道的 Polar 码和数据信道的 LDPC 码）与 6G 信道编码的 KPI。下面介绍一些典型的目标 KPI：

- **Tbps 级吞吐率**：2030 年 6G 将会商用，VR/AR 应用会成为主流，其中许多应用需要更大的带宽来实现近距离 1 Tbps 的无线吞吐率，因此，1 Tbps 的峰值速率将成为 6G 的基本 KPI。
- **短码性能高**：短码（少于 200 比特）将广泛应用到各种机器间通信场景中，优化短码性能不仅可以扩大覆盖范围，还可以促进许多相关应用。当前 5G 数据面所使用的信道编码方案虽不难实现，但与实际译码器的限长性能极限之间还存在 1～2 dB 的差距。6G 不仅会缩小这一差距，还会简化译码算法，提高译码器的能效。
- **编 / 译码时延低、电池寿命长**：应用 KPI（能效高、电池寿命长、译码复杂度低等）对码构造存在一定程度的依赖性，需要结合空口时延、传输可靠性和覆盖范围来综合考虑。此外，码构造需灵活适应不同场景的不同 KPI 组合，例如，高可靠性和低时延应用可能更看重覆盖范围或移动性，而其他应用为了获得更高的编码增益（以补偿由高移动性引起的衰落），可以接受一定的译码时延。

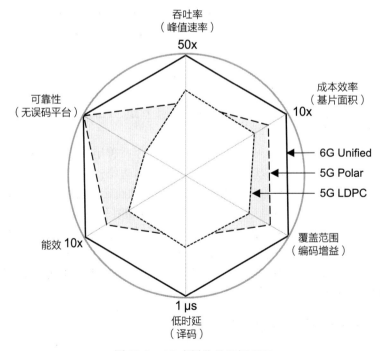

图 23-1　6G 多样化的目标 KPI

随着芯片技术的不断发展，6G 应用将解锁更多的信道编码方案。由于复杂的译码算法能够以更低的成本实现，因此 6G 设计中将进一步探索性能增益与实现复杂度之间的平衡关系。

23.2.3　6G 信道编码的设计原则

1. 统一灵活的信道编码

在 5G 中，单一的信道编码很难满足多种场景的需求，即不存在"一刀切"的信道编码方案。这个问题在 6G 中依然存在，且 6G 的应用场景更加多样化，对 6G 信道编码提出了新的挑战。定制化、场景化的信道编码方案在实现上更加复杂，摆在我们面前的只有两个选择：要么设计出支持硬件重用、可以推广到不同应用 / 规格的整套编码，要么设计出能根据不同场景高效适配编码的统一框架。

该框架由分量码或基础码构成，为了满足不同场景的需求，需具备极高的可适配性。下面通过两个例子简要介绍如何设计这种框架。

1）例 1：基于 Polar 码的统一灵活框架

Polar 码在各种码长和速率下都表现出优异的性能。通过优化码构造，在 1 比特粒度[18]下，Polar 码的信息编码长度性能十分稳定。Polar 码支持多种译码器[19]，从低复杂度的连续消除（SC）译码到高复杂度、高性能的 SCL 译码都有涵盖。为了支持先进迭代接收机的软比特输出，可以使用软消除译码器[20]或置信传播（BP）译码器；针对高吞吐率场景，可以使用并行调度的比特翻转（BF）译码器。尽管连续消除译码器在本质上是串行的，但在 URLLC 场景中可以引入一定的并行度[21]。针对 mMTC 场景块长通常较短的情况，可以优化 Polar 码的码距，以便获得与 RM 码和扩展 BCH 码相当的性能[22]。针对超高吞吐率的应用，G_N 陪集码框架（详见后文）所提出的新型构造支持全并行译码[20]。为了达到特定目的，极化方案通常有两种做法：适配译码器或优化码构造。这样，译码核心和处理单元就可以在硬件中重用，编码描述也可以在一个框架内统一。

2）例 2：多码适配框架

随着多种编码的引入，逐渐衍生出编码适配的需求。LDPC 码，特别是准循环（quasi-cyclic）Raptor-Like LDPC 码[23]，支持细粒度码构造和 HARQ。大量研究充分表明，这类编码在高速率和长码场景下表现良好，但在低速率和短码场景下的性能和实现效率较低。如果码长非常短，Polar 码、代数码（例如 BCH 参考信号）反而比 LDPC 码更有优势[24]；如果码长非常长，空间耦合码[25]可以与各种分量码（如 LDPC 码[26]、Polar 码、其他广义耦合结构等）叠加，在复杂度和性能之间实现最优平衡。有关空间耦合码的速率匹配问题[27]以及 HARQ 方案，还需要进一步研究。为了博采众长，编码适配框架需要给每种信道编码方案匹配具体的场景或用户终端类型。

2.Tbps 编码设计

高吞吐率是最重要的目标 KPI 之一。为了解决复杂度高、功耗大的问题，需要开发出强大的信道编 / 译码器。例如，在资源有限的情况下，要实现 1 Tbps 的高吞吐率，需要在 5G 的基础上将吞吐率提升约 50 倍。目前，无论是 LDPC 码还是 Polar 码，它们的面积效率都不超过 1 Tbps/mm2，能源效率都不低于 1 pJ/ 比特[28]。究其原因，LDPC 译码器受限于硅基路由，极化译码器受限于连续译码架构。因此，未来研究将致力于设计出一套高效的、可快速实现的译码架构。

1 Tbps 编码方案的设计应优先考虑降低复杂度、提高译码并行度，特别需注意硬件实现[29]。例如，通过简单路由方案实现的编码需要更小的芯片面积、更规则的编 / 译码，或者通过优化部分已有节点，在译码端[30] 或在码构造及译码[31] 中获得更高的并行度、更好的规则性和更低的复杂度。

由 Polar 码和 RM 码组成的并行 Polar 码（即 G_N 陪集码框架）支持并行且规则的高吞吐率译码。G_N 陪集码可以是与 Polar 码使用相同生成矩阵但不同信息集的线性块码。G_N 陪集码的因子图可以采用并行译码算法[31]，该算法具有较高的并行度和规律性，它将 G_N 陪集码当作级联码处理，对内码进行并行译码。而为了避免对外码进行连续译码，该算法会通过交换前一个因子图中的外码和内码来构造一个等效译码图（如图 23-2 所示），并对两个译码图中的内码进行译码。

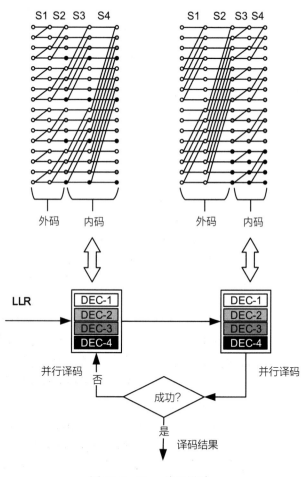

图 23-2　Tbps 编码设计

3. 短码

为了减小与有限长编码的理论纠错极限间的 1 dB 性能差距，可以考虑使用 Polar 码和短代数码，如 RM 和 BCH/RS 码[24]。Polar 码通过 SCL 译码器译码，在短码场景下，可以在性能和复杂度之间取得最佳平衡，因此 5G 控制信道采用 Polar 码。出于同样的原因，同时也为了复用 5G 传统硬件，一些普遍使用短码的 6G 场景将 Polar 码用于数据信道。通过增加列表大小，短 Polar 码在低误码率区域可以接近随机码集联合界（短码的一个性能界）[24]。此外，AI 技术还可以进一步针对列表译码器优化码构造 [32-33]。如何实现快速、简化的 SCL 译码已经有一些相关研究 [19, 34]，以下几个领域目前正在积极探索中：

- 通过修改极化核来提高极化率，从而改善有限码长性能 [35]，这方面的典型例子有卷积 Polar 码 [36-37]、二进制大核 Polar 码 [38]、混合核 Polar 码 [39] 和非二进制 Polar 码 [40] 等。
- 为了进一步提升 Polar 码的性能，可以通过极坐标转换的方式将极化调整卷积码 [41] 级联起来，在 Fano 译码技术的帮助下，这种码构造可以达到性能上限。
- 在预变换的 Polar 码下，可以统一基于外码级联的码构造，确保提升最小码距 [22]。

代数码主要用于光通信和存储应用，如果要在无线通信中使用代数码，其码构造需要有针对性地进行定制，设计原则如下：

- 码距对性能有很大影响。我们需要研究如何高效、系统地构造短信道码并保持良好的最小码距特性。
- 需要适配不同的数据包大小。但是，高性能短码的速率和长度自适应方法还有待研究。
- 需要设计出新的译码算法，以期实现计算复杂度和实现复杂度的"双赢"。从这个角度来说，分阶统计译码 [12] 不失为一个可行方案，但为了将复杂度降到最低，分阶统计译码也仍然需要进一步优化。实用性是衡量译码器的关键，一个译码器如果不实用，纵使性能再好，也注定无法实现。

4. 使能关键型任务（mission-critical）应用的编码

除了传统的宽带应用，6G 还将支持许多能保证极致性能的关键型任务应用。而要保证极致性能，仅靠现有的编码方案是不够的，必须针对具体场景、具体应用设计特定的编码。以下是设计时需要考虑的几个要素：

- **超高可靠性**：达到 $10^{-7}\sim10^{-10}$ 误块率，无误码平台，性能良好。在 LDPC 和其他需要迭代译码的编码 [42] 中，误码平台虽然是不可避免的，但可以降到 10^{-10} 以下。已有理论研究证实，Polar 码及相关码构造中不存在误码平台，因此非常适合这些应用。此外，可以利用一些高级特性（如非二进制构造或卷积构造）进一步提高可靠性。
- **超低时延**：1 ms～0.1 ms，支持自动驾驶和工业自动化。除了高可靠性，这些应用通常还要求超低的编/译码时延，因此，代数码可能比较适用。但是，现有的方案需要分阶统计译码，这对于有时延上限的应用来说太过复杂。为了支持这种场景，需要设计新的码构造和译码方案。经验证，短 Polar 码的译码时延本身就极低 [21]，而分段译码 [43] 和并行译码 [44] 还可以将其降至更低。
- **超低功耗和成本**：基于能量收集实现 10 年甚至无限期无须更换电池地工作。智能设备可以调制并反射接收的射频信号，或者收集环境中的无线电能量进行射频传输。这种设备通常使用低成本硬件，要求极低的功耗，这可以通过编码调制联合设计（例如信道编码与波形和参考信号共同设计）来实现 [45]。

- **超高密度**：每平方公里 1 亿台终端设备。对于密集部署的物联网终端而言，信号冲突不可避免，因此编码中需要同时携带终端 ID 和数据。理想的方式是通过序列编码联合设计，在超大序列 / 码空间中支持非相干检测 / 译码。

23.3   信源信道联合编码

23.3.1   研究背景

40 多年来，人们对信源信道联合编码（Joint Source and Channel Coding，JSCC）开展了一系列广泛的研究 [46]。对于有限长编码块传输，信道编码速率的上限可以通过引入信道色散得出 [17]。几年后，根据信源 d 倾斜信息计算出了限长的有损信源编码速率下限 [47]。这些研究都指向同一个结论：在有限长区域中，JSCC 的总体速率优于信源信道独立编码（Separate Source and Channel Coding，SSCC）[48]，JSCC 和 SSCC 这两种编码方式的差异如图 23-3 所示。

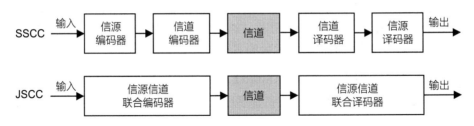

图 23-3   SSCC 与 JSCC 的差异

有限长信源编码无法达到理想的效果，但信道译码器可以利用剩余的冗余。因此，相关人员对 JSCC 做了大量研究，其结论是利用信源编码（Huffman [49]、JPEG [50]、Arithmetic [51]、Lempel-Ziv [52] 等）的高阶或后验信息可以辅助基于稀疏图的信道译码。文献 [53] 提出基于 Polar 码和语言译码器的联合译码方案，该方案借助字典纠正了大多数早期译码误差。为了充分利用信源的记忆，研究人员假设某些信源可以建模成马尔可夫（或隐马尔可夫）过程，并在此基础上打造出马尔可夫信源信道联合译码方案 [54-55]。为了解决多终端信源的分布式压缩问题，基于著名的 Slepian-Wolf 定理提出了各种信源模型和信道联合译码方案 [56-57]。虽然这些 JSCC 方法优于相应的 SSCC 方法，但它们在很大程度上依赖信源压缩方案且通用性差。每当信源压缩方案发生改变，联合译码器就得重新设计。

JSCC 另一个研究重点是无线图像 / 视频传输。文献 [58] 提出一种名叫 SoftCast 的模拟传输方案，该方案将原始图像像素线性编码为模拟系数，再通过 OFDM 传输，接收机在译码像素时会得出瞬时信道质量。为了解决模拟传输固有的频谱效率低和压缩增益低的问题，数模混合传输方案应运而生，比如：文献 [59] 提出通过传统数字方法传输数字基础层、通过伪模拟空间复用传输增强层；文献 [60] 利用香农－科特尔尼科夫映射（Shannon-Kotel'nikov mapping）进一步压缩模拟系数。近来，在深空图像传输领域，JSCC 也引发了广泛讨论。文献 [61] 就是一个很好的例子，它提出用基于旋风码的定长对定长线性编码来代替传统的熵编码，从而增强对译码误差的鲁棒性，避免重传时间超长。这些都表明，即使信道条件较差，JSCC 也能显著降低传输时延，提供可接受的图像 / 视频质量。然而，信源信道编码的联合设计是高度集成的，这些设计都只针对图像 / 视频传输场景，难以普及。

一些研究者已经尝试将机器学习与 JSCC 结合起来，比如：文献 [62] 提出使用基于自编码器的 JSCC 方案进行无线图像传输，它将有噪通信信道表示成编 / 译码器对的中间层；文献 [63-64] 研究了基于 DNN 的传输与识别联合，以无线的方式将识别任务的数据传输到服务器上；文献 [65-66] 将目光从图像转移到了文本上，它们提出利用基于机器学习的 JSCC 方案来保护有噪信道上的文本传输。与以往研究类似，基于机器学习的 JSCC 相较于传统 JSCC 会提升信道的适应性、扩大优化空间，但相应的设计只适用于具体任务，并不是通用的方案。文献 [65-66] 讨论了如何在无线传输中保留句子的语义信息，而不是一味地降低误码率。下一节将探讨机器间通信中有关语义提取和保护的关键内容。

23.3.2 基于机器学习的 JSCC

人工智能和机器学习的发展会对 JSCC 产生影响。韦弗语义通信广泛应用到了大多数的 6G 机器间通信、人机通信场景，该架构可分为两大部分：基于传统信道编码的内层信道和基于深度学习的外层语义信道。

而如何实现这两类信道的完美融合将是 6G 的研究主题——截至目前，有部分成果已经发表 [2]。

在人工智能和机器学习的帮助下，6G 机器间通信的一个重要目标是为 "AI 间通信" 创造出新的信源编码范式。在 AI 智能体的先进信源编码中，基于 DNN 的机器学习是 AI 间通信的主要驱动力。训练后的 DNN 会划分高维空间，将训练看作 "内插器"，推理看作 "外插器"。一方面，DNN 可以用作一种降维器，通过去除低维表示中无关或次要部件达到信息压缩或信源编码的目的。另一方面，基于低维表示，DNN 也可重构成扩维器、解压缩器或信源译码器。

通常，编 / 译码器 DNN 通过自编码器架构连接，这种架构整体上反映了率失真理论：瓶颈层的维度越高，失真越小；维度越低，则失真越大。我们在第 8 章讨论过语义通信的理论基础，而用于 AI 间通信的 JSCC 特性包括：

- **超出香农信息论范畴的 JSCC**：传统信源编码的目的是压缩信源比特率，实现传输成本最小化、网络容量最大化。在大多数情况下，人类感知的保真是信源编码优化的主要动力。发送端在保持香农信息、避免信息丢失的同时，会最大限度地压缩比特率；接收端对信息进行解压缩，保证对人类感知无影响。然而到了 6G，信源编码的目标会从人类感知的保真转移到机器间通信。即使在机器学习（即训练 DNN）的大数据中应用了信源编码，比特率仍有进一步压缩的空间。

- **超出率失真理论范畴的新度量**：实际应用已经在速率与失真这两个典型度量间实现了最佳平衡。然而，在人与人的通信中，还需要另外一种度量，即人类感知，通过人工参与的评分系统来完成。到研究 6G 时，又需要探索机器间通信的新度量，即机器感知，可以由 DNN 实现。

- **多终端 JSCC**：经典信息论提出的多终端信源编码方案以 Wolf 定理为基础并假设两个输入流相互独立且同等重要。然而，在许多 6G 应用场景中，感知数据可能并不独立，也不是同等重要的。比如：两个传感器可以从不同位置或使用不同技术来度量同一个物理世界；又比如，一个传感器可能比另一个传感器捕获更多的信息，有更多的信道干扰，或者依赖另一个传感器的信道系数。目前，已经有越来越多的人投身多终端 JSCC 的研究，特别是 DNN 构造的应用，这类应用会对多感官大数据进行压缩，目的是更好地训练机器学习。

  DNN 支持多终端输入，在机器学习训练过程中，必须指定一个主输入，其他输入将由神经元自动加权、融合。这种做法有一个优势：对于不合适的信息输入，可以通过分配低权重的方式快速丢弃。

- **任务驱动型 JSCC**：为了满足人类感知的需求，传统信源编码的焦点都在端到端的失真上，而机器感知在物体检测、分类和重构等方面的需求与人类感知可能有天壤之别。直观来看，目标检测 / 分类比目标重构需要压缩更多的信息，我们可以通过训练 DNN 编 / 译码器完成各种机器学习任务。

23.3.3　6G JSCC 的设计原则

在块长和时延约束的有限编码方面，JSCC 比 SSCC 更高效，许多现有系统基于压缩方案（如 Huffman 压缩 [49, 53]）或数据源类型（如图像 [61-62] 或文本 [65-66]）优化了 JSCC 设计。到了 6G，新型 JSCC 有三大机会点：一是低时延短码的无线链路机器间通信；二是虚拟世界中的高速可视通信（特别是短距离通信），其中数模混合 JSCC 凭借简单的压缩方案即可实现低时延、低功耗；三是机器学习，在数据驱动的训练中，利用自编码器技术并根据信息瓶颈对信息进行压缩，这为 6G AI 间通信打造了一片新天地。

为了提升 JSCC 的性能及其在 6G 中的应用，JSCC 需要一个通用设计，利用机器学习来提取机器间通信中有关的语义信息。下面列出了一些设计指导和研究方向：

- **通用框架**：可以设计一个适用于各类应用的通用 JSCC 框架，且该框架不高度依赖信源压缩方案。

- **可扩展性**：为满足各种应用的不同需求，需要更高的可扩展性。为此，可以研究比特式 JSCC、消息式 JSCC，分别按比特和消息对误差进行定义和防范。

- **新度量**：特别是在机器间通信中，JSCC 需要一个新的设计度量，充分考虑有损传输、信息及时性、注意力控制、信源 / 信道记忆等因素。

- 相关性：对于有大量连接的应用，尤其是机器间通信，不同用户之间共享的信息可能具有高度相关性，利用这种相关性可以进一步提升 JSCC 性能。
- 新维度：与传统方法相比，基于机器学习的信源编码和通信为 JSCC 提供了更广阔的优化空间。文献 [62, 66] 表明我们需要新的设计维度，但还需要进一步的研究。为了保护用户隐私，或许可以使用"黑盒"内容加"白盒"信道的设计方式。

23.4 物理层网络编码

23.4.1 背景

香农信息论是建立在 AWGN 无记忆信道的点对点通信的基础上，而网络编码方案则是针对多点网络的。鉴于此，物理层网络编码通过编码增益和分集增益来提升性能，特别是要求低时延的 6G 场景和应用。考虑到潜在的性能增益，研究物理层甚至模拟信号的网络编码（即模拟网络编码）是十分有意义的。网络编码起源自 2000 年发表的一篇论文[67]。为提高频谱效率，节点对输入的信息流进行编码，它将收到的多个输入流打包成一个再发送出去。这些输入流可以来自同一个节点，也可以来自不同节点。码长越长，编码增益越大；不同的传输路径代表一定的分集增益。文献 [68-70] 讨论了几种类型的物理层网络编码，接下来我们简单地介绍一下这些编码类型。

- **线性网络编码**：编码节点对输入流进行线性组合，这跟异或运算一样简单，因此，线性网络编码广泛用于广播和中继场景。随机线性网络编码也类似，只是它使用了随机系数来处理未知拓扑或分布式通信。
- **模拟网络编码**：这种编码直接操作模拟信号，在 S_1 到中继、S_2 到中继之间叠加电磁波。模拟网络编码通常用于双向中继通信，如图 23-4c 所示。

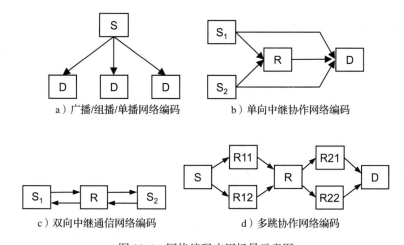

a）广播/组播/单播网络编码 b）单向中继协作网络编码

c）双向中继通信网络编码 d）多跳协作网络编码

图 23-4 网络编码应用场景示意图

物理层网络编码应用场景

- **广播 / 组播 / 单播网络编码**：在侧行链路通信中，5G 引入了支持 HARQ 的组播传输，以提高可靠性。然而，这种 HARQ 的效率和时延还有提升空间，特别是在广播和组播场景中，如图 23-4a 所示。由于信息会同时发送给多个终端，信道条件较差时，信息丢失的概率比较高。网络编码（如异或 HARQ 方式）是降低信息丢失概率的一个有效途径——它会将不同或同一接收机丢失的数据包组合起来[71-72]。在单播传输中，发送给一台终端的信息可能被另一台终端"偷听"到，这意味着可以使用基于网络编码的 HARQ 方式[73]。

- **单向中继协作网络编码**：单向中继协作通信可以提高可靠性。如图 23-4b 所示，在阶段 1 中，S_1 和 S_2 通过正交资源单元向目的节点 D 发送信息；在阶段 2 中，中继节点 R 将从 S_1 和 S_2 接收到的信息通过其他正交资源单元转发出去。要实现与阶段 2 正交资源单元方案相同的分集度，物理层网络编码所需的空间路径类似，消耗的资源却更少[74]。在阶段 2 中，节点 R 对从 S_1 和 S_2 接收到的比特进行异或运算。传统方案需要 4 个资源单元，而物理层网络编码方案只需要 3 个资源单元即可实现相同的分集度。

- **双向中继通信网络编码**：在双向中继通信中，两个信源（即图 23-4c 中的 S_1 和 S_2）通过中继相互通信。如果阶段 2 采用数字网络编码，需要 3 个资源单元；采用模拟网络编码，则只需要 2 个资源单元。物理层网络编码是模拟网络编码的一种类型[68, 69, 75]：假定完全同步，阶段 1 中的两个信源会同时向中继器发送信号。中继器接收到信号后，首先对叠加信号进行信道译码，然后将叠加信息转换成网络编码信息，最后对信息进行信道编码以广播到两个信源中去。每个信源的干扰都是未知的，所以信源通过异或运算从广播信号中获取期望的信号。与物理层网络编码不同的是，模拟网络编码[70]中继只是简单地放大网络编码叠加信号，再将其广播到两个信源中去，每个信源可以基于已知信号译码自己预期的信号。

- **多跳协作网络编码**：如图 23-4d 所示，多跳协作通信是一种网状网传输结构，如何在网状网结构中平衡好吞吐率、时延、可靠性是一个巨大挑战。文献 [76-77] 提出自适应因果随机网络编码方案，它考虑了多跳协作传输中的网络编码问题。基于 ACK/NACK 反馈和新包数量，还可以使用先验 / 后验 FEC 网络编码方案。在邻跳之间，使用速率匹配来对齐路径速率、最大化吞吐率[77]。

23.4.2   6G 物理层网络编码的设计原则

网络编码的最大价值在于编码增益和分集增益。从信息论的角度来看，边信息（Side Information）有助于译码器消除已知的无线干扰。因此在 6G 中，我们可以将网络编码从广播 / 组播扩展到协作式中继传输。以下是一些设计原则：

- **即时译码网络编码**：为了满足 6G 的超低时延、超低成本要求，文献 [78-79] 提出了即时译码网络编码（Instantly Decodable Network Coding，IDNC）方案。该方案中，网络编 / 译码器只采用简单的二进制异或运算，虽然会导致信息丢失，但是可以降低时延和记忆消耗。逐行 IDNC 译码器有利于时延敏感通信，但需要足够的反馈来获取接收机的译码状态。

- **信道网络联合编码**：物理层所采用的网络编码可以看作"外码"。为了提高性能，信道编码和网络编码可以一体设计，共享冗余信息。冗余信息分为两部分：一部分包含在信道码字中；剩余的包含在网络码字中，这部分冗余信息通过中继节点在另一条路径上传输[80]。译码节点可以使用连续消除法从两个码字中译码信息。这两条路径可能并不严格独立，也不是完全无记忆的，这意味着只要在它们之间找到合理的码率分割，就能提升分集增益。在 6G 网络中，机器将成为很大一部分用户，它们互相协作，形成自适应网络编码[81]。编码 / 分集增益是否能超过冗余价值，取决于协作用户间的侧行信息和分割。

- **模拟网络编码**：模拟网络编码可以提供更低的时延、更高的效率。2006 年，业界提出了一类（Type-1）模拟网络编码方案，并开展了理论工作和原型验证[69, 82-83]。一类（Type-1）模拟网络编码要求同一中继连接的两条链路在幅度、相位、时间和频率方面都能做到精确同步。然而，要实现精确同步并非易事[83]，可能会面临校准与握手开销大、周期长的问题。二类（Type-2）模拟网络编码[70]也实现了低时延且不再要求精确同步，其缺点是会放大信号和噪声。二类（Type-2）模拟网络编码适用于高信噪比场景，因为在这些场景中可以通过波束调度来提升信噪比。

参考文献

[1] C. Shannon and W. Weaver, *The mathematical theory of communication*. University of Illinois Press, 1949.

[2] H. Xie, Z. Qin, G. Y. Li, and B.-H. Juang, "Deep learning enabled semantic communication systems," *arXiv preprint arXiv:2006.10685*, 2020.

[3] R. W. Hamming, "Error detecting and error correcting codes," *The Bell System Technical Journal*, vol. 29, no. 2, pp. 147–160, 1950.

[4] M. J. Golay, "Notes on digital coding," *Proc. IEEE*, vol. 37, p. 657, 1949.

[5] D. E. Muller, "Application of boolean algebra to switching circuit design and to error detection," *Transactions of the IRE Professional Group on Electronic Computers*, no. 3, pp. 6–12, 1954.

[6] E. Prange, *Cyclic error-correcting codes in two symbols*. Air Force Cambridge Research Centre, 1957.

[7] A. Hocquenghem, "Codes correcteurs derreurs," *Chiffres*, vol. 2, no. 2, pp. 147–56, 1959.

[8] R. C. Bose and D. K. Ray-Chaudhuri, "On a class of error correcting binary group codes," *Information and Control*, vol. 3, no. 1, pp. 68–79, 1960.

[9] I. S. Reed and G. Solomon, "Polynomial codes over certain finite fields," *Journal of the Society for Industrial and Applied Mathematics*, vol. 8, no. 2, pp. 300–304, 1960.

[10] R. Silverman and M. Balser, "Coding for constant-data-rate systems," *Transactions of the IRE Professional Group on Information Theory*, vol. 4, no. 4, pp. 50–63, 1954.

[11] M. Sudan, "Decoding of reed solomon codes beyond the error-correction bound," *Journal of Complexity*, vol. 13, no. 1, pp. 180–193, 1997.

[12] M. P. Fossorier and S. Lin, "Computationally efficient soft-decision decoding of linear block codes based on ordered statistics," *IEEE Transactions on Information Theory*, vol. 42, no. 3, pp. 738–750, 1996.

[13] P. Elias, "Coding for noisy channels," *IRE Convention Record*, vol. 3, pp. 37–46, 1955.

[14] C. Berrou, A. Glavieux, and P. Thitimajshima, "Near Shannon limit error-correcting coding and decoding: Turbo-codes," in *Proc. ICC'93 – IEEE International Conference on Communications*, vol. 2. IEEE, 1993, pp. 1064–1070.

[15] T. J. Richardson, M. A. Shokrollahi, and R. L. Urbanke, "Design of capacity-approaching irregular low-density parity-check codes," *IEEE Transactions on Information Theory*, vol. 47, no. 2, pp. 619–637, 2001.

[16] E. Arikan, "Channel polarization: A method for constructing capacity-achieving codes for symmetric binary-input memoryless channels," *IEEE Transactions on information Theory*, vol. 55, no. 7, pp. 3051–3073, 2009.

[17] Y. Polyanskiy, H. V. Poor, and S. Verdú, "Channel coding rate in the finite blocklength regime," *IEEE Transactions on Information Theory*, vol. 56, no. 5, pp. 2307–2359, 2010.

[18] H. Zhang, R. Li, J. Wang, S. Dai, G. Zhang, Y. Chen, H. Luo, and J. Wang, "Parity-check polar coding for 5G and beyond," in *Proc. 2018 IEEE International Conference on Communications (ICC)*. IEEE, 2018, pp. 1–7.

[19] X. Liu, Q. Zhang, P. Qiu, J. Tong, H. Zhang, C. Zhao, and J. Wang, "A 5.16 Gbps decoder ASIC for polar code in 16nm FinFET," in *Proc. 2018 15th International Symposium on Wireless Communication Systems (ISWCS)*. IEEE, 2018, pp. 1–5.

[20] J. Tong, H. Zhang, X. Wang, S. Dai, R. Li, and J. Wang, "A soft cancellation decoder for parity-check polar codes," *arXiv preprint arXiv:2003.08640*, 2020.

[21] H. Zhang, J. Tong, R. Li, P. Qiu, Y. Huangfu, C. Xu, X. Wang, and J. Wang, "A flip-syndrome-list polar decoder architecture for ultra-low-latency communications," *IEEE Access*, vol. 7, pp. 1149–1159, 2018.

[22] B. Li, H. Zhang, and J. Gu, "On pre-transformed polar codes," *arXiv preprint arXiv:1912.06359*, 2019.

[23] T.-Y. Chen, K. Vakilinia, D. Divsalar, and R. D. Wesel, "Protograph-based raptor-like LDPC codes," *IEEE Transactions on Communications*, vol. 63, no. 5, pp. 1522–1532, 2015.

[24] M. C. Coşkun, G. Durisi, T. Jerkovits, G. Liva, W. Ryan, B. Stein, and F. Steiner, "Efficient error-correcting codes in the short blocklength regime," *Physical Communication*, vol. 34, pp. 66–79, 2019.

[25] D. J. Costello, L. Dolecek, T. E. Fuja, J. Kliewer, D. G. Mitchell, and R. Smarandache, "Spatially coupled sparse codes on graphs: Theory and practice," *IEEE Communications Magazine*, vol. 52, no. 7, pp. 168–176, 2014.

[26] D. G. Mitchell, M. Lentmaier, and D. J. Costello, "Spatially coupled LDPC codes constructed from protographs," *IEEE Transactions on Information Theory*, vol. 61, no. 9, pp. 4866–4889, 2015.

[27] Z. Si, M. Andersson, R. Thobaben, and M. Skoglund, "Rate-compatible LDPC convolutional codes for capacity-approaching hybrid ARQ," in *Proc. 2011 IEEE Information Theory Workshop.* IEEE, 2011, pp. 513–517.

[28] Wikipedia, "B5G wireless Tb/s FEC KPI requirement and technology gap analysis." [Online]. Available: https://epic-h2020.eu/downloads/EPIC-D1.2-B5G-Wireless-Tbs-FEC-KPI-Requirement-and-Technology-Gap-Analysis-PU-M07.pdf

[29] C. Kestel, M. Herrmann, and N. Wehn, "When channel coding hits the implementation wall," in *Proc. 2018 IEEE 10th International Symposium on Turbo Codes & Iterative Information Processing (ISTC).* IEEE, 2018, pp. 1–6.

[30] A. Süral, E. G. Sezer, Y. Ertuğrul, O. Arikan, and E. Arikan, "Terabits-per-second throughput for polar codes," in *Proc. 2019 IEEE 30th International Symposium on Personal, Indoor and Mobile Radio Communications (PIMRC Workshops).* IEEE, 2019, pp. 1–7.

[31] X. Wang, H. Zhang, R. Li, J. Tong, Y. Ge, and J. Wang, "On the construction of G N-coset codes for parallel decoding," in *Proc. 2020 IEEE Wireless Communications and Networking Conference (WCNC).* IEEE, 2020, pp. 1–6.

[32] L. Huang, H. Zhang, R. Li, Y. Ge, and J. Wang, "AI coding: Learning to construct error correction codes," *IEEE Transactions on Communications*, vol. 68, no. 1, pp. 26–39, 2019.

[33] L. Huang, H. Zhang, R. Li, Y. Ge, and J. Wang, "Reinforcement learning for nested polar code construction," in *Proc. 2019 IEEE Global Communications Conference (GLOBECOM).* IEEE, 2019, pp. 1–6.

[34] S. A. Hashemi, C. Condo, and W. J. Gross, "Fast simplified successive-cancellation list decoding of polar codes," in *Proc. 2017 IEEE Wireless Communications and Networking Conference Workshops (WCNCW).* IEEE, 2017, pp. 1–6.

[35] S. B. Korada, E. Şaşoğlu, and R. Urbanke, "Polar codes: Characterization of exponent, bounds, and constructions," *IEEE Transactions on Information Theory*, vol. 56, no. 12, pp. 6253–6264, 2010.

[36] A. J. Ferris, C. Hirche, and D. Poulin, "Convolutional polar codes," *arXiv preprint arXiv:1704.00715*, 2017.

[37] H. Saber, Y. Ge, R. Zhang, W. Shi, and W. Tong, "Convolutional polar codes: LLR-based successive cancellation decoder and list decoding performance," in *Proc. 2018 IEEE International Symposium on Information Theory (ISIT).* IEEE, 2018, pp. 1480–1484.

[38] P. Trifonov, "On construction of polar subcodes with large kernels," in *Proc. 2019 IEEE International Symposium on Information Theory (ISIT).* IEEE, 2019, pp. 1932–1936.

[39] N. Presman, O. Shapira, and S. Litsyn, "Polar codes with mixed kernels," in *Proc. 2011 IEEE International Symposium on Information Theory.* IEEE, 2011, pp. 6–10.

[40] R. Mori and T. Tanaka, "Non-binary polar codes using Reed-Solomon codes and algebraic geometry codes," in *Proc. 2010 IEEE Information Theory Workshop.* IEEE, 2010, pp. 1–5.

[41] E. Arıkan, "From sequential decoding to channel polarization and back again," *arXiv preprint arXiv:1908.09594*, 2019.

[42] T. Richardson, "Error-floors of ldpc codes," in *Proc. 41st Annual Conference on Communication, Control and Computing*, 2003, pp. 1426–1435.

[43] Huawei, "Details of the polar code design," 3rd Generation Partnership Project (3GPP), Technical Report R1-1611254, Nov. 2016, 3GPP TSG RAN WG1 #87 Meeting.

[44] B. Li, H. Shen, and D. Tse, "Parallel decoders of polar codes," *arXiv preprint arXiv:1309.1026*, 2013.

[45] N. Van Huynh, D. T. Hoang, X. Lu, D. Niyato, P. Wang, and D. I. Kim, "Ambient backscatter communications: A contemporary survey," *IEEE Communications Surveys & Tutorials*, vol. 20, no. 4, pp. 2889–2922, 2018.

[46] M. Fresia, F. Perez-Cruz, H. V. Poor, and S. Verdu, "Joint source and channel coding," *IEEE Signal Processing Magazine*, vol. 27, no. 6, pp. 104–113, 2010.

[47] V. Kostina and S. Verdú, "Fixed-length lossy compression in the finite blocklength regime," *IEEE Transactions on Information Theory*, vol. 58, no. 6, pp. 3309–3338, 2012.

[48] V. Kostina and S. Verdú, "Lossy joint source-channel coding in the finite blocklength regime," *IEEE Transactions on Information Theory*, vol. 59, no. 5, pp. 2545–2575, 2013.

[49] A. Guyader, E. Fabre, C. Guillemot, and M. Robert, "Joint source-channel turbo decoding of entropy-coded sources," *IEEE Journal on Selected Areas in Communications*, vol. 19, no. 9, pp. 1680–1696, 2001.

[50] L. Pu, Z. Wu, A. Bilgin, M. W. Marcellin, and B. Vasic, "LDPC-based iterative joint source-channel decoding for JPEG2000," *IEEE Transactions on Image Processing*, vol. 16, no. 2, pp. 577–581, 2007.

[51] M. Grangetto, P. Cosman, and G. Olmo, "Joint source/channel coding and MAP decoding of arithmetic codes," *IEEE Transactions on Communications*, vol. 53, no. 6, pp. 1007–1016, 2005.

[52] S. Lonardi, W. Szpankowski, and M. D. Ward, "Error resilient LZ'77 data compression: Algorithms, analysis, and experiments," *IEEE Transactions on Information Theory*, vol. 53, no. 5, pp. 1799–1813, 2007.

[53] Y. Wang, M. Qin, K. R. Narayanan, A. Jiang, and Z. Bandic, "Joint source-channel decoding of polar codes for language-based sources," in *Proc. 2016 IEEE Global Communications Conference (GLOBECOM)*. IEEE, 2016, pp. 1–6.

[54] J. Garcia-Frias and J. D. Villasenor, "Joint turbo decoding and estimation of hidden Markov sources," *IEEE Journal on Selected Areas in Communications*, vol. 19, no. 9, pp. 1671–1679, 2001.

[55] G.-C. Zhu and F. Alajaji, "Joint source-channel turbo coding for binary Markov sources," *IEEE Transactions on Wireless Communications*, vol. 5, no. 5, pp. 1065–1075, 2006.

[56] J. Garcia-Frias and W. Zhong, "LDPC codes for compression of multi-terminal sources with hidden Markov correlation," *IEEE Communications Letters*, vol. 7, no. 3, pp. 115–117, 2003.

[57] K. Bhattad and K. R. Narayanan, "A decision feedback based scheme for Slepian–Wolf coding of sources with hidden Markov correlation," *IEEE Communications Letters*, vol. 10, no. 5, pp. 378–380, 2006.

[58] S. Jakubczak and D. Katabi, "Softcast: One-size-fits-all wireless video," in *Proc. ACM SIGCOMM 2010 Conference*, 2010, pp. 449–450.

[59] B. Tan, J. Wu, H. Cui, R. Wang, J. Wu, and D. Liu, "A hybrid digital analog scheme for MIMO multimedia broadcasting," *IEEE Wireless Communications Letters*, vol. 6, no. 3, pp. 322–325, 2017.

[60] F. Liang, C. Luo, R. Xiong, W. Zeng, and F. Wu, "Hybrid digital–analog video delivery with Shannon–Kotelnikov mapping," *IEEE Transactions on Multimedia*, vol. 20, no. 8,

pp. 2138–2152, 2017.

[61] O. Y. Bursalioglu, G. Caire, and D. Divsalar, "Joint source-channel coding for deep-space image transmission using rateless codes," *IEEE Transactions on Communications*, vol. 61, no. 8, pp. 3448–3461, 2013.

[62] E. Bourtsoulatze, D. B. Kurka, and D. Gündüz, "Deep joint source-channel coding for wireless image transmission," *IEEE Transactions on Cognitive Communications and Networking*, vol. 5, no. 3, pp. 567–579, 2019.

[63] C.-H. Lee, J.-W. Lin, P.-H. Chen, and Y.-C. Chang, "Deep learning-constructed joint transmission-recognition for internet of things," *IEEE Access*, vol. 7, pp. 76 547–76 561, 2019.

[64] M. Jankowski, D. Gündüz, and K. Mikolajczyk, "Deep joint source-channel coding for wireless image retrieval," in *Proc. 2020 IEEE International Conference on Acoustics, Speech and Signal Processing (ICASSP)*. IEEE, 2020, pp. 5070–5074.

[65] N. Farsad, M. Rao, and A. Goldsmith, "Deep learning for joint source-channel coding of text," in *Proc. 2018 IEEE International Conference on Acoustics, Speech and Signal Processing (ICASSP)*. IEEE, 2018, pp. 2326–2330.

[66] M. Rao, N. Farsad, and A. Goldsmith, "Variable length joint source-channel coding of text using deep neural networks," in *Proc. 2018 IEEE 19th International Workshop on Signal Processing Advances in Wireless Communications (SPAWC)*. IEEE, 2018, pp. 1–5.

[67] R. Ahlswede, N. Cai, S.-Y. Li, and R. W. Yeung, "Network information flow," *IEEE Transactions on Information Theory*, vol. 46, no. 4, pp. 1204–1216, 2000.

[68] S. T. Başaran, G. K. Kurt, M. Uysal, and İ. Altunbaş, "A tutorial on network coded cooperation," *IEEE Communications Surveys & Tutorials*, vol. 18, no. 4, pp. 2970–2990, 2016.

[69] S. Zhang, S. C. Liew, and P. P. Lam, "Hot topic: Physical-layer network coding," in *Proc. 12th Annual International Conference on Mobile Computing and Networking*, 2006, pp. 358–365.

[70] S. Katti, S. Gollakota, and D. Katabi, "Embracing wireless interference: Analog network coding," *ACM SIGCOMM Computer Communication Review*, vol. 37, no. 4, pp. 397–408, 2007.

[71] D. Nguyen, T. Tran, T. Nguyen, and B. Bose, "Wireless broadcast using network coding," *IEEE Transactions on Vehicular Technology*, vol. 58, no. 2, pp. 914–925, 2008.

[72] Z. Zhang, T. Lv, X. Su, and H. Gao, "Dual XOR in the air: A network coding based retransmission scheme for wireless broadcasting," in *Proc. 2011 IEEE International Conference on Communications (ICC)*. IEEE, 2011, pp. 1–6.

[73] H. Zhu, B. Smida, and D. J. Love, "Optimization of two-way network coded HARQ with overhead," *IEEE Transactions on Communications*, vol. 68, no. 6, pp. 3602–3613, 2020.

[74] Y. Chen, S. Kishore, and J. Li, "Wireless diversity through network coding," in *Proc. 2006 IEEE Wireless Communications and Networking Conference,* vol. 3. IEEE, 2006, pp. 1681–1686.

[75] S. Zhang and S.-C. Liew, "Channel coding and decoding in a relay system operated with physical-layer network coding," *IEEE Journal on Selected Areas in Communications*, vol. 27, no. 5, pp. 788–796, 2009.

[76] A. Cohen, G. Thiran, V. B. Bracha, and M. Médard, "Adaptive causal network coding with

feedback for multipath multi-hop communications," in *Proc. 2020 IEEE International Conference on Communications (ICC).*   IEEE, 2020, pp. 1–7.

[77] A. Cohen, D. Malak, V. B. Brachay, and M. Medard, "Adaptive causal network coding with feedback," *IEEE Transactions on Communications*, vol. 68, no. 7, pp. 4325–4341, 2020.

[78] A. Douik, S. Sorour, T. Y. Al-Naffouri, and M.-S. Alouini, "Instantly decodable network coding: From centralized to device-to-device communications," *IEEE Communications Surveys & Tutorials*, vol. 19, no. 2, pp. 1201–1224, 2017.

[79] M. S. Karim *et al.*, "Instantly decodable network coding: From point to multi-point to device-to-device communications," Ph.D. dissertation, Australian National University, March 2017.

[80] C. Hausl and P. Dupraz, "Joint network-channel coding for the multiple-access relay channel," in *Proc. 2006 3rd Annual IEEE Communications Society on Sensor and Ad Hoc Communications and Networks*, vol. 3.   IEEE, 2006, pp. 817–822.

[81] X. Bao and J. Li, "A unified channel-network coding treatment for user cooperation in wireless ad-hoc networks," in *Proc. 2006 IEEE International Symposium on Information Theory.* IEEE, 2006, pp. 202–206.

[82] S. C. Liew, S. Zhang, and L. Lu, "Physical-layer network coding: Tutorial, survey, and beyond," *Physical Communication*, vol. 6, pp. 4–42, 2013.

[83] Y. Tan, S. C. Liew, and T. Huang, "Mobile lattice-coded physical-layer network coding with practical channel alignment," *IEEE Transactions on Mobile Computing*, vol. 17, no. 8, pp. 1908–1923, 2018.

第 24 章

新型多址接入

24.1 背景与动机

在无线通信中，数据是通过无线资源从一台设备传到另一台设备的。从根本上来说，物理无线资源分为时间和频率两大类。在同时服务多个用户时，自由度有限，就会出现多址接入（Multiple Access，MA）的问题。MA 方案设计并不只针对单个模块设计，相反，它可能涉及物理链路上的多个信号处理模块，包括编码、调制、预编码、资源映射、功率控制甚至波形等。点到点通信仅实现了单条链路的容量最大化，而 MA 通过模块间的联合设计可以使整个系统的容量最大化——尤其是当大量用户共享所有自由度时。

正如本书第二部分所述，6G 必须满足各类应用的独特需求甚至是极致需求，这就需要一个可扩展的 MA 框架，该框架需考虑以下几点：

- **所有包大小**：鉴于多样化的业务应用场景（详见第二部分），6G 的 MA 机制必须能灵活适配各种包大小，从沉浸式 XR 业务的巨型全息图到工业/健康监测传感器的简单状态更新，覆盖范围之广可见一斑，而不同的包大小则对应不同的传输时长和分集程度。

- **所有设备类别**：如第 18 章所述，到了 6G，智能手机将不再一枝独秀，同一个网络上会同时存在智能汽车、机器人、低成本传感器等各式各样的设备。这些设备在信号处理、时/频同步、硬件效率、供电方式等方面有巨大差异，因此它们的 MA 需求也大不相同。可以预见的是，家庭、公共、工业等领域的设备都会建立智能连接，10 年内连接数将增长 10 倍，这就要求 6G MA 支持超大连接。

- **所有流量类型**：不同的业务会产生不同的流量类型，这体现在业务到达模型不同，对速率、时延、可靠性的要求也不同。6G MA 设计应具备足够的可扩展性，以满足长突发、周期性或零散业务模型的用户需求。此外，6G 还继承了 5G 的未竟使命——如何高效复用那些对 eMBB、URLLC、mMTC 业务有着不同极致性能要求的用户？这一切早已超出 MAC 调度器的能力范畴，我们必须考虑一些跨层设计方案。

- **所有部署场景**：如第 6、20 章所述，6G 网络将提供 3D 覆盖，HAPS、UAV 和 VLEO 将成为 RAN 网络的一部分。这些潜在扩展的部署场景给 6G MA 设计带来新的挑战，例如，由于传播距离长，一体化非地面接入可能会面临严重的定时失调以及有限的链路预算问题。因此，需要研究涉及 3D RAN 网络多层联合传输的 MA 机制。

24.2   现有方案

从资源复用的角度，可以将 MA 技术分为正交多址接入（Orthogonal Multiple Access，OMA）和非正交多址接入（Non-Orthogonal Multiple Access，NOMA）；从资源调度的角度，可以将传输方案分为授权（Grant-Based，GB）传输和免授权（Grant-Free，GF）传输。这些 MA 技术和传输方案在 5G 研究和标准化工作中得到了高度重视[1]。OMA 和 NOMA 这两种技术都既适用于授权传输，也适用于免授权传输。本节将重点介绍这些领域的进展。

24.2.1   正交多址接入

前几代网络以正交多址接入（即 OMA）为主导。"正交"表示每个用户至少在一个资源域（时域、频域、码域或空域）内拥有独立的自由度，即每个用户的传输不会受到其他同时服务用户的影响。根据资源域划分（目的是区分多用户接入），OMA 方案又细分为频分多址接入（Frequency Division Multiple Access，FDMA）、时分多址接入（Time Division Multiple Access，TDMA）、码分多址接入（Code Division Multiple Access，CDMA）、空分多址接入（Space Division Multiple Access，SDMA），以及正交频分多址接入（Orthogonal Frequency Division Multiple Access，OFDMA）[2]。

- **FDMA**：为方便多个用户接入网络，FDMA 系统为每个用户 / 数据流分配不重叠的频段作为专用信道，并通过保护带隔绝相邻用户间的干扰。这种做法降低了整个系统的频谱效率，因此，FDMA 不足以支撑大量用户同时接入网络。
- **TDMA**：该系统将时域划分为多个时隙，发射机利用这些时隙为不同用户发送不同信号——每个用户的信息比特拆分到不同时隙，在时隙可用时以突发形式发送。因此，TDMA 只能容纳有限的用户 / 数据流。
- **CDMA**：该系统允许用户 / 数据流共享时频资源，这些用户 / 数据流通过正交或半正交（也称为"准正交"）的扩频码来区分。CDMA 系统可以实现较好的处理增益，但需依赖很长的序列，而要容纳大量用户，就需要实现准正交。因此，在大带宽、大规模 MIMO 场景中，CDMA 不够灵活。
- **OFDMA**：OFDMA 是在 OFDM 波形的基础上发展起来的，它能让子载波之间排列得更紧凑，子载波间隔与符号持续时间呈反比。OFDMA 系统将时频平面划分成最小单位是资源粒子（resource element）的二维栅格，每个资源粒子由 1 个频域子载波和 1 个时域符号组成，只传输一个用户 / 数据流的调制符号，这就充分保证了资源使用的灵活性，很容易与大规模 MIMO 等特性结合。然而，OFDMA 对时频同步的要求很高，对于低成本、低功耗设备来说，维持精准同步的成本太高。

- SDMA：随着现代 MIMO 技术的进步，SDMA 为大规模天线系统提供了更多选择。在 SDMA 系统中，模拟 / 数字波束赋形可以创建多个聚焦的空间波束给专属的调度用户。再借助准确的 CSI 信息，这些波束彼此之间几乎可以实现正交，将用户间干扰降至最低。但是，这种正交性在很大程度上依赖于准确的 CSI 信息，且随着用户数量、零散业务的增长，CSI 的准确性越发难以保证。

虽然在 OMA 基础上开发的许多特性提升了系统容量、用户体验和连接规模，但若要满足 6G 多样且极致的业务需求，这些特性仍然存在一些明显的局限和差距，包括：

- **同时服务的用户数有限**：OMA 系统服务的用户 / 数据流数受到正交信道数量的严格限制。
- **正交所需的信令及资源开销大**：在任意方向（上行、下行或侧行）的传输开始之前，基站会向用户发送资源授权，以保证 OMA 系统的正交性。当用户数增加时，信令开销也会相应增加，降低系统整体容量。此外，对于某些物联网业务，动态授权可能会引入超出承受范围的时延，或者在每次传输中占用 50% 以上的有效载荷。从频谱效率和功率效率两个维度来看，这两种情况都不可取。预配置资源虽然可以保证正交性，但可靠性保障所引起的资源开销也不容忽视，特别是业务到达不可预测或流量非常零星时。
- **CSI 依赖度高**：在实际部署场景中，闭环多用户 MIMO（Multi-User MIMO，MU-MIMO）和协作多点发送 / 接收（Coordinated Multipoint Transmission/Reception，CoMP）性能远未达到理论极限，特别是高速移动用户，其主要原因在于闭环预编码高度依赖准确的 CSI 信息。一旦网络受损，就无法获取准确的 CSI 信息，闭环 MU-MIMO 或 CoMP 的性能也会随之下降，这在信道老化、反馈延迟、小区间干扰突发等情形下较为常见。

24.2.2 非正交多址接入

非正交多址接入（即 NOMA）的诞生是为了弥补 OMA 的局限性，它能够容忍正交信道中的资源碰撞。从网络信息论的角度 [3-4]，相较于通过正交分割的资源并行传输同一组用户，NOMA 可以扩大上行 MA 信道 [5] 和下行广播信道 [6] 的容量区域。研究证明，基站可以利用连续干扰消除 [5] 和脏纸编码 [6] 技术使 MA 信道和广播信道的容量区域达到最优。此外，NOMA 还允许通过 MU-MIMO 在正交子空间中进一步叠加信号。最新研究 [7] 表明，如果将码域 NOMA 设计集成到上行 MU-MIMO 传输，即使系统的接收天线有 64 根之多，也可以获得额外的吞吐率增益。

在许多应用场景中，问题的关键并不在于单用户容量有多少，而在于有多少用户能够享受到保障的目标速率。为此，NOMA 牺牲了一部分峰值速率，以换取更多连接 [8]。其实现原理是引入 NOMA 收发机，抑制用户间干扰。这对万物互联而言意义重大，因为万物互联网中有大量的设备，每个设备对速率的要求并不高。结合 MU-MIMO，NOMA 可服务的用户数甚至超过了发射 / 接收天线数。

简言之，良好的收发机设计或使 NOMA 在以下方面比 OMA 更有优势：

- **提升多用户系统容量**：网络信息论已证实，NOMA 无须消耗额外的频谱资源、天线资源就能进一步提升系统容量。
- **支持过载传输**：NOMA 通过在正交信道上引入一定的符号碰撞（在承受范围之内），进一步增加了连接总量，但这会导致系统过载。通过合理的多用户检测和 NOMA 码本设计（多维星座[9-10]、扩频签名[11]、资源碰撞图样[12-13] 等），过载系数（即同时接入的用户数与正交资源粒子数的比值）可以达到 300% 以上。
- **使能可靠的免授权（GF）传输**：授权（GB）传输可能会产生大量的信令开销、增加握手时延（后文有详细阐述），因此引入了免授权传输方案，该方案尤其适合小包、零散业务。免授权传输对符号碰撞具有鲁棒性，在保持给定目标可靠性的前提下，它支持更多的用户资源分享。
- **使能鲁棒的开环 MU-MIMO**：实时 CSI 获取是闭环大规模 MIMO 传输中的瓶颈，为解决这个瓶颈问题，NOMA 提供了开环 MU-MIMO 的替代方案。开环 MU-MIMO 不依赖于精确的 CSI，因此它对诸如信道老化、用户移动性之类的网络失真表现出更高的鲁棒性。多基站场景以前的工作原理是从目标用户处收集准确的 CSI 信息，然后将信息发送给各协同基站进行联合预编码。开环 MU-MIMO 将会打破这种范式，它允许各协同基站自行选择非正交码，无须与用户或其他基站交互 CSI 信息就可以联合传输数据流。在无法获取准确的 CSI 信息或获取成本太高的场景下，开环 MU-MIMO 的价值尤为突出。
- **使能灵活的业务复用**：为了高效地服务各种业务类型，传统 OMA 采用动态资源调度的方法。这种方法会造成额外的信令开销，其速度可能无法满足某些业务的时延要求。叠加是 NOMA 的本质特性，NOMA 可以将低时延小包叠加到大包上进行联合传输，从而在改善时延的同时降低开销。

1. 下行 NOMA

通过下行 NOMA 技术，基站可以识别出占用相同时 / 频资源的用户，并将这些用户的信号进行打包传输。通常情况下，基站会将几个信噪比差异较大的用户分配到同一个 NOMA 组中。假设用户 A 离基站较近，用户 B 离基站较远，基站使用相同的资源调度这两个用户，并给它们分配不同的 NOMA 签名，那么，基站侧会给用户 B 分配较高的发射功率，给用户 A 分配较低的发射功率。而在用户侧，用户 B 会将用户 A 的信号看作是功率远低于自身信号的噪声，用户 A 则会通过检测和恢复用户 B 的信号来识别自己的信号。

为研究下行 NOMA，3GPP 从 R13 启动名为"多用户叠加传输（Multi-User Superposition Transmission，MUST）"的专题研究[14]，它将 MUST 分为以下三类：

- **MUST 类别 1**：两个或两个以上同时调度用户的编码比特独立映射到分量星座的符

号上，但复合星座不进行格雷映射。

- **MUST 类别 2**：两个或两个以上同时调度用户的编码比特联合映射到分量星座的符号上，然后由复合星座进行格雷映射。
- **MUST 类别 3**：两个或两个以上同时调度用户的编码比特直接映射到复合星座的符号上。

在大多数下行 NOMA 设计中，每个 NOMA 组只有 2 个用户，总容量仍然是衡量设计的重要指标。随着码域设计的增加，NOMA 用户间的信噪比差距预计会进一步放宽，从而简化用户分组（文献 [15] 列举了一些相关实验）。在为不同业务类型设计下行 NOMA 时，可能需要将调度时延等新指标纳入考虑范围。

2. 上行 NOMA

通过上行 NOMA 技术，多个用户通过相同的时 / 频资源向基站发送信号[16]。上行 NOMA 设计更具挑战性，因为在不同用户的数据信号叠加前，每个用户的数据信号都会经过一个彼此不同的随机信道，这样就不能像 MUST 类别 2、类别 3 一样预先设计叠加的联合星座。此外，用户特定信道的随机性要求我们从单用户或单层的角度进行设计。3GPP 对上行 NOMA 的研究始于 5G NR R14，R14 提出了许多不同的上行 NOMA 方案，这些方案支持海量连接并实现了可靠的免授权传输，随后的 R15 继续进行了专题研究[17]，这些研究概括起来包括以下关键内容：

- **统一收发机框架**：上行 NOMA 的研究涵盖了如何抑制用户间干扰的传输方案及如何处理用户间干扰、支持更多并发传输的接收方案。图 24-1 展示了基于 OFDM 波形的上行 NOMA 统一收发机框架[18]。在这个框架中，发送端设计了比特级或符号级的用户特定处理，使得接收端在实现复杂度不高的情况下对叠加的多用户数据进行译码。接收端采用了先进的多用户接收机，在兼顾实现成本和时延的同时，更有力地抑制了用户间干扰。

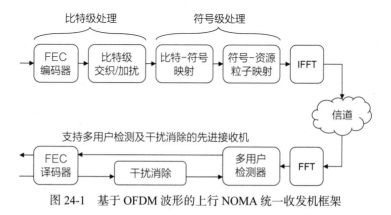

图 24-1　基于 OFDM 波形的上行 NOMA 统一收发机框架

- **发送端 NOMA 签名**：典型的 NOMA 签名设计包括稀疏码多址接入（Sparse Code Multiple Access，SCMA）[9-10]、多用户共享接入（Multi-User Shared Access，MU-

SA）[11]、资源扩展多址接入（Resource Spread Multiple Access，RSMA）[19]、图样分割多址接入（Pattern Division Multiple Access，PDMA）[12]、交织网格多址接入（Interleave-Grid Multiple Access，IGMA）[13]、交织划分多址接入（Interleave Division Multiple Access，IDMA）[20] 等，这些设计采用了不同的比特级和符号级处理，即不同的 NOMA 签名。比特级处理包括用户特定的比特级编码、加扰和交织（IDMA 将比特级交织作为 MA 签名来区分用户）；符号级处理包括用户特定的符号级扩频、调制、加扰和交织。

低互相关性、低密度的符号级扩频序列是一种重要的 MA 签名类型。NOMA 有多种不同的符号级扩频序列，如韦尔奇界等式（welch-bound equality）序列、带量化元素的复值序列和格拉斯曼（Grassmannian）序列。如果与调制联合设计，符号级扩频可以提高性能，这在 SCMA 中已经得到证实。

- **接收端 NOMA 接收机**：NOMA 系统具有非正交特性，接收机不可避免会存在用户间干扰，因此，NOMA 接收机设计的关键在于抑制用户间干扰。NOMA 接收机的迭代设计 [21] 包括两部分——多用户检测算法和迭代干扰消除结构。低复杂度、低时延的多用户检测算法和干扰消除结构对于 NOMA 的广泛应用至关重要，决定了性能与实现成本之间的平衡。

最新研究 [22] 表明，混合并行干扰消除结构能够在性能和复杂度之间实现更好的折中。在这种结构中，多用户检测和信道译码器之间设计有外迭代，可同时进行软硬干扰消除。这意味着，对于信息流成功译码的用户，其发送信号是基于译码后的信息比特重构的，并从整体接收信号中消除了。而对于信息流未完全译码的用户，外部对数似然比会当作输入反馈给多用户检测器，作为下一轮检测的起点。

在学术界，多用户检测算法有很多，如消息传递算法（Message Passing Algorithm，MPA）[23]、期望传播算法（Expectation Propagation Algorithm，EPA）[24]、线性最小均方差（Linear Minimum Mean Square Error，LMMSE）[25] 和基本信号估计（Elementary Signal Estimator，ESE）[20] 等，这些算法都包括以下元素：

- **MPA 检测器**：该检测器更新并沿着边传递条件概率。在对应给定 NOMA 方案的因子图上，边将表示资源粒子的函数节点与表示数据层或用户的变量节点成对连接起来，经过多次迭代（内迭代），计算出编码比特的对数似然比，然后输入信道译码器。MPA 检测器已接近最大似然检测的最佳性能，且复杂度更低，特别是针对稀疏因子图，其内在的分治（devide-and-conquer）特性有助于提高并行度。
- **EPA 检测器**：该检测器采用经典的近似贝叶斯推理技术 [26]，通过迭代匹配均值 / 方差与实际后验分布，将传输符号的实际后验分布投影到高斯分布族中。在某种意义上，EPA 是 MPA 的高斯近似，区别在于 EPA 考虑了传输符号的非高斯概率分布，使复杂度与调制阶数及用户数量呈线性关系。在大多数应用场景中，EPA 的性能可与 MPA 媲美 [24]。
- **LMMSE 检测器**：该检测器将信号的先验分布近似为高斯分布，利用信道译码器反馈的软对数似然比计算出均值和方差（如果没有这种软信息反馈，也可根据信号功率缩放出零均值和方差）。作为 EPA 的一个特例，LMMSE 适用于多天线联合处理时函数节点和变量节点之间无内迭代的场景。

- **ESE 检测器**：该检测器简单地将符号间干扰近似为高斯噪声，它需依靠外迭代（来自信道解码器的软信息反馈）才能提供预期的检测性能。NOMA 用户数越多，外迭代次数就越多，译码时延也越长。

最近，文献 [21] 从统一的变分推断（variational inference）角度揭示了不同多用户检测算法之间的关系，并在此基础上提出了统一的 NOMA 接收机设计。

虽然没有就如何确定 NR 系统的 NOMA 方案得出结论，但一些公司已经开展了全面的链路级、系统级仿真。他们一致认为，相对于 OFDMA（OMA 的基线）来说，NOMA 极大地提升了上行总吞吐率和过载能力。此外，在给定的系统失效级别下（如 1% 的丢包率），系统容量也会增强，具体表现为支持更高的来包率（PAR）——来包率可用于估计给定用户业务模型可支持的连接数。

总之，NOMA 前景可期。在不增加无线资源的前提下，它可以容纳更多用户，从而提高系统容量。然而，当前的 NOMA 方案仍存在一些问题：首先，许多 NOMA 接收机涉及迭代操作，比 OMA 接收机更复杂。其次，NOMA 与 MIMO 的结合如何提升整体性能还是一个未解难题。最后，NOMA 传输相关的流程，如 HARQ、签名分配、链路自适应等，有待进一步研究。

24.2.3　免授权 MA

与基于动态资源调度的授权传输不同，在免授权传输中，上下行用户的资源是预配置或半静态配置的。免授权用户可以共享资源，增加了资源碰撞的可能性，因此免授权传输也称作"基于竞争的传输"。由于采用了半静态配置机制，"即到即传"的免授权传输方案适用于要求低时延的业务和应用，如 URLLC。此外，免授权传输方案可以有效支持非周期性的时延敏感业务，这些业务的到达时间无法预测，但又要求"即到即传"。

免授权传输方案在业务到达时无须向基站发送调度请求，也无须接收控制信息，这在很大程度上节省了上行传输的功率，也极大地降低了信令开销。省去了调度请求握手及控制信令监听这两个环节，可以为智能传感器等需要较长电池寿命的功率敏感型设备带来巨大的节能效果。

如前所述，免授权上行传输属于基于竞争的传输，它允许多个用户共享时频资源，使得资源碰撞时有发生，容易引发重传和可靠性方面的问题。而 NOMA 正好可以解决免授权传输的这种碰撞。其原理是先从预配置的签名池中半静态地为每个免授权用户分配一个专门设计的或随机选择的 NOMA 签名，而后针对传输碰撞引起的用户间干扰，使用先进的 NOMA 接收机将重叠信号可靠地分离开来。因此可以说，要在无线网络中实现可靠、快速、高效的上行数据传输，基于 NOMA 的免授权方案是一项关键技术。

基于 NOMA 的免授权方案能够降低接入时延并控制用户设备的信令开销和能耗，特别是在低成本节能设备的时延敏感小包传输过程中。当然，这个方案也有一些难题要攻克，如 NOMA 的最优导频设计与碰撞解决、最优免授权 HARQ 反馈设计、免授权反馈与重传之间的折中，以及可达速率、包长与可靠性之间的折中（从信息论的角度）等。这些课题已引起研究人员的高度关注，相关学术评论见文献 [1]。文献 [1] 不仅覆盖了早期从信息论角度对短包传输问题所做的研究，还提到了近期对基于 NOMA 的免授权方案开展的性能评估工作。

1. 免授权标准化进展

免授权传输是减少信令开销和缩短传输时延的有效方案，免授权上下行传输可以追溯至第一版 NR 标准（R15）。在免授权上行传输中，由基站在一个可配置的周期内半静态地配置用户资源，这种周期性的资源一经配置，立即可用，以此保证低时延传输。在免授权下行传输中，用户资源需要被基站发送的动态信令激活后方能使用，这样做的目的是避免用户侧不必要的下行传输检测，并降低功耗。

为满足不同业务类型的多样化需求，用户可以同时拥有多个免授权配置，以保证时延和可靠性。为了降低功耗和时延，NR R16 和 R17 将基本的免授权传输扩展至设备到设备的侧行链路传输（特别是 V2X 场景）以及非激活态（inactive）（非激活态是介于空闲态与激活态之间的一种状态）传输中。

2. 基于压缩感知的免授权接入

由于业务本身是零散的，活跃用户检测成为免授权传输中的一个难题。在免授权上行传输中，基站在译码和恢复信号之前，需要先检测活跃用户。通常，这个检测是基于导频或数据传输中的签名来进行的，因此，导频或签名的设计以及相应的检测算法对于免授权传输至关重要。文献 [27-28] 中的许多研究表明，信号设计和检测任务可以建模成压缩感知问题，借助压缩感知理论中的现有发现，我们可以更好地设计免授权接入方案。

2009 年，文献 [29] 提出使用近似消息传递（Approximate Message Passing，AMP）算法来解决压缩感知检测问题。此后，AMP 一直被视为压缩感知问题的标准检测算法，并针对不同场景衍生出多个分支。2011 年，文献 [30] 提出广义近似消息传递（Generalized Approximate Message Passing，GAMP）算法，用于处理输入和输出之间更复杂的非线性关系模型。2017 年，基于 MMSE 阈值去噪器，文献 [27] 提出改良的 AMP 算法，用来检测海量连接场景中的活跃用户，改良后的算法可用于配置了大规模 MIMO 的免授权传输 [28]。同样是在 2017 年，文献 [31] 提出正交近似消息传递（Orthogonal Approximate Message Passing，OAMP）算法，据称该算法实现了贝叶斯最优性能，收敛速度比传统 AMP 算法更快。

3. 非相干免授权接入

虽然基于 NOMA 的免授权传输可以缓解数据信号的碰撞问题，但是大多数 NOMA 方案仍然需要良好的信道估计。正因为如此，基于 NOMA 的免授权传输需要正交或准正交的导频设计，在海量连接（尤其是小包传输）场景下，这种设计会产生较大的导频开销。就这个问题，学术界和行业机构已经提出了若干解决方案，比如 2017 年针对短码海量连接提出的基于通用码本设计的非相干传输框架（详细理论分析参见文献 [32]），此框架不涉及调度或导频，可以避免导频碰撞，因此又叫作"无源随机接入"方案。此后，这个框架又做了一些改进 [33-34]。通过子块分割、块间编码、张量调制等方案 [35]，"无源随机接入"的概念促进了免授权接入方案的实现。结合接收机的压缩感知算法，无源随机接入有望成为未来大规模接入的候选方案。

24.3　设计展望和研究方向

24.3.1　大容量 URLLC 业务 MA

5G 引入了 URLLC 业务，主要是为了使能工业 4.0 的运动控制、V2X 的自动驾驶等垂直应用。通过使用最新 NR 协议中定义的特性，可以同时实现超高可靠性和低时延。然而，由于正交的资源使用、保守的链路自适应，每个基站同时服务的用户数可能非常有限。到了 6G，URLLC 业务将继续向更多应用方向演进，如协作机器人、远程操作等，这些应用的要求更高，涉及的设备数量更多。在这种情况下，MA 机制和相关流程需进一步增强，基于 NOMA 的授权或免授权传输预计将发挥关键作用。

在物理层，要提升数据传输的可靠性有两个渠道：一是利用更高的分集度抵消无线信道衰落所带来的不确定性；二是提高编码增益以抵消信道噪声。在可靠性提升方面，未来NOMA 可以从以下几个方面发力：

- 多域联合设计：目前，NOMA 签名设计主要集中在一两个特定的资源域上，如时域、频域、码域、空域或功率域。为了提供更好的分集、包容更多的用户间干扰，NOMA 签名需要在多域之间联合设计，以提升衰落信道的性能，扩大总容量。
- 信道编码联合设计：前面 24.2 节介绍的迭代式 NOMA 接收机结构在多用户检测和信道译码器之间已经设计了外迭代，利用编码增益抑制用户间干扰。如果 NOMA 签名能与信道编码联合设计，有望进一步提高多用户接入系统的可靠性，这对于可靠性要求高的小包 MA 十分有益。

24.3.2　极低成本、极低功耗设备 MA

如 24.1 节所述，低成本设备 MA 是 6G 的一个重要应用。目前，5G 通过窄带物联网和 eMTC 技术来连接低成本、低功耗设备。到了 6G，传感器类物联网设备的电池寿命预计将会延长一倍，届时，电池寿命可达 20 年左右，物联网设备的数量也将增长 10 倍，这些设备需要持续地降功耗、降成本。现在，无论是窄带物联网还是 eMTC，都要求时 / 频同步，而时 / 频同步，即使发包频次低、有效载荷小，也会给这些设备带来很大一部分功耗。

在部分 6G 场景中，特别是极低成本、极低功耗的设备，可能并不需要这种同步。这些设备上的低成本射频模块可能会给 6G 系统带来相位噪声等问题——相对于低频段设备而言，这对中高频段设备的影响更大。因此，针对极低成本、低功耗设备，6G MA 设计应考虑如下两点：

- **对时 / 频偏移、相位噪声的高鲁棒性**：即使采用 OMA，异步传输也会破坏用户之间的正交性。因此，NOMA 签名和接收机需要对时 / 频偏移和相位噪声表现出较高的鲁棒性，异步波形也可以与 NOMA 收发机联合设计。
- **低峰均比波形**：5G 已经研究了低峰均比波形的 MA 方案，包括基于 DFT 的 SCMA 和单音 SCMA [36]。为了实现极低成本的目标，我们应结合 6G 的低峰均比波形研究 MA 方案。具体来说，需要进一步优化 OMA 和 NOMA 方案，以支持低峰均比传输。

24.3.3   超大连接 MA

超大连接是支持 6G 应用必不可少的能力，特别是服务于零散业务模型的小包传输。为了在有限的无线资源内实现超大连接，基于 NOMA 的免授权传输是必经之路。然而，要实现超大连接，现今的 NOMA 和免授权传输方案应用仍面临以下挑战：

- **数据碰撞**：由于无线资源总量有限且传输之间缺乏协同，数据碰撞是超大连接场景无法避免的问题。为了能同时支持更多用户，需要改进 NOMA 传输方案以及多用户检测算法。
- **导频碰撞**：虽然先进的 NOMA 技术可以缓解数据碰撞问题，但导频碰撞在免授权 MA 方案中一直没有解决。这就需要进一步研究导频扩展方案，甚至可以考虑无导频的非相干方案。在某些情况下，我们可以将这些方案都纳入 NOMA 的技术框架中，以便同时解决数据碰撞和导频碰撞这两大难题。
- **超大规模天线**：如果基站侧天线数量庞大、多天线不再集中部署或部署了 RIS 等新天线形态，超大连接就不仅仅是简单的量变问题。在这些情况下，可以利用信道特性（如方向性、稀疏性等）来解决数据碰撞和导频碰撞。

24.3.4   鲁棒波束赋形 MA

在 6G 网络中，毫米波及太赫兹（或亚太赫兹）频段很可能将与大规模天线技术一起部署，特别是应用于存在高吞吐率需求的应用场景。随着天线单元的增加和频率范围的扩大，MIMO 的信号波束会越来越窄。在许多场景中很难获取到准确的 CSI，因此无法保证能同时生成多个极窄波束，精确地指向不同用户。为了解决这个问题，可以通过将增强的 NOMA 方案与多用户预编码联合设计来实现鲁棒波束赋形。借助 NOMA 的能力和改良的预编码方案，MU-MIMO 不再强制要求为每个用户单独生成精确的极窄波束。相反，MU-MIMO 预编码器可以生成宽一点的波束，同时覆盖使用 NOMA 技术复用在一起的一组用户。波束宽度的增加使得波束赋形对 CSI 变化（如用户移动或延迟测量 / 反馈引起的变化）

表现出更高的鲁棒性。利用 NOMA 签名，NOMA 接收机可以有效抑制组内的用户间干扰，类似的方法还可用于多基站间的协作传输。

24.3.5　AI 辅助 MA

如第 19 章所述，6G 的空口设计将充分利用 AI/ML 的潜力，使物理层更智能化，基于数据的 AI 技术可以增强通信链路中许多传统模块的设计，6G MA 中的发射机和接收机也可以使用 AI 技术。

- **AI 辅助发射机**：要设计出低成本、低峰均比、低时延、高可靠性、支持海量连接的 MA 传输方案，光靠传统的基于模型驱动的设计方法是远远不够的，或许可以考虑使用数据驱动的神经网络来满足这些严苛需求，比如，利用神经网络来设计 NOMA 签名及其他模块（如波形、MIMO 预编码等）。
- **AI 辅助接收机**：为了提高检测性能、降低复杂度，可以利用 AI/ML 技术增强 NOMA 的多用户检测设计。比如，EPA 多用户检测就是从变分推断框架中衍生出来的，该框架已广泛用于贝叶斯估计相关的 AI 任务。变分推断技术提高性能增益的途径是学习先验分布，并将结果作为多用户检测的输入，而不是粗暴地假设成高斯分布。如前所述，由于异步传输、相位噪声等不足，许多传统模型在 6G MA 中可能会逐渐淘汰，取代它们的将是数据驱动的、能自动匹配场景的 AI 技术。此外，借助神经网络，接收机中的不同模块（用户活动检测、信道估计、多用户检测等）可以联合设计。

参考文献

[1] M. Vaezi, Z. Ding, and H. V. Poor, *Multiple access techniques for 5G wireless networks and beyond.*　Springer, 2019.

[2] J. G. Proakis and M. Salehi, *Digital communications*. McGraw-Hill, 2007.

[3] T. M. Cover, *Elements of information theory.*　John Wiley & Sons, 1999.

[4] A. El Gamal and Y.-H. Kim, *Network information theory.*　Cambridge University Press, 2011.

[5] D. N. C. Tse, P. Viswanath, and L. Zheng, "Diversity-multiplexing tradeoff in multiple-access channels," *IEEE Transactions on Information Theory*, vol. 50, no. 9, pp. 1859–1874, 2004.

[6] S. Vishwanath, N. Jindal, and A. Goldsmith, "Duality, achievable rates, and sum-rate capacity of Gaussian MIMO broadcast channels," *IEEE Transactions on Information Theory*, vol. 49, no. 10, pp. 2658–2668, 2003.

[7] K. Senel, H. V. Cheng, E. Björnson, and E. G. Larsson, "What role can NOMA play in massive MIMO?" *IEEE Journal of Selected Topics in Signal Processing*, vol. 13, no. 3, pp. 597–611, 2019.

[8] Y. Liu, Z. Qin, and Z. Ding, *Non-orthogonal multiple access for massive connectivity.* Springer, 2020.

[9] H. Nikopour and H. Baligh, "Sparse code multiple access," in *Proc. 2013 IEEE 24th Annual International Symposium on Personal, Indoor, and Mobile Radio Communications (PIMRC)*. IEEE, 2013, pp. 332–336.

[10] M. Taherzadeh, H. Nikopour, A. Bayesteh, and H. Baligh, "Scma codebook design," in *Proc. 2014 IEEE 80th Vehicular Technology Conference (VTC2014-Fall)*. IEEE, 2014, pp. 1–5.

[11] Z. Yuan, G. Yu, W. Li, Y. Yuan, X. Wang, and J. Xu, "Multi-user shared access for internet of things," in *Proc. 2016 IEEE 83rd Vehicular Technology Conference (VTC-Spring)*. IEEE, 2016, pp. 1–5.

[12] S. Chen, B. Ren, Q. Gao, S. Kang, S. Sun, and K. Niu, "Pattern division multiple access – a novel nonorthogonal multiple access for fifth-generation radio networks," *IEEE Transactions on Vehicular Technology*, vol. 66, no. 4, pp. 3185–3196, 2016.

[13] Q. Xiong, C. Qian, B. Yu, and C. Sun, "Advanced NoMA scheme for 5G cellular network: Interleave-grid multiple access," in *Proc. 2017 IEEE Globecom Workshops*. IEEE, 2017, pp. 1–5.

[14] J. M. Meredith, "Study on downlink multiuser superposition transmission for LTE," in *Proc. TSG RAN Meeting*, vol. 67, 2015.

[15] H. Nikopour, E. Yi, A. Bayesteh, K. Au, M. Hawryluck, H. Baligh, and J. Ma, "SCMA for downlink multiple access of 5G wireless networks," in *Proc. 2014 IEEE Global Communications Conference*. IEEE, 2014, pp. 3940–3945.

[16] L. Dai, B. Wang, Y. Yuan, S. Han, I. Chih-Lin, and Z. Wang, "Non-orthogonal multiple access for 5G: Solutions, challenges, opportunities, and future research trends," *IEEE Communications Magazine*, vol. 53, no. 9, pp. 74–81, 2015.

[17] 3GPP, "Study on non-orthogonal multiple access (NOMA)," 3rd Generation Partnership Project (3GPP), Technical Report (TR) 38.812, Dec. 2018, version 16.0.0. [Online]. Available: https://portal.3gpp.org/desktopmodules/Specifications/SpecificationDetails.aspx?specificationId=3236

[18] Y. Chen, A. Bayesteh, Y. Wu, B. Ren, S. Kang, S. Sun, Q. Xiong, C. Qian, B. Yu, Z. Ding *et al.*, "Toward the standardization of non-orthogonal multiple access for next generation wireless networks," *IEEE Communications Magazine*, vol. 56, no. 3, pp. 19–27, 2018.

[19] Qualcomm Incorporated, "RSMA," 3rd Generation Partnership Project (3GPP), RAN1 (R1) 164688, May 2016. [Online]. Available: https://www.3gpp.org/DynaReport/TDocExMtg--R1-85--31662.htm

[20] L. Ping, L. Liu, K. Wu, and W. K. Leung, "Interleave division multiple-access," *IEEE Transactions on Wireless Communications*, vol. 5, no. 4, pp. 938–947, 2006.

[21] X. Meng, L. Zhang, C. Wang, L. Wang, Y. Wu, Y. Chen, and W. Wang, "Advanced NOMA receivers from a unified variational inference perspective," *IEEE Journal on Selected Areas in Communications*, 2020. (Early Access) [Online]. Available: https://ieeexplore.ieee.org/abstract/document/9181630

[22] X. Meng, Y. Wu, C. Wang, and Y. Chen, "Turbo-like iterative multi-user receiver design for 5G non-orthogonal multiple access," in *Proc. 2018 IEEE 88th Vehicular Technology Conference (VTC-Fall)*. IEEE, 2018, pp. 1–5.

[23] F. R. Kschischang, B. J. Frey, and H.-A. Loeliger, "Factor graphs and the sum-product algorithm," *IEEE Transactions on Information Theory*, vol. 47, no. 2, pp. 498–519, 2001.

[24] X. Meng, Y. Wu, Y. Chen, and M. Cheng, "Low complexity receiver for uplink SCMA

system via expectation propagation," in *Proc. 2017 IEEE Wireless Communications and Networking Conference (WCNC)*. IEEE, 2017, pp. 1–5.

[25] X. Wang and H. V. Poor, "Iterative (turbo) soft interference cancellation and decoding for coded CDMA," *IEEE Transactions on Communications*, vol. 47, no. 7, pp. 1046–1061, 1999.

[26] C. M. Bishop, *Pattern recognition and machine learning*. Springer, 2006.

[27] Z. Chen and W. Yu, "Massive device activity detection by approximate message passing," in *Proc. 2017 IEEE International Conference on Acoustics, Speech and Signal Processing (ICASSP)*. IEEE, 2017, pp. 3514–3518.

[28] Z. Chen, F. Sohrabi, and W. Yu, "Sparse activity detection for massive connectivity," *IEEE Transactions on Signal Processing*, vol. 66, no. 7, pp. 1890–1904, 2018.

[29] D. L. Donoho, A. Maleki, and A. Montanari, "Message-passing algorithms for compressed sensing," *Proceedings of the National Academy of Sciences*, vol. 106, no. 45, pp. 18 914–18 919, 2009.

[30] S. Rangan, "Generalized approximate message passing for estimation with random linear mixing," in *Proc. 2011 IEEE International Symposium on Information Theory Proceedings*. IEEE, 2011, pp. 2168–2172.

[31] J. Ma and L. Ping, "Orthogonal amp," *IEEE Access*, vol. 5, pp. 2020–2033, 2017.

[32] Y. Polyanskiy, "A perspective on massive random-access," in *Proc. 2017 IEEE International Symposium on Information Theory (ISIT)*. IEEE, 2017, pp. 2523–2527.

[33] R. Calderbank and A. Thompson, "Chirrup: A practical algorithm for unsourced multiple access," *Information and Inference: A Journal of the IMA*, vol. 9, no. 4, pp. 875–897, Dec. 2020.

[34] A. Fengler, P. Jung, and G. Caire, "Sparcs for unsourced random access," *arXiv preprint arXiv:1901.06234*, 2019.

[35] A. Decurninge, I. Land, and M. Guillaud, "Tensor-based modulation for unsourced massive random access," *IEEE Wireless Communications Letters*, 2021.

[36] 3GPP, "Discussion on the design of NOMA transmitter," 3rd Generation Partnership Project (3GPP), RAN1 (R1) 1812187, Nov. 2018. [Online]. Available: https://www.3gpp.org/DynaReport/TDocExMtg--R1-95--18807.htm

第 25 章

超大规模 MIMO

25.1　背景与动机

20 世纪末，多发射天线无线通信成为热门研究课题，其能力超越了相控天线阵列[1]。在此期间，出现了许多新型传输与接收方案，如空时分组码（space-time block code）[2]、Alamouti 码[3]、贝尔实验室分层空时码（Bell Laboratories layered space-time code）[4] 和球形译码（sphere decoding）[5]，大大提高了多发射天线的链路吞吐率和可靠性。

MIMO 技术是 LTE 系统的关键新技术之一。3GPP 第一个 LTE 版本在下行支持多达 4 个发射天线端口，用户可以通过小区参考信号来识别这些端口并进行信道估计。为了满足日益增长的用户密度、吞吐率、链路可靠性需求，后续版本逐渐支持并不断完善了 MIMO 技术。随着 5G 时代的来临，大规模 MIMO 在基于波束的 MIMO 架构中得到原生支持，由于 CSI 获取更简单，TDD 频段对大规模 MIMO 的部署起到了巨大的推动作用。

为了满足 6G 严格的 KPI 要求，必须密集部署站点，缩小站间距离，利用更大的带宽，并利用更高阶的 MIMO。其结果是分布式 6G 无线接入网会存在密集的 RRH、ELAA 和更多的天线面板，每个天线面板会支持更多毫米波甚至太赫兹频段的天线单元。频段越高，频谱资源越充分。除了大量的频率资源，太赫兹 MIMO 还有助于满足其他 KPI 要求，如定位、感知等。本章将研究无线接入网中最先进的 MIMO 部署，以及 6G 网络潜在的 MIMO 增强。

25.2　现有方案

NR 在提高 MIMO 链路可靠性和吞吐率方面已取得了很大进展。目前，NR 对 MIMO 的广泛支持分两个频段：7.125 GHz 以下的中低频段（FR1）[6] 和 24.25 GHz～52.6 GHz 的高频段（FR2）[7]。25.2.1 节和 25.2.2 节将分别介绍 NR 针对 FR1 和 FR2 所采用的 MIMO 技术，25.2.3 节将讨论协作式 MIMO 方案，并回顾 NR 对节点间协作的支持情况。

25.2.1　FR1 上的 MIMO 技术

自 4G（即 LTE 和 LTE-A）以来，MIMO 一直是无线通信系统的关键技术。起初，LTE 标准设计假定基站只有少量天线端口，映射到少数扇区天线，利用天线单元形成辐射方向图并电动调节倾角。LTE/LTE-A 的多天线传输使用了不同的传输模式来获得分集增益、复用增益和阵列增益，每种模式针对不同的系统配置（天线端口、FDD、TDD、载频、移动性等）进行了优化。因为使用了众多不同的传输模式，实现变得较复杂，也会限制后续新模式所带来的增益——对于那些能力较低的早期设备来说，后向兼容会使这些问题尤为突出。5G NR 系统将各种传输模式统一为空间复用传输方案。随着 LTE 向 R13 和 R14 演进，大规模 MIMO 技术已经成熟，可以商用。因此，在 5G NR 标准化初期，采用大规模 MIMO 技术成为 NR 系统设计的基本假设。NR 系统由多个有源天线阵列组成，基站侧包含数十个甚至数百个天线单元，这些阵列可以形成数百个天线端口的波束，由导频进行识别，天线单元的数量远远超过使用的射频通道的数量。

发送端获取 CSI 一直是 MIMO 的关键技术。LTE/LTE-A 和 5G NR 系统的基本 CSI 框架通常需要特定的参考信号：下行需要 CSI 参考信号（CSI Reference Signal，CSI-RS），而上行则需要探测参考信号（sounding reference signal）。接收端可以根据这些参考信号来测量和估计相关信道特征。例如，5G 基站通常向终端发送 CSI-RS，终端随后进行信道测量、量化和反馈。NR 系统的参考信号设计非常灵活，包括周期、时间、频率和空间分辨率，可以基于单个用户进行配置，为 eMBB、URLLC、mMTC 等场景提供更好的支持。正如本书第 1 章所述，6G 网络的应用场景比 5G 更多，所使用的天线单元也更多。如果将 NR 系统的 CSI 获取机制原封不动地应用到 6G，那么配置、参考信号和反馈所带来的开销和时延都会增加。

在 NR 系统中，码本（分为 I 类码本和 II 类码本 [8]）设计是获取 CSI 的关键技术。NR 码本设计假设 5G 基站（gNB）侧有规则又均匀的平面和交叉极化天线阵列，DFT 向量结构良好，可以匹配这些天线阵列的导向矢量。一般来说，I 类码本实现相对简单，其原理是从众多 DFT 波束方向中选取一个波束。与 I 类码本不同，II 类码本主要针对 MU-MIMO 场景，它上报的波束是几个主导波束的线性组合。从这个意义上说，II 类码本范围更广，能够提供更高分辨率的信道特征。

随着蜂窝网络日益密集，干扰成为影响网络性能的重要因素，干扰测量也因此成为 CSI 获取的一个重要方面。通常，用户设备经 gNB 配置后，基于一定的假设进行干扰测量。但是，网络复杂度的增加迫使我们在现有方案的基础上研究出更好的干扰管理方案。

25.2.2　FR2 上的 MIMO 技术

NR 支持 FR2（24.25 GHz～52.6 GHz）通信。3GPP 计划将频段扩展到 71 GHz [9]，并增强 FR2 的信令技术。与 FR1（0.41 GHz～7.125 GHz）通信不同，FR2 通信需要波束和海量的天线单元，以解决短波长所造成的路损高、天线孔径小等问题。大规模 MIMO 利用的窄波束仅包含无线信道最重要的一个（或多个）路径，因此，NR 波束管理旨在建立并保持合适的波束对，每个发射波束和对应的接收波束组成一个波束对，提供较好的通信连接。通常，波束管理功能包含不同的过程：初始波束建立、波束扫描 / 调整与跟踪、波束指示和波束失败恢复。

使用基于波束的 MIMO 技术，数据通信、信道测量参考信号、物理控制信道和同步信道都进行了波束赋形。通过越来越窄的波束进行分级波束搜索、优化和失败恢复，增强上下行数据覆盖和控制。通信双方不会感知对方的波束形状和方向，波束是根据相关参考信号隐式识别的。每台用户设备会持续监控若干波束，并从中选择一个或多个可用波束。如果随机接入信道（RACH）检测到链路失效，设备会立刻上报该异常。

随着 6G 向更高的毫米波频段演进，收发端的天线单元和波束数量都会上升，如果使用上述波束管理流程，会增大测量开销和反馈开销。

波束指示是 FR2 另一个重要的波束管理功能，其原理是 gNB 向用户指示用于收 / 发信道和信号的收 / 发波束。NR 系统中的波束指示需要借助准共址和空间关系信息来实现，比如，在波束测量和上报后，gNB 可能会指示用户：调度的物理下行共享信道（PDSCH）将与特定的 CSI-RS（在空间接收参数方面）准共址（QCL），即 PDSCH 传输和对应的 CSI-RS 接收将使用相同的空间滤波。这种机制基于传输配置指示（Transmission Configuration Indication，TCI），每次测量必须参考其配置的参考信号。此类隐式信令虽然减少了开销，但难以推广到更窄的波束中，因为它的假定前提是能可靠地找到原始波束对链路。

25.2.3　协作式 MIMO

LTE 早期版本就开始了对节点间协作的研究，在 NR 标准化过程中，研究了如何通过这种协作极大地提升性能。尽管协作在理论上有这些潜在的价值，但实际应用却困难重重，NR 已经采取了一些方案来克服这些困难。此外，终端用户间的协作也可以显著提升用户体验。本节主要介绍网络和用户协作方案，以及它们在 NR 中的作用。

1. 多 TRP 传输

在传统蜂窝网络中，单个用户一次只能连接一个 TRP，每个 TRP 能进行独立的调度和传输。使用协作式 MIMO，多个 TRP 可以共同协调它们的传输，使一个用户能同时接收多个 TRP 的信号。接下来我们将介绍几种协作式 MIMO 方案。

第一种方案是动态 TRP 选择。该方案的实现原理是在传输时间间隔（Transmission Time Interval，TTI）内，选择一个信道质量最优或分流最多的 TRP 为用户服务——一个用户，一个 TRP。

第二种方案是相干联合传输。在该方案中，多个 TRP 利用相干预编码向同一个用户传输相同的数据流。相干联合传输需要网络具备 Cloud RAN 等大容量回传能力。

还有一种非相干联合传输的方案，即多个 TRP 利用非相干预编码向同一个用户传输不同的数据流。这种方案不依赖精确同步或高精度 CSI，因此既适用于理想回传多 TRP 协同场景，也适用于非理想回传多 TRP 协同场景。非相干联合传输还可以增强 URLLC 的可靠性，当前 NR 系统仅支持基于集中调度的理想回传多 TRP URLLC 传输，而在非理想回传场景下支持 URLLC 传输对 NR 系统也将大有裨益。

值得注意的是，多个 TRP 共同接收和译码用户的数据，可以显著提升上行网络覆盖及吞吐率。而网络侧联合接收依赖于具体实现，由于大多数技术并不依赖特定流程或用户信令，借助多 TRP 接收的网络实现，可以达到网络侧联合接收的效果。

2. 以用户为中心的网络

NR 小区可以由不同 TRP 和 RRH 组成，每个 TRP 和 RRH 可以对应多个收 / 发波束。NR 空口遵循 UCNC 设计原则，用户在不同波束和小区之间自由移动时不会出现业务中断。这些波束既可以属于同一个 TRP，也可以属于同一 NR 小区内的不同 TRP。这种灵活性需要 NR 空口方方面面的支持，包括测量多个同步信号块（synchronization signal block)，对随机接入信道进行波束扫描，维护不同的准共址状态和类型。此外，在完成初始接入之后，用户的物理控制信道和数据信道经过配置，可以使用与具体 TRP 无关的用户序列和加扰器。得益于这样的灵活性，同一网络内的多个虚拟 NR 小区可以共享 TRP 和 RRH。6G 空口会加强这种设计，以确保高度密集网络和基于波束的通信至少在物理层实现真正的透明切换。

文献 [10] 研究了涉及相位同步 TRP 的无小区大规模 MIMO，其结果表明，通过增加 TRP 数量，可以有效消除衰落、噪声和干扰，但导频污染问题仍然存在。6G 可以进一步降低对小区的依赖，从而提升用户体验和整体网络性能。

文献 [10] 所提出的"无小区 MIMO"的概念有一套严格的条件假设，要解决实用性问题、理论性问题，成功部署无小区网络，需要精心设计。文献 [11] 研究了非相干无小区 MIMO，试图减少对 TRP 间精确同步的依赖。文献 [12] 则侧重分析硬件失真的影响。文献 [13] 认为无小区 MIMO 的信道硬化（channel hardening）效果高度依赖每个 TRP 的天线数量以及传播环境的统计特性。

3. 协作式用户传输

对于同时使用 FR1 和 FR2 的新兴网络，虽然大规模 MIMO 正在如火如荼的开发中，但由于用户本身的物理限制，FR2 接入对某些用户来说可能还有些困难。尽管如此，具备侧行链路能力的终端用户可以相互合作，将他们的天线和资源汇集起来，形成分布式 MIMO 系统。这种合作不仅可以带来分集增益、复用增益、功率汇聚增益，还有利于扩大覆盖范围、节省功率。通常，用户协作方案会假设多个用户可以共同为某个用户接收消息或接收某个用户的消息。通过信息交互，这些用户形成一个虚拟的多天线阵列，对原始数据传输的提升作用与 MIMO 原理类似。

用户协作还可以借助复用功能，将原始数据分割成几个部分，每个用户仅传输一部分数据。这样，整体容量会大大提升，对 eMBB 场景的容量提升尤其明显。文献 [14-16] 中所述的其他协作方案旨在通过引入协作分集来提高可靠性和可用性，协作分集的一个简单实现方式是选择最佳用户辅助传输，这种方法可以看作是分布式的 MIMO 天线选择。此外，也有大量研究提出利用分布式空时编码实现协作分集。

对于大多数协作方法，一个关键问题是需要在协作传输开始之前获取 CSI。例如，在协作复用中，可能需要全局 CSI 来实现最佳数据分割。至于协作分集，需要在协作传输开始前获取全局 CSI 或发射点 CSI。对于某些方案来说，协作节点间的同步是必需的，这种同步也值得进一步研究。

综上所述，NR 系统现有的 MIMO 机制有统一的 CSI 和波束管理框架，码本设计考虑了多用户 MIMO 场景，协作传输也考虑了回传限制。然而，随着 6G 向更高的毫米波频段演进，CSI 测量和波束管理仍有待增强。

25.3　新兴 MIMO 技术

MIMO 是 6G 实现目标 KPI 的关键技术之一，目标 KPI 包括用户和网络吞吐率、可靠性、敏捷性、能效等。MIMO 要在 6G 取得成功，不仅需要增强 5G 网络中已有的方案，还需要开发一些新的方案。未来的 MIMO 系统不仅会在射频技术上取得进步，还会使用一些新材料、新天线结构、新信号处理技术。本节将简要回顾 6G 中新兴的 MIMO 技术，并分析它们带来的机遇和挑战。

25.3.1　太赫兹 MIMO

无线数据（特别是短距离 Tbps 通信）的需求日益增长，驱动我们进入亚太赫兹这一全新领地。太赫兹会对网络结构和设计产生诸多影响，为此，业界做了许多研究[17-18]。

太赫兹频段位于射频使用的毫米波和光学设备使用的红外波之间。正如第 16 章所述，将太赫兹应用到无线通信是射频元件、信号处理和天线技术发展的结果，太赫兹通信对 MIMO 系统的影响包括但不限于调制器、波形和收发机设计。新型收发机可以使用电子技术、光子技术或混合技术[17, 19, 22]。新天线技术可以利用有源和无源单元来改善波束赋形和覆盖。

毫米波和太赫兹频段有很多相似之处，因此这两大频段上的 MIMO 部署也类似，毫米波上应用的解决方案和架构可以平滑扩展到太赫兹频段。二者的差异在于太赫兹有其独特的特点和实际考虑，包括信道特点、设备设计、信号生成以及天线技术[17, 22]。

太赫兹波的路损很大，在自由空间中会随载波频率呈二次方增长（参见 Friis 传输公式）[23]。除了路损，太赫兹波还存在功放效率低以及天气相关的问题。由于各种天气问题（分子吸收、热 / 湿导致的闪烁等），太赫兹频段只能用于短距离通信，如室内网络、智能办公、智能工厂[17, 21]。太赫兹无线信道散射不丰富，其覆盖容易受到墙体、天花板等物理障碍的影响。此外，由于波的衍射不明显，无线信道主要由 LOS 路径组成，也可能包含一些由墙体或家具造成的反射路径。

太赫兹的带宽虽宽，挑战也更大。首先，热噪声功率与所用带宽呈线性比例关系，因此，即使在中等收发距离下信噪比也极低[17, 21]。其次，宽带射频链成本较高，且可能耗费更多的功率，导致太赫兹收发机的功率效率更低[17, 21]。第三，在宽频带的加持下，太赫兹收发机的子阵阵列结构会导致波束偏斜或分裂[24]，这是出于保持合理天线孔径的需要。天线面板尺寸不能随频段线性收缩，但脉冲持续时间会随着可用带宽的增加而收缩。因此，

不同天线单元（无论是否属于同一天线子阵列）的飞行时间也不尽相同，与脉冲持续时间相当甚至超过脉冲持续时间。这种时间差，使得同一带宽不同部分的波束指向稍有不同，图 25-1 以略带夸张的方式形象地展示了这种差异。另外，波束偏斜也导致极窄的收发波束指向不同（且非预期）的方向。要解决这个问题，部署延迟相位预编码是一个办法[24]。

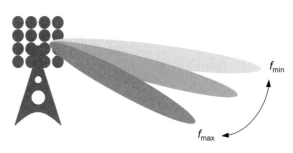

图 25-1　太赫兹的波束斜视

要在收发端形成、维护波束对，就需要获取信道信息，由此导致的导频和反馈开销是太赫兹链路面临的又一挑战。

波束搜索需要在无线链路两端进行全面扫描，任意一端哪怕只是微小的移动或旋转都可能导致波束失效[20-22, 24]，低开销、高鲁棒性的敏捷波束管理因此成为太赫兹成功部署的关键。分层波束赋形虽然以低开销实现了窄波束，但这个方案存在两大缺点：宽波束搜索的链路预算非常低；多次测量导致时延长。这些缺点如果得不到解决，将会限制太赫兹通信的广泛使用和价值发挥。鉴于波束管理方面的挑战以及其他太赫兹信道的特性，高效设计高层协议（如 MAC 协议）势在必行[21, 18]。

25.3.2　可重构智能表面

可重构智能表面（RIS）是一种用于设计无线网络和无线传输模式的新兴范式。RIS 可以形成智能无线环境（也叫"智能无线信道"），这意味着我们可以控制环境的无线传播特性，创建出个性化的通信信道[25]。在图 25-2 所示的通用模型中，多个 TRP 之间建立了一张 RIS 网络，形成了大规模智能无线信道，为多个用户提供服务。如果环境不可控，无线系统架构和传输模式只能根据物理信道的统计特性或接收机反馈给发射机的信息进行优化；如果环境可控，RIS 会先感知环境数据，然后反馈给系统，根据这些反馈数据，系统就能通过智能无线信道方式对发送端、信道和接收端的传输模式和 RIS 参数进行优化。

各种场景的仿真结果都表明，RIS 相关的波束赋形增益与智能无线信道相结合，可以显著改善无线网络的链路质量、系统性能、小区覆盖和小区边缘性能[26-27]。值得注意的是，并非所有的 RIS 面板都使用相同的结构，这是因为它们被设计为具有不同的相位调整能力，从离散控制（少数可调级别）到连续控制。研究表明，如果 RIS 拥有很多单元，每个单元只需要很少的可调相位级别就足以显著改善系统性能[26, 28]。

RIS 也可以用在直接调制入射无线电波属性（相位、振幅、极化、频率等）的发射机里，且不像传统 MIMO 发射机的射频链那样要求配备有源发送器件[29-30]。例如，基于 RIS

的 256QAM 调制最近已开始试用 [31]，基于 RIS 的发射机具有硬件架构简单、硬件复杂度低、能耗低、频谱效率高等优点 [32-33]。因此，RIS 为无线系统的发射机设计提供了新的方向。

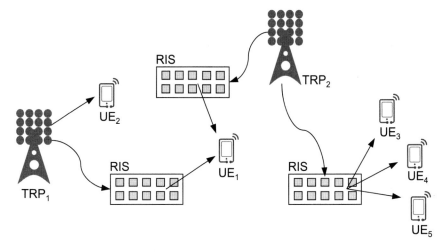

图 25-2   一体化 RIS 无线传输场景

除了前面讨论过的应用外，RIS 辅助 MIMO 还有其他潜在的应用，例如，借助精确定位，它可以促进快速波束赋形，借助毫米波系统的 CSI 获取功能，它可以解决遮挡影响 [34]。它也可以用于 NOMA，以极低的信噪比实现更高的可靠性，容纳更多用户，并启用更高阶的调制方案 [35]。最后，在原生物理安全传输、无线能量传输（或数能同传）、灵活全息 MIMO 等场景，RIS 也有望大展身手 [36-38]。

25.3.3   超大孔径天线阵列

过去 10 年里，学术界、工业界的研究人员和工程师开发了一系列硬件、算法和系统设计，以试图提升、逼近 MIMO 容量性能的极限。在 6G 大规模 MIMO 的研究中，利用超大孔径阵列（ELAA）是超大规模 MIMO 技术的发展方向之一。

ELAA 通常被定义为由成百上千个天线单元组成的阵列 [39]，这些天线单元共同为多个终端用户提供服务，ELAA 的终极目标是为所有终端用户提供正交信道，使每用户吞吐率接近 AWGN 信道容量 [40-41]。除了增强移动宽带业务（大部分无线流量由这些业务产生 [42]），ELAA 还能提供极高的空间分辨率，帮助海量的终端用户进行空间复用。

为满足 ELAA 的特殊设计需求，不少业界的研究重心转移到了新的算法，比如，文献 [39, 43-44] 证明可以用 MMSE 处理方法抑制小区间干扰，使小区中部署的 ELAA 可以高效运行。

研究发现，ELAA 的特性与传统大规模 MIMO 有明显不同，包括：
- **从远场到近场**：ELAA 孔径更大，呈现明显的"球面波"特征，因此不能像传统远场 MIMO 在设计上将波前近似为平面波，也正因为如此，ELAA 的辐射近场可能在电磁传播中占据主导地位。利用波前的球状特点，天线阵列不仅能解析波的空间角（到达角和离开角），还能解析波所穿越的空间深度。掌握了空间深度信息，再通过预编码对数据流或用户进行分离，即可使能一些新的复用方案。

- **从平稳到非平稳**：当阵列孔径跨越数百个波长时，无线信道可能会表现出空间非平稳的特征，这意味着对于某个具体终端来说只有部分散射体是可见的，或者在整个阵列中不同散射体的功率贡献不均衡。这种非平稳特性给系统引入了信道固有的稀疏性，即只有一部分阵列会服务某个特定用户。这种信道稀疏性有利于实现低复杂度的信号处理算法，如子阵干扰消除、消息传递等。

为了提高系统性能，未来在 ELAA 设计中需要考虑上述特性。

25.3.4 AI 辅助 MIMO

正如前面第 19 章所述，机器学习凭借其强大的数据特征提取能力，已经成为解决许多现实问题（包括物理层传输问题）的法宝[45-46]。通常情况下，机器学习可用于提升现有算法的性能，帮助算法以更低的复杂度达到最佳性能。它甚至还可以为无法通过基于建模方式解决的难题提供建模方案。

机器学习在 MIMO 中的应用非常广泛，其中一些典型应用包括：MIMO 功率控制[47-48]、CSI 获取[49-50]、信道估计[51-52]、MIMO 预编码[53-54]和检测[55-56]。

机器学习利用人工智能从输入数据中学习目标特性的基本特征，将结果应用于既定任务。这是对传统问题解决方法的升级，传统方法只是基于目标特性的简化数学模型优化了一些参数，这些数学模型往往不能忠实全面地反映有关特性的基本特征，其精度和复杂度都制约了传统方法的效果。从目前的研究成果来看，AI 辅助 MIMO 方案在一定的分布下优于传统方法，以下是 AI 辅助 MIMO 的一些典型实例：

- **AI 辅助 CSI 获取**：文献 [49] 利用编 / 译码器网络实现高效的 CSI 反馈。编码器并没有使用随机投影，而是利用训练数据来学习转换（将原始信道转换成压缩表征）；译码器则以相同的方式学习逆转换（将压缩表征转换成原始信道）。测试结果表明，与传统方法相比，这种数据驱动方法获取到的 CSI 更为准确。如果 AI 辅助 MIMO 在训练过程中再借助算法建模，可以进一步提升学习性能。如果将模型驱动策略融入传统的数据驱动训练里，可以进一步实现更快速的收敛、更准确的推理。
- **AI 辅助预编码设计**：文献 [53] 提出一种基于深度学习的毫米波 MIMO 框架，旨在实现高效的混合预编码，以打破现有混合预编码方案的限制，如复杂度高、空间信息利用不足等。在该研究中，为了优化译码器，每个最优预编码器的获取都被视作 DNN 中的一个映射。实验结果表明，这种方法不仅可以大大降低计算复杂度，还能使误码率最小化并提高毫米波大规模 MIMO 的频谱效率。
- **机器学习辅助 MIMO 检测**：在机器学习的辅助下，MIMO 检测的性能也会提高。文献 [55] 提出使用深度学习网络来实现高性能的 MIMO 检测。传统的最大似然检测器虽然可以实现在检测符号的同时尽可能地减小误差联合概率，但其复杂度也极高。在此背景下，研究人员采用投影梯度下降法，推导出这种深度学习网络。仿真结果表明，该网络已接近最佳性能极限，其精确度与最大似然检测器相差无几，但效率、鲁棒性却更高，运行速度至少是最大似然检测器的 30 倍。

- **AI 辅助 MIMO 信道估计**：天线数量的不断增加，使得在大规模 MIMO 蜂窝网络上实现高性能信道估计越来越具挑战性。为此，文献 [52] 针对干扰受限的多小区大规模 MIMO 系统提出一套基于深度学习的信道估计法。其中，估计器采用的是为深度图像先验网络特别设计的 DNN，该方法仅需要两个步骤：第一步是对接收到的信号进行去噪；第二步是利用传统的最小方差算法对信道进行估计。仿真结果表明，该估计器不需要信道协方差矩阵信息和复杂信道求逆，就能使高维信号达到 MMSE 的效果。该估计器对导频污染也具有较强的鲁棒性，在某些条件下甚至可以完全消除导频污染。

从当前研究所显示的性能提升效果来看，人工智能会成为 6G 实现更可靠、更高效 MIMO 的强大技术手段之一。然而，要在 MIMO 系统中广泛应用人工智能，还需要解决诸多问题：现有的 AI 辅助 MIMO 设计虽然可以学习输入数据，但不能很好地推广到与训练数据不同的分布或非平稳特性中；学到的信息无法充分利用；数据挖掘性能也不足，从而限制了 AI 辅助 MIMO 算法的效率和准确性。综上所述，要广泛应用 AI 辅助 MIMO，关键在于如何平衡训练效率与推理性能。

25.3.5   其他 MIMO 技术

1. 轨道角动量

轨道角动量（Orbital Angular Momentum，OAM）指的是电磁波的角动量的一个轨道分量，它与场的空间分布有关，与场的极化无关。1992 年，Allen 等人首先将 OAM 的概念与光学涡旋的概念结合起来 [57]。2007 年，Bo Thidé 等人创造性地将 OAM 的概念扩展到射频领域，提出了无线 OAM（下文简称 OAM）[58]。

本书第 15 章已经介绍过如何生成 OAM 模态，这里就不再赘述。承载 OAM 模态的电磁波又称为 OAM 波束，具体分为高斯波束、拉盖尔高斯波束、贝塞尔波束和贝塞尔高斯波束等几种典型类型。在射频领域的无线通信中，OAM 波束增加了无线信道的空间非平稳特性，并在垂直于波束传播方向的径向引入了螺旋相位结构。已有的研究工作从理论 [59] 和实践 [60] 两个层面分别验证了 OAM 的可行性。

表 25-1 列举了几种 OAM 复用的典型接收方法。毫米波频段的 OAM 无线通信已经有较多的原型演示，例如文献 [61]、文献 [62]、文献 [63] 分别对应 Ka 波段、E 波段、D 波段。基于 2D 波束转向圆阵列 [64] 的天线硬件结构，文献 [65]、文献 [66]、文献 [67] 分别提出伪多普勒插值法、电磁场指纹法和鲁棒相位梯度法，尝试将 OAM 的适用范围从短距离、静止不动的通信场景扩展到远距离、低速移动的通信场景中。

表 25-1　OAM 复用的典型接收方法

接收方法	接收天线的孔径类型	参考文献
标量相位梯度法	全孔径	[70]
频谱分析法	全孔径	[71]
基于 CNN 的空间映射法	全孔径	[72]
标量相位梯度法	部分孔径	[73]
矢量相位梯度法	部分孔径	[66]
伪多普勒插值法	部分孔径	[74]

现有的研究结果认为 OAM 是利用空域资源的一种可行方法，特别是当发射机和接收机位于近场区域（即小于天线的瑞利距离）时，瑞利距离指轴向射线和边缘射线间相位差为 $\pi/8$ 的轴向距离[68]。基于统一的硬件系统，文献 [69] 提出一体化的多模多空间 OAM-MIMO 框架，该框架支持在复杂动态的信道状态下以更灵活的方式获取空间分集增益。

研究表明，OAM 波束并没有理论中想象的那样美好[69, 75-79]。例如，宏观产生的 OAM 波束并不能给无线通信系统带来新的自由度。在相同的信道环境下，OAM 不能提供比传统 MIMO 更大的容量。在典型的无线场景下（如蜂窝无线接入网络），OAM 不能提高 MIMO 系统的频谱效率。但在某些较为有利的场景下（如微站和室内小站），OAM 的频谱效率会比采用次优译码器的 MIMO 系统略高，这是因为多种 OAM 模态可以改善信道条件数。

尽管存在上述缺陷，但 OAM 仍有其独特价值。首先，当信道满足近轴限制和直视距（LOS）条件时，正交的 OAM 波束承载的信息可以在接收端高效地实现解复用（如图 25-3 所示），相比于 MIMO，不需要复杂的信号后处理。这种低复杂度的处理对于超高速无线通信十分重要（如在毫米波和太赫兹频段上实现 Tbps 的吞吐率）。其次，OAM 波束可以视为一种特殊的空间滤波技术，它可以与 MIMO 技术相结合，在更广泛的信道条件下更灵活地平衡复用增益和分集增益[69, 80]。这种 OAM-MIMO 的技术结合特别适用于短距离毫米波天线阵列。因为在这种阵列中，传统的平面波 MIMO 容易出现病态信道矩阵（即每个极化信道的秩为 1）。

通过引入模分复用的多址接入方法，OAM 可以用于高速传输。例如，基站之间的回传、D2D 传输和卫星通信——在这些场景中，轴向对齐的前提条件相对更容易满足。

2. 全息 MIMO

大规模 MIMO 系统的理论容量随天线数量的增加而增加，因此从理论上讲，天线数量越多（最好是无限多），MIMO 的信道容量就越高[39]。但在现实中，天线数量显然不能无止境地增加，这会引发一些问题：一是如何在有限的孔径中放置足够密集的天线；二是密集放置的天线之间存在电磁效应，如果不加以控制会限制 MIMO 容量。这些问题的解决属于全息 MIMO（Holo-MIMO）研究的范畴，此类研究的命名并不统一，如有的称为"全息无线电（holographic radio）或全息射频系统研究"[81-84]，也有的称作"全息大规模 MIMO 或全息波束赋形研究"[85-88]。

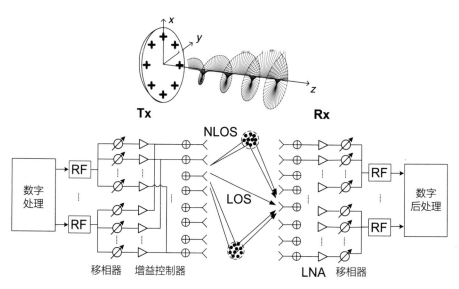

图 25-3   基于 OAM 的无线通信系统

全息 MIMO 是有限孔径下多天线系统的最终形态，它允许天线数量无限增加，同时又可以保持有限的孔径大小（即近似连续孔径）。这种设计与 ELAA 设计相反，ELAA 设计是通过扩大阵列孔径获得高空间自由度。全息 MIMO 的价值在于，它无须部署大量传统半波长间距的天线就能在无线通信中实现更高的 MIMO 空间分辨率。连续孔径的另一个好处是可以在生成带有任意空间频率分量的电磁波束的同时消除多余的旁瓣干扰，从而抑制多用户间的干扰。

关于有限连续孔径的自由度，其理论研究可以追溯到 2005 年 [89]。这些研究表明，在非视距（NLOS）信道条件下，自由度与孔径大小和角度扩展的乘积呈线性关系。一些研究 [87-88] 表明，与 2D 孔径相比，3D 孔径可以将空间自由度提升两倍。在文献 [86] 的研究中，预编码可以利用近距离天线的互耦合关系获得超指向性的增益。

全息 MIMO 采用有源连续电磁孔径，使空间复用达到全息成像级、超高密度和像素化的超高分辨率水平。空间射频波场合成和调制所得出的 3D 像素级结构电磁场（全息 MIMO 的高密度复用空间）与传统大规模 MIMO 的稀疏波束空间不同，全息干扰成像也可用来生成射频发射源（用户终端）的频谱全息图，这样就可以省去传统的导频传输和 CSI 估计流程中大量的信令开销。

全息 MIMO 系统面临的首要挑战是有源连续孔径的实现方案和成本问题。一种方法是将大量天线单元以超表面的形式集成到有限孔径内，缺点是这种超表面特性仅局限于无源反射，不适用于有源阵列。另一种可能更有前景的方法是使用宽带天线的紧耦合阵列，该技术依赖内置了单行载波光电探测器（UTC-PD）的电流片，它用光纤链路取代了高密度的射频馈电网络，因此具有低成本和低功耗的优势 [90]。

全息 MIMO 的另一个挑战是数字信号处理复杂度，这是因为在连续孔径内大量的天线单元会产生异常庞大的数据量。一个解决办法是将无线信号转换成光信号，直接在光域中进行信号处理，从而提高计算速度并降低功耗。这种光信号的转换可以通过光域 FFT 完成[90]。

目前，全息 MIMO 的研究仍然处于探索阶段。该方向的研究将需要独特的理论和信道建模技术，以实现通信理论和电磁学理论的完美融合。此外，全息 MIMO 通信的性能评估需要专门的电磁数值计算，如计算电磁学以及与计算机全息图相关的算法和仿真工具。

25.4　设计展望和研究方向

展望 6G，无线接入技术可用的频谱范围将大幅扩大——上达毫米波 / 太赫兹，下至 1 GHz 以下。6G 还会出现各种新型地面与非地面网络节点，比如卫星、HAPS、UAV，甚至 RIS。鉴于这些变化，6G MIMO 将在传统挂塔的地面 MIMO 的基础之上利用全频谱空中 / 地面架构（如图 25-4 所示）。

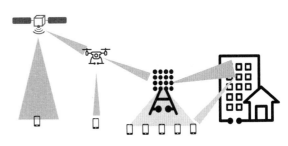

未来 TRP 将包括不同类型的天线，既可以是有源的，也可以是无源的，既可以是固定的，也可以是移动的。所有这些天线将形成一个巨大的虚拟天线阵列，以一种智能且灵活的方式服务移动

图 25-4　全频谱 3D 大规模 MIMO 框架

用户，满足 6G 的 KPI 要求。这种灵活多变的网络不仅得益于现有技术的进步，还得益于各种新技术的涌现，如 ELAA、RIS、人工智能、感知、新材料、新天线设计和新结构等。

这些新技术将成为提升网络容量的"百宝箱"。为了充分利用这些技术，6G MIMO 框架需要更新设计原则及优化标准。

25.4.1　感知辅助 MIMO

6G 将实现通感一体化的能力。在 AI 的辅助下，6G 网络节点和用户将协同工作，以强化感知能力，使 6G 网络感知周围环境和情况。

情景感知（situation awareness）是一种新兴的通信模式，在该模式下，网络设备会根据传播环境、用户业务模型、用户移动行为和天气状况等信息进行决策。如果网络设备知道环境中与电磁波交互的主簇的位置、方向、大小和结构，就可以更准确地推断出信道状况，如波束方向、衰减与传播损耗、干扰水平、信源和阴影衰落，以便提升网络容量和鲁棒性。举例来说，利用射频地图进行波束管理和 CSI 获取，其消耗的资源和功率比漫无目的的全方位波束扫描要少得多。接下来我们将分析感知是如何助力 CSI 获取和波束管理的。

- CSI 实时获取：快速、准确的 CSI 获取对于 6G MIMO 框架来说是一个重大挑战。

4G/5G 所采用的传统 CSI 获取方法会增加时 / 频资源开销，而随着天线数量的增加，这种开销会越来越大，测量时延和 CSI 老化的问题也会越来越严重。特别是在对 CSI 误差更为敏感的窄波束通信中，严重的老化将使获取到的 CSI 信息无法使用。如果没有智能的 CSI 实时获取方案，CSI 测量与反馈会将所有时 / 频资源耗尽。一种 CSI 实时获取方案是使用感知和定位技术帮助确定信道子空间并识别候选波束，该方案可以缩小波束搜索范围，同时降低用户和网络的能耗。此外，感知也能够实时跟踪、预测无线信道，可以进一步降低波束搜索开销和 CSI 获取开销。此外通过量化底层无线信道，可以使 6G CSI 反馈泛化成一个与天线结构无关的操作。

6G CSI 获取应利用太赫兹链路的信道特征以及可用的感知数据来提高效率、降低成本。在角度域和时域中，太赫兹信道甚至比毫米波信道还稀疏，但它的可用带宽和天线阵列可以进一步提升角分辨率与时间分辨率。因此，相比于毫米波，太赫兹收发机可以用更少的测量量（相对于天线单元数量而言）来区分不同的路径。感知数据可用于补偿运动和旋转的影响，或预测来波的方向。这种预测是基于接入点及用户的位置和方向，以及可能存在的反射体（墙壁、天花板、家具等）的位置等信息来实现的。

- **以用户为中心的主动波束管理**：6G MIMO 需利用并依赖更多的天线单元实现收发，因此基于波束的 MIMO 设计是 6G 空口的基础。为了构建高效鲁棒的 MIMO 系统，需要一套可靠、敏捷、主动、低开销的波束管理系统，为此，波束管理系统必须遵循一定的设计原则。

主动波束管理系统会检测并预测波束失效，然后采取措施尽可能地避免失效。该系统应支持敏捷波束恢复，可自主跟踪、完善、调整波束。要实现这一主动性有两个方法：一是利用空口收集的感知和定位数据来辅助数据驱动的波束智能选择；二是利用其他传感器的信息来实现智能波束选择，通过以用户为中心的波束管理实现无切换移动。

25.4.2   可控无线信道及网络拓扑

通过战略部署 RIS、UAV 及其他非地面可控节点来控制环境和网络拓扑，这是 6G MIMO 的一个重要转变。这种控制能力与传统的通信模式形成鲜明对比，后者要求发射机和接收机自行调整其通信方法，在给定的无线信道下达到信息论所预测的容量。与之相反，6G MIMO 是通过控制环境和网络拓扑来改变无线信道、适应网络状况，从而提高网络容量。

控制环境的一种方法是根据不断变化的用户分布与业务模型去适应网络拓扑，必要时可使用 HAPS、UAV。我们在第 20 章也说过，这些非地面接入点本身也是机遇与挑战并存的。

RIS 辅助 MIMO 是利用 RIS 通过建立智能无线信道来提升 MIMO 性能。为了充分挖掘 RIS 辅助 MIMO 的潜力，我们需重点研究一些新的系统架构和更有效的方案或算法。与传统的波束赋形相比，在保证波束赋形增益的前提下，RIS 辅助 MIMO 在发送端和接收端的灵活度都更高，这有助于避免在收发端之间发生遮挡衰落。TRP 和 RIS 之间的链路对所有用户都是通用的，因此链路状况对 RIS 辅助 MIMO 的整体性能有很大影响，我们有必要合理优化 RIS 部署策略和 RIS 分组。另外，RIS 波束赋形增益依赖于用户和网络之间的 CSI 获取。通常情况下，测量开销会随 RIS 单元的增加而增加。由于相邻的两个 RIS 单元之间距离很短（约 1/8~1/2 波长），因此在任何给定阵列面积或尺寸下，工作于高频段的 RIS 都包含有大量 RIS 单元。使用传统的 CSI 获取方式来优化 RIS 参数，即便是用于单用户 RIS 辅助 MIMO 其也会造成极高的测量开销，更不用说其用于多用户 RIS 辅助 MIMO 所面临的挑战了。为了克服这些挑战，我们需研究出可以支持部分有源 RIS 的混合 CSI 获取方案。

25.4.3　FR2 和太赫兹 MIMO

6G 时代，毫米波将趋于成熟，也会利用太赫兹这样的高频段，因此我们可以打破现有局限，增强对 MIMO 的支持。在这些高频段，天线面板更密集，波束也更窄。因此，它们对移动性、CSI 老化和误差、用户和网络节点的方向以及校正失配都更加敏感。同时，射频设备和天线也面临着前所未有的挑战，如非线性、效率低等。本节将侧重分析毫米波 / 太赫兹 MIMO 相关的一些挑战，以及期望的 6G MIMO 设计。

- **波束管理开销最小化**：6G 的目标之一是在有限的测量度开销及反馈开销下，能够使能大量天线和波束，这主要依赖于时域和角度域固有的稀疏信道，需要使用各种传感器并获取其他支持信息。6G 的另一个目标是使能新的波束测量与反馈设计，从网络角度更有效地利用无线资源，同时确保网络只需微调即可服务各种用户并支持丰富的用户能力。

- **原生支持多面板通信**：在用户侧部署多个天线面板，用户就能与网络保持可靠的连接，并且该连接对用户转动、身体阻挡具有较高的鲁棒性。6G 预计会原生支持多面板通信（而不是基于第一个 5G 版本做附加设计），这样，网络和用户能更好地协调可用面板及波束。这种多面板通信不仅需要测量，还需要感知数据、陀螺仪信息，还可能需要 AI 算法的支持。基于 5G 的经验教训，6G 有望解决在用户侧维护多套有源面板所引入的高功耗问题，从而使更多用户受益。

- **充分利用感知数据进行波束管理 / 指示**：对于 FR1，波束形态与选择在很大程度上是个具体实现问题，LTE 和 NR 对 FR1 的支持并不依赖用户侧选择的模拟波束，NR 对 FR2 的支持也是如此。波束赋形策略在两端通过导频识别隐式地指示，不强制要求精确的波束形态，也无须更新波束赋形策略，这也正是为什么要全力保障互操作性。6G 对毫米波 MIMO 的支持可以帮助我们从时空上更好地调整波束形态、天线面板和波束赋形策略，以更低的开销和时延优化两端的波束，同时更有效地利用感知数据。

- **以鲁棒设计补偿太赫兹对硬件的约束**：6G 会将现有频段扩展到太赫兹级别，这种扩展应仔细设计，充分考虑与太赫兹频段、太赫兹射频设备、信号处理有关的实际机遇与挑战。

与毫米波一样，太赫兹通信在很大程度上需要利用巨大的子阵阵列进行波束赋形。为补偿比 FR2 还严重的路损，收发端的子阵阵列都包含了更多的天线单元，因此，天线单元会越来越小巧，彼此的距离也越来越近。这样一来，天线面板不仅要容纳天线，还要容纳大量放大器、移相器、数模转换器和模数转换器。如第 11 章所述，这些器件共同位于一个很小的区域内，射频功率低、噪声小，需要支持非常宽的无线通信频段。MIMO 技术和方案还需考虑到非线性、校准问题、相位噪声等硬件约束，而这些约束在宽频段中往往更为严重。除此之外，由环境因素（如热度 / 湿度的影响）及器件在物理特性、电气特性方面的波动所引起的波束不稳定也要纳入考虑范畴。

模数转换器分辨率可能会使太赫兹天线面板设计陷入进退两难的境地。高阶数字波束赋形可以利用多个连接到不同子阵列、不同射频链的高速模数转换器来实现，但是，高速、高分辨率模数转换器价格高昂且耗电量巨大。因此，许多低成本、低功耗设备不得不采取替代方案：使用多个低分辨率模数转换器（分辨率低至 1 比特），或者只使用少量高分辨率模数转换器，甚至将高分辨率模数转换器与低分辨率模数转换器混合使用。在使用低分辨率模数转换器的情况下，信道估计和数据解调需要特别关注导频、调制及波形的设计，以缓解量化噪声高的问题。

25.4.4   超大孔径阵列

得益于天线数量的增加，超大孔径阵列（ELAA）通过增强空间复用可以显著提高无线空口的频谱效率。对于 6G 的 MIMO 功能，ELAA 设计应考虑以下几点：

- **通用信道量化与反馈**：6G 可能部署新形态的超大天线阵列，由于空间非平稳现象（参见 25.3.3 节），传统上假设所有天线单元都可见的码本设计并不适用于超大阵列空间非平稳信道的新特点。此外，天线单元还可能形成不规则、不均匀的布局。因此，需要设计一套通用的信道量化与反馈机制，以适应未来各种天线形态和结构的部署。

- **高阶 MU-MIMO 与 SU-MIMO**：在 4G/5G 系统中，MIMO 传输是基于相干检测的，并设计了专用的解调参考信号来估计有效信道和用户内 / 用户间干扰，同时在接收端进行 MIMO 均衡。由于参考信号的开销跟 MU-MIMO 的流数或单用户 MIMO（Single-User MIMO，SU-MIMO）的阶数成正比，6G 的设计需要在性能与开销之间取得平衡。

- **低复杂度信道估计**：随着天线数的增加，以及前面提过的近场非平稳信道特点，如果不降低导频开销，传统的信道估计方法（如 LMMSE）将难以实施。这不仅是信道维度扩大的问题，还与物理信道模型的调整有关。人工智能的方法可以利用局部稀疏图样来估计散射的可见区域；球面波特性可以帮助我们定位散射、识别可见区域、恢复近场非平稳信道。

25.4.5　AI 使能 MIMO

AI 以其优异的推理能力、准确的特征提取和高并行度，被认为是提高 MIMO 系统性能的利器。

考虑到阵列尺寸激增、网络场景日益多样化等挑战，AI 将更有效地助力 MIMO 融入 6G。伴随着 6G 系统中阵列尺寸的不断扩大，高性能信道推理、预编码 / 波束赋形和检测设计将成为主要挑战。无论是利用 SU-MIMO、MU-MIMO 还是波束跟踪，MIMO 的性能都取决于 CSI 获取及预编码是否精确。然而，要实现高精度的预编码并非易事，部分原因是计算量急剧增加。MIMO 检测也面临类似的挑战。因此，AI 使能 MIMO 设计需要特别关注数据采集与使用、学习理论演进、场景化的设计创新。

首先，成熟的数据收集、验证和使用方案对于准确吸收 6G 感知技术带来的（潜在的）海量数据至关重要。感知数据可使 AI 直接（或间接）地推断并预测相关信息，用于 CSI 获取、波束管理、移动性、切换、缓存（设备距离、速度、方向等）、多普勒频移估计、到达角和离开角估计等。以 CSI 获取为例，借助感知提供的大量数据，AI 可以从角度及距离信息中提取出更多有用的特征，以此辅助 CSI 恢复或预测。

其次，进一步研究学习和推理理论，有助于实现更准确、更高效的 AI 使能 MIMO 设计。比如，通过研究 DNN 的可解释性，或许能帮助原生 AI 就如何合理选择 AI 模型、实现高效训练设计出一些指导原则。通过更好地重用感知提供的先验信息并将其模型化，我们可以增强 AI 使能 MIMO 的学习和推理能力，而这种受模型和数据驱动的学习反过来又会提升 MIMO 系统在预测精度和学习开销（如训练数据和训练时间）方面的性能。

第三，传统的基于模型的 MIMO 方案与数据驱动方案之间存在一些固有差异，基于这些差异，AI 使能 MIMO 可以从根本上改变传统的 MIMO 框架。自编码器系统就是一个很好的例证，它有效地取代了传统的复杂链路，物理层模块的端到端设计可以帮助我们更好地实现收发机之间的联合优化。

综上所述，结合海量的数据和不断演进的学习理论，AI 使能 MIMO 有望成为 6G 的固有特性。下面列举了一些原生 AI 使能 MIMO 的设计原则和潜在研究方向：

- **极高的效率**：在 AI 的加持下，6G MIMO 在信道测量、反馈、波束管理和数据解调方面的开销将大幅下降。凭借其强大的分析能力，AI 对高维信道的内部结构了如指掌，并能开展极高效的测量。此外，AI 的推理能力可以充分利用时间相关性，基于历史测量数据进一步增强当下（甚至是未来）的测量。例如，无论天线是何种形态，信道推理都能够以极低的导频开销在 MIMO 系统中实现，这都归功于 AI 对信道内部结构的掌握。如果将 AI 融入波束赋形，即可开启智能波束推理与预测，使波束管理变得更高效、更简化、更具创新性。

- **极低的复杂度**：AI 的推理和计算能力可以有效地解决传统的 MIMO 瓶颈问题（如 MIMO 检测、干扰管理、资源分配），从而接近性能的理论极限。举个例子，最大似然检测可以基于现有的检测器达到最佳性能，但随着决策变量的增加，其复杂度呈指数级增长。尽管人们对次优检测算法兴趣盎然，当前算法在鲁棒性和时延方面还是不尽如人意。AI 提供的新方法可以从数据中学习检测规则，以更低的复杂度达到接近最优检测性能的效果。

- **极高的准确性和通用性**：众所周知，AI 能够从各种数据中精确提取特征，在训练数据充足的情况下，AI 可以获取更有效的 CSI 表征。NR 系统中的 CSI 获取是基于规则的基映射和码本设计并使用简单的映射和量化模型，因此对稀疏域特征的掌握相对较差，需要改进。而 AI 通过数据驱动的方法，可以更准确地从数据中提取 CSI 特征，从而创造出更有效的 CSI 表征。在通用性方面，由于感知数据的多样性，如果能有效地利用这些数据并将其模型化，就可以保障极高的通用性。

6G 要真正实现智能大规模 MIMO，AI 使能 MIMO 必须朝着更可靠、更高效、更容易实现的目标演进。为了达成这一目标，首先，我们要实现可解释的 AI，以促进训练、提高学习效率。其次，还要实现数据及模型驱动的 AI，确保学习更及时、更准确。再次，采取以用户为中心的设计，从而提供更优的、差异化的用户体验。最后，基于对偶学习等框架的设计可支持可靠的端到端学习。

参考文献

[1] J. Spradley, "A volumetric electrically scanned two-dimensional microwave antenna array," in *Proc. 1958 IRE International Convention Record*, vol. 6.   IEEE, 1966, pp. 204–212.

[2] V. Tarokh, N. Seshadri, and A. R. Calderbank, "Space-time codes for high data rate wireless communication: Performance criterion and code construction," *IEEE Transactions on Information Theory*, vol. 44, no. 2, pp. 744–765, 1998.

[3] S. M. Alamouti, "A simple transmit diversity technique for wireless communications," *IEEE Journal on Selected Areas in Communications*, vol. 16, no. 8, pp. 1451–1458, 1998.

[4] G. J. Foschini, "Layered space-time architecture for wireless communication in a fading environment when using multi-element antennas," *Bell Labs Technical Journal*, vol. 1, no. 2, pp. 41–59, 1996.

[5] M. O. Damen, H. El Gamal, and G. Caire, "On maximum-likelihood detection and the search for the closest lattice point," *IEEE Transactions on Information Theory*, vol. 49, no. 10, pp. 2389–2402, 2003.

[6] 3GPP, "User equipment (ue) radio transmission and reception; part 1: Range 1 standalone," 3rd Generation Partnership Project (3GPP), Technical Specification (TS) 38.101, May 2020, version 16.4.0. [Online]. Available: http://www.3gpp.org/ftp//Specs/archive/38_series/38.101-3/38101-3-g40.zip

[7] 3GPP, "User equipment (ue) radio transmission and reception; part 2: Range 2 standalone," 3rd Generation Partnership Project (3GPP), Technical Specification (TS) 38.101, May 2020, version 16.4.0. [Online]. Available: http://www.3gpp.org/ftp//Specs/archive/38_series/38.101-3/38101-3-g40.zip

[8] 3GPP, "Physical layer procedures for data," 3rd Generation Partnership Project (3GPP), Technical Specification (TS) 38.214, July 2020, version 16.2.0. [Online]. Available: http://www.3gpp.org/ftp//Specs/archive/38_series/38.214/38214-g20.zip

[9] 3GPP, "New SID: Study on supporting NR from 52.6 GHz to 71 GHz," 3rd Generation Partnership Project (3GPP), Technical Report RP-193259, Dec. 2019. [Online]. Available: https://www.3gpp.org/ftp/tsg_ran/TSG_RAN/TSGR_86/Docs/RP-193259.zip

[10] H. Q. Ngo, A. Ashikhmin, H. Yang, E. G. Larsson, and T. L. Marzetta, "Cell-free massive MIMO versus small cells," *IEEE Transactions on Wireless Communications*, vol. 16, no. 3, pp. 1834–1850, 2017.

[11] Ö. Özdogan, E. Björnson, and J. Zhang, "Downlink performance of cell-free massive MIMO with Rician fading and phase shifts," in *Proc. 2019 IEEE 20th International Workshop on Signal Processing Advances in Wireless Communications (SPAWC)*. IEEE, 2019, pp. 1–5.

[12] J. Zhang, Y. Wei, E. Björnson, Y. Han, and X. Li, "Spectral and energy efficiency of cell-free massive MIMO systems with hardware impairments," in *Proc. 2017 9th International Conference on Wireless Communications and Signal Processing (WCSP)*. IEEE, 2017, pp. 1–6.

[13] Z. Chen and E. Björnson, "Can we rely on channel hardening in cell-free massive MIMO?" in *Proc. 2017 IEEE Globecom Workshops*. IEEE, 2017, pp. 1–6.

[14] J. N. Laneman and G. W. Wornell, "Distributed space-time coded protocols for exploiting cooperative diversity in wireless networks," in *Proc. 2002 Global Telecommunications Conference*, vol. 1. IEEE, 2002, pp. 77–81.

[15] Y. Jing and B. Hassibi, "Distributed space-time coding in wireless relay networks," *IEEE Transactions on Wireless Communications*, vol. 5, no. 12, pp. 3524–3536, 2006.

[16] A. Bletsas, H. Shin, and M. Z. Win, "Cooperative communications with outage-optimal opportunistic relaying," *IEEE Transactions on Wireless Communications*, vol. 6, no. 9, pp. 3450–3460, 2007.

[17] L. Bariah, L. Mohjazi, S. Muhaidat, P. C. Sofotasios, G. K. Kurt, H. Yanikomeroglu, and O. A. Dobre, "A prospective look: Key enabling technologies, applications and open research topics in 6G networks," *arXiv preprint arXiv:2004.06049*, 2020.

[18] S. Ghafoor, N. Boujnah, M. H. Rehmani, and A. Davy, "Mac protocols for terahertz communication: A comprehensive survey," *IEEE Communications Surveys & Tutorials*, 2020.

[19] Y. Zhao, "A survey of 6G wireless communications: Emerging technologies," *arXiv preprint arXiv:2004.08549*, 2020.

[20] Y. Yifei, Z. Yajun, Z. Baiqing, and P. Sergio, "Potential key technologies for 6G mobile communications," in *SCIENCE CHINA Information Sciences*, Springer, vol. 63, pp. 1–19, 2020.

[21] C. Han, Y. Wu, Z. Chen, and X. Wang, "Terahertz communications (TeraCom): Challenges and impact on 6G wireless systems," *arXiv preprint arXiv:1912.06040*, 2019.

[22] M. H. Alsharif, A. H. Kelechi, M. A. Albreem, S. A. Chaudhry, M. S. Zia, and S. Kim, "Sixth generation (6G) wireless networks: Vision, research activities, challenges and potential solutions," *Symmetry*, vol. 12, no. 4, p. 676, 2020.

[23] H. T. Friis, "A note on a simple transmission formula," *Proceedings of the IRE*, vol. 34, no. 5, pp. 254–256, 1946.

[24] J. Tan and L. Dai, "THz precoding for 6G: Applications, challenges, solutions, and opportunities," *arXiv preprint arXiv:2005.10752*, 2020.

[25] M. Di Renzo, M. Debbah, D.-T. Phan-Huy, A. Zappone, M.-S. Alouini, C. Yuen, V. Sciancalepore, G. C. Alexandropoulos, J. Hoydis, H. Gacanin *et al.*, "Smart radio environments empowered by reconfigurable AI meta-surfaces: An idea whose time has come," *EURASIP Journal on Wireless Communications and Networking*, vol. 2019, no. 1, pp. 1–20, 2019.

[26] Y. Han, W. Tang, S. Jin, C.-K. Wen, and X. Ma, "Large intelligent surface-assisted wireless communication exploiting statistical CSI," *IEEE Transactions on Vehicular Technology*, vol. 68, no. 8, pp. 8238–8242, 2019.

[27] C. You, B. Zheng, and R. Zhang, "Intelligent reflecting surface with discrete phase shifts: Channel estimation and passive beamforming," in *Proc. 2020 IEEE International Conference on Communications (ICC)*.   IEEE, 2020, pp. 1–6.

[28] Q. Wu and R. Zhang, "Beamforming optimization for wireless network aided by intelligent reflecting surface with discrete phase shifts," *IEEE Transactions on Communications*, vol. 68, no. 3, pp. 1838–1851, 2019.

[29] B. Xiong, L. Deng, R. Peng, and Y. Liu, "Controlling the degrees of freedom in metasurface designs for multi-functional optical devices," *Nanoscale Advances*, vol. 1, no. 10, pp. 3786–3806, 2019.

[30] J. Yuan, E. De Carvalho, and P. Popovski, "Wireless communication through frequency modulating reflective intelligent surfaces," *arXiv preprint arXiv:2007.01085*, 2020.

[31] T. J. Cui, "Electromagnetic information computing and intelligent control," in *Proc. Huawei Internal Workshop*. Huawei, 2020.

[32] W. Tang, X. Li, J. Y. Dai, S. Jin, Y. Zeng, Q. Cheng, and T. J. Cui, "Wireless communications with programmable metasurface: Transceiver design and experimental results," *China Communications*, vol. 16, no. 5, pp. 46–61, 2019.

[33] W. Tang, J. Y. Dai, M. Z. Chen, K.-K. Wong, X. Li, X. Zhao, S. Jin, Q. Cheng, and T. J. Cui, "Mimo transmission through reconfigurable intelligent surface: System design, analysis, and implementation," *IEEE Journal on Selected Areas in Communications*, 2020.

[34] Y. Cui and H. Yin, "An efficient CSI acquisition method for intelligent reflecting surface-assisted mmwave networks," *arXiv preprint arXiv:1912.12076*, 2019.

[35] V. C. Thirumavalavan and T. S. Jayaraman, "BER analysis of reconfigurable intelligent surface assisted downlink power domain NOMA system," in *Proc. 2020 International Conference on COMmunication Systems & NETworkS (COMSNETS)*. IEEE, 2020, pp. 519–522.

[36] Q. Wu and R. Zhang, "Joint active and passive beamforming optimization for intelligent reflecting surface assisted SWIPT under QoS constraints," *arXiv preprint arXiv:1910.06220*, 2019.

[37] N. M. Tran, M. M. Amri, J. H. Park, S. I. Hwang, D. I. Kim, and K. W. Choi, "A novel coding metasurface for wireless power transfer applications," *Energies*, vol. 12, no. 23, p. 4488, 2019.

[38] J. W. Wu, Z. X. Wang, L. Zhang, Q. Cheng, S. Liu, S. Zhang, J. M. Song, and T. J. Cui, "Anisotropic metasurface holography in 3D space with high resolution and efficiency," *IEEE Transactions on Antennas and Propagation*, 2020.

[39] E. Björnson, J. Hoydis, and L. Sanguinetti, "Massive MIMO has unlimited capacity," *IEEE Transactions on Wireless Communications*, vol. 17, no. 1, pp. 574–590, 2017.

[40] S. Hu, F. Rusek, and O. Edfors, "Beyond massive MIMO: The potential of data transmission with large intelligent surfaces," *IEEE Transactions on Signal Processing*, vol. 66, no. 10, pp. 2746–2758, 2018.

[41] E. Björnson and E. G. Larsson, "How energy-efficient can a wireless communication system become?" in *Proc. 2018 52nd Asilomar Conference on Signals, Systems, and Computers*. IEEE, 2018, pp. 1252–1256.

[42] N. Heuveldop *et al.*, "Ericsson mobility report," *Ericsson AB, Technol. Emerg. Business, Stockholm, Sweden*, Technical Report EAB-17, vol. 5964, 2017.

[43] A. Amiri, M. Angjelichinoski, E. De Carvalho, and R. W. Heath, "Extremely large aperture massive MIMO: Low complexity receiver architectures," in *Proc. 2018 IEEE Globecom Workshops*. IEEE, 2018, pp. 1–6.

[44] E. Björnson and L. Sanguinetti, "Making cell-free massive MIMO competitive with MMSE processing and centralized implementation," *IEEE Transactions on Wireless Communications*, vol. 19, no. 1, pp. 77–90, 2019.

[45] C. Jiang, H. Zhang, Y. Ren, Z. Han, K.-C. Chen, and L. Hanzo, "Machine learning paradigms for next-generation wireless networks," *IEEE Wireless Communications*, vol. 24, no. 2, pp. 98–105, 2016.

[46] Z. Qin, H. Ye, G. Y. Li, and B.-H. F. Juang, "Deep learning in physical layer communications," *IEEE Wireless Communications*, vol. 26, no. 2, pp. 93–99, 2019.

[47] L. Sanguinetti, A. Zappone, and M. Debbah, "Deep learning power allocation in massive MIMO," in *Proc. 2018 52nd Asilomar Conference on Signals, Systems, and Computers*. IEEE, 2018, pp. 1257–1261.

[48] C. D'Andrea, A. Zappone, S. Buzzi, and M. Debbah, "Uplink power control in cell-free massive MIMO via deep learning," in *Proc. 2019 IEEE 8th International Workshop on Computational Advances in Multi-Sensor Adaptive Processing (CAMSAP)*. IEEE, 2019, pp. 554–558.

[49] C.-K. Wen, W.-T. Shih, and S. Jin, "Deep learning for massive MIMO CSI feedback," *IEEE Wireless Communications Letters*, vol. 7, no. 5, pp. 748–751, 2018.

[50] J. Wang, Y. Ding, S. Bian, Y. Peng, M. Liu, and G. Gui, "UL-CSI data driven deep learning for predicting DL-CSI in cellular FDD systems," *IEEE Access*, vol. 7, pp. 96 105–96 112, 2019.

[51] P. Dong, H. Zhang, G. Y. Li, I. S. Gaspar, and N. Naderi Alizadeh, "Deep CNN-based channel estimation for mmWave massive MIMO systems," *IEEE Journal of Selected Topics in Signal Processing*, vol. 13, no. 5, pp. 989–1000, 2019.

[52] E. Balevi, A. Doshi, and J. G. Andrews, "Massive MIMO channel estimation with an untrained deep neural network," *IEEE Transactions on Wireless Communications*, vol. 19, no. 3, pp. 2079–2090, 2020.

[53] H. Huang, Y. Song, J. Yang, G. Gui, and F. Adachi, "Deep-learning-based millimeter-wave massive MIMO for hybrid precoding," *IEEE Transactions on Vehicular Technology*, vol. 68, no. 3, pp. 3027–3032, 2019.

[54] T. Mir, M. Z. Siddiqi, U. Mir, R. Mackenzie, and M. Hao, "Machine learning inspired hybrid precoding for wideband millimeter-wave massive MIMO systems," *IEEE Access*, vol. 7, pp. 62 852–62 864, 2019.

[55] T. D. N. Samuel and A. Wiesel, "Deep MIMO detection," in *IEEE 18th International*

Workshop on Signal Processing and Advanced Wireless Communications (SPAWC). IEEE, 2017, pp. 1–5.

[56] H. He, C.-K. Wen, S. Jin, and G. Y. Li, "Model-driven deep learning for MIMO detection," *IEEE Transactions on Signal Processing*, vol. 68, pp. 1702–1715, 2020.

[57] L. Allen, M. W. Beijersbergen, R. Spreeuw, and J. Woerdman, "Orbital angular momentum of light and the transformation of Laguerre–Gaussian laser modes," *Physical Review A*, vol. 45, no. 11, p. 8185, 1992.

[58] B. Thidé, H. Then, J. Sjöholm, K. Palmer, J. Bergman, T. Carozzi, Y. N. Istomin, N. Ibragimov, and R. Khamitova, "Utilization of photon orbital angular momentum in the low-frequency radio domain," *Physical Review Letters*, vol. 99, no. 8, p. 087701, 2007.

[59] S. M. Mohammadi, L. K. Daldorff, J. E. Bergman, R. L. Karlsson, B. Thidé, K. Forozesh, T. D. Carozzi, and B. Isham, "Orbital angular momentum in radio system study," *IEEE Transactions on Antennas and Propagation*, vol. 58, no. 2, pp. 565–572, 2009.

[60] F. Tamburini, E. Mari, A. Sponselli, B. Thidé, A. Bianchini, and F. Romanato, "Encoding many channels on the same frequency through radio vorticity: First experimental test," *New Journal of Physics*, vol. 14, no. 3, p. 033001, 2012.

[61] D. Lee, H. Sasaki, H. Fukumoto, Y. Yagi, T. Kaho, H. Shiba, and T. Shimizu, "An experimental demonstration of 28 GHz band wireless OAM-MIMO (orbital angular momentum multi-input and multi-output) multiplexing," in *Proc. 2018 IEEE 87th Vehicular Technology Conference (VTC-Spring)*. IEEE, 2018, pp. 1–5.

[62] NEC Corporation, "NEC successfully demonstrates real-time digital OAM mode multiplexing transmission in the 80 GHz-band for the first time," Dec. 2018. [Online]. Available: https://www.nec.com/en/press/201812/global_20181219_02.html

[63] NEC Corporation, "NEC successfully demonstrates real-time digital OAM mode multiplexing transmission over 100 m in the 150 GHz-band for the first time," March 2020. [Online]. Available: https://www.nec.com/en/press/202003/global_20200310_01.html

[64] M. Klemes, H. Boutayeb, and F. Hyjazie, "Orbital angular momentum (OAM) modes for 2-D beam-steering of circular arrays," in *Proc. 2016 IEEE Canadian Conference on Electrical and Computer Engineering (CCECE)*. IEEE, 2016, pp. 1–5.

[65] M. Klemes, "Reception of OAM radio waves using pseudo-doppler interpolation techniques: A frequency-domain approach," *Applied Sciences*, vol. 9, no. 6, p. 1082, 2019.

[66] R. Ni, Y. Lv, Q. Zhu, and M. Debbah, "Electromagnetic field fingerprint method for circularly polarized OAM," in *Proc. 2020 IEEE International Conference on Communications Workshops*. IEEE, 2020, pp. 1–6.

[67] Y. Lv, Q. Zhu, and R. Ni, "Modulo-based phase gradient method for OAM mode detection," in *Proc. 2020 9th IEEE/CIC International Conference on Communications (ICCC)*. IEEE, 2020, pp. 1–6.

[68] J. D. Kraus and R. J. Marhefka, *Antennas for all applications (Third Edition)*. McGraw-Hill, 2001.

[69] R. Ni, Y. Lv, Q. Zhu, G. Wang, and G. He, "Degrees of freedom of multi-mode-multi-spatial in-line-of-sight channels," in *Proc. 2020 IEEE GLOBECOM Conference*. IEEE, 2020, pp. 1–6.

[70] S. M. Mohammadi, L. K. Daldorff, K. Forozesh, B. Thidé, J. E. Bergman, B. Isham, R. Karlsson, and T. Carozzi, "Orbital angular momentum in radio: Measurement meth-

ods," *Radio Science*, vol. 45, no. 4, pp. 1–14, 2010.

[71] H. Wu, Y. Yuan, Z. Zhang, and J. Cang, "UCA-based orbital angular momentum radio beam generation and reception under different array configurations," in *Proc. 2014 Sixth International Conference on Wireless Communications and Signal Processing (WCSP)*. IEEE, 2014, pp. 1–6.

[72] S. Rostami, W. Saad, and C. S. Hong, "Deep learning with persistent homology for orbital angular momentum (oam) decoding," *IEEE Communications Letters*, vol. 24, no. 1, pp. 117–121, 2019.

[73] S. Zheng, X. Hui, J. Zhu, H. Chi, X. Jin, S. Yu, and X. Zhang, "Orbital angular momentum mode-demultiplexing scheme with partial angular receiving aperture," *Optics Express*, vol. 23, no. 9, pp. 12 251–12 257, 2015.

[74] C. Zhang and M. Lu, "Detecting the orbital angular momentum of electro-magnetic waves using virtual rotational antenna," *Scientific Reports*, vol. 7, no. 1, pp. 1–8, 2017.

[75] O. Edfors and A. J. Johansson, "Is orbital angular momentum (oam) based radio communication an unexploited area?" *IEEE Transactions on Antennas and Propagation*, vol. 60, no. 2, pp. 1126–1131, 2011.

[76] M. Tamagnone, C. Craeye, and J. Perruisseau-Carrier, "Comment on encoding many channels on the same frequency through radio vorticity: First experimental test," *New Journal of Physics*, vol. 14, no. 11, p. 118001, 2012.

[77] J. Xu, "Degrees of freedom of oam-based line-of-sight radio systems," *IEEE Transactions on Antennas and Propagation*, vol. 65, no. 4, pp. 1996–2008, 2017.

[78] R. Gaffoglio, A. Cagliero, G. Vecchi, and F. P. Andriulli, "Vortex waves and channel capacity: Hopes and reality," *IEEE Access*, vol. 6, pp. 19 814–19 822, 2017.

[79] A. Omar, "Dependence of beamforming on the excitation of orbital angular momentum (OAM) modes," *IEEE Transactions on Antennas and Propagation*, 2020.

[80] S. Saito, H. Suganuma, K. Ogawa, and F. Maehara, "Performance analysis of OAM-MIMO using SIC in the presence of misalignment of beam axis," in *Proc. 2019 IEEE International Conference on Communications Workshops*. IEEE, 2019, pp. 1–6.

[81] D. Prather, "Toward holographic rf systems for wireless communications and networks," *IEEE ComSoc Technology News*, 2016.

[82] N. Rajatheva, I. Atzeni, E. Bjornson, A. Bourdoux, S. Buzzi, J.-B. Dore, S. Erkucuk, M. Fuentes, K. Guan, Y. Hu *et al.*, "White paper on broadband connectivity in 6g," *arXiv preprint arXiv:2004.14247*, 2020.

[83] M. Latva-aho, K. Leppänen, F. Clazzer, and A. Munari, "Key drivers and research challenges for 6g ubiquitous wireless intelligence," *6G Flagship, University of Oulu, Sept.* 2019.

[84] Y. Yuan, Y. Zhao, B. Zong, and S. Parolari, "Potential key technologies for 6g mobile communications," *Science China Information Sciences*, vol. 63, pp. 1–19, 2020.

[85] E. Björnson, L. Sanguinetti, H. Wymeersch, J. Hoydis, and T. L. Marzetta, "Massive mimo is a reality – what is next?: Five promising research directions for antenna arrays," *Digital Signal Processing*, vol. 94, pp. 3–20, 2019.

[86] E. J. Black, "Holographic beam forming and mimo," *Pivotal Commware*, 2017. [Online]. Available: https://pivotalcommware.com/wp-content/uploads/2017/12/Holographic-Beamforming-WP-v.6C-FINAL.pdf

[87] A. Pizzo, T. L. Marzetta, and L. Sanguinetti, "Degrees of freedom of holographic MIMO channels," in *Proc. 2020 IEEE 21st International Workshop on Signal Processing Advances in Wireless Communications (SPAWC)*. IEEE, 2020, pp. 1–5.

[88] A. Pizzo, T. L. Marzetta, and L. Sanguinetti, "Spatial characterization of holographic mimo channels," *arXiv preprint arXiv:1911.04853*, 2019.

[89] A. S. Poon, R. W. Brodersen, and D. N. Tse, "Degrees of freedom in multiple-antenna channels: A signal space approach," *IEEE Transactions on Information Theory*, vol. 51, no. 2, pp. 523–536, 2005.

[90] D. W. Prather, S. Shi, G. J. Schneider, P. Yao, C. Schuetz, J. Murakowski, J. C. Deroba, F. Wang, M. R. Konkol, and D. D. Ross, "Optically upconverted, spatially coherent phased-array-antenna feed networks for beam-space mimo in 5g cellular communications," *IEEE Transactions on Antennas and Propagation*, vol. 65, no. 12, pp. 6432–6443, 2017.

第 26 章

超级侧行链路与接入链路融合通信

26.1 背景与动机

在无线通信系统中，无线接入基本上是一个点到多点的架构，移动终端可以连接一个或多个基站。自引入 4G 以来，无线连接支持使用端到端辅助通信链路（即侧行链路或 D2D 链路）进行短距无线通信。4G LTE 系统已经定义了 V2V 通信（D2D 通信的一种），5G NR 系统则进一步增强了 V2V 通信。

在空口设计中，NR 侧行链路重用了 NR 接入链路（即终端与基站之间的链路）的关键特性，已成为 NR 设计中不可或缺的一部分。NR 侧行链路继承了 NR 接入链路设计的关键理念和基本框架，但在带宽、灵活帧结构、编码、调制和波形等方面做了一些简化。不同终端之间可以快速建立侧行链路，无论它们是否连接到同一个 NR 小区。

我们在第二部分曾提到，许多 6G 新应用（终极 XR、全息显示、触觉传输、高度动态运动控制、定位和成像等）需要大带宽、低时延，这些应用通常都跟短距 D2D 通信有关。为满足 Tbps 吞吐率和亚毫秒时延的要求，需要新的短距传输技术，如超级侧行链路。太赫兹通信和光无线通信（Optical Wireless Communication，OWC）能提供极大的带宽，因此是理想的候选方案。利用太赫兹或 OWC 新频谱，6G 超级侧行链路有望提供极高的吞吐率和极低的时延，同时支持本地网状组网。

6G 超级侧行链路及其关联的网状网应该成为整个移动通信系统的有机组成部分，以满足技术和应用的需求。从技术需求来看，短距通信在高度渗透的移动终端之间更加可行。另外，LTE/NR 引入的 D2D/V2V 侧行链路通信可以分流基站流量，方便终端之间的短距通信。在 6G 中，毫米波将广泛用于接入链路，高频段短距通信将使用太赫兹和 OWC 技术。从应用需求来看，目前国际移动通信（International Mobile Telecommunications，IMT）频谱已经过于拥挤。如前文所述，6G 将连接海量的智能终端，不同类型的终端需要灵活的连接，以实现以人为中心的内容共享和其他类型的机器间通信（如群体智能和工业级运动控制），这些都需要极大的带宽。为满足无线流量的爆炸性需求，迫切需要能充分利用新无线频段的融合超级侧行链路。

与普通接入链路和侧行链路相比，融合超级侧行链路具有若干优点，包括：本地超级侧行链路动态组网（如多跳网状网）可以分流接入链路上的流量，扩大小区整体容量，提升用户数据速率，甚至可以降低时延。这种融合的设计在 V2V 应用中也十分必要，网状网可以聚合所有相邻车辆的传感器信息，从而实现自动驾驶。在这种网状网中，即使终端不在小区的覆盖范围内，仍可以通过超级侧行链路发现对方并与之连接。这种融合的设计使超级侧行链路网状网可以很好地平衡灵活性、容量和移动性，实现卓越性能。

图 26-1 是 6G 室内超级侧行链路网状网的示例图，该网络包括若干接入链路和超级侧行链路，覆盖了各个房间。这些链路紧密结合，并利用中继技术提供超高吞吐率和超低时延。

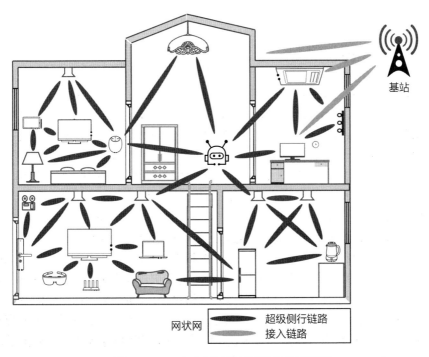

图 26-1   6G 室内超级侧行链路网状网示例

图 26-2 是 6G V2V 超级侧行链路网状网的示例图，该网络包括多个接入链路和超级侧行链路，可用于实时共享传感器信息和高分辨率图像，实现自动驾驶。在 V2V 场景中，采用超高吞吐率、低时延的网状网至关重要。接入链路和超级侧行链路一体化设计，可以快速、动态地建立并调整网状网。

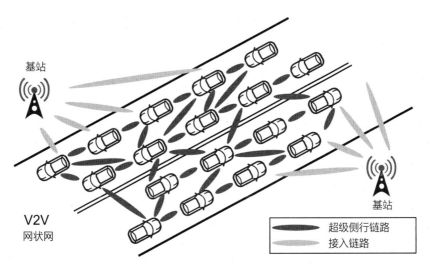

图 26-2　6G V2V 超级侧行链路网状网示例

与传统的射频通信技术相比，利用太赫兹和光频段将赋予超级侧行链路一些显著的优势，如大频谱、更稳健、抗干扰，6G 的物理层设计也能在太赫兹、OWC 和射频通信之间实现统一。

26.2　现有方案

在 5G NR R16 中，侧行链路复用了接入链路（3GPP 中称为 Uu 链路）的框架，复用的具体内容包括波形、编码、调制、帧结构和 MIMO。因此，NR 侧行链路和 Uu 链路可以整合，简化 UE 实现、甚至复用芯片组，从而帮助 UE 厂商节省大量成本。

此外，5G 侧行链路还引入了同步、资源分配、HARQ、干扰管理等新特性，这些特性可以通过与基站之间的接入链路进行不同程度的控制。

- 侧行链路同步：针对覆盖内、覆盖外和局部覆盖场景，指定不同类型的同步源，每个同步源对应一个同步优先级，以获得相同的时间基准。例如，在覆盖内场景下，网络可以作为同步源。或者，如果一台 UE 在覆盖内，但另一台 UE 在覆盖外，覆盖内的 UE 可以作为同步源。
- 侧行链路资源分配支持两种模式：模式 1 适用于覆盖内场景，由网络分配侧行链路资源，侧行链路由 Uu 链路控制。模式 2 适用于覆盖内和覆盖外两种场景，UE 可自主选择资源进行侧行链路通信——如果发送端 UE 在覆盖内，可以使用由网络配置的侧行链路资源；如果 UE 在覆盖外，可以使用预配置的侧行链路资源。
- 侧行链路 HARQ 可以增强组播和单播传输的可靠性。车辆编队就是一个典型的例子，它扩展了 NR 中组播传输的 V2X 业务。车辆编队，顾名思义，就是所有车辆都从领队车辆获取信息来实现编队，这些信息使整个车队能够以更小的车距朝同一方向井然有序地行驶。在这种情况下，当 UE 处于覆盖内时，可以使用由网络配置的 HARQ 反馈和重传资源；当 UE 处于覆盖外时，可以使用预配置的 HARQ 反馈和重传资源。

- 带内侧行链路干扰管理使用开环功控来控制对网络或侧行链路的干扰，这种控制机制是基于 Uu 链路和侧行链路的路径损耗来进行的，例如，根据 Uu 链路和侧行链路的最小路径损耗来确定发送功率。在侧行链路资源分配模式 2 中，发送端 UE 可以根据 SCI 解码和参考信号接收功率（Reference Signal Received Power，RSRP）的测量结果来确定候选资源并自主选择与其他 UE 无冲突的资源，这有助于 UE 控制自身的干扰或来自其他 UE 的干扰。

侧行链路在频谱使用、波束操作和中继方面有如下一些限制：

- 到 5G R16，侧行链路频谱最大支持 7 GHz 授权频段和非授权智能交通系统（Intelligent Transportation System，ITS）频段。NR 侧行链路支持带内 Uu 共享载波和带外侧行链路专用载波。前者需要更紧密的网络控制，在 Uu 链路和侧行链路之间采用时分复用（Time-Division Multiplexing，TDM），它的不足是时延更大；后者虽然可以降低时延，但需要更多的频谱资源。
- 由于 R16 中的侧行链路设计主要聚焦在 7 GHz 以下频段，因此，基于波束的侧行链路传输还没有全面实现。但随着大家越来越关注毫米波频段，覆盖内和覆盖外场景中基于波束的侧行链路传输有望在后续版本中进一步优化。
- 在侧行链路中继方面，NR 标准还没有在层二和层三侧行链路中继上达成共识⊖。另外，尽管多跳中继在 UE 密集且侧行链路距离短的情况下十分重要，目前的 NR 侧行链路仍不支持多跳中继。

26.3　设计展望和研究方向

6G 需要设计出能够使超级侧行链路与接入链路融合的技术，本节将重点讨论相关的设计展望和研究方向。

26.3.1　超级侧行链路使能技术

6G 超级侧行链路需要引入更多的高频段，特别是在短距通信中。例如，已有研究提出使用太赫兹和 OWC 等超高频段[1-2]。

在过去几十年里，太赫兹通信领域已经积累了大量的研究，特别是在太赫兹调制器、天线和太赫兹信道建模和估计方面[3]。太赫兹频段（100 GHz~10 THz）处于毫米波和光频段之间，具有一些显著的特征，比如，它提供的带宽是传统射频频谱的 100 倍，这意味着它能够实现超高吞吐率。但是，太赫兹通信模块（例如，功率放大器、混频器和天线等）

⊖　在本书翻译时 NR 已达成共识：同时支持层二和层三侧行链路中继。——译者注

和电路在能效和器件限制方面仍然存在挑战，需要通过更进一步的研究来提高器件性能。另外，系统级设计也至关重要（例如，通过物理层和波形联合设计来弥补器件限制）。

OWC 技术在过去几年中取得了重大进展：可见光通信（Visible Light Communication，VLC）和光保真（Light Fidelity，Li-Fi）技术已经标准化并得到验证[4-5]；自由空间光通信（Free Space Optical，FSO）已经应用到远程 D2D 通信中[6]，该技术直接将光源暴露在无线信道中；VLC 技术使用 LED 和光电二极管作为光源和接收机，通过改变光的强度来调制光，将 0 和 1 直接映射到光波中，这种调制必须足够快，避免出现闪烁效应，文献 [7] 已经初步测试了 VLC 技术在 5G 的应用。然而，天气条件和大气湍流对 OWC 技术有很大影响，如大雾天气中光信号会有所衰减，导致 OWC 链路不可用。为了缓解这些问题并满足不同程度的可靠性要求，文献 [8] 提出了混合 RF/OWC 技术，充分利用射频在可靠性方面的优势以及 OWC 在容量方面的优势，实现优势互补。

26.3.2　超级侧行链路与接入链路融合设计

超级侧行链路和接入链路的融合可以提供海量频谱和超高带宽，使超高容量和超高速率成为可能。本节重点探讨如何实现高效融合（如统一空口）和超级侧行链路组网（如网状网）。

对于 6G 超级侧行链路，需要研究统一的物理层过程，如广播、随机接入机制、资源感知和选择。融合首先需要考虑空口设计，包括波形、调制、复用、编码、MIMO 等。在过去几年中，这些方面已经取得了令人欣喜的进展，例如，文献 [7] 将 5G 和 VLC 技术进行融合，利用 VLC 实现交通信号灯和车辆之间的通信；文献 [9-10] 基于 5G OFDMA 或 NOMA-OFDMA 方案分析了 VLC 系统的多址接入性能。

如前所述，6G 网络连接的终端数量巨大，但是，由于超级侧行链路覆盖面积有限，同时信号又受到墙体、家具甚至人体的阻隔，设计超级侧行链路时，需要重点考虑 D2D 多跳网状网，重点研究如何将新空口设计和组网技术（如接入链路和侧行链路网状网）融为一体。

另外，还要考虑不同超级侧行链路和接入链路之间的频谱分配和共享。因为太赫兹和 OWC 具有波束窄、传输距离短等特征，在不同超级侧行链路和接入链路之间共享频谱或信道相对容易，然而，这又给超级侧行链路提出了新的要求——基于波束的干扰管理。融合设计应利用接入链路空口的个性化设计，包括不同的双工能力和灵活可变的链路方向，最大化网络容量，而 6G 超级侧行链路的设计还可能需要借助授权频谱实现非授权频谱的感知。

6G 超级侧行链路技术有望同时支持单跳和多跳传输的波束赋形。在超高频中，超级侧行链路使用的波束可能非常窄，因此需要研究一种低开销的波束管理方法，将对移动性的影响降到最低。另一个不容忽视的问题是：由于终端的功率、大小和复杂性限制，发送端和接收端之间的波束可能是不对称的，特别是在 OWC 通信中[2]。我们还需要研究如何将超级侧行链路与接入链路在射频、太赫兹、OWC 波束管理方面进行融合，以解决部分链路的波束不对称和阻塞问题。本书第 25 章围绕波束相关主题进行了更深入的探讨。

文献 [11] 讨论了层二和层三中继，但这两种方式都不适合用来转发对时延较为敏感的业务。因此，业界正研究在网状网中使用灵沽转发技术，如解码转发（decode and forward）、压缩转发（compress and forward）和放大转发（amplify and forward）。此外，物理层网络编码可用于网状网，在提高效率和可靠性的同时还可以降低时延，这在第 23 章有详细讲解。

借助高效的空口和组网技术，我们相信 6G 超级侧行链路和接入链路融合可以带来革命性的转变，6G 超级侧行链路网状网所拥有的灵活网络拓扑和 Tbps 级通信能力将为多样化终端开辟更大的应用空间。

参考文献

[1] Y. Corre, G. Gougeon, J.-B. Doré, S. Bicaïs, B. Miscopein, E. Faussurier, M. Saad, J. Palicot, and F. Bader, "Sub-THz spectrum as enabler for 6G wireless communications up to 1 Tbit/s," in *Proc. 6G Wireless Summit, Mar. 2019, Levi Lapland, Finland.*

[2] M. Z. Chowdhury, M. Shahjalal, M. Hasan, Y. M. Jang *et al.*, "The role of optical wireless communication technologies in 5G/6G and IoT solutions: Prospects, directions, and challenges," *Applied Sciences*, vol. 9, no. 20, p. 4367, 2019.

[3] Z. Chen, X. Ma, B. Zhang, Y. Zhang, Z. Niu, N. Kuang, W. Chen, L. Li, and S. Li, "A survey on terahertz communications," *China Communications*, vol. 16, no. 2, pp. 1–35, 2019.

[4] A. Bensky, *Short-range wireless communication.* Newnes, 2019.

[5] D. Tsonev, S. Videv, and H. Haas, "Light fidelity (Li-Fi): Towards all-optical networking," in *Proc. Conference on Broadband Access Communication Technologies VIII*, vol. 9007. International Society for Optics and Photonics, 2014, p. 900702.

[6] A. K. Majumdar, *Advanced free space optics (FSO): A systems approach.* Springer, 2014.

[7] F. Nizzi, T. Pecorella, S. Caputo, L. Mucchi, R. Fantacci, M. Bastianini, C. Cerboni, A. Buzzigoli, A. Fratini, T. Nawaz *et al.*, "Data dissemination to vehicles using 5G and VLC for smart cities," in *Proc. 2019 AEIT International Annual Conference (AEIT)*. IEEE, 2019, pp. 1–5.

[8] M. Z. Chowdhury, M. T. Hossan, M. K. Hasan, and Y. M. Jang, "Integrated RF/optical wireless networks for improving QoS in indoor and transportation applications," *Wireless Personal Communications*, vol. 107, no. 3, pp. 1401–1430, 2019.

[9] H. Marshoud, P. C. Sofotasios, S. Muhaidat, G. K. Karagiannidis, and B. S. Sharif, "On the performance of visible light communication systems with non-orthogonal multiple access," *IEEE Transactions on Wireless Communications*, vol. 16, no. 10, pp. 6350–6364, 2017.

[10] B. Lin, W. Ye, X. Tang, and Z. Ghassemlooy, "Experimental demonstration of bidirectional NOMA-OFDMA visible light communications," *Optics Express*, vol. 25, no. 4, pp. 4348–4355, 2017.

[11] 3GPP, "Study on NR sidelink relay," 3rd Generation Partnership Project (3GPP), Technical Report (TR) 38.836, Sept. 2020, version 17.0.0. [Online]. Available: https://portal.3gpp.org/desktopmodules/Specifications/SpecificationDetails.aspx?specificationId=3725

第五部分小结

这一部分我们讨论了 6G 空口的潜在特性，以及一些支持常见使用场景、更严格 KPI 和更宽频谱范围的使能技术。AI/ML 技术有助于实现 6G 空口的定制化、智能化，在空口中使能传输参数优化，在不牺牲网络容量的前提下提供最佳用户体验。

无线通信系统典型的物理层模块需要从根本上进行改进，以最大化 6G 链路性能，满足极致业务需求。对此，我们提出了一些新的期望，并讨论了编码、波形、调制、多址接入和超大规模 MIMO 的设计方向。6G 的融合涵盖多个方面：感知和通信的高度融合、地面与非地面网络的融合、无源和有源节点的融合，以及超级侧行链路的融合。因此，设计时需认真考虑感知辅助通信、通信辅助感知、多连接联合、快速跨连接切换和智能可控的无线环境。

原生节能和超灵活频谱利用也至关重要，6G 设计有望实现默认省电模式，针对各种双工模式提供统一的处理机制，以兼容不同双工能力的终端。

每一代的技术进步都必须克服众多挑战，6G 也不例外。挑战虽多，机会更多！我们相信，智能 6G 空口将使一切难题迎刃而解。

第六部分

6G 网络架构设计的新特性

简　　介

过去几十年中移动网络取得了非凡的成功，许多基本的设计原则和业务设想的发展和实现，离不开对新技术、新业务的快速接纳和迅速适应。从演进的角度来看，移动网络已具备更大的容量，可以提供多样化的业务，以满足不断增长的需求。超高速率、低时延、海量连接的无线链路已取得长足的进步。然而，移动网络架构的演进速度越来越慢。具体来说，后向兼容、业务互操作的要求、网络功能的分解、更多新应用场景所需特性的引入，使得移动网络架构需要做的改变越来越多，越来越复杂。网络架构改变不是受制于电信行业的传统思维或教条，而是成本和系统稳定性的考量。以 IP 网络为例，由 IPv4 向 IPv6 迁移就并非易事。因为对一个服务全国用户的移动通信系统来说，任何细微的变更都可能对整个系统产生重大影响。

最初，移动网络是为提供语音业务而设计的。因此，移动网络的架构和部署方式都遵循了集中化、多层级的模式，反映了语音流量和互联网应用的特点。移动网络的更新换代，引入了不同的新业务、新能力。在这一背景下，有观点认为，智能普惠、通信和感知融合等新能力将为 6G 时代的创新应用提供支持。值得一提的是，隐私保护、全球覆盖、数据治理等新需求不断涌现，新应用、新设备的研究也正在广泛开展。人工智能（Artificial Intelligence，AI）、机器学习（Machine Learning，ML）、区块链等也作为新的使能技术不断集成到新架构中。

由于 6G 网络会基于一个去中心化、以用户为中心的架构，并具备原生 AI 能力，因此在传统的连接服务之外，6G 系统也许还将作为一个分布式平台，承担不同行业场景中用户的工作量。

6G 将打破传统模式，向新架构转型，通过新的使能技术，集成新能力，满足新需求。

1. 数据所有权：从第三方控制到自主管理

数字社会中，数据可以说是最具价值的资产。解决隐私问题的关键就在于我们如何控制数据。在当今的移动通信系统中，用户数据分布在众多网络实体中，但数据的所有权和控制权都掌握在单一的第三方手中。也就是说，终端用户不能控制自己的数据。即便为了遵循法律法规，传统移动通信系统具备保护用户隐私的机制，但在用户不知晓的情况下，用户的个人信息仍然可以轻易地被分享给其他第三方服务商。除此之外，运营商虽然拥有丰富的数据来源，但却难以将其变现。

欧盟的《通用数据保护条例》（General Data Protection Regulation，GDPR）反映了关键的隐私和数据保护要求，可以说是世界上首部针对数据窃取和滥用的消费者保护立法。这部法律主张个人数据自主管理，意味着数据的所有权应当交还于用户，任何机构不得干涉。

2. 部署：从 2D 地面覆盖到 3D 全球覆盖

在部署移动网络时，我们希望覆盖更广、更深。传统移动网络的部署模式是 2D 覆盖，即人口覆盖，重点是为地面移动用户提供服务。6G 将实现 3D 全球覆盖，帮助消除数字鸿沟，高效支撑新的应用场景，如车载网络、卫星传感网络、高空平台站（High-Altitude Platform Station，HAPS）、无人机等，如第 6 章所述。

3. 网络业务：从以运营商为中心到以用户为中心

在以运营商为中心的背景下，网络设计需要考虑的业务范围非常大（区域级乃至国家级），因此也催生了需要为大量终端用户同时提供服务的单一网络实体和网络功能，如 4G 中的移动性管理实体（Mobility Management Entity，MME）、服务网关（Serving GateWay，SGW）、分组数据网关（Packet data network GateWay，PGW），以及 5G 中的接入管理功能（Access Management Function，AMF）、用户面功能（User Plane Function，UPF）。

从功能上看，网络管理的是每个用户终端（User Equipment，UE）或终端用户的状态。从这个意义上说，网络的本质是一个大型的分布式状态机，在不同网络功能之间保持一致的状态。这就需要复杂的信令消息交换，可能成为限制网络性能的天花板（比如时延），还可能使网络更易受攻击。随着连接的设备 / 用户数量的增加，单一的网络功能（不论物理的还是虚拟的）都可能成为制约网络发展的巨大瓶颈。鉴于网络管理的是 UE 状态或用户状态，我们可以理解为什么要从每个 UE 或每个用户的角度出发设计网络。具体来说，以用户为中心的设计能够让每个用户拥有自己的虚拟专用网（Virtual Private Network，VPN），并且这种单用户级 VPN 的网络服务具备移动性管理、策略控制、会话控制和个人数据管理等特性。此外，在设计时以用户为中心，还可以针对每一个用户优化信令开销和相应的网络性能。

4. 网络：从"千人一面"的网络到"一人千面"的网络

以用户为中心的模式下，网络服务为每一个用户进行定制，网络服务的中心将重新回到用户。为了提供个性化服务，网络架构应避免"一刀切"，应当允许用户拥有和管理自己的网络，就像目前使用的家庭网络和 Wi-Fi 一样。这样，终端用户就可以自行选择网络资源来创建自己的 VPN。以用户为中心的方法应超越网络功能，将成为实现网络"一人千面"愿景的先决条件。

5. 连接：从面向连接的系统到面向任务的系统

传统的通信系统是面向连接的，最初是语音驱动，然后是数据通信驱动。通信来源和目的地由终端用户和他们所需的服务，或者他们需要联系的用户确定。因此，在设计整个通信机制（例如会话管理和移动性管理）时，应该为这种连接模型提供足够的支持。

6G 移动通信系统可能由众多分布式智能节点（如终端、无线接入节点、网络设备）组成（以便为智能业务提供原生支持或利用智能特性进行自我改进）。AI 和感知将是 6G 提供的两大关键业务。为此，同一任务需要在多个分布式节点上协调执行，我们称这种通信模式为面向任务的通信。未来无线通信技术应支持多种设备类型和时变拓扑结构，以达到面向任务的通信的最佳性能。

6. 终端：从 TPC 分离到 TPC 合一

终端用户访问业务或应用，经过的最基本的三个组件是终端（Terminal）、网络管道（Pipe）和云（Cloud）端应用，这三大组件称为端管云（TPC）。在早期网络中，每个组件作为一种独立的技术，拥有自己的生态系统。伴随着虚拟化演进，网络和应用都将变成运行在云上的虚拟实体。随着增强现实（Augmented Reality，AR）、虚拟现实（Virtual Reality，VR）和全息通信等数据要求高、计算密集型应用的出现，数据速率预计将达到 Tbps 级（如第 1 章所述）。然而，由于终端的算力低于云边缘，数据速率的提升也会导致终端的性能遇到瓶颈。因此，终端与网络（尤其是云边缘）的协同将必不可少。在设计终端时，可以根据使用场景和能力灵活调整。例如，可以将更多位于终端的用户功能移至云端，或者将系统任务和网络功能不受约束地下移到终端。另一个好处是，TPC 之间的物理边界的消除有可能将用户身份与终端解耦。

7. 智能：从云 AI 到网络 AI

目前网络中的 AI 服务位于云端，停留在应用层面。5G 核心网在设计上可以通过新型网络功能（即网络数据分析功能）提供智能支持，但其架构不是 AI 原生的，因此使用范围有限。在 6G 时代，网络架构和 AI 将紧密结合。换句话说，原生 AI 支持将成为网络架构创新的一个重要驱动因素。因此，深度融合的通信和计算资源以及全分布式的架构将引领云 AI 向网络 AI 转型。随之而来的好处不仅是贴近用户的 AI 服务可以带来的卓越性能（如超低时延），隐私问题也可以在本地迎刃而解。这是 6G 网络架构发展的主要驱动力之一，也将受到 GDPR 等隐私和数据治理要求的影响。在实时 AI 功能实现、面向机器学习的大数据训练以及 AI 推理等方面，集中式云 AI 架构效率低下，通过云 AI 向网络 AI 转型，它们将融入网络 AI 架构中。

8. 安全：从安全本身到原生可信

5G 的安全依赖独立的框架实现，与其他网络服务完全不同。在 6G 时代将从安全本身转向更广泛的原生可信，而不是只着眼于安全本身。要实现这一转变，在安全设计时就需要考虑"通过设计保证安全"框架以及一系列相关的问题，比如可信模型，以及在安全设计中引入量子计算、AI、机器学习等新技术。为了设计可信的 6G 框架和定义相应的关键能力，那些能产生新需求的新应用和新的使能技术都应该纳入考量。

第 27 章

网络 AI 架构技术

27.1 背景

　　智能手机和平板电脑等个人设备逐渐成为许多应用的主要计算平台，让移动通信进入了一个激动人心的时代。有了这些设备，我们的日常生活（从专业活动到休闲、教育、娱乐等各方面）变得更高效，而设备也可以获取到海量的个人数据和隐私数据。因此，关注 AI 的企业可深入探索这一领域，为终端用户提供更便捷、更有意义的服务。

　　除了消费者业务，AI 还将惠及各行各业，影响社会的方方面面。所有 AI 应用和服务都需要收集、分析不同类型的数据，然后将分析的结果用于执行特定的或一系列的动作。如今，大多数 AI 和机器学习都采用集中式学习，整个系统的数据汇集于一个地点进行训练，通常是在专门用于此类计算的数据中心，这些数据中心一般有特殊的硬件配置，且耗能巨大。目前 AI 与网络架构设计之间是割裂的，这样的 AI 称为云 AI，只是利用底层（underlay）网络将数据传送到云端，而云端才是数据处理和推理的主要智能中心。然而，AI 和网络架构仍未被综合起来考虑。比如，当 6G 将 AI 和感知作为新服务提供时，我们思考的还是怎么样提供安全可靠的网络架构，将数据从信息源传输到云端或其他可用资源，以便更好地进行学习。因此，我们必须明白什么类型的网络架构可以为 AI 提供原生支持。为此我们还需要了解撑起 AI 王国的三大支柱，弄清楚它们对移动通信系统的潜在需求。

- **数据**是 AI 的关键资产，堪比"原油"。最早一批 AI 业务更多聚焦于 B2C 消费者应用，因此终端用户成为直接的数据源。垂直行业 B2B 场景，涉及不同的应用、商业模式和技术需求，利润更加依赖数据。由于性能限制以及安全和隐私方面的考虑，我们认为行业数据将在系统边缘（一般位于企业内部）进行处理。因此，行业 AI 服务将侧重本地，以分布式的方式提供。这一趋势将引发一系列关于数据管理、处理、所有权等需求的讨论，一个既能满足这些需求又能充分遵守数据治理规定的移动通信系统变得尤为重要。
- **算力**是 AI 行业的根本动力。AI 应用越强大，所需的计算资源就越多，而基于中心云的计算资源池模型可能缺乏可扩展性，导致这一模型无法应对未来的变化。尤其当考虑到垂直行业中计算向边缘迁移这一趋势时，在中心云上运行 AI 应用可能就行不通。因此，新的协同背景下，AI 要从云端深入到移动通信系统中。移动通信系统作为拥有超高性能的基础设施，能够有效管理异构资源，具有可扩展性和弹性。这一研究领域既有广阔前景又具有挑战，因为它可能完全重构传统的系统架构和设计理念。

- **算法**是整个 AI 业务的核心，定义了 AI 应用提供的智能类型，以及 AI 应用所需的数据类型和消耗的算力。基础设施不需要知道 AI 算法是如何定义的，但是它应该更好地支持这些算法的运行。例如，深度学习的实现（联邦学习等）依赖于通信，这可能涉及算法可伸缩性、带宽和时延要求。因此，网络系统架构的设计可能会影响 AI 算法的训练方式以及 AI 推理的执行方式。

27.2   设计要点和原则

新系统架构将致力为 AI 提供原生支持，以期实现更大范围的智能普惠。因此，在架构设计时需要同时考虑上述三大支柱的需求，也就是说，云 AI（cloud AI）将向网络 AI（network AI）转型。

27.2.1   关键需求

1. 高效的数据治理

从运营到管理，从控制面到用户面，从环境感知到终端，6G 系统本身会产生大量的数据。由于这些数据将来自不同的技术或业务领域，如何高效地组织和管理数据，同时兼顾隐私保护，就成为 6G 系统设计的新挑战。

2. 先进的基础设施

在 6G 时代，信息、通信和数据技术将全面融合，构建先进的基础设施。为了实现 AI 的广泛应用，应当为实时学习和推理提供无处不在的连接和计算资源。这对移动通信系统提出了更高的性能要求（如超低时延和超高速率），尤其是在数据采集和数据处理场景下。除此之外，分布式和无处不在的计算资源需要来自各方的各类型资源的深度融合，才能在满足隐私和安全要求的前提下，获得最佳性能。AI 服务可以利用先进的基础设施，充分发挥数据、算力和算法三大支柱的潜力。

3. 灵活的 AI 部署

易于部署对于吸引外部合作伙伴的服务至关重要，特别是当部署需要一定程度的网络和 IT 专业知识时。易部署性主要涉及平台能力的设计。换句话说，在 6G 时代，AI 业务应当可以轻松地部署在边缘或中心，且平台不应该限制业务迁移。

4. 开放的生态系统

通过提供原生 AI 支持，6G 将拥抱比上一代通信系统更广阔的生态系统。除了传统的电信行业玩家（如厂商、运营商、用户等），更多的企业用户和垂直行业用户将被移动通信提供的新型 AI 业务所吸引。我们愿景中的 6G 建立在一个多方协作生态系统之上，因此要求系统在商业和技术合作方面的开放更简单、更灵活、更可信。尽管在 5G 时代，为了与垂直行业建立生态系统，已经开始尝试更广泛的开放（如能力开放 [1]、API [2]），但 5G 的开放仍然依赖基于标准化的网络功能、流程和接口等的传统电信方案。在 6G 中，这些设计要点应当被视为架构革新的内生因素。

27.2.2　关键挑战

5G 网络设计也希望能更好地支持 AI 业务，尤其是在核心网侧。为此，5G 引入了网络数据分析功能（NetWork Data Analytics Function，NWDAF）[1]，其主要目的就是提升数据采集和分析能力。例如，NWDAF 可以为其他网络功能提供分析结果，辅助网络业务发放。NWDAF 可以从 5G 网络功能和运行、管理和维护（Operation, Administration, and Management，OA&M）[3] 系统中采集数据。为此，NWDAF 还提供了专门服务，用于相应网络功能的注册和元数据开放。

但是，5G 没能通过 NWDAF 为 AI 提供原生支持，有以下几个原因：

- **数据源有限**：NWDAF 采集和分析的数据主要是 5G 网络功能接收的数据，并没有考虑来自基础设施、环境、终端和传感器的数据。
- **缺少数据隐私保护**：5G 中的数据源主要来自同一业务领域，因此基础设计中数据隐私保护考虑不足。
- **不支持外部 AI 服务**：NWDAF 是 5G 核心网功能，外部 AI 服务不能直接在 5G 核心网或无线接入网（Radio Access Network，RAN）中使用。
- **基础设施利用不充分**：网络切片、超高可靠性低时延通信（Ultra-Reliable Low-Latency Communication，URLLC）、海量机器通信（massive Machine Type of Communication，mMTC）等 5G 架构的关键特性在设计上都是为了在性能、功能和运营角度满足垂直需求，并未专门考虑原生 AI 支持（如数据管理、分布式架构等）。
- **数据治理缺失**：AI 不只涉及数据采集和分析两方面。为了给 AI 提供原生支持，需要专门对数据治理进行设计，而这并不在 5G 的考虑范围之内。

因此，原生 AI 支持是 5G 和 6G 在架构上的根本差异之一。

27.3　架构特点

27.3.1　整体设计范围

6G 的一个重要任务就是构建一个计算资源靠近终端用户、满足行业高韧性标准的超高性能基础设施。6G 系统将相互连接的各类资源无缝编排，实现计算和通信的全面融合。6G 整体架构设计的范围如图 27-1 所示。

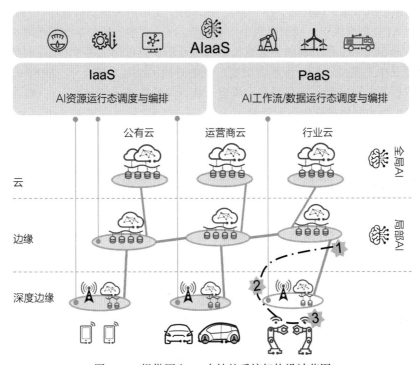

图 27-1　提供原生 AI 支持的系统架构设计范围

借用云服务的概念，6G 提供原生 AI 支持或将带来三种不同的商业模式：基础设施即服务（Infrastructure as a Service，IaaS）、平台即服务（Platform as a Service，PaaS）、AI 即服务（AI as a Service，AIaaS），如图 27-1 所示。

- IaaS：在该模式中，移动通信系统根据 AI 业务的运行需求编排算力和连接资源（如云、边缘、基站、设备等）。这一模式的根本目标是提供满足 AI 业务需求的高性能基础设施能力。也就是说，除了更快地传输更多的数据，高性能基础设施的设计将 AI 业务深度集成至系统中，确保 AI 业务无缝运行。此外，还需要确定是否将重构的边缘计算概念和突破性成果引入基础设施中。
- PaaS：在该模式中，6G 基础设施本身就是一个 AI 平台，可以编排 AI 工作流、管理数据、执行各类任务。例如，执行 AI 业务可能需要不同来源的数据，如何将不同技术领域的数据汇集起来可能是 AI 业务提供商面临的主要困难。在这种情况下，PaaS 模式可以利用 ICT 企业在基础设施经营管理方面的专业知识（特别是在传统多厂商和多运营商场景中积累的专业知识）为 AI 提供增值服务。
- AIaaS：在该模式中，6G 基础设施为外部客户提供 AI 服务，如 AI 高精度定位、用户移动趋势预测等。

三种模式涵盖了不同客户的各种 AI 需求，可以很好共存。在这样先进的基础设施上运行 AI 业务可以带来如下诸多好处：

- **从全局 AI 到局部 AI**：在一个广域网络中，集中学习需要在整个网络中收集数据并发送至中心的实体，成本极高。那么，局部 AI 或局部 + 全局 AI 就可以降低能耗，进而降低成本。即便如此，这种数据收集方式和集中训练，还是会导致训练中心或其周边很快遇到瓶颈，甚至出现单点故障（涉及用于训练的数据中心可用性、通往数据中心的关键路径的使用率、关键路径上的重要节点的可用性等）。不仅如此，通过集中学习的方式使用私有数据进行训练可能并不可行，并且也难以得到授权。
- **从离线 AI 到实时 AI**：传统的机器学习解决方案在训练过程中，不论是访问训练数据、建立模型，还是模拟一个环境的抽象版本，大都是离线进行的。这一过程在忽略了许多重要的指标的同时，还忽略了细节，因而限制了机器学习对 AI 性能的提升。幸运的是，高性能的分布式基础设施或将为实时 AI（包括训练和推理），尤其是为时延要求严格的使用场景（例如行业场景下的闭环控制）带来了新可能。

27.3.2　面向任务的通信

6G 的一大关键变化就是面向任务的通信模型，为的是支持 AI 和感知等新业务。传统的移动通信业务（如语音、数据等）都是面向连接的，即基于终端用户的主动请求和预期业务来分配通信资源。这样一来，连接的建立是由用户的意图决定的。

相比之下，面向任务的通信采用了截然不同的设计理念——连接是否建立由网络提供给用户的内容决定。举个例子，在公共交通领域，AI 依据特定地理区域内用户的移动性、实时人口分布、终端使用密度来收集并处理数据。然后，公共交通企业利用 AI 可以获知城区交通情况，尤其是在交通高峰期。公共交通企业因此可以使用基于 6G 的 AI 服务，这样就不需要考虑如何从特定用户那里收集数据也可以获取所需的信息。

另一个例子是感知应用。通过感知任务，可以绘制多频无线电环境 3D 地图。这一能力也会催生新的应用场景，如具有高精度定位和追踪能力的实时感知、手势和行为识别。执行这些任务需要协同多个基站、具有连接能力的终端，以及计算资源，如图 27-2 所示。

面向任务的通信解决方案包括四个主要方面：任务管理、资源编排 / 运行时调度、数据管理和通信机制。

1. 任务管理

从架构的角度看，任务管理可能需要引入新的网络业务和 API，在整个生命周期中定义、操作和管理任务。任务管理可以依据接入类型和终端类型，通过不同的方式将一个任务分解成多个功能子任务。在深度融合的计算和通信平台上执行任务，意味着各个子任务都在本地执行。

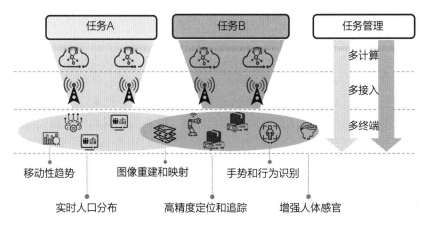

图 27-2　面向任务的连接概念图

2. 资源编排 / 运行时调度

在传统的移动通信系统中，资源管理（尤其是无线接入侧）基于主动的连接请求，并根据设备签约信息和业务类型进行调度。

执行一项任务需要协调并访问不同地理位置上的通信设备的计算资源。从资源角度来看，一个任务可以分解为计算任务和通信任务。前者的执行可以跨不同的云、云边缘、基站和终端，而后者的执行可以跨多个小区和不同类型终端。在面向任务的通信系统中，资源编排或运行时调度都以系统提供的任务而不是终端用户的请求为依据，这与传统通信系统的理念有很大不同。传统通信系统中，会预留无线资源用于会话建立，而面向任务的通信系统中，调度计算和通信资源是为了在某一区域执行某项任务。

任务的资源编排或运行时调度应根据任务的地理和工作范围提供资源的整体视图。如果一个任务是在单个技术或业务领域内执行的，那么积累的网络管理经验都可以利用起来。对于多方参与或大规模分布式系统场景，端到端的资源编排和运行时调度充满挑战（在信任关系建立、计费机制、审计等方面）。此外，也可能出现新的方法，第 31 章将详细介绍。

3. 数据管理

就任务的执行而言，数据收集、隐私保护、信息存储、网络能力、知识开放都是需要探索的新领域。数据治理是用于管理更广范围内数据的专用架构技术，并且可以提供原生 AI 支持，在第 30 章将详细阐述。

4. 通信机制

执行一项任务需要建立多种多样的连接，比如终端和环境传感器之间的连接，以及终端与通信和计算设备之间的连接。执行任务需要灵活高效的多用户或多终端、多接入、多计算协同，因此，传统的机制（如会话管理和移动性管理）可能需要从根本上做出改变。

5. RAN 架构

为了高效地执行任务，可以在网络业务层将任务管理和用户面功能分离，如此一来，可以控制更大范围内的任务。因此，6G 基站在逻辑上可以划分为两个部分：控制节点（用 cNB 表示）和多个业务节点（用 sNB 表示）。cNB 可以管理一个大区域内多个 sNB 上的任务。这种设计可以减少公共控制信息的开销。不同终端和网络设备之间的连接依靠 sNB 去建立。cNB 和 sNB 都是超越物理设备形式的逻辑实体。这种设计可以轻松地将 RAN 中的资源划分为虚拟集群，每个集群都可以被控制，用于支持不同类型的任务。借助集群来管理一组站点上的资源，可以更好地完成资源管理。集群区域的大小应能满足已执行任务的需要。

27.3.3　边缘计算与通信的深度融合

未来，6G 将服务于需要极致性能、数据本地处理的行业场景，因此，边缘节点将成为未来移动通信网络的关键创新平台。移动边缘计算或所谓的多址接入边缘计算（Multi-access Edge Computing，MEC）是一个在移动通信领域越来越受到重视的课题。它将算力从集中位置扩展到移动通信系统的边缘，从而让网络功能部署和操作更灵活，提供更好的网络性能（例如更低的时延）。然而，边缘节点的部署遇到了许多现实问题。例如，由于 IPsec 会话不能中断，那么部署了安全网关（Security GateWay，SeGW）的情况下，在 RAN 和安全网关之间部署边缘节点就非常困难，如图 27-3 所示。除此之外，受限于无线接入架构和通信逻辑，边缘资源也无法部署在 RAN 侧。

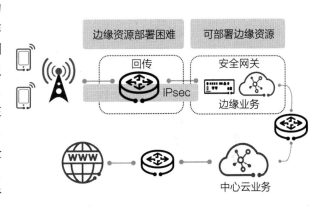

图 27-3　边缘资源在 RAN 侧部署的限制

到了 6G，在 RAN 侧深度融合的计算和通信资源将成为一个重要因素，下文将称之为"深度边缘"。通过位于数据源附近的深度边缘，AI 业务可以融入 RAN 架构设计中。

深度边缘不仅仅是在移动网络边缘运行云 IT 服务器。为了打破边界限制，减少对协议栈的影响，提高系统整体的可扩展性，我们还需要考虑重构 RAN 架构。深度边缘的研究包括以下几个方面。

1. 新的计算方案

目前，在 RAN 中已经可以利用 AI 能力，例如，优化资源调度，降低干扰。也就是说，在移动网络中运用 AI 的主要原因是改善移动网络本身，而不是给 AI 提供原生支持（即 AI 改善网络还是网络支持 AI 的问题）。针对后者，我们将进行详细探讨。

为了将边缘算力深度集成至 RAN，需要开发一种新的无线设备，我们可以称之为无线计算节点（Radio Computing Node，RCN），用以和无线接入节点区分开来，如图 27-4 所示。在一个 RCN 上，包括一个用于处理不同任务（如 AI、感知）的独立计算面，还有多个扩展面，如控制面（Control Plane，CP）、用户面（User Plane，UP）。这种计算资源不仅涉及无线接入节点，还需要整体考虑 RAN 架构设计，才能让 RAN 的计算资源和通信能力无缝融合。例如，RAN 中可能需要本地控制器来控制无线通信资源、功能，以及 AI 流水线。

与此同时，还需明确相应的接口、适用流程、协议，以支持部署在深度边缘的业务实现动态部署和高效通信。这些部署在深度边缘的业务可以发挥时延低、传输成本低、潜在安全风险低、隐私风险低的优势。

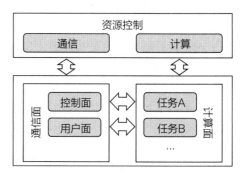

图 27-4　RCN 中通信和算力的深度融合

2. 新的协议栈

深度边缘或将引发协议栈的重构，比方说，协议栈可能会简化，为任务型业务（如 AI 工作流）提供高性能的解决方案。在 5G 系统中，用户终端和云端服务器通过基站和核心网中的 UPF 来建立数据连接。为了在 RAN 侧实现计算和通信资源的深度融合，用户与位于深度边缘计算面的 Pod 或容器直接建立连接，这种通信机制更加简单。如此一来，便可为实时性极高的业务提供高效通信支持。

3. 更高的系统扩展性

移动通信系统既需要全国覆盖（如 B2C 业务），还需要本地覆盖（如 B2B 业务）。因此，深度边缘节点的数量可达百万级，并且节点之间相互关联。基于大量独立可控的深度边缘节点组成的大规模网络可能跨越不同的技术或业务领域，为智能普惠提供支持。这样的网络不仅性能优异，并且可扩展、开放透明。数据和业务的有效同步、运行时调度、资源合理调配、识别本地应用（如行业应用）都是在设计系统架构时需要考虑的重要方面。

利用深度边缘节点组成的大规模网络将有能力执行全局和局部结合的 AI 任务，而不是单纯的全局 AI。行业数字化转型也因此可以更大规模、更大范围地发挥作用。

27.3.4　AI 业务运营管理

AI 业务运营管理框架是设计 AI 原生支持架构时需要考虑的另一个重要方面。这一框架有利于 AI 业务（尤其是外部提供的 AI 业务）的无缝集成和部署。

- **AI 业务运营**：6G 生态系统的建设有来自不同技术、业务领域的各方参与。从 AI 业务运营的角度来说，这个生态系统应当能高效运作，特别是在多运营商、多供应商场景下。为了建立业务关系（即便在零信任场景中），AI 运营可能还需要区块链等技术。

- **AI 业务管理**：AI 业务管理包括 AI 工作流编排、数据管理、计算和通信资源编排。如图 27-5 所示，运营跨业务、跨技术领域的 AI 业务时，我们需要定义单一管理域内或跨不同管理域使用的关键接口。第 31 章中将讨论多方协作平台的建设。

移动通信系统中定义接口的常规方法是标准化。然而，新系统的设计并不一定需要完全依赖于这种标准化模式，可以考虑借助现有的先进 AI 框架来完成，例如引入一些开源组件 [4-5]。通过这一跨领域框架，可以在 6G 网络中完成端到端 AI 工作流的规划和部署。

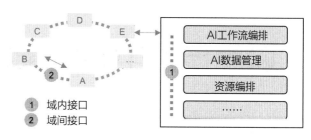

图 27-5　跨业务领域的 AI 管理框架

AI 业务运营管理框架是传统移动通信系统框架之外的一个新的系统组成部分，因此也将引入新的网络功能或设计原则，例如：

- **AI 业务运营**：出于隐私保护考虑，架构中的去隐私化功能可能会使部分信息对 AI 业务运营不可见，因此 AI 业务运营不可避免地会受到影响。不过，AI 业务运营管理架构提供的支持可以减轻这一影响。
- **资源管理**：AI 业务是计算、通信双密集型业务。因此，需要合理有效地管理设备、服务器（或数据中心等业务场所）和网络的计算和网络资源。管理不当会导致能耗增加，同时影响网络和业务性能（如时延增大）。
- **AI 业务部署**：AI 业务运营管理架构有利于 AI 业务的部署，包括确定适配不同业务级别的部署位置和互联互通。

参考文献

[1] 3GPP, "System architecture for the 5G system," 3rd Generation Partnership Project (3GPP), Technical Specification (TS) 23.501, Aug. 2020, version 16.5.1. [Online]. Available: https://portal.3gpp.org/desktopmodules/Specifications/SpecificationDetails.aspx?specificationId=3144

[2] 3GPP, "Common API Framework for 3GPP northbound APIs," 3rd Generation Partnership Project (3GPP), Technical Specification (TS) 23.222, July 2020, version 17.1.0. [Online]. Available: https://portal.3gpp.org/desktopmodules/Specifications/SpecificationDetails.aspx?specificationId=3337

[3] 3GPP, "Architecture enhancements for 5G System (5GS) to support network data analytics services," 3rd Generation Partnership Project (3GPP), Technical Specification (TS) 23.288, July 2020, version 16.4.0. [Online]. Available: https://portal.3gpp.org/desktopmodules/Specifications/SpecificationDetails.aspx?specificationId=3579

[4] "Kubeflow." [Online]. Available: https://www.kubeflow.org/

[5] "Kubernetes." [Online]. Available: https://kubernetes.io/

第 28 章

以用户为中心的架构技术

28.1　背景

在以往的移动通信系统中，接入电信运营商网络的用户设备对网络没有任何控制权。作为 6G 架构的一个关键特性，以用户为中心的网络（User-Centric Network，UCN）从原生设计上就是一个用户可定义、可配置和可控制的系统。顾名思义，"用户可定义"是指用户可以（借助 AI）定制自己所需的业务类型，并可以定义这些业务的操作和管理方式。就正常运营的业务来说，用户不仅可以配置资源的使用策略，也可以为同一用户域内的子终端配置策略。用户产生或用户自身的数据都由用户自己控制。同时，用户也对相应的流程权限（如身份识别、访问授权和用户状态信息）拥有控制权。这里所说的用户可以是个人或企业，也可以是行业用户。在用户域内的业务，可以根据用户信息、行为和偏好，以一种智能化和个性化方式组合定制。

UCN 设计将改变当前用户、网络服务和应用程序的交互方式，进而影响网络访问、移动性管理、安全和个人数字资产所有权等诸多方面。和网络功能模块化和云化趋势一样，电信业务的软件化让核心网功能（转发、会话管理、策略管理等）的部署不再受位置约束。单个用户的网络将采用模块化设计，各个模块具有公共的上下文。这样的设计将大大减少传统网络功能之间的消息交换。

前面我们已指出，本地或私有范围的通信正受到越来越多的关注。为此，构建 UCN 首先需要一个全分布式的互联边缘平台。分布式的互联边缘平台也会带来一些好处。例如，去中心化系统的一个天生的优势，就是其应对攻击时的韧性，可以将攻击的影响限制在一定的范围内。此外，UCN 倡导"系统的系统"（System of Systems）模式，让每个用户通过一系列的交互自行组织资源，每个系统和用户与各自的资源池交互，实现预期的最终结果。基于此原则，不论是系统韧性还是流量处理效率，都可以轻松提升。

在 UCN 中，由于网络域将成为用户域的自然延伸，用户域将不受物理用户设备的限制。在网络域中，业务和应用的部署可以基于不同的准则，例如，有的网络业务可能需要更多的算力或更高的网络性能。

同时，UCN 将成为个性化定制业务的最佳方案，反过来也将促进网络由"千人一面"向"一人千面"转变。换言之，6G 将从单纯的接入网转变为业务执行环境。

28.2　设计要点和原则

28.2.1　吸取现有网络的经验教训

移动通信系统经过了一代又一代的发展，每一代系统的特性和所支持的业务决定了系统架构的基本设计理念。从 5G 向 6G 过渡之前，我们必须基于 6G 的愿景和潜在的应用场景，了解当前系统设计的约束。

1. 以网络功能为中心的设计理念

移动网络从功能上可以分为控制面和用户面。控制面主要对用户面下发指令，确保网络资源可以根据用户请求的业务进行分配，而用户面则主要遵循并执行控制面的指令。目前的移动通信系统采用了以网络功能为中心的设计原则，导致网络实体变得庞大而功能单一。控制面由一组网络功能构成，负责接入认证和授权、移动性管理、会话管理、数据管理（如网络功能仓库、用户上下文和策略的管理）和操作控制（如移动性、会话和 QoS 的控制）。而用户面则是由一组转发设备/功能构成，它们将用户数据包从源头传递至目标位置，并将流量指标返回给控制面。

当用户规模以百万计，所提供的业务也主要以语音和数据为主时，以网络功能为中心的设计在部署和运维成本方面会有明显优势。尽管如此，用户数量、网络设备数量、协议数量、接口数量以及网络设备之间的互连/交互数量快速增长，却直观地反映出以网络功能为中心的设计正变得越来越复杂。目前的蜂窝网络架构中网络功能众多，消息交互量大，协议众多。由于在信令传递过程中所携带的消息非常复杂，任何实现的准确性很难绝对保证。由于协议设计的目的是维护用户在不同网络功能之间的状态一致性，在众多网络功能之间维护海量的用户状态使网络扩展能力受到限制。

2. 集中式架构和部署带来的问题

蜂窝网络的架构最主要是为了满足具有充足资源（电池、计算存储能力等）的用户设备完成长时间会话（如语音）需求而设计的。前几代蜂窝网络的架构很大程度上借鉴了语音网络架构的集中式设计、分层式部署的特点。以网络功能为中心是集中式架构的一大设计原则，这导致了整体网络功能实体需要服务于大量终端用户。这些在物理设备或虚拟实体上实现的网络功能包括移动性管理、设备/用户数据管理、会话管理、认证、数据包转发、策略执行等。在功能上，蜂窝网络本质上是一个管理终端或终端用户状态的大型分布式状态机，通过在不同网络功能之间的消息交互来保持状态的一致。

尽管有关分布式网络与集中式网络利弊的讨论仍在持续，但有一点是明确的——当连接的用户或终端数量越来越庞大、终端类型越来越多、智能化程度越来越高时，安全和扩展性问题就日益凸显。

- 单点故障和拒绝服务（Denial-of-Service，DoS）攻击风险：蜂窝无线网络是一个基于 IP 的开放架构，易遭受互联网上的各种常见攻击。移动核心网就是如此，集中化的特点让其很容易遭受 DoS 攻击。由于移动网络是支撑社会稳定运行的重要基础设施，因此对集中式网络功能的 DoS 或分布式拒绝服务（Distributed Denial-of-Service，DDoS）攻击会造成严重后果。
- 可扩展性问题：从 4G/LTE 开始，网关分层部署的网络已成为 4G 和 5G 核心网的用户面。网关用于维护每个用户的会话，在用户需要数据连接时，核心网和 RAN 各节点需要进行一系列消息交换，而后才开始应用级别的数据包传输。由于连接设备以智能手机为主，而智能手机一般会维持长时间活跃会话，不需要严格的时延或严格的控制包处理限制，因此只要通过核心网连接的终端数量在合理范围内，当前的架构就可以应对。然而，一旦连接终端的数量急剧增加，终端类型越来越多样（如智能汽车的传感器、工业机器人、无处不在的可穿戴和可植入设备），当前的网络架构可能会引起严重的性能瓶颈。

3. 数据变现困难

在数据这一问题上，移动通信系统面临着两难的困境。一方面，数据来源丰富，但电信运营商难以把数据变现，特别是受到隐私法规限制，与终端用户直接或间接相关的数据变现尤其困难。另一方面，终端用户无法控制自己的数据，这意味着他们只能相信业务提供商不会滥用数据。最重要的是，由于相关意识和知识的缺乏及能力的缺失，侵犯个人隐私的行为很难被发现或追踪。

4. 以运营商为中心模型的问题

5G 支持免许可频谱接入和园区网络部署，为垂直行业提供了更好的支持。然而核心网的设计和架构却几乎只考虑了运营商。换句话说，5G 核心网的设计和架构并未对不同垂直行业所需的功能给予特殊考虑。而在 5G 以运营商为中心的逻辑中，垂直行业要获得更好的服务，只能寄希望于电信运营商。不论是对电信运营商还是其他各方来说，这都是有问题的——要满足如此众多且不确定的功能和功能之外的业务需求，本身就是一个巨大的挑战。为了更好把握这些需求，近期成立了 5G 汽车联盟（5G Automotive Association，5GAA）和 5G 产业自动化联盟（5G Alliance for Connected Industries and Automation，5G-ACIA）等一系列新的行业组织。即使电信运营商准确理解了这些需求，在面对市场压力的情况下，它们要做出决定也并非易事，因为技术上可行并不等于经济上合理。

28.2.2　关键要求

1. 以用户为中心的架构

现有的网络一直围绕各个网络功能（Network Function，NF）进行设计，如图 28-1

所示。这样的设计导致网络中存在许多复杂的网络功能，例如 5G 中的接入和移动性管理功能（Access and Mobility management Function，AMF）和会话管理功能（Session Management Function，SMF）[1]，不同的网络功能都有特定的任务并且服务于大量用户或终端。因此，可以肯定地说，集中式架构是以网络功能为中心的设计原则带来的必然结果。

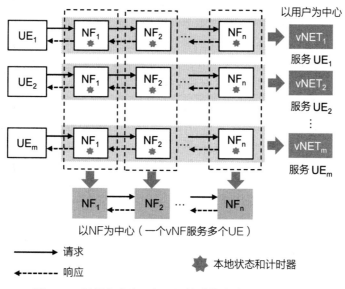

图 28-1　以用户为中心与以网络功能为中心的系统对比

以用户为中心的设计意味着每个用户都拥有自己的专用网，而每一个专用网都整合了业务实现所需的各项功能，如图 28-1 所示。基于此设计原则，UCN 基于去中心化技术实现移动性管理、策略管理、会话管理和个人数据管理。UCN 的一大优势就是信令交互大幅减少，从而降低了时延。除此之外，通信所需的协议数量更少，让网络更加简单，因此业务实现成本低并且易于管理。去中心化技术完美匹配了以用户为中心设计的要求，让网络在应对 DDoS 攻击和单点故障方面游刃有余。

2. 去中心化

- **可用性**：去中心化和分布式云技术相结合，使系统负载在网络节点间均衡分配，保证业务的可用性和稳定性。
- **同构性**：尽可能减少网络节点的类型，以提高网络的扩展性和可靠性，降低复杂度，并最终实现降低网络实施成本的目标。
- **抗攻击性**：分布式网络架构拥有与生俱来的抗攻击能力。这是因为所有移动网络业务都是以分布式方式实现的，即便网络中的某些节点或网络的一部分遭受攻击，其余部分也不会受影响。
- **自组织**：去中心化网络中，各节点通过特定算法（如分布式散列表[2]或区块链）相互协作。

3. 资源效率

任何一种架构中，通信系统的可用资源池的有效利用都是十分重要的，因为这关系到在提供通信服务时的成本和运营支出控制。由于总体拥有成本（Total Cost of Ownership，TCO）是主要的设计指标，加上最近对 ICT 可持续生态呼声很高，因此系统全局资源的高效管理被赋予更加重要的作用。而现在的一些未解决、被低估甚至被产业界和学术界完全忽视的问题，也将会随着全局资源管理重要性的提升而凸显。例如，目前常见的计算、存储、网络混合环境就需要合适的资源管理方案：资源类型的复杂多样，不同领域采用的方法不同，知识也不对外开放，因此依赖单一的机制来管理复杂多样的资源非常困难。此外，单一的方法也很大程度上难以满足不同资源类型的需要。

在此背景下，运行时业务调度至关重要。因为运行时业务调度可以实现对可分配资源（如切片）的非功能高级属性的调配，从而降低 TCO。动态资源分配的目标是实现更高效的基础设施（计算、网络和能源资源）共享。但是，由于结构多样，缺少全面或最新的信息以及中心管理组织或机制，加之要在运行时进行，基础设施的共享困难重重。

如何解决大型网络系统中的任务调度问题，需要更广泛的研究。例如，我们可以思考是否能够利用现有的基于数据中心研究的方案，将多租户和并发技术应用于整个网络。这就需要合适的冲突处理机制，特别是当我们执行的任务需要确保成功率时。从分布式系统的研究结果来看，主要应该思考如何提高效率，而不是想着如何一步到位。

4. 不同领域间重新划定边界

在之前的所有移动通信系统架构中，边界的划定都是以物理设备为依据（从终端到网络、从 RAN 到核心网等），导致业务发放遇到一些意料之外的限制。而在未来系统中，边界存在于业务空间，将业务执行域相互分隔。要在业务空间中划定有效的边界，通常需要将业务与基础设施解耦。IT 业务空间中，基础设施的条件已经被放宽，为业务与基础设施解耦的趋势提供了例证。在这种情况下，业务运行环境依然实现了所需的韧性（即安全性和可靠性）。我们认为，对多用途 ICT 基础设施来说，这是唯一合理的发展方向，因为这样可以使业务从本质上具备适应性，并且业务所需的可信要求也最低。这意味着同一业务可以在属性基本相同的不同条件下运行（即业务优雅降级而不是突然终止），也就是说，不用直接将对业务的（没有商量余地的）可信要求转换为对基础设施的可信要求。物理边界的重新定义也将有助于分离式端管云（TPC）向集成式 TPC 转变。

多租户资源互联和最佳性能之间的矛盾作为上述问题的另一个具体体现，也亟待我们解决。根据前面提出的观点，一些利益相关方将作为"产消者"，既独立提供资源，也使用业务。这与需要网络管控的全局视图相悖，因此需要系统高度去中心化。除此之外，由于系统规模可能非常庞大，对于目前运营商集中式管理的基础设施来说，可能不是最佳方案。然而集中式方法本身在扩展性上的限制是显而易见的——远离资源层，更削弱了基础设施在运行时快速适应的能力。网络运营商一般采用去中心化的管理方式，或者依赖于资源或资源周边不断提高的智能化水平（如基于策略的分层级管理）。目前主要采用的是预先配置，但是在混合业务场景下，预先配置的方法也会受到限制。此外，如何在同一个资源池中整合并应用不同策略，也是多租户模式在这种情况下需要解决的问题。基于这些原因，在分布式系统的概念中加入自动控制与人工智能，可能需要分区容错度的一致性（关系到优化性能）和每个任务的可用性（关系到可扩展性）相结合。如果需要用运行时适应性来保证最佳性能，同时愿意以超额配置风险为代价来维持可用性，在这类场景下，这一方法就能发挥作用。

5. 数字资产所有权

数字资产是一种存在于数字领域的新型资产。它的出现，让我们越来越意识到隐私和数据所有权的重要性。换言之，用户对个人的数字身份应拥有完全的控制权，同时也可以将个人数据变现。那么，用户应当可以选择与其他各方分享的数据范围，并且相信他们分享的数据不会在未经许可的情况下被使用。此外，用户还应有能力保护自己免受数据泄露威胁，并且可以撤销第三方的访问权限。6G 系统架构通过一系列技术手段保证用户可以完全掌控自己的数据。

28.3　架构特点

28.3.1　以用户为中心设计的去中心化架构

1. 总体架构

借助软件定义网络（Software-Defined Network，SDN）和网络功能虚拟化（Network Functions Virtualization，NFV）的灵活性，以用户为中心的核心网设计可以让每个用户通过虚拟机或容器拥有自己的核心网虚拟实例，如图 28-2 所示。核心网的典型功能（如移动性管理、策略管理、用户 / 设备管理），可以由这些虚拟实例实现。这些虚拟实例可分为两类：网络级业务节点（Network-level Service Node，NSN）和用户级业务节点（User-level Service Node，USN）。NSN 可以是分布式或集中式的轻量核心网功能。用户在接入网络时，最先与 NSN 建立连接，NSN 负责在接入注册（如附着和默认承载建立的过程）中对用户进行认证。按照虚拟网络的方式，USN 可以是完全分布式或自组织式。一个用户由专属的 USN 提供服务，USN 还负责处理用户面和控制面功能在内的所有核心网功能。

在很多重要的方面，UCN 都比当前架构更加优越。具体来说，得益于分布式、定制化的特点，UCN 不仅可以抵御僵尸网络发动的 DDoS 攻击，也可以为每一个用户提供定制化的策略（如安全和 QoS 策略）。去中心化的用户和数据管理方式，也让终端用户获得了个人数字资产的所有权和控制权。

还有值得我们考虑的一点是，UCN 的目的是打破传统 TPC 中将用户空间限制在终端设备上的物理边界。也就是说，借助 UCN 的理念，用户空间可以延伸至移动通信系统中 USN 的任何资源范围。

简而言之，UCN 架构的主要目标，就是让基础网络架构可以用简单的设计实现完整的功能，同时具备韧性、安全性和可靠性的特点。这些优点，将帮助 6G 实现网络可信。

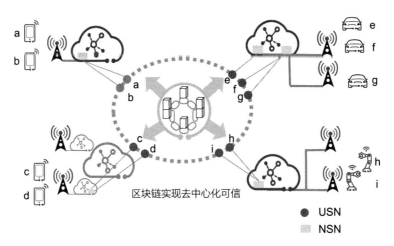

图 28-2　以用户为中心的去中心化架构

2. 演进还是变革

6G 系统的一个主要技术特点就是由以网络功能为中心向以用户为中心的转变，这点在核心网的设计中尤为明显。当然有人会说，以当前 5G 核心网的切片机制为基础，即所谓的"用户专属"切片，也可以实现 6G 的这一愿景。但是，这种打补丁的方式还是没有改变网络的底层结构，也就是说，仍然是"以网络功能为中心"。用户可能觉得自己拥有了专属的网络业务，这些业务由各种网络功能组成，网络功能可能不需要从根本上改变以业务为基础的架构，但这样一来，数字资产所有权等问题依然没有得到解决。

基础架构设计可以采用全新的方法，实现以用户为中心。5G 系统架构和 UCN 理念的对比如图 28-3 所示。对 5G 来说，网络功能完全是从网络级的角度定义的，而 UCN 则从用户级的角度来设计网络功能。NSN 与 USN 之间或 NSN 内的交互仍需标准化，但交互应当只有 USN 域内的业务参与。

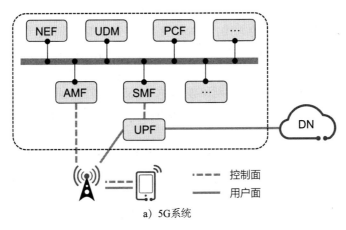

a) 5G系统

图 28-3　潜在的架构演进

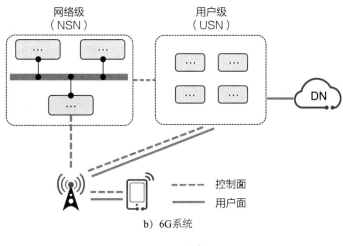

b）6G系统

图 28-3 （续）

　　从根本上来说，UCN 架构并不会限定网络业务应该如何设计（例如，限定网络业务的移动性管理或会话管理模式），因为在未来的通信系统中，这些业务将像 IT 应用一样存在。如果强大的基础设施拥有高效的架构设计，那么上层的业务自然可以受益于部署、运营和可扩展性方面的优势。因此，UCN 不会导致传统网络业务消失。相反，UCN 将以去中心化的方式让传统网络业务更可靠、更安全、韧性更强，同时，还能够确保用户数据隐私管理合规。

28.3.2　物理世界和数字世界的融合

1. 物理实体在数字世界中的映像

　　数字孪生的概念已广泛应用于各行各业。数字孪生指的是为物理实体在数字世界中创建的资产、流程或系统等虚拟或数字副本。数字孪生的概念诞生于生产操作领域[3]，通过对物理实体进行系统设计、模拟和风险管理，降低总体成本，提高生产能力，保证产品质量。随着时间的推移，数字孪生的概念不断发展，目前在物联网中已广泛应用。物联网中的数字孪生，利用无线技术、网络以及云端的处理能力将事物相互连接。在 6G 时代，物理世界和数字世界的融合将成为一大趋势，数字孪生作为使能技术有望发展到一个新的水平，以用户为中心的架构设计或许也将受益于数字孪生技术。

　　本章所提出的"映像"（reflection）一词，以数字孪生为基础，但范畴远超数字孪生。映像作为 6G 系统中的物理实体的虚拟反映，充当着"智能数字智能体"的角色。它不仅可以收集物理实体的行为，还可以在不同情况下主动触发相应动作。例如，它跟随用户移动、为用户分配相应的资源，也可以通过从中心云下沉至边缘云来拉近与用户的距离。映像所具备的功能包括身份管理、认证、接入授权、用户数字资产管理、移动性管理、会话管理等功能，并且还可以和应用互动。

不同的实体，从物理对象到整个组织，都可以以不同比例反映在同一个映像中。映像不仅是物理实体的数字化呈现，同时还能以自主智能体的形式存在于网络中。除此之外，映像可以操作相关的资源元素，并与其他映像交互。基于以上原因，我们可以将映像看作是通过建立、维护并控制用户资源池，实现对用户资源管理的智能实体。同时，它也可以对用户业务进行组合，并以智能的方式将业务投射并部署至资源池。图 28-4 展示了这一概念，并列举了可能出现在用户 B 映像域的功能。基于用户的信息和行为，用户 B 的映像域部署于移动通信系统中，为用户 B 提供以用户为中心、专门为用户 B 优化的定制业务。这些业务包括为特定用户（即 USN）组合的业务，并且通过用户 B 的映像实现实例化和更新。此外，借助 6G 平台的 AI 能力，可以实现网络业务的主动发放。

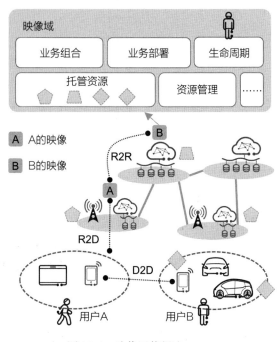

图 28-4　映像网络概念

需要指出的是，4G 的演进型分组核心网（Evolved Packet Core，EPC）和 5G 的核心网也可以视作两种类型的映像，用于满足传统移动网络运营商的需求。随着 5G 的到来，用户类型多样化逐步显现。各类用户中，很多是垂直行业用户。这些用户既有资源，也有技能，但是他们的需求明显不同于移动运营商。因此，映像这一概念要试着以演进的方式概括核心网功能，从而在支持传统需求的同时，也能为新需求提供标准的支持。

通过映像的概念，业务控制直接在映像之间实现，并且可以以完全去中心的方式将业务部署在相应的资源元素上。不同形式的数字资产的数据存储在分布式数据库中，分布式数据调配系统可以用于管理这些数据。而分布式映射系统则可以提供近乎实时的 ID、名称、地址映射的更新和查询机制。另外，可能还需要生命周期管理系统，用于管理和操作映像。

2. 架构要点

对于一个架构来说，对映像的支持应包括以下几个方面：
- **基本映像业务**：基本映像业务主要包括本地资源管理和映像构建。资源和其映像之间的通信依赖连接，资源与映像的连接则是基于映像对设备（Reflection-to-Device，R2D）接口来实现，如图 28-4 所示。资源的配置文件和运行状态通过上述连接发送给映像，用于构建和更新映像，同时不断充实映像。反过来，映像利用控制信号操控相关资源，开展业务实现和执行相关的活动。

- **高级映像业务**：高级映像业务主要包括业务组装和策略部署。映像需要响应来自域内和域外的业务调用请求。映像在接到业务请求时，检查资源的有效性，同时检查资源是否可以用于所请求的业务。完成上述动作之后，通过物理实体与其映像之间的接口，业务即可实现在资源（设备）上的部署。当需要映像域间资源时，相关映像通过映像对映像（Reflection-to-Reflection，R2R）接口等方式协商，如图 28-4 所示。因此，由 R2R 接口连接起来的不同映像域共同组成了一个分布式的控制面。这样，业务由各映像域独立控制完成部署，并且可能涉及不同资源池。除了业务组合之外，资源开放和资源发现业务也属于映像业务，也应得到支持。
- **映像实现**：映像需要依靠 6G 系统提供的数据治理特性与数据面（将在第 30 章中介绍）协同建立。
- **细粒度的自主资源管理**：由于边界是存在于业务空间而非物理资源之间，映像提供的独立运行业务通常基于一个公共资源池，这一公共资源池包括了资源层的所有设备。借助设备和基础设施的可编程能力，映像可以在基础设施上，甚至更大范围内执行复杂业务。但是，各自为政的映像无法优化资源的使用。因此，如果资源层缺少系统性机制和协调，则会出现典型的脑裂（split-brain）、业务可靠性低或业务严重过度发放等问题。究其原因，这些问题还是源自其他映像的请求和运行带来的"可预测风险"。

28.3.3　数字资产管理

基于 UCN，用户的数字空间可以有明确的边界。用户的数字空间包含了丰富的数字资源，如用户信息、业务配置、资源（包括网络和终端）配置文件。这些都是属于用户的宝贵资产，应当在符合安全和隐私监管要求的情况下被妥善管理。UCN 模式可以从设计上确保数据所有权交还给用户，因此用户可以控制数据的使用方式和个人信息在数字世界中的传播方式。因此，UCN 设计为数字资产管理提供了原生支持，降低了滥用数据和侵犯隐私的风险。不仅如此，UCN 设计也让用户有机会将个人数据变现或共享。这一机制可以依赖分布式账本等技术，将在第 31 章深入讨论。

每一个数字社会中的用户，都需要一个可识别的数字身份，作为信息交换时使用的标识。通过分配数字身份，状态、行为和交易等相关联的信息便有了意义。数字化的个人身份信息具有众多优点。例如，数字化个人身份信息可以让交易更加安全便捷、成本更低、工作效率更高。由于目前还没有可靠的数字身份管理方案，使得隐私泄露和数据滥用等问题层出不穷。因此，我们需要在 UCN 的基础上设计一个满足身份认证、授权、数字资产管理等需求的数字身份方案。

参考文献

[1] 3GPP, "System architecture for the 5G system," 3rd Generation Partnership Project (3GPP), Technical Specification (TS) 23.501, Aug. 2020, version 16.5.1. [Online]. Available: https://portal.3gpp.org/desktopmodules/Specifications/SpecificationDetails.aspx?specificationId=3144

[2] I. Stoica, R. Morris, D. Liben-Nowell, D. R. Karger, M. F. Kaashoek, F. Dabek, and H. Balakrishnan, "Chord: A scalable peer-to-peer lookup protocol for internet applications," *IEEE/ACM Transactions on Networking*, vol. 11, no. 1, pp. 17–32, 2003.

[3] M. Grieves, "Digital twin: Manufacturing excellence through virtual factory replication," White paper, vol. 1, pp. 1–7, 2014.

第 29 章

原生可信

29.1 可信的背景

29.1.1 从哲学到社会

"可信"（trustworthiness）一词不由让人想起哲学，它是人类或其他物种的社区高效运行的基础。在今天这个时代，我们所追求的先进社会也离不开它。

在时间的长河中，人们用了各种方式定义"信任"。例如，信任是一方（施信方）愿意依赖另一方（受信方）的行为 [1]，信任是面向未来的。如果一个人的特点或行为可以激发另一个人的正面期待，我们称其为可信任的 [2]。《韦氏词典》将"可信的"（trustworthy）解释为"可依赖的"（dependable），并列举了诸多近义词，如可计算的（calculable）、可靠的（reliable）、负责任的（responsible）、功能安全的（safe）、网络安全的（secure）、坚实的（solid）、真实的（true）等 [3]。

当人们需要评价对某一事物的信任程度时，往往倾向于用工程语言来定义其特点。电子商务中有四类常见的信任指标：第三方隐私签章（privacy seal）、隐私声明、第三方安全签章（security seal）和安全特性 [4]。其中，安全特性对于电商是否能够获得消费者信任最为重要。

安全领域引入可信这一概念后，风险分析的研究也随之开始。评估某一事物是否可信时需要考虑以下三个因素：信息的来源、信息本体和信息接收者。这三个因素还包括了准确性和可信度等子因素 [5]。

通过上述研究结果不难看出，只有在特定的场景下才可以定义并度量可信。即便如此，在目前缺少对"可信"的明确定义的情况下，相关因素还是取决于个体。此外，这些因素的重要性取决于进行可信判断的个人或所处的情况，这就是可信的主观性表现 [6]。

29.1.2 从社会到产业

随着技术发展进入物理世界和数字世界并存的阶段，信息和通信技术（Information

and Communication Technology，ICT）基础设施的可信性变得更加重要，因为这极大影响着用户是否信赖 ICT 基础设施并签订服务合同，因此，各利益相关方都努力实现 ICT 基础设施的可信性。

ITU-T X.509 建议书对 ICT 领域的可信做出如下定义："一般地，当一个实体（第一个实体）假定第二个实体将按第一个实体所期望的那样准确行事时，那么认为第一个实体'信任'第二个实体 [7]。"ITU 从 2015 年开始启动 ICT 相关可信标准化工作，特别是在物联网领域，先后发布了技术报告、论文和多个推荐标准 [8-12]。ITU 发布的文档中提出了可信的概念，并从架构和技术的角度对其进行了分类。除了提出 ICT 系统中可信配置的策略外，文档还对如何分析网络、网络安全、物联网应用等领域中的可信提供了指导。

ICT 可信的研究从物联网开始，现已扩展至整个生态系统。2018 年，基于 5G 生态系统可信关系的安全框架获得了国际电信联盟电信标准化部门（ITU Telecommunication Standardization Sector，ITU-T）的研究批准。对各利益相关方来说，识别各方的角色、关系、安全责任，以及就如何构建 5G 生态达成共识的时机已经成熟 [13]。

2017 年，美国国家标准技术研究所（National Institute of Standards and Technology，NIST）发布了一系列以"信息物理系统（Cyber-Physical System，CPS）框架"为题的报告。信息物理系统公共工作组（CPS PWG）将 CPS 的可信定义为系统在任意一组条件下都能按设计执行动作的可能性，这种可能性包括但不限于功能安全、网络安全、隐私、可靠性和韧性等特征。这是标准组织第一次定义 CPS 的可信 [14]。

以为用户提供可信的通信环境为目标，业界开展对可信的讨论、定义并提出参考框架，包括客观和主观因素两方面；同时，就如何在工程实践上实现针对具体场景的可信，也展开了广泛研究和尝试。

这些研究提出了许多模型，其中包括基于本体论的用于分析整个 CPS 生命周期中的相互依赖和冲突需求的方法 [15]，以及基于博弈论的可信度量模型应用、描述通信可信的雷达图工具、基于云模型的风险评估方法和其他研究结果。

各大厂商和解决方案集成商投入了大量的精力，努力满足甚至超越用户的需求，并且不断调整产品可信能力，力求跟上用户偏好变化的脚步。例如：以往需求只关注产品开发，现在需要在产品设计的初期就考虑安全解决方案；以往只关注如何落地业界最佳实践和标准化，但现在需要思考怎样积极参与建设健康的产业生态环境。

从通信的角度如何定义可信？我们要提供什么样的科学依据帮助决策者判断 6G 是否可信？换句话说，我们希望 6G 具备哪些可信特质？

通过研究 6G 如何继承上一代网络的优秀能力和优秀实践，综合考虑各个学科以及社会问题，我们可以得出关于 6G 可信的一些观点。

29.2　复杂的通信可信

作为重要的基础设施，移动通信为人与人、物与物、人与物架起了信息传递的桥梁，实现物理世界和数字世界的沟通。随着通信技术的飞速发展，传输能力的日益强大，人们越来越习惯于享受移动通信带来的信息红利，享受家庭团聚、社交聚会、商业活动和其他与人息息相关的事务，享受对宇宙未知事物的探索。

用户是否接受并愿意长期使用移动通信网络，是检验移动通信可信性的唯一标准。这使得越来越多的人更加关注移动通信的可信性。个人用户心目中的可信网络，能够提供稳定持续服务并保护个人隐私，并且不会被攻击者利用而间接造成人身和财务等伤害；另一方面，企业用户从稳定性、通信质量、信息保密性、网络是否会被利用等维度来评估网络是否可信。

6G 网络需要综合考虑这些因素。换言之，如果根据用户的期望来定义可信，我们需要从哪里入手思考并实现可信呢？事实上，我们认为移动通信的可信是一个非常复杂的概念。

1. 可信的属性多样、内涵丰富

可以从技术、法律法规、协作和观念等不同维度来探讨可信，每个维度又有自身的特点和不同的方面。

- **技术**：技术是其他维度的根基。任何能让网络更可靠的技术，如加密、数据分析、机器学习、安全评估，都应发挥作用。
- **法律法规**：法律法规是"由社会机构或政府制定并负责实施的规则"[16]，因此法律法规对市场稳定有着持续的影响。随着 5G 普及，各国开始积极完善网络安全、信息安全和隐私保护方面的法律法规。通信行业因此也已引入了针对设备、终端以及全网进行测试、评估、验证的相关策略和措施。不断完善的相关法律规定了各方责任，同时也潜移默化地引领着整个产业链共同朝着网络更可信的方向努力[17-19]。
- **协作**：全球标准组织是促进协作的重要动力。从 2G 到 5G，通信网络提供的业务从最初的只有基本的电话和短信，发展到可以提供各种行业应用。如果没有生态系统各方的合作，这样的发展难以实现。ITU、3GPP、GSMA 和 NGMN 联盟都是知名的国际标准化组织，为相关各方提供了自由讨论技术和业务的环境。这些平台上产生的知识和观点，也让通信网络逐渐由封闭走向开放。网络能力开放促进了跨行业的合作，各行各业协同为用户提供定制化的、更优质的服务。

  3GPP R16 标准就是一个例子，它为两个重要的垂直行业（汽车和工业自动化）提供了支持。除此之外，交通运输（如未来铁路移动通信系统）、媒体（如 5G 移动宽带媒体分发）等垂直行业也将受益于 R16 标准[20]。

  安全领域的合作也在不断推进。通过威胁情报共享、技术共享和联合工作，安全部门可以更合理、更有效地抵御攻击。在此背景下，著名的全球安全领域会议 RSA 大会将 2014 年的主题定为"分享、学习、安全"，通过这个平台，大家可以交流并吸收那些可能影响未来信息安全的观点、见解和关系[21]。
- **观念**：这是最难以捉摸的维度。当用户评价通信网络是否可信时，他们的观念在各种因素中占据主导地位。我们需要借助更广泛的科技知识在技术和实践的理解上达成共识。换句话说，通过倾听、接纳他人的观点，才能形成共鸣、建立合作。越多思想和力量的融合，将越有助于未来的通信创新。

2. 可信是一个相对的概念

评价者、被评价者、评价方法、不确定或意外事件都是影响可信评价的因素。

3. 可信是持续演进的

可信的内涵以及实现可信的方法需要不断优化、演进和创新，才能应对人类社会的不断发展变化。

29.3   可信设计规则

29.3.1   原则

6G 可信的核心有两大原则。

1. 原则一：原生

- **可信能力需要适应多样化的 6G 业务**：人们期待 6G 可以提供感知网络、具备触觉反馈能力的触觉医疗、低轨卫星等应用。6G 网络结构、业务和用户需求丰富多样，6G 因此注定不同寻常。可信能力也需要多样化以适应这一趋势。6G 网络包含多个技术和业务领域，需要一套既能对集中式网络部分进行集中安全访问控制，又能为边缘自治部分提供定制化的授权和认证的可信能力。
- **可信贯穿 6G 设计、开发和运营的全生命周期**：在 6G 设计阶段，可以通过简单描述可信需求的特征，帮助我们识别具体的可信需求。沿着这些思路，在开发 6G 产品的同时，编码和设备生产也要满足前一阶段的设计要求。6G 的部署、运营、配置也都应确保可信性，并且每个阶段都需要不断评估和改进。

2. 原则二：平衡

实现 6G 可信需要考虑三个因素：访客初始信任度、攻击成本、恢复速度。

考虑到可信作为目标的价值，6G 设计者如果对网络访客缺少初始信任，即便他们认为攻击者的攻击成本高或者网络系统恢复速度足够快，仍然需要采取更充分的措施和更严格的计划来应对风险。

- **6G 访客**：6G 访客可以是操作 6G 网络资源的应用，包括用户设备对网络的访问、应用对数据库的访问、功能连接、日志访问等。
- **攻击成本**：攻击者只有在获利大于成本时才进行攻击。
- **恢复**：恢复正常运行或业务的机制应该能迅速、动态并持续地缓解攻击影响。

实际操作中，在访问控制方面，可信架构设计时往往会给予访客初始信任，并在设计的早期阶段就提出访问控制方案，然而对攻击成本和恢复能力的预测就非常困难。

例如，相比于在通话场景设定一般安全性保障，针对低时延通信中设定高强度安全性保障的攻击难度相对更大。不同情况下，攻击的投入产出比不同，对攻击者的吸引力也不同。在这两种情况下，业务恢复的速度也不同。

鉴于上述原因，虽然具有平衡性的可信看起来容易，但实际上满足这些要求并非易事。

29.3.2　目标

从技术层面来看，安全、隐私和韧性（由密码技术和防御技术实现）是可信的三大主要特征，我们称其为可信的三大支柱。这三大支柱又细分为十大板块（安全三块、隐私两块、韧性五块），如图 29-1 所示。"三大支柱十大板块"是 6G 可信的基础。

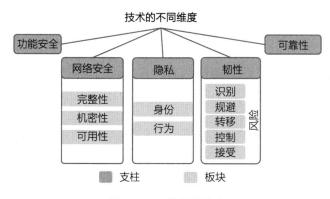

图 29-1　可信技术维度

为了满足 6G 可信原则，我们需要基于包容性可信模型，构建符合安全、隐私、韧性特征的原生可信架构。

这一架构应覆盖 6G 全生命周期，力图达到无缺陷。我们为这三大支柱十大板块确定了三个目标。

1. 目标一：平衡的安全

可用性（Availability）、完整性（Integrity）和机密性（Confidentiality）构成的 AIC 三元组是安全的基本特征。平衡是原生可信的一大原则，意味着不同的资产（或财产）可能需要不同程度的保护，或在不同的场景，对不同板块也有不同侧重。

2. 目标二：持久的隐私保护

隐私是个体对其相关信息所拥有的控制权或影响权，涉及哪些信息可以收集或存储，以及这些信息可以由谁或向谁披露 [22]。密码技术可以用来保护用户的身份和行为，保证用户传递的信息内容只在获得用户授权后才可以被获知。

3. 目标三：智能的韧性

根据维基百科的定义，韧性指的是网络在遇到故障或正常运行遭受挑战时能够提供并保持可接受的服务水平的能力[23]，这一定义被广泛接受。十大板块是一系列用于识别（Identify）和度量风险的能力。态势感知和大数据分析可以用于发现风险，然后进行风险规避（Avoid）活动。为了尽快恢复网络，我们可以将风险全部或部分转移（Transfer）给他方；或者，我们可以将后果控制（Control）在尽可能小的范围；最终，接受（Accept）残余风险[16, 24-25]。

值得一提的是，可信度量是一个持续的过程，这样才可以及时地预测风险、识别威胁。正如 ITU-T 在报告[25]中所提到的，我们可以使用类似于衡量服务质量（QoS）或体验质量（QoE）的量化方法来度量可信的等级。无论使用哪种方法，确定具体可信等级都取决于相关的业务和应用程序。可信等级是一致的、可量化的度量标准，用于度量某人或某物对性格、能力、力量或真实性的依赖程度[26]。

我们可以用定量或定性的方法进行风险分析。前者用于为风险分析过程中所有要素分配数值或货币价值，后者使用评级系统，根据人们不同的主观观点，遍历不同风险可能带来的不同情景，对威胁的严重性以及各种可能对策的有效性进行排序[27]。

当前安全机制的有效性可以依据风险分析结果来评估，同时我们需要采取必要的应对措施，将风险降低至可接受的水平。

29.4　可信技术

如前文所述，"三大支柱十大板块"是 6G 可信架构的基础，我们需要在具有包容性的可信模型基础上，构建原生可信架构。构建可信的 6G 网络，首先要建立可信模型，然后再研究合适的技术。

29.4.1　多模信任模型

移动网络运营商（Mobile Network Operator，MNO）采购并部署通过测试认证的设备，因此用户对现网的信任源于对为他们提供服务的 MNO 的信任。MNO 使用集中的认证和授权实体来管理用户。

这样的可信模型在实现 6G 的三个可信目标的过程中会面临许多挑战，上一节末尾已经讨论过。例如，面对重安全要求的集中金融场景和用于收集本地传感数据的轻量级安全机制时，很难用单一的细粒度接入控制同时满足两种场景。除此之外，合作各方之间的信任难以及时建立，同时我们还缺少有效的数字身份管理方案。

由于 6G 各个业务都需要原生性，因此原生是可信设计的第一原则。鉴于此，需要建立一个多模信任模型以覆盖不同情况下的可信。这一模型包含三种模式：桥梁、共识、背书，如图 29-2 所示。模型的核心是去中心化的各方共识，同时也包括集中授权和第三方背书。下面详细介绍三种模式。

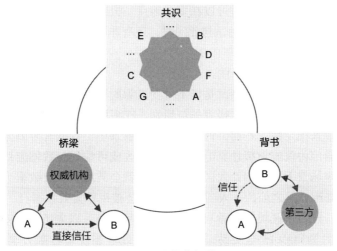

图 29-2 多模信任模型

- **桥梁**：这一模式中，实体通过认证框架与中心机构建立信任，实体与实体之间的信任桥梁以此为基础建立。这个中心机构可能是安全策略中心或者是用户简档的安全管理中心。当前通信系统中采用的就是这一模式。
- **共识**：建立更强大、更智能的通信系统的过程说到底还是需要网络部件、供应链各方以及产业生态系统的各个角色建立相互信任。在这种模式下，交易是可证明的，责任由多方共担。高效、可扩展性是该模式的主要特点，可以匹配 6G 敏捷、定制化的接入需求。
- **背书**：这一模式中，由第三方权威机构对网络可信进行评估，如图 29-2 所示。B 邀请第三方确认 A 是否可信，第三方可以为 A 背书。

通过共识模式，第三方背书所需的数据或交易信息，可以被快速、公正地记录和验证。同时，共识也是边缘自治场景下双向互信的重要补充。

上述三种模式之间相互关联，适配 6G 新场景和新架构的加密算法和协议等关键技术在三种模式中都可能发挥作用。此外，网络和计算资源的分布式和整合，也需要一个去中心化的敏捷、轻量化的零信任安全架构。

所有目标（平衡的安全、持久的隐私保护、智能的韧性）在这个模型的每一种模式（桥梁、共识、背书）中都应该以适当的方式实现。人工智能和后量子加密（Post Quantum Cryptography，PQC）等新技术正在改变传统的可信技术基础。为了确保 6G 可信，我们有必要了解新的攻防技术。

29.4.2 分布式账本技术

区块链以密码学为基础——区块链中每个区块都包含上一个区块的密码散列、时间戳和交易数据。从这个角度来看，分布式账本不需要这样的链或工作量证明。分布式账本技术（Distributed Ledger Technology，DLT）在许多场景、网络架构、应用中都可使用（详见第 31 章）。分布式账本的本质是可以在多个地点、机构和地理区域之间共享的资产数据库[28]。区块链是分布式账本的一种，与此同时，还有非区块链分布式账本、分布式加密货币、特定的数据库结构[29]。

区块链优点众多，但也有局限性。

- **缺乏灵活性**：区块链一开始就是以不可变更为原则设计的，因此具有很强的防篡改能力，并且篡改一旦发生也很容易被识别。在多数情况下，这种不可变更性可以给金融业务带来稳定性。然而，许多实时通信场景中，数据有时因为各种原因需要变化，例如通信协议或虚拟计算电路中的可修改或可编程参数就应是可变化的。一旦将一个特定场景下的数据计入区块链账本，就会被视作有效数据。虽然这一参数之后可能被修改，但之前的计入的参数仍然不会被视作无效数据。

- **性能不足**：比特币区块链每秒只可处理 3~7 笔交易，以太坊（Ethereum）区块链[30]的处理能力为每秒 15 笔交易，与传统交易处理系统每秒数万笔交易的处理能力相形见绌。由于区块链技术性能相对较差，许多观察人士认为它并不适合大规模应用。

- **安全模型不完善**：目前的许多区块链技术都受到各种攻击，因为一些区块链的设计依赖的是已被证实存在漏洞的共识算法（递归调用）。例如，去中心化自治组织（Decentralized Autonomous Organization，DAO）在以太坊的智能合约就曾因此遭受攻击[30]。

另一方面，在量子计算面前，区块链的底层加密机制和协议可能会更加脆弱[31]。因此，量子计算对区块链的安全模型提出了新的挑战。

类区块链 6G 技术

由于 6G 网络架构将朝着分布式方向发展，共识或将成为多模信任模型中最重要的模式。基于区块链相关的应用仍在不断涌现，而类区块链技术却已日臻成熟。如何确保分布式账本技术满足 6G 的以下要求是当前的主要挑战。

- **超高吞吐率和超低时延**：传统区块链中，共识形成过程缓慢。随着新的共识和加密算法的引入，新的区块链算法和架构将能够满足超高吞吐率和超低时延的要求。

- **高可用性和高可靠性**：6G 网络的高效运行需要极简的运营和管理，也就是说，不仅不能牺牲，反而应该提高网络的可用性和可靠性。我们可以通过区块链技术来提高可用性。换句话说，在没有过多人工干预的情况下，6G 网络在运行中应当可以承受一定程度的灾难或恶意攻击。

- **充分隐私保护和高度数字主权**：隐私保护方面，我们需要遵守不同国家或地区的隐私法律法规，如欧盟的《通用数据保护条例》（General Data Protection Regulation，GDPR）。分布式账本技术可以用来实现隐私保护的目标。然而，大多数隐私法规都规定，数据所有者拥有数据的删除权和被遗忘权，而这与区块链固有的不可变性相矛盾[17]。目前的区块链都是基于散列（hash）链的结构，而一旦交易记录在区块链中，散列值就很难更改。目前可以采用硬分叉的方法进行修改[32]，但这会带来安全漏洞。硬分叉会影响许多现有的已记录区块，并且需要大量时间对交易进行重新验证。因此，有必要研究如何在不影响其他区块的情况下对交易进行修改或编辑。

29.4.3　后量子加密

量子计算机可以高效地解决数学难题（如 NP 困难问题），即大整数分解和定义在不同群的离散对数等问题。如此一来，所有以这些数学问题为基础的公钥加密系统都将变得不堪一击[33]。

在开发真正的量子计算机之前，必须首先将传统加密方案的种种弱点纳入考虑范围。例如，攻击者可以把当下的密钥交换信息存储起来，然后在 2035 年将其破解。如此一来，使用迪菲－赫尔曼（Diffie-Hellman，DH）密钥交换的加密算法已经不再安全。大规模量子计算机何时才能建成？我们如何同时抵御来自量子计算和经典计算的威胁[33]？NIST 于 2016 年 12 月开始着手制定可以抵抗量子计算攻击的公钥加密标准，包括加密／密钥建立和数字签名方案[34]。

1. 业界后量子加密相关活动

目前主要的相关活动由技术巨头主导。例如，谷歌在 Chrome 浏览器 Canary 版中开展了为期数月的 New Hope 算法实验[35]，以评估混合加密方案的效果。泰雷兹则将领先的候选算法投入应用，并将这些算法添加至流行的开源加密应用程序中[36]。微软也正尝试在一个 OpenVPN 分支中采用后量子加密技术[37]，并作为开源项目发布，其中包含了三种后量子加密协议：Frodo-KEM、SIKE、Picnic。

2. 6G 与后量子加密

兰德公司（RAND Corporation）预测，量子计算机可能会在 2033 年前后实现处理加密应用的能力。不过专家们同时认为，这一时间可能提前，也可能会推迟[38]。大规模量子计算或将在 6G 时代应用，相应的安全架构方案必须提上日程。因此，我们需要分析后量子加密算法的特点，通过设计满足 6G 灵活性要求并且适用不同平台的后量子加密算法等方式，使后量子加密适应 6G 协议。此外，后量子密码算法和协议也需要支持 6G 灵活的框架，包括提供灵活的安全等级、代码规模、签名机制，以适应已有的协议。同时，这些算法还需支持灵活的密钥管理，以适应不同协议不同的密钥大小。

29.4.4　自主安全

自主安全将成为 6G 架构实现可信的一大关键特性。相比于发生攻击时再保护系统和终端用户，自主安全的 6G 架构可以采取更加主动的方式来提供保护。自主安全的使能技术包括机器学习、人工免疫系统（Artificial Immune System）[39]，这些技术与系统架构结合可以实现动态智能防御。我们认为在所有这些使能技术中，AI/ML 的大规模使用可以应对这些挑战。

AI/ML 可以帮助安全分析人员发现威胁并给出建议，让响应时间从数百小时缩短至数秒，同时安全分析人员的事件处理效率可以从每天一两起提升至数千起。AI/ML 模型在仿真 6G 网络中部署后，可以持续利用数据进行训练，提升 AI/ML 模型的能力。此外，通过攻击演练，自主安全系统能够帮助运营商及时有针对性地制定有效的安全策略。

但是，我们仍需要清楚新技术带来的新挑战。第一个挑战是技术可靠性。深度神经网络（Deep Neural Network，DNN）的鲁棒性直接影响人工智能系统的判断。此外，由于 DNN 不够透明，可能导致识别结果不公平、不准确，甚至可能违反相关法律法规（如 GDPR）。AI 训练需要海量数据集，如果缺乏数据安全保护，容易发生数据泄露、篡改、盗窃、滥用。第二个挑战是社会应用。AI 使用目的管控不当、数据质量问题、开发者知识不足等因素可能导致安全隐私事故。第三个挑战是法律要求和法律责任，目前还没有法律或法规清楚规定各方权责[40]。

简单来说，可信 KPI 没有标准定义。如果我们把关注点从主观因素转移到技术因素上，基于技术因素进行科学推理，那么可信 KPI 的定义就简单多了。在不久的将来，我们会弄明白可信是什么，并准确度量可信，最终实现可信。

参考文献

[1] Wikipedia, "Trust (social science)," 2020. [Online]. Available: https://en.wikipedia.org/wiki/Trust_(social_science)

[2] Wikipedia, "Trustworthiness," 2020. [Online]. Available: https://simple.wikipedia.org/wiki/Trustworthiness

[3] Merriam–Webster dictionary, "trustworthy," 2020. [Online]. Available: https://www.merriam-webster.com/dictionary/trustworthy

[4] F. Belanger, J. S. Hiller, and W. J. Smith, "Trustworthiness in electronic commerce: The role of privacy, security, and site attributes," *Journal of Strategic Information Systems*, vol. 11, no. 3–4, pp. 245–270, 2002.

[5] J. R. Nurse, S. Creese, M. Goldsmith, and K. Lamberts, "Trustworthy and effective communication of cybersecurity risks: A review," in *Proc. 2011 1st Workshop on Socio-Technical Aspects in Security and Trust (STAST)*.   IEEE, 2011, pp. 60–68.

[6] J. R. Nurse, I. Agrafiotis, S. Creese, M. Goldsmith, and K. Lamberts, "Communicating trustworthiness using radar graphs: A detailed look," in *Proc. 2013 11th Annual Conference on Privacy, Security and Trust*.   IEEE, 2013, pp. 333–339.

[7] ITU-T Recommendation, "Information technology – open systems interconnection – the directory: Public-key and attribute certificate frameworks," 2000.

[8] G. Lee and H. Lee, "Standardization of trust provisioning study," Technical Report, International Telecommunication Union, 2005.

[9] ITU-T, "Future social media and knowledge society," 2015.

[10] ITU-T, "Trust provisioning for future ICT infrastructure and services," 2016.

[11] ITU-T Recommendation Y.3501, "The basic principles of trusted environment in ICT infrastructure," 2017.

[12] ITU-T Recommendation Y.3502, "Overview of trust provisioning in ICT infrastructures and services," 2017.

[13] ITU-T, Draft Recommendation X.5Gsec-t, "Security framework based on trust relationship for 5G ecosystem," 2019.

[14] E. R. Griffor, C. Greer, D. A. Wollman, and M. J. Burns, "Framework for cyber-physical systems: Vol. 2, working group reports," NIST Special Publication, 1500-202, 2017.

[15] M. Balduccini, E. Griffor, M. Huth, C. Vishik, M. Burns, and D. Wollman, "Ontology-based reasoning about the trustworthiness of cyber-physical systems," *IET Journal of IoT*, June 2018.

[16] Wikipedia, "Law," 2020. [Online]. Available: https://en.wikipedia.org/wiki/Law

[17] E. D. P. Board, "General data protection regulation," 2020. [Online]. Available: https://gdpr-info.eu/

[18] The European Network and Information Security Agency, "EU cyber security act, Europe," 2020. [Online]. Available: https://ec.europa.eu/digital-single-market/en/eu-cybersecurity-act

[19] The European Network and Information Security Agency, "A trust and cyber secure Europe," 2020. [Online]. Available: https://www.enisa.europa.eu/publications/corporate-documents/a-trusted-and-cyber-secure-europe-enisa-strategy

[20] Huawei, "Position paper – 5G applications," 2020. [Online]. Available: https://www-file.huawei.com/-/media/corporate/pdf/public-policy/position_paper_5g_applications.pdf

[21] Youtube, "RSA Conference. 2014: Share. Learn. Secure," 2014. [Online]. Available: https://www.youtube.com/watch?v=ti07UfL1gsk

[22] ITU-T, "Security in telecommunications and information technology," 2003.

[23] Wikipedia, "Resilience (network)," 2020. [Online]. Available: https://en.wikipedia.org/wiki/Resilience_(network)

[24] P. Trimintzios, "Measurement frameworks and metrics for resilient networks and services," Technical Report, European Network Information Security Agency, p. 109, 2011.

[25] ITU-T, "Trust in ICT," 2017. [Online]. Available: https://www.itu.int/pub/T-TUT-TRUST-2017

[26] ITU-T Recommendation, "Baseline identity management terms and definitions," 2010.

[27] S. Harris and F. Maymi, *Cissp all-in-one exam guide*. McGraw-Hill, 2016.

[28] UK Government Chief Scientific Adviser, "Distributed ledger technology: Beyond block chain," 2020. [Online]. Available: https://assets.publishing.service.gov.uk/government/uploads/system/uploads/attachment_data/file/492972/gs-16-1-distributed-ledger-technology.pdf

[29] Wikipedia, "Distributed ledger," 2020. [Online]. Available: https://en.wikipedia.org/wiki/Distributed_ledger#cite_note-UKscienceOffice201601-1

[30] V. Buterin *et al.*, "A next-generation smart contract and decentralized application platform," *White Paper*, vol. 3, no. 37, 2014.

[31] E. Rieffel and W. Polak, "An introduction to quantum computing for non-physicists," *ACM Computing Surveys (CSUR)*, vol. 32, no. 3, pp. 300–335, 2000.

[32] Ethereum, "The whole forking history," 2020. [Online]. Available: https://blockchain.news/news/ethereum-the-whole-forking-history

[33] L. Chen, S. Jordan, Y.-K. Liu, D. Moody, R. Peralta, R. Perlner, and D. Smith-Tone,

"NISTIR 8105 report on post-quantum cryptography," National Institute of Standards and Technology, p. 10, 2016.

[34] NIST, "The whole forking history," 2020. [Online]. Available: https://csrc.nist.gov/Projects/post-quantum-cryptography/post-quantum-cryptography-standardization

[35] E. Alkim, L. Ducas, T. Pöppelmann, and P. Schwabe, "Post-quantum key exchange a new hope," in *Proc. 25th USENIX Security Symposium*, 2016, pp. 327–343.

[36] Thales, "Thales esecurity," 2020. [Online]. Available: https://github.com/thales-e-security?language=c

[37] Microsoft, "PQCrypto-VPN," 2020. [Online]. Available: https://github.com/Microsoft/PQCrypto-VPN

[38] M. J. Vermeer and E. D. Peet, "Securing communications in the quantum computing age: Managing the risks to encryption," RAND Corporation, 2020. [Online]. Available: https://www.rand.org/pubs/research_reports/RR3102.html

[39] E. Guillen and R. Paez, "Artificial immune systems – AIS as security network solution," in *Proc. International Conference on Bio-Inspired Models of Network, Information, and Computing Systems*. Springer, 2010, pp. 680–681.

[40] Huawei, "Thinking ahead about AI security and privacy protection," 2019. [Online]. Available: http://www-file.huawei.com/-/media/CORPORATE/PDF/trust-center/Huawei_AI_Security_and_Privacy_Protection_White_Paper_en.pdf

第 30 章

数据治理架构技术

30.1 背景

今天的数字化社会中，数据非常重要。未来 6G 系统将会产生、收集和交换大量的数据。各种运营管理任务，比如配置、性能监控、故障管理，都需要用到这些数据。这些数据还将作为知识经验与其他系统和业务领域交流，产生更广泛的价值。只有通过这样的交流，移动通信系统才能帮助垂直行业以及其他行业取得更大发展。

数据的使用范围不同，数据治理本身不论是经济内涵还是技术内涵也不同。数据治理是指通过相关流程和技术，对数据进行管理、维护和深度开发，获得可以作为组织关键资产的高质量数据[1]。每个移动网络运营商（Mobile Network Operator，MNO）将移动通信系统中产生的数据按技术域隔离并单独存储，这些技术域包括无线接入网（Radio Access Network，RAN）、核心网（Core Network，CN）、传输网（Transport Network，TN）以及运行、管理和维护（Operation, Administration, and Maintenance，OA&M）等。不同网元、不同参与者拥有的数据不够公开透明，由此带来的数据孤岛是数据采集和共享中的主要瓶颈。另一方面，大型 OTT（Over-The-Top）业务公司在数据治理和变现策略方面（如数据存储、分析服务、API 接口）积累的专业知识远远领先于电信领域公司。

6G 系统的数据治理方案将为 AI 和感知业务提供有力支持，将催生新的业务方式和系统特性。

30.2 设计要点和原则

数据治理的范围远不止是传统的数据采集与存储。总体上，系统设计需要考虑四个方面，如图 30-1 所示。

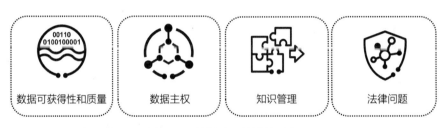

图 30-1　数据治理的设计要点

1. 数据可获得性和质量

数据可获得性和质量是 AI 能否在各行业中得到应用的最大挑战之一。提高数据的可获得性，意味着数据不能仅仅来自单个系统、单个领域，而需要同时来自多个系统的不同领域。这就提出了一个根本问题：如何打破（多厂商、多运营商、多行业之间的）物理边界，让数据进入异构数据海洋？

一旦收集并利用了原本分散且相互隔离的数据，另一个问题随之而来：如何提高数据的质量？海量数据的获取，并不意味着获取的数据是可用的、高质量的。同时，在考虑降低数据处理计算复杂度和能耗的同时，还需要提高数据处理效率。

2. 数据主权

随着社会的全数字化转型，数据主权、数据安全和隐私的重要性空前突出，很多国家都制定了隐私保护的法律法规。服务提供商也在不断更新它们的隐私保护方案，主要国家政府也正在制定或已发布了数据管理相关的规定。例如，欧盟 2018 年颁布的《通用数据保护条例》（General Data Protection Regulation，GDPR）就从欧盟层面上规范了数据的使用 [2]。2019 年，中国颁布了《数据安全管理办法》，与 2016 年颁布的《网络安全法》一起构成了中国版的 GDPR [3]。美国也正在实施隐私相关的法律，例如加州的《消费者隐私保护法》（Consumer Privacy Act）已于 2020 年 1 月正式生效 [4]。如何充分挖掘数据的内在价值，为各种业务提供精确支撑的同时兼顾隐私保护，尊重数据主权，已成为近年来的热门话题。6G 系统设计应当考虑到监管的不确定性，尤其是存在于不同地区之间的监管差异带来的不确定性。

3. 知识管理

一般来说，知识可以看作是经过处理后的具有特定用途或价值的数据，可以被不同技术和业务领域的物理实体或虚拟实体直接使用。知识管理包括知识的生成、更新和开放。就知识的生成和更新来说，我们需要仔细把关数据的来源和质量，采取措施拦截不可靠甚至是恶意的数据源产生的低质量和有害数据。而将知识作为一种能力对外开放，则需要适合的平台和接口设计。

4. 法律问题

各种各样的传感器和其他技术可以实时产生数据，这让数据收集和使用越来越复杂和敏感。数据生成能力的提升不仅提供了新的数据流和内容类型，同时也引发了政策和法律对数据滥用的关注：别有用心的机构或政府可能利用这些能力达到社会控制的目的。同时，新技术能力也让普通人难以分辨技术内容的真假。比如，普通人就很难区分一段真实视频和一段"深度伪造"（deep fake）的视频。维护技术的社会利益和防止技术能力被用于实施社会控制、剥夺自由之间存在一种脆弱的平衡，如何保护这一平衡，变得愈发重要。为了识别欺诈行为、防止先进技术被滥用，需要更严格的法律和政策手段。

30.3 架构特点

独立的数据面是数据治理系统设计中的关键特性（如图 30-2 所示），它将为 6G 系统提供数据相关的通用能力，从而为 6G 系统内部和外部功能提供透明、高效、内生安全和隐私保护。下文将介绍基本概念和相关网络功能和业务。

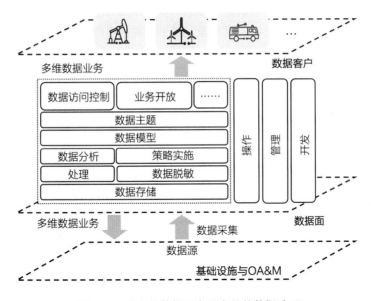

图 30-2　独立的数据面实现完整的数据治理

30.3.1 独立数据面

独立数据面旨在实现 6G 系统的数据治理方案，它处理的数据来自不同业务实体。不论数据来自哪里，数据的整个生命周期都在这一平面完成处理，包括数据生成与收集、数据处理与分析、数据业务发放。因此，独立的数据面可以为外部商业实体（如汽车、制造和医疗等垂直行业）提供数据服务，也可以为 6G 系统本身（如控制面、用户面和管理面）提供网络自动化和优化服务。网络运行相关的配置、状态、日志，以及用户个人数据、传感器数据、其他各方提供的数据都是收集的对象。

收集到的数据会形成丰富的数据资源，这些数据资源可以以分布式的形式被组织起来。为了防止直接将原始数据用于 AI 和感知等应用而导致的问题，原始数据在被使用之前通常需要预处理（如匿名化、数据格式再塑、去噪、转换、特征提取等）。

为确保数据完整、过程合规，数据处理过程中所涉及的政策（如地理限制、国家或地区隐私法规等规定），不论是否来自监管层面，都默认需要遵守。将数据传递至数据面时，还需要遵守数据合同中约定的数据使用权利和义务。数据脱敏是保护隐私的关键，数据面需要提供这一服务。

上述由数据面提供的所有服务，都由自包含的 OA&M 系统来运营管理。

数据面的另一重要功能是基于数据收集、处理和编排生成知识。为了协调来自不同数据源的数据的处理和传输，知识的生产也需要按照合同要求进行。

随着新的数据源、数据模型、数据主题被数据客户关注和使用，数据治理框架可以不断演进、不断充实。因此，数据治理框架的运营管理和框架的实时发展是可以并行的。

由于数据面是一个逻辑概念，所以可以通过集中式分层架构实现，也可以作为一种分布在边缘或深度边缘节点上的逻辑功能实现。接下来我们将探讨数据面的一些关键要素。

30.3.2   数据治理的多方角色

数据治理生态系统包括两个维度的角色：从数据客户到数据提供者、从数据所有者到数据管理者。不同的角色可以由不同的业务实体担任。因此，6G 中的数据治理是典型的多方参与场景，使用 6G 系统提供的数据或知识的数据客户、6G 系统的数据提供者都可能参与其中。

6G 可以有自己的数据治理框架，也可以在自身领域知识的基础上，与其他行业参与者一起构建数据治理框架。也就是说，数据治理框架可能存在不同的演进或发展路线。因此，不同业务实体之间在运营阶段如何确定数据权利非常重要，可以借助区块链等去中心化技术解决这一问题。第 31 章将对此进行深入讨论。作为移动通信系统新的组成，独立的数据面可能会引发新的功能和接口方面的标准化活动。

30.3.3   数据资源

数据资源的内容非常丰富，包括结构化数据、非结构化数据、预处理数据、后处理数据、原始数据。从无线环境中高效收集数据（如移动性等用户行为数据和网络状态数据）是数据治理的前提。然后可以使用智能方法分析数据、将数据衍生的知识传输给内外部客户。因而有必要了解数据的来源。

图 30-3 展示了 6G 系统中一些主要的数据源类别。

- **基础设施**：基础设施即通信系统，包括 RAN、TN 和 CN 等各类物理和虚拟资源，以及云、边缘和深度边缘等计算资源。基础设施内部产生的数据包括计算资源信息、通信资源信息（如某一网络功能的状态）、感知信息（如来自 RAN 的感知信息），以及某些用户信息（如移动性信息、位置和相关上下文）。

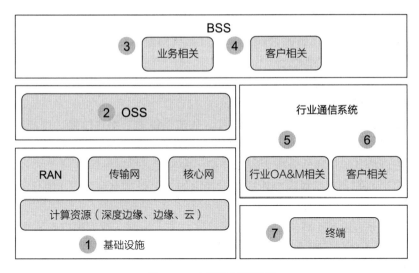

图 30-3　主要数据源类别

- **运营支撑系统（Operation Support System，OSS）**：这一层的数据包括所有 OA&M 相关的数据，如物理设备状态、系统运行信息、业务发放信息。
- **业务支撑系统（Business Support System，BSS）**：这一层的数据包括所有与业务逻辑相关的数据，如客户信息、伙伴关系管理信息。更重要的还有消费者和企业客户的订阅数据，对于这些数据，他们应拥有完全所有权和控制权。
- **行业通信系统**：6G 行业应用场景中，收集的数据可能还包括行业相关 OA&M 数据信息、行业用户信息（如流量规律和移动性数据）以及存储在云端的业务 / 服务数据。此类数据的所有权应完全属于行业客户。
- **终端**：来自终端侧的数据包括计算和通信资源、业务使用概况、感知知识等。此类数据的所有权应完全属于终端用户。

30.3.4　数据收集

6G 中，数据治理的一个主要作用就是提供合适的方法构建数据资源，这需要合适的架构和网络功能的支持，构建数据资源的第一步是收集数据，这一步有如下几个关键动作：

- 与数据源建立协议（如数据授权）和安全连接。
- 接收数据收集需求，确定收集范围，根据需求确定收集的地点、时间和方式。
- 将数据属性告知数据源。
- 从数据源收集数据并入库。
- 对数据库中的数据进行操作和维护。

30.3.5　数据分析

在管理数据资源的基础上，为不同类型客户提供数据分析服务便成为可能。有如下四

种数据分析服务可以提供:

- **描述性分析**挖掘历史数据的统计信息,提供网络洞察信息,如网络性能、流量模型、信道状况、用户等方面。
- **诊断性分析**可以实现网络故障和业务损伤自主检测,识别网络异常根因,从而提升网络可靠性和安全性。
- **预测性分析**利用数据来预测未来事件,如流量模式、用户位置、用户行为和偏好、资源可用性,甚至是故障。
- **建议性分析**基于预测性分析为资源分配、内容展示等提供建议。

数据面提供的知识来自数据分析服务,提供的知识包括主动知识(如行动建议)和被动知识(如信息共享和客户的行动决定)。

数据分析服务可以基于客户需要,并根据客户需求定制。数据面应按需多维度开放服务和数据,表 30-1 列举了可向客户提供的服务类型的示例。可以预见的是,实际的客户类型比表格中所列举的更丰富,客户对数据分析的需求和使用场景也各不相同。

表 30-1 数据面提供的多维数据服务示例

客户	服务示例
基础设施网络管理员	基础设施网络性能监控、分析、预测、保障
	基础设施网络资源利用监测与优化
	基础设施网络配置、监测和优化
通信业务管理员	业务性能(如 QoS)监测、分析、预测、保障
	业务计费优化
	业务安全监测、分析、预测、保障
设备连接管理员	设备位置跟踪和解析
	设备活动状态配置与跟踪
	设备移动方式监测、分析、预测
内容转发管理员	数据缓存和下发方案优化
第三方客户	用户行为分析(如对特定业务的兴趣度)、用户位置和分布等
	社交环境分析(如用户社交关系、情感、周边地点、位置移动)

30.3.6 数据脱敏

收集和储存敏感数据,就涉及了隐私风险,需要承担隐私保护责任。数据脱敏是回应隐私关切、实现法律遵从的重要动作,对于在 6G 设计中支持 AI 和感知业务也尤为重要。

特别是对于 AI 任务,需要考虑跨领域的设计。近来有大量关于 AI 领域中差分隐私(differential privacy)的研究 [5-6],探讨如何将单个设备的训练数据匿名化。

模型训练和 AI 推理过程中的数据脱敏在 6G 设计中必不可少。实现差分隐私的方法包括:在不影响数据统计属性的前提下为训练数据加入噪声,训练模型仍然可以捕捉到原始数据集的特征 [7]；使用加密技术，使机器学习基于加密的（而非解密的）数据进行 [8]。还有一种方法是，让设备发送模型参数，而不是训练数据，比如说联邦学习 [9] 和拆分学习 [10]。

在这一过程中存在一个风险，如果有完全掌握学习方法的内部人员心怀不轨，那么他可以利用模型逐渐收敛的过程构造与训练数据类似的信息 [11]。例如在联邦学习中，信息可能因此被泄露给恶意设备。不论何种学习方法，数据脱敏都是需要考虑的问题。因此，我们需要在这个前提下，思考如何处理不同学习方法之间的差异和学习方法自身的局限性。

参考文献

[1] "Data governance," wikipedia. [Online]. Available: https://en.wikipedia.org/wiki/Data_governance#Data_governance_organizations

[2] European Parliament, "Regulation (eu) 2016/679 of the European Parliament and of the council of 27 April 2016 on the protection of natural persons with regard to the processing of personal data and on the free movement of such data, and repealing directive 95/46/ec (general data protection regulation)," *Official Journal of the European Union L*, vol. 119, pp. 1–88, 2016.

[3] "Measures for data security management (draft for comments)," May 2019. [Online]. Available: http://www.cac.gov.cn/2019-05/28/c_1124546022.htm

[4] "AB-375 Privacy: Personal information: businesses." [Online]. Available: https://leginfo.legislature.ca.gov/faces/billTextClient.xhtml?bill_id=201720180AB375

[5] P. Vepakomma, T. Swedish, R. Raskar, O. Gupta, and A. Dubey, "No peek: A survey of private distributed deep learning," *arXiv preprint arXiv:1812.03288*, 2018.

[6] C. Dwork, "Differential privacy: A survey of results," *Proc. International Conference on Theory and Applications of Models of Computation*. Springer, 2008, pp. 1–19.

[7] C. Dwork, F. McSherry, K. Nissim, and A. Smith, "Calibrating noise to sensitivity in private data analysis," in *Proc. Theory of Cryptography Conference*. Springer, 2006, pp. 265–284.

[8] M. Minelli, "Fully homomorphic encryption for machine learning," Ph.D. dissertation, 2018.

[9] B. McMahan, E. Moore, D. Ramage, S. Hampson, and B. A. Y. Arcas, "Communication-efficient learning of deep networks from decentralized data," in *Proc. Conference on Artificial Intelligence and Statistics*. PMLR, 2017, pp. 1273–1282.

[10] O. Gupta and R. Raskar, "Distributed learning of deep neural network over multiple agents," *Journal of Network and Computer Applications*, vol. 116, pp. 1–8, 2018.

[11] B. Hitaj, G. Ateniese, and F. Perez-Cruz, "Deep models under the gan: Information leakage from collaborative deep learning," in *Proc. 2017 ACM SIGSAC Conference on Computer and Communications Security*, 2017, pp. 603–618.

第31章

多方协作生态系统架构技术

31.1 背景

　　5G 前的几代移动通信系统的生态相对封闭，不同业务实体只有在必要时才会合作。比如说，解决漫游技术限制的时候就需要多家 MNO 合作。类似的合作往往需要进行封闭且漫长的合同谈判，涉及技术、商业、法律等方方面面。5G 的目标是将垂直行业纳入生态系统，因此，5G 构建的系统需要通过开放网络能力并提供相应的接口（如网络功能专用接口），来满足不同类型客户的需求。

　　6G 有望成为下一代数字平台，提供无处不在的数字服务。为了统一各式各样的业务，需要吸引来自 ICT 产业以及各垂直行业等不同领域的各方参与其中。统一的进程刚刚起步，将在未来持续推进。

　　垂直行业等新的参与者将与传统 MNO 一道构建多样化的 6G 生态系统。这应当是一个以开放性作为架构设计基本要求的生态系统。因为通过开放，才可以在一个多方参与的环境中实现高效、透明、可信的技术和商业协作。开放的生态系统或将带来新的多方协作商业模式。

　　6G 应向各方保持开放，让大家可以平等地参与一定程度的网络 OA&M，并获得业务收入。现有的多方协作模式以合同和网络功能交互为基础，将不再适用于 6G。6G 将向参与度更高的方向发展，并且将以下一代数字平台的形式呈现给全社会。然而，在实现这一目标之前，需要解决 ICT 行业面临的几大关键挑战。

- **系统间存在自然边界**：从设计的角度看，每个系统都是封闭的，都有自己的数据库、控制策略和业务运行逻辑。以用户身份信息管理为例，用户凭证就是服务提供商存储在数据孤岛中的私有数据，这无疑阻碍了信息的共享。
- **协作和互操作的成本高昂**：两方合作必须先通过协商就相关条款达成共识并签订合同。然而，协商的过程非常耗时费力。即便签署了合同，由于标准不清晰或者理解偏差，仍然会遇到很多实际问题。
- **参与各方缺乏相互信任**：直接互动虽然可能，但存在风险，因为参与者并不愿意信任彼此。这就需要一个各方都信任的第三方来协调。但是依赖第三方会产生运营成本、降低效率，还会让第三方拥有过大的权力。

本质上说，6G 是一个多方协作的网络环境和商业生态系统。因此需要确保参与各方之间的互动是可信的、安全的，且各方之间的安全合作可以灵活建立、灵活终止。要向参与度更高的模式、真正开放的生态系统转变，就必须在 6G 架构设计中解决上述挑战。

31.2　设计要点和原则

解决新的挑战需要新的设计原则，在设计时有必要考虑三个原则。

1. 原则一：开放

6G 在网络信息和知识共享、网络运营、能力开放等方面的开放程度应当更高。

正如第 30 章中所提到的，数据隔离是指将数据存储在相互隔离的域中，当前各系统均采用这种方式。每个域的数据专属于该域，不与其他域共享。相反，一个开放的系统将重新定义移动通信领域数据的处理方式，不论是私有数据还是公共数据。不同技术和业务域的参与者都应可以存储并访问数据，促进信息跨越边界，在不同系统间流动。

网络运营更加开放，域信息的流动和处理才能更加透明。目前的网络像一个黑盒，外部各方只能获得网络输出的内容。如此封闭的系统让人们对隐私和安全风险担忧不已，不仅削弱了客户对网络的信心，而且由于缺少交互所需的信息，其他各方参与的意愿也大打折扣。

开放并不意味着消除参与者所属域之间的边界和相关的控制策略。相反，开放要做的是重新设计信息传输的方式。在开放的环境中，系统无须完全透明，就可实现基于公开信息的互惠互利。

2. 原则二：高度互操作性

6G 需要各方之间拥有高度的互操作性。目前，虽然一项移动应用业务涉及不同提供商，但是由于开放性不足，互操作要么烦琐，要么受限。

未来，不少应用场景业务要求严格（如超低时延）。为了确保绝大多数应用场景的端到端性能，6G 需要提供更高的互操作性。这就需要不同的参与者合作，实现对多个域的动态优化，也就意味着跨域操作将成为常态。

6G 也将重新定义互操作性。与目前通过开放参数接口的实现方式不同，6G 中，不同参与者将直接控制实现跨域无缝应用。

3. 原则三：可信

6G 将会是一个生态开放的去中心化系统，参与者来去自由。在第 29 章我们已经探讨了 6G 可信。从多方合作的角度来看，可信的 6G 系统应当：

- 提供多方跨域数据管理框架，实现细粒度的数据访问控制。

- 在为多方提供信息时担当信任锚点。
- 利用真实权威的系统日志等方式实现业务发放、运营、管理可审计。

以上三大设计原则之间是相互关联的。

31.3　架构特点

本节将重点介绍建立多方协作生态系统的一项关键技术——分布式账本技术。分布式账本技术有望为上述设计原则提供原生支持。多方协作的生态系统将涵盖业务和技术相关概念，因此涉及本书中介绍的所有相关网络特性，包括网络 AI、以用户为中心的网络、原生可信、地面与非地面一体化网络。

要在开放、可信、可互操作的平台上重建移动网络系统，离不开分布式账本技术的多个关键特点。这样一个平台，将吸引政府、教育、公共医疗、金融、交通运输等各行各业参与其中。本节还将讨论分布式账本技术影响的关键网络功能和网络实体。

31.3.1　分布式账本技术

过去十年，区块链技术大受追捧，这其中有加密货币的功劳，也因为区块链技术对当今数字社会产生了深远的影响。区块链技术的核心概念出现在 Paxos 协议[1] 之后，为比特币的发展提供了参考。比特币由化名为中本聪的人在 2008 年提出，是一种用于记录加密货币交易的点对点电子现金系统。次年，比特币区块链网络建立。利用区块链技术，比特币实现了去中心化，单一用户无法控制这种电子货币，因此单点故障也不复存在，推动了比特币的应用。比特币最大的优势是实现了用户之间的直接交易，摆脱了对第三方的信任依赖。

除了比特币，自 2014 年以来，区块链技术还应用到了智能合约等多个领域，用于加密货币的区块链 1.0 技术也已经发展到了区块链 2.0、区块链 3.0。区块链技术的发展创造了完全不同的市场和机会。例如，分布式应用程序（Decentralized application，Dapp）不可能用区块链 1.0 技术实现。区块链与智能合约的结合，让业务逻辑和业务流程可以整合至区块链，使得比特币之外的数字资产交换成为可能。区块链的主要优势首先在数字金融得到体现。不过，区块链已逐步发展为一项通用的技术，涌现更多价值，例如商业实体之间可以透明地处理各类行为。6G 架构设计可以利用这些特点，打造开放、协作的生态系统，实现安全目标。

区块链可以用于同时记录发生在不同地方的资产交易[2-3]。与传统数据库不同，分布式账本不提供集中数据存储和管理。虽然分布式账本和区块链两个词通常可以互换使用，但区块链技术只是分布式账本技术的一个子集，二者有着本质不同。

分布式账本包括以下主要功能。

1. 分布式共识

去中心化架构是分布式账本技术的本质特点，各参与者共同组成了一个分布式系统。

分布式共识是任何基于分布式账本技术的系统的核心。分布式共识形成的过程中，不需要集中控制，分布式账本中记录的状态即可转变为另一个状态。状态的更改受民主竞争的约束：只有当大多数节点就新状态达成一致时，新状态才会被接受并同步至全局节点。因此，在基于分布式账本技术的系统内，所有节点看到的系统状态都是一致的。

2. 不可变更性和可审计性

分布式共识形成的过程确保了基于分布式账本技术的系统内记录的不可变更性[4]。由于共识协议（例如比特币的工作量证明）的分布式特点，只有在大多数节点都被破坏的时候，才有可能利用算力优势的手段伪造账本记录。受损节点数量通常需要达到总数的 30%～51% 才可能实现对账本记录的伪造[5-6]，具体比例取决于所使用的分布式协议。

分布式共识形成的过程同时确保了可审计性。新记录追加于已有记录之上，这是更新账本的唯一方法，因此账本中记录了所有的历史状态。这一不可变更的特点，使得每个节点都保存了完整的记录，实现各节点的本地审计。

3. 智能合约

智能合约基于事先定义的处理逻辑处理账本记录，是一种可执行的二进制代码。智能合约与普通应用程序的一个主要区别在于，智能合约的执行有安全保障且完全自动化。换言之，只要满足预先定义的条件，智能合约的执行就将持续下去，无法停止。

除了定义账本记录的处理逻辑之外，智能合约还可以提供一系列 API，用户通过调用这些 API，将交易发送至智能合约。智能合约在基于分布式账本技术的系统中发布后，会被交至系统内的所有节点，由此成为公共且不可变更的合约。

分布式账本技术的这些特点，可以帮助我们在设计多方协同的生态系统时实现开放、互操作和可信三个主要原则。

- **开放**指的是提供一种简单的方法，在 6G 实现跨域数据和信息共享。基于分布式共识，数据和信息的全局共享在没有中心第三方的情况下成为可能。同时，不可变更性有利于保证共享数据和信息的完整性。任何通过分布式账本访问数据和信息的尝试都将被记录在账本中，可审计性的特点对于实现开放至关重要。
- **互操作**将让 6G 成为多方参与的平台，各方可以合作提供业务。利用智能合约，数据所有者设定条件后，外部参与者通过特定的 API 访问其他域分享的数据。此外，智能合约（API）触发后会自动执行，进一步提升互操作性。
- **可信**的目的是让 6G 成为数据存储、信息共享和责任划分的信任锚点。不可变更性使得跨域共享的数据和信息更加安全可信，而分布式共识要求各参与者就共享的数据和信息达成一致，进一步提高了可信度。换句话说，系统内的状态通过民主竞争确定，良性参与者会保护该过程的安全实现。

6G 生态系统中，移动网络有望成为一个数字平台，让来自不同域的参与者相互合作，共同提供服务。这需要系统设计遵循前文提到的设计原则，而分布式账本技术的许多特点或将帮助我们做到这一点。将分布式账本技术集成到 6G 网络中，有助于满足新设计原则，实现网络功能的透明化和去中心化。不过，分布式账本技术虽然有不少优点，但也有局限性。例如，如果需要共享大量数据和信息，分布式账本技术可能会带来低吞吐率、高时延、高能耗等问题。分布式账本技术还有很多改进空间，需要研究人员进一步努力探索。

接下来，我们将讨论分布式账本技术如何改变下一代移动通信系统。

31.3.2　多方协作平台

我们可以利用分布式账本技术开发新的身份管理方案和数字资产管理模式，这样从消费者到企业，各类用户都可以掌控自己的数字资产。这将简化网络控制和运营管理。由于不需要第三方的协调，因此基于分布式账本技术的 OSS 和 BSS 也将更加简化。这些能力在多方协作的环境中非常重要。

图 31-1 展示了整合了分布式账本技术的 6G 基本架构设计。分布式账本技术位于下一代移动通信系统的基础层，支持开放生态系统。分布式账本技术是构建新身份管理层的基础，自我身份主权管理方案的提供让身份认证可以顺利跨域完成。数据管理（Data Management，DM）和数据访问（Data Access，DA）层用于管理网络和用户数据，支持跨域细粒度的数据共享，同时保护本域隐私。我们可以在这两层的基础上，再为网络控制和 OSS/BSS 构建专属的层。

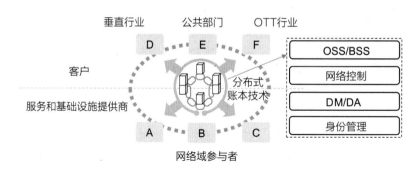

图 31-1　整合了分布式账本技术的 6G 基本架构设计

来自其他域的各方也可以创建基于分布式账本技术的共享数据面，成为移动网络协同中的一份子。每个参与者制定各自的数据共享策略，并公开智能合约，实现单个分布式账本或跨多个分布式账本的共享数据自动处理逻辑。

31.3.3　身份管理

用户希望控制自己的数据，通过匿名或假名的方式在通信中保护身份和隐私。这就要求在加密机制外，引入生物特征和分布式账本技术等更先进的技术。

传统移动通信系统中，用户有 SIM 卡才可以使用移动运营商的网络。用户在申请用户身份模块（即 SIM 卡）时，提供了出生日期、性别、地址、支付方式等个人信息，相当于在运营商数据库中创建了一个账户（即用户凭据）。每当用户访问网络时，都会根据数据库中存储的信息验证用户信息。只有验证通过，用户才有权使用网络。每个运营商都将这些凭据集中存储在用户数据仓库（User Data Repository，UDR）中。UDR 只属于一个网络域，对外隔离。但是，这样的情况在 6G 可能会发生改变。

如图 31-2 所示，使用分布式账本技术的目的是实现自我身份主权管理方案 [7]。具体来说，授权方（如运营商）在批准用户简档后向用户颁发证书。用户证书（UE-Cert）包含用户的公钥和授权方的签名。授权方（假设来自网络域 A）发布自己的域证书（Domain-Cert），其中包含授权方对账本的公钥，该证书对所有人公开。另一授权方（假设来自网络域 B）如果需要验证身份，它只需要获取网络域 A 颁发的 Domain-Cert。如果可以用检索到的公钥验证用户证书的签名，那么证明用户证书确实是由其声称的授权方颁发的，用户因此通过认证。

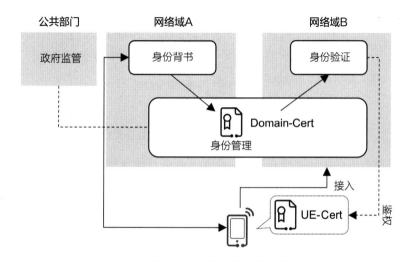

图 31-2　基于分布式账本技术的身份管理

自我身份主权机制为移动网络中的身份管理提供了新的思路。首先，私钥可以由用户生成，取代运营商数据库内生成的私钥。只有私钥才能用于解密，因此身份的主权将归还给身份的所有者（即用户）。其次，运营商不再创建身份，而是为身份提供背书。这样一来，运营商不必维护大量的用户敏感信息（如用户名和密码）。此外，任何运营商都可以通过获取相应的公钥来验证证书中的身份，这意味着身份与运营商实现了解耦。

基于分布式账本技术的身份管理方案有望催生新的身份背书平台。某些情况下，如果由国家级或市级政府部门提供身份背书（或者运营商同时提供背书），相比只由运营商背书，效果会更好。为身份背书的实体越可靠，身份系统的权威性越高。

31.3.4　数据管理

分布式账本技术是 6G 移动网络构建统一、可信数据面的关键技术。分布式账本技术让用户对个人数据有了更多的控制权，无须再将数据交由其他方（如 OTT 业务提供方）完全控制，这样，用户牢牢掌握着访问自己数据的钥匙。

基于分布式账本技术的数字资产管理和访问不仅让用户可以控制自己的数字资产，同时也为新的商业模式创造了机会。如图 31-3 所示，数据可以简单且安全地被各方共享 [8]。具体来说，分布式账本技术可以提供两方面帮助：（1）就已发布的数据建立分布式共识；（2）离线共享数据的同时保证原始数据的完整性。

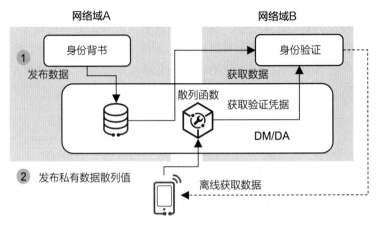

图 31-3　基于分布式账本技术的数据管理

要对已发布的数据建立分布式共识，首先将数据直接发布，然后利用分布式共识机制在全网范围内对数据进行验证。账本中的数据在全网范围都是一致的，也就是说，分布式共识建立的过程也是数据在网络中共享的过程。然而由于数据更新只能通过追加的方式，直接将数据发布至账本带来的网络数据层可持续性问题成为一个挑战。另一个挑战是，由于已发布的数据复制到了每一个节点上，且可以公开访问，数据的机密性无法保证。因此，这一方法只适用于共享少量相对不敏感的静态数据。

为了在直接离线共享数据的同时保证原始数据的完整性，我们可以将原始数据的验证信息（通常是散列值）发布至账本中，取代原始数据本身。数据接收方可以用发布的验证信息来验证数据完整性，因为分布式账本不可变更的特点可以确保凭证是来源于数据发布者。此外，数据也实现了在发送者和接收者之间离线共享（比如网络域 B 可以直接从用户接收数据）。

基于分布式账本技术的数据管理为 6G 网络中管理和共享数据提供了新的方案。首先，数据无须单独存储在某一个域内，相反，因为分布式账本技术为数据的完整性提供了保证，数据可以以加密的方式在整个网络中传播。其次，利用智能合约可以实现细粒度的访问控制。任何通过触发智能合约的数据访问都会被记录，方便日后进行审计。这点对于协同控制（如对网络状态、会话上下文或 QoS 的控制）中涉及的数据尤其重要。

基于分布式账本技术的数据管理可以将数据面变成去中心化的数据市场。在这里，资产所有者可以与买家直接交易数据资产。分布式账本技术有助于确保数据访问、数据转移、数据审计都能以去中心化的方式得到监督。

31.3.5 网络控制

分布式账本技术可以惠及网络控制的两个重要方面：会话管理以及接入和移动性控制。

1. 会话管理

会话管理中，用户面转发路径根据用户的会话请求来建立。目前，会话管理根据网络层的全局信息或预定义的简单转发规则来计算转发路径。而在 6G 中，会话管理可以由分布在不同域的多个控制实体处理。这可能导致全局信息获取困难，并且不论控制实体是否处于同一个域内，它们都需要相互分享网络信息。

分布式账本技术为这一问题提供了解决方案。通过创建一个共享的分布式账本，控制实体可以将其域内的网络信息发布到账本上，然后借助发布策略，确保敏感信息不被泄露。利用会话控制实体发布的智能合约，可以跨域建立会话。智能合约规定了某一域内建立转发路径所需的条件和输入。调用智能合约后，分布式账本技术可以确保合约按要求执行，并且建立一段相应的转发路径。每次调用智能合约，所有操作都会被记录在账本中以供审计。分布式账本技术的这些优势让它成为跨域数据共享的理想方案。

2. 接入和移动性控制

6G 移动网络中控制实体数量增加、分布分散，接入和移动性控制（会话和业务连续性）面临的问题与会话管理类似。

- **接入控制**：目前接入控制的做法是，用户发起认证请求，认证服务同 UDR 交互并完成对用户的认证。在 UDR 中，认证服务为用户生成共享密钥挑战。如果用户成功通过了密钥挑战，接入控制则授予用户访问权限。共享密钥挑战的机制以用户预留的身份为基础，身份验证服务通过解密该身份来获取用户的永久身份。

  即便我们使用传统的共享密钥认证方案，分布式账本技术也能发挥作用。共享密钥挑战可以根据存储在 UDR 里的用户永久身份提前准备好。身份验证服务提供用于验证的智能合约，并将智能合约发布到相关接入控制实体都可以访问的分布式账本上。任何接入控制实体都可以检索事先准备好的挑战，并将其发送给用户。然后，用户对挑战做出应答，并将应答结果返回给接入控制实体，接入控制实体将应答提交至智能合约进行验证。如果智能合约确认应答正确，用户认证成功。目前，如果需要在多个候选网络功能中选出所需的网络功能，控制实体需要逐一与这些网络功能进行信令交互。有了分布式账本技术，这些信令交互就可以省去。

  这种方法同样适用于跨域场景，不同域内的认证服务只需将密钥挑战和相应的智能验证合约准备好，跨域认证过程与单域场景相同，不会涉及域间信令交互。

  还有一种更优的办法，就是基于自我身份主权管理对背书进行验证。假设用户拥有运营商授权的证书，运营商将其证书发布到分布式账本中，账本在各个域间传播。在这种情况下，用户与接入控制实体建立连接并请求接入网络，同时把证书提供给接入控制实体。接入控制实体解析域标识（即用户提供证书的原始颁发机构）并从分布式账本获取运营商证书。然后，接入控制实体对用户的证书进行验证。如果验证成功，则认证完成。

背书验证大大简化了身份验证过程，但必须考虑用户申请新证书的频率。特别注意，身份验证 / 授权功能和颁发证书的运营商不需要在同一个域中。

- **移动性控制**：在用户切换期间，移动性控制实体必须与会话管理共享用户上下文信息，有时可能还需要共享 RAN 状态信息。这一活动会触发多个移动性控制和会话管理实体之间依次交互并传递信令。在高度分布式的环境中，尤其当切换频率非常高的时候（由于 6G 网络中的小区密集部署，因此切换非常频繁），这种方法效率低下。

分布式账本技术可以用于建立主动切换策略，在该策略中创建本地切换网络功能集群，以便提前同步网络功能集群中的用户上下文。这将缩短在目标网络功能（或 RAN）发送和创建新的用户上下文所需的切换时间。这种集群中的用户数量少，因此可以实现高效同步。

许多其他移动网络功能面临着和会话管理以及接入和移动性控制同样的问题，我们可以对这些功能进行改造，用分布式账本技术来解决这些问题。

31.3.6　运营与业务支撑

为了推动社会和产业数字化转型，从无线网络开发、部署、运营、控制和管理角度来看，商业环境和生态系统都需要进一步开放。各方都将参与其中，扮演不同的角色，共同努力建立一个生态系统，开发新的业务模式。同时，这也将影响 6G 移动通信系统中传统 OSS 和 BSS 的设计。

1. 多方协同 OSS

传统 OSS 中，信息要先归集到一个中心位置后才能对网络执行决策或进行调整。时延、网络故障、网络状态异步等原因，都会影响决策。更糟糕的是，不同的控制实体执行的决策可能会互相冲突，进一步降低网络控制效率。

如何在分布式网络中实现全局最佳决策，是亟待解决的关键挑战。OSS 只有更了解其所操作的系统，才能做出更优的决策。然而，信息的实时更新和决策的复杂度等因素使得全面了解整个系统变得非常困难。另一方面，如果决策是以分布式的方式做出，那本地可用的信息并不足以支撑决策最优化（相互隔离的操作员在本地做出的决策可能相互矛盾）。此外，信令同步总是非常复杂，成本也高。

分布式账本技术的分布式共识机制有望解决上述问题。分布式账本技术赋能的网络数据层可以在分布式的网络功能间分享并同步收集到的网络运行状态（如果需要保密，分享和同步的对象也可以是验证信息）。更重要的是，数据层会验证已发布的数据，实现对所有信息的分布式共识。通过这种方式，分布式账本技术赋能的网络数据层可为 OSS 提供可靠的数据源，提供网络运营所需的全局网络视图，包括故障检测、数据分析（机器学习）

和 QoS 监控等信息。

基于分布式账本技术的 OSS 还可以消除各方在不同网络之间的边界，让其他域的信息或状态顺畅地共享，这样每个域都能获得它们运营所需的丰富、可信且一致的信息。

2. 多方协同 BSS

分布式账本技术对传统 BSS 尤为有用，因为它支持跨域定价，还可以简化跨域结算。当定价和结算以智能合约形式实现时，就不再需要纸质合同。合同条款由双方在线或离线商定，一旦智能合约发布至分布式账本，该智能合约就不可以再发生变更。

定价方面，只要买方触发智能合约，智能合约就会自动执行，并产生已定义好的结果。结算方面，相关结算操作（如出账计算和账务交易）在条件满足时将自动执行，无须人为干预。整个过程都无须第三方参与协调。

参考文献

[1] L. Lamport, "The part-time parliament," *ACM Transactions on Computer Systems*, vol. 16, no. 2, pp. 133–169, 1998.

[2] M. Pilkington, "Blockchain technology: Principles and applications," in *Research handbook on digital transformations*. Edward Elgar Publishing, 2016.

[3] Z. Zheng, S. Xie, H. Dai, X. Chen, and H. Wang, "An overview of blockchain technology: Architecture, consensus, and future trends," in *Proc. 2017 IEEE International Congress on Big Data*. IEEE, 2017, pp. 557–564.

[4] F. Hofmann, S. Wurster, E. Ron, and M. Böhmecke-Schwafert, "The immutability concept of blockchains and benefits of early standardization," in *Proc. 2017 ITU Kaleidoscope: Challenges for a Data-Driven Society (ITU K)*. IEEE, 2017, pp. 1–8.

[5] M. Castro, B. Liskov *et al.*, "Practical byzantine fault tolerance," in *Proc. Third Symposium on Operating Systems Design and Implementation (OSDI)*, vol. 99, pp. 173–186, 1999.

[6] A. Gervais, G. O. Karame, K. Wüst, V. Glykantzis, H. Ritzdorf, and S. Capkun, "On the security and performance of proof of work blockchains," in *Proc. 2016 ACM SIGSAC Conference on Computer and Communications Security*, 2016, pp. 3–16.

[7] O. Jacobovitz, "Blockchain for identity management," Technical Report, The Lynne and William Frankel Center for Computer Science Department of Computer Science. Ben-Gurion University, Beer Sheva, 2016.

[8] Y. Zhu, Y. Qin, Z. Zhou, X. Song, G. Liu, and W. C.-C. Chu, "Digital asset management with distributed permission over blockchain and attribute-based access control," in *Proc. 2018 IEEE International Conference on Services Computing (SCC)*. IEEE, 2018, pp. 193–200.

第 32 章

非地面网络融合架构技术

32.1　背景

1. 概述

目前行业内，尤其是谈到 B5G 网络时，人们对卫星、HAPS、无人机等非地面网络系统与地面网络系统融合的方案饶有兴趣。地面与非地面网络系统的融合，可以让网络覆盖到目前无法覆盖的地方，打造无处不在的无线网络，真正实现第 6 章所提到的 3D 覆盖。无线技术一代代的发展让无线网络覆盖到了越来越多的地方，但是某些地区的无线部署仍存在困难，尤其是在那些有线连接基站不经济或技术上不可行的地区。

尽管人们经常会把非地面组网技术与地面组网技术看作是相互竞争的关系，但它们在网络部署的某些方面其实是互补的，需要我们首先考虑非地面组网是否是基于轨道的。例如，从架构上来说，HAPS、无人机和热气球就不是基于轨道的平台，它们的架构通常与现有网络一致，这类平台专门用于覆盖特定地理区域。而轨道平台系统则是以星座形式部署，因此可以提供无处不在的连接。本章将聚焦卫星技术，探讨如何在全球范围内提供通用的、无处不在的连接。

目前，一些卫星组网相关领域的研究已经展开，这些研究有望为卫星网络功能指明方向，让网络运营商发现新的业务机会和收入增长点。卫星网络的优势可以让 6G 在某些能力上超越其他无线和有线技术。

2. 卫星网络

从 20 世纪 60 年代中期开始，卫星技术在电信和广播领域就开始被广泛应用。本节将关注用于语音和数据等交互业务的卫星网络，广播业务（如电台和电视）主要通过地球同步轨道卫星提供，军事和空间探索用到的数据中继网络也类似，因此不在讨论范围内。

得益于可重复使用的卫星发射系统以及卫星制造技术不断进步，卫星部署成本正进一步降低。不断的技术创新和成本优化将引领低成本卫星技术和相关发射系统走向完全成熟并为 6G 部署所用。

作为构建高性能网络的使能技术，卫星技术吸引了越来越多的目光。为了尽可能降低卫星通信的时延，需要引入低轨卫星和超低轨卫星。但是，由于这些卫星的轨道高度相对较低，每颗卫星的覆盖范围有限。这就意味着，需要更大规模的网络甚至是巨型星座。SpaceX 的星链（Starlink）[1-2] 以及亚马逊（Amazon）的柯伊伯（Kuiper）[3] 等项目，都正在申请许可或者已经获得许可并开始部署卫星星座。这些项目的卫星星座都包含了数千颗卫星。

表 32-1 列举了一些具有代表性的卫星网络，有的正在规划，有的正在部署，有的已经开始提供服务。这些网络主要用于提供宽带业务，希望在性能上超越地球同步卫星提供的业务。

除此之外，表 32-1 还介绍了各个卫星系统的配置。星链计划用约四万颗[1-2] 极轨道和倾斜轨道卫星组成一个复杂星座，其中正在部署的一阶段只有倾斜轨道卫星（见表 32-2）。第二代网络（见表 32-3）将会额外在大倾角轨道（如近极轨道）部署三万颗卫星。而亚马逊则计划将卫星都部署在倾斜轨道上（见表 32-4），所有卫星分为三种高度，形成一个三层卫星网络。

表 32-1　卫星网络示例（本表中数据有效期截至 2020 年 9 月）

卫星网络	状态	卫星数量	卫星高度	配置
铱星（Iridium）	运营中（提供语音和低速数据服务）	66 颗（6 条轨道）	780 km	极轨道（86 度）
泰利迪斯（Teledesic）	已破产	840（最初规划） 288（重新规划后）	700 km（最初规划） 1400 km（重新规划后）	极轨道
SpaceX 星链	部署中（测试阶段）	第一代一阶段 4408 颗（部署中）	540～570 km 328～640 km	极轨道和倾斜轨道
一网（OneWeb）	暂停（2020 年 9 月状态，该项目最初由软银支持）	648 颗（已规划，截至 2020 年 3 月已部署 74 颗）	1200 km	极轨道
Telesat LEO-SAT	部署中（测试阶段）	292 117（最少）	1000 km（极轨道） 1200 km（倾斜轨道）	极轨道和倾斜轨道
亚马逊柯伊伯	规划中	3236 颗	590 km、610 km、630 km	倾斜轨道（多层）
O3b/SES	"The Other 3 Billion"（指地球上还未接入互联网的 30 亿人口）规划中	20 颗	8062 km（中轨）	赤道轨道

表 32-2　SpaceX 星链星座详情（第一代一阶段）[1]

卫星组	卫星高度（km）	轨道倾角（°）	轨道平面数	单平面卫星数量	卫星数量
1	550	53	72	22	1584
2	540	53.2	72	22	1584
3	570	70	36	20	720
4	560	97.6	6	58	348
5	560	97.6	4	43	172
星座总卫星数					4408

表 32-3　SpaceX 第二代星链星座详情[2]

卫星组	卫星高度（km）	轨道倾角（°）	轨道平面数	单平面卫星数量	卫星数量
1	328	30	1	7178	7178
2	334	40	1	7178	7178
3	345	53	1	7178	7178
4	360	96.9	40	50	2000
5	373	75	1	1998	1998
6	499	53	1	4000	4000
7	604	148	12	12	144
8	614	115.7	18	18	324
星座卫星总数					30000

表 32-4　亚马逊柯伊伯星座详情[3]

卫星组	卫星高度（km）	轨道倾角（°）	轨道平面数	单平面卫星数	卫星数量
1	630	51.9	34	34	1156
2	610	42	36	36	1296
3	590	33	28	28	784
星座卫星总数					3236

32.2　设计要点和原则

　　3GPP 对于将卫星技术应用于移动通信网络展现出浓厚的兴趣。在 TR38.811 提案[4-5]中对总体架构和相关问题进行了描述，而在 TR38.821 提案中则给出了一些潜在的解决方案[5]。这些解决方案主要解决终端与卫星直连、远程无线接入和核心节点连接，以及将无线协议不同程度直接集成于卫星系统。尽管只是一个方案，但也说明用卫星从 RAN 向核心网传输无线流量是可行的。

　　只有当卫星有能力连接 RAN、核心网，甚至整个互联网（互联网连接通常称为宽带连接）时，卫星网络才能发挥其最大作用。随时随地的连接是卫星网络集成至 6G 系统的必要条件。卫星网络应该成为 6G 系统的一部分，而不是独立于 6G 系统外。

32.2.1 卫星星座

卫星运行遵循物理基本定律。卫星以椭圆轨道绕着地球运行，地球是椭圆轨道的一个的焦点。大多数用于通信的卫星运行在近圆形轨道上（即椭圆轨道的两焦点距离接近于零）。卫星位置可以大致被定义为一个围绕圆形轨道上的标称点的一个盒子，这个盒子限定了轨道的离心率。每条轨道都有标称高度和倾斜角，倾角为 90 度的轨道穿越南北极上空，称为极轨道，其余轨道则称为倾斜轨道。

轨道的倾斜角度决定了卫星可以覆盖的最南和最北端，倾角和卫星对地天线的特性决定了一条轨道可以覆盖区域的最高和最低纬度。

一组卫星组成一个卫星星座，一个网络中的多颗卫星可能沿着相同或不同轨道运行。

卫星星座的几何结构关系到星座的全球覆盖能力。圆形和近圆形轨道卫星组成的星座主要有两种：极轨道星座（Polar Constellation）和倾斜轨道星座（Walker-Delta Constellation），如图 32-1 所示。

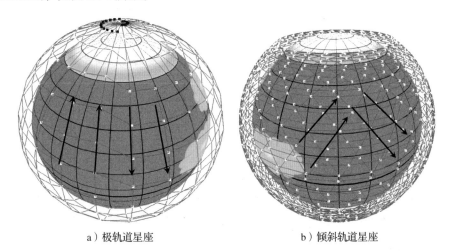

a）极轨道星座 b）倾斜轨道星座

图 32-1　圆形和近圆形轨道最重要的两种星座

极轨道卫星组成的星座可以实现完整的全球覆盖，虽然大多数卫星运行方向相同，但也有一些卫星的运行方向与相邻轨道的卫星是相反的，这种情况中，卫星间的通信链路需要持续调整配置。轨道间的区域称为轨间接缝（Orbital Seam），经过接缝的流量需要间接路由，因此该接缝对性能会产生影响。此外，卫星穿越极地上空让接口追踪变得困难，也这意味着轨道之间的星间链路（Inter-Satellite Link，ISL）在卫星飞越极地时一般处于关闭状态。

倾斜轨道星座由多颗倾斜轨道卫星组成，这类星座避免了接缝的形成，因为其直接相邻轨道之间位置保持相对固定，只有当卫星到达其轨道顶点时才会出现改变。例如，一颗向北运行的卫星到达顶点后开始向南运行，此时会穿过其他卫星轨道，这时卫星轨道之间就可能会出现更多的邻接关系。为了利用这种卫星间的邻接关系进行数据路由，就需要具有快速端口追踪能力的额外接口，我们称之为"第五链路"（Fifth Link）。但"第五链路"也不太可行，因为它也可能会导致类似轨间接缝的问题。（"第五链路"指倾斜轨道星座中两个反方向运行卫星之间的链路。）

倾斜轨道星座的覆盖范围受轨道倾角限制。当需要低轨卫星为高纬度地区提供覆盖时，倾斜轨道星座可能就无法发挥作用。为了解决这一问题，SpaceX（星链）等项目部署的网络同时具备极轨道星座和倾斜轨道星座二者特点，可以覆盖不同纬度地区，实现全球覆盖。例如，极地地区用户使用接收高度角较小的终端，与运行在大倾角轨道（如近极轨道）的卫星通信，其他高纬度地区用户也可以使用类似终端。

图 32-2 展示了一个密度与 SpaceX 规划类似的星座，尽管该示例中只有一层

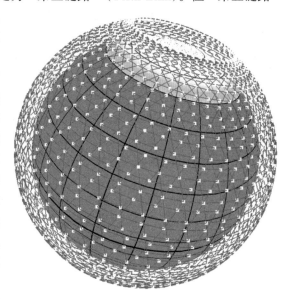

图 32-2   高密度星座

轨道，并且省略了其他提供极地覆盖能力的极轨道，但还是可以帮助大家理解此类新型网络。

32.2.2   全球范围低时延

某些情况下，低轨卫星星座网络时延与地面光纤网络相当甚至更低（尤其在长距离通信中），这是因为电磁波和光在自由空间的传播速度要快于光在光纤中的传播速度。

32.2.3   连接配置

为了与 6G 系统融合，我们既可以使用传统的弯管连接模式（卫星仅作为中继节点），也可以使用更先进的组网连接模式（多颗卫星在数据源与目的之间完成更长距离的中继）。这些连接模式有的利用的是 ISL，有的则是利用地面站进行流量中继。

多跳卫星中继的模式，既可以覆盖地面用户，也可以覆盖那些传统弯管模式难以覆盖的用户（如船只和飞机上的用户）。这不仅可以让传统业务触及几乎所有用户，全球应急通信和灾难响应能力也能因此得到提升。

要实现全球覆盖和低时延，星座中卫星的数量需要达到数百颗甚至数千颗（数量取决于卫星高度），并且可能还会需要更复杂的多层或空间中继网络。因此，新的路由和寻址

方法对基于卫星通信的 6G 系统至关重要。反过来，卫星星座可以作为通用路由平台，发挥将移动通信延伸至天空的核心作用。

32.2.4　多业务能力

卫星技术可以让网络覆盖地区延伸至目前无线网络无法触及的地区。低轨卫星的覆盖半径约 300 km，通过 ISL 或地面中继站，卫星可以实现更大范围覆盖，最终实现对全球大部分地区的覆盖。运营商因此也可以拓宽业务地区，实现新的业务机会。

除了扮演空中路由器或中继站的角色，卫星网络也有望承载各种不同类型的业务。卫星网络的主要作用是扩大移动通信系统的覆盖范围，同时也应让统一且无处不在的核心网承载多种业务，那么业务就需要映射至公共层（通常是 IP 层）才能通过卫星网络隧道传输。

32.3　架构特点

6G 系统中集成的卫星网络不同于地面网络，卫星在不断移动，因此，要实现 3D 完全覆盖，我们首先需要了解架构的主要特点。当我们把地面移动通信网络系统的一部分功能放在卫星系统上时，就实现了将地面移动通信网络延伸至天空的目标。

32.3.1　时延

低轨卫星的使用有望提供比现有光纤网络更低的时延。微波等射频传输系统中的传播速度接近真空中的光速，而基于光纤的系统中，由于折射率的影响，传播速度大约只有真空中光速的 68%。二者之间的差距会因为传输距离的增加而变得更为显著。尽管低轨卫星的路径更长，但是通过卫星传输还是会更快。点对点微波系统的时延很低，但想要穿山越岭部署会困难重重，如果要跨海部署更是不可能，因此很多情况下难以在地面部署。相反，在这些场景下使用卫星传输，可以提供更好的业务质量，保证较低的时延。

卫星传输有两种场景需要我们考虑。首先是多跳场景，这种场景需要多颗卫星实现长距离传输（例如绕地球传输），那么就需要将多条 ISL 级联。其次是单跳场景，也就是用单颗卫星中继地面流量。这种模式有时也称为弯管模式，也适用于 HAPS。以下分析将基于传输中的时延进行，并且假设两个地面站间光纤有直连且不存在偏差，忽略设备本身处理时延。事实上，偏差无法避免，导致光纤路径长于点对点链路，因此我们的分析也需要更为保守。

1. 多跳场景

卫星路径与地面路径的一般几何关系如图 32-3a 所示，其中包括一条上行链路和一条下行链路，以及多个卫星之间的连接链路。简单起见，图中只展示了第一颗和最后一颗卫星，假设它们位于地面用户正上方，而卫星间的路径如图所示是一条曲线。实际上，卫星可能不会正好处于地面用户正上方，传输路径也是由多个卫星之间的许多线段组成。地球

上两点 a 和 b 之间的距离在图中表示为 S_{ab}，通常使用半正矢公式（Haversine Formula）计算。卫星路径长度与高度有关，卫星高度越高，路径越长，如图 32-3a 所示。

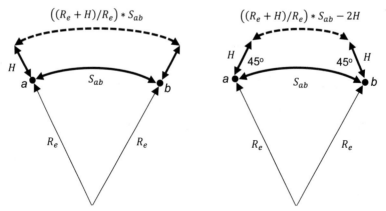

a）地面到非地面间路径长度的简化关系　　b）调整链路角度可以缩短空间总体时延

图 32-3　卫星链路几何结构

地面光纤传输和空间卫星传输之间的速度差异，主要是由光纤折射率导致的光速折损以及卫星路径长度决定的，ISL 和基于射频的空地链路的传播时延与光在真空中传播速度有关。假设光纤的折射率为 1.47，那么信号在光纤中的传播速度是光速的 68%。地面两点 a、b 之间的大圆路径长为 S_{ab}，这一长度即 a、b 两点间的地面信号路径长度，如图 32-3a 所示。卫星路径则是一系列点对点自由空间光链路组成的，假设卫星密度合适，这一系列串联起来的链路的长度，约等于一个半径为地球半径加上卫星高度的球体中一条弦的长度。卫星路径的总传播时延，可以由该路径长度和两段空地接入链路长度计算得出。因此，给定地球上的任何两点 a、b 和卫星高度，就可以计算出卫星路径的传播时延，并与地面光纤路径相比较。另一个度量是卫星高度，在两点之间距离给定时，我们可以通过比较地面和卫星传输时延，判断位于不同高度的卫星传输是否有利于降低时延。图 32-4 展示了更低的时延在金融交易方面提供的增益。

假设卫星之间的转发不存在时延且两地是位于一个理想球体上，我们可以看到，洛杉矶和纽约之间的金融交易需要的低轨卫星轨道高度大约为 700 km。此外，低轨卫星的高度上限约为 2000 km，只有覆盖距离需要达到地球周长近一半时（约 20 000 km），才有必要部署如此之高的卫星。这就说明，假设地面和空间中的路径都是相对笔直的，如果要获得比光纤传输更低的时延，需要 600 km 及以下高度的低轨卫星。

上述分析都是基于卫星处于地面站点或终端正上方的场景。需要指出的是，实际路径总长度会可能会比图中所示路径更短。最理想的情况是，卫星路径位于地面站点或终端之间的大圆路径之上，地面站点或终端与卫星的连线和地面呈一定角度倾斜，如图 32-3b 所示。不过，这也取决于地面站点或终端的相对位置和卫星密度。由于卫星相对于地面站点或终端的运动，最小时延只会短暂出现。用户感受到的时延是会变化的，变化周期与卫星高度有关。不过，我们还是可以据此较为准确地估算最小时延。

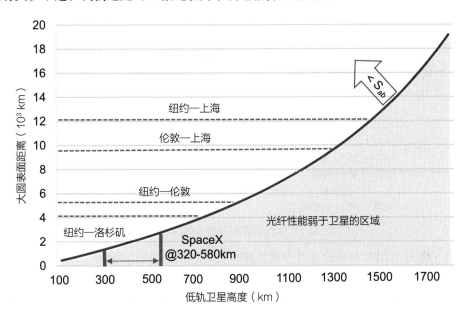

图 32-4　低轨卫星传输时延更低的区域（假设传播路径为直线且忽略每跳设备上的时延）

2. 单跳场景

多跳场景中，我们假设卫星网络中有多颗卫星完成流量中继。但当用户流量直接中继至另一个地面站点或终端时，只需要一跳即可完成，无须在多颗卫星上中继流量。这种模式也称为弯管模式。在低轨卫星星座中，弯管模式在解决网络边缘的流量接入问题上可以发挥大用途。不过需要指出的是，如果业务位于地球同步轨道卫星上，那么弯管模式会导致很大时延。

单跳场景中，两个用户间卫星传输时延可能是地面连接光纤间的时延，也可能是空地链路间的时延。为了更好地分析，我们忽略地球曲率的影响，假设两个用户之间由地面光纤直接连接。

由于卫星的运动，空间部分的传输情况不断变化。当卫星与两个用户之间的距离相等时，传输时延最小。假设卫星需要切换以提供最佳网络性能，那么当卫星位于某一用户正上方时，切换时延最大。需要注意的是，最大和最小时延与卫星高度有关。

图 32-5a 展示的是高度为 395 km 的低轨卫星的最大和最小时延的情况。可以看出，在距离较短时，地面光纤路径的时延更低。请注意，由于光在光纤中的速度不同，随着传输距离增加，光纤传输时延的增长速度快于空间传输。两点间距离达到约 750 km 时，卫星传输的最小时延表现超过光纤传输。但在 750 km 的距离，由于卫星运动，卫星传输的时延还是会大于光纤传输。而距离达到约 1000 km 时，光纤时延曲线超过卫星最大时延曲线。也就是说，光纤传输的时延此时大于卫星传输的最大时延。

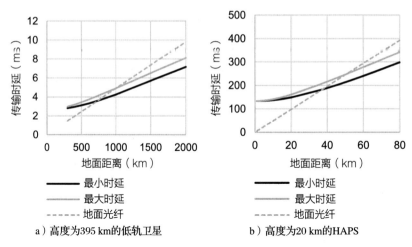

a）高度为395 km的低轨卫星　　　　b）高度为20 km的HAPS

图 32-5　低轨卫星和 HAPS 的传输时延

　　高度更低的 HAPS 与地面光纤时延之间也有着相似的关系。如图 32-5b 所示，对于高度为 20 km 的 HAPS，在点对点距离为 50 km 时，其传输时延表现优于地面光纤。这里，还是假设光纤路径是视距的。在现实中，由于光纤长度更长，因而用户之间的实际距离更短，因此卫星能够提供比光纤更好的性能。

　　不论是 HAPS 还是卫星，最大和最小时延表现在地理距离达到一定值时都会超越地面光纤。图 32-6 展示了 HAPS 和低轨卫星所适用的区域。虚线所表示的区域是介于传统飞行器和轨道飞行器之间的区域。HAPS 通常在 20~25 km 高度运行。另一方面，尽管没有明确的高度边界定义，低轨卫星的运行高度一般在 300 km 以上。

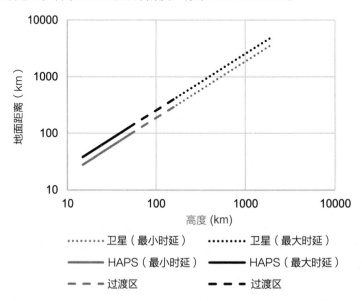

图 32-6　卫星、HAPS 性能与地面光纤相当时的高度和距离的关系

即便与光纤的性能相当时，HAPS 和卫星也会因为它们可以提供全面的覆盖而胜出。因此，光纤部署不再必要，业务也可以更快完成部署。

3. 简要总结

在单跳和多跳场景下，HAPS 和卫星的传输时延都表明，非地面网络中的时延可以优于现有地面光纤网络。各种情况中，非地面网络（Non-Terrestrial Network，NTN）平台的优势与其运行高度以及地面两个通信终端之间的距离有关。对卫星来说，由于卫星的移动，性能也会发生变化，并形成用户体验的最差时延边界。

单跳场景下，以低轨卫星的典型高度 400 km 为例，当两个用户之间的距离达到 750 km 左右时，卫星的性能与地面光纤相当。当距离达到约 1000 km 时，卫星性能超越光纤直连性能。这一优势会持续增加，而且只受限于电磁波覆盖范围（电磁波覆盖范围与卫星高度有关）。但是我们要明白，地面用户之间几乎不存在直连光纤链路。大多数情况下，光纤路径长度都会超过用户之间的实际地理距离。如果用户间地理距离遥远，那么地面连接之间还会存在一系列的业务节点。宽带业务就是一个很好的例子。在宽带业务中，用户之间存在多个路由网元，每个网元都会进一步增加时延。不同网络情况不同，但都会进一步缩短非地面网络超越光纤性能时的用户间的地理距离。

多跳卫星的性能优势与上述结论类似，主要区别在于，非地面网络性能只受限于星座设计，而不受限于单颗卫星的覆盖范围。在网元设计合理的情况下，非地面网络的空间部分可以通过优化设计降低各节点上的时延。卫星移动会造成单个用户感知到的时延变化。单跳场景下，差异来源于单个卫星相对于用户的移动。而在多跳场景下，每个用户连接一颗卫星，而每颗卫星都可能导致额外的路径时延，从而导致更大的总体时延差异。不过，由于使用了多颗卫星，对应地，两个用户之间的地面时延巨大。因此，非地面网络在多跳卫星场景下仍具有优势。

非地面网络取得的这些优势是基于当前的光纤技术。值得一提的是，业内一直在进行空芯光纤的研发。空芯光纤可以降低地面光纤中的传输时延。空芯光纤的研发还处于初期阶段，但如果研发出了基于空芯光纤的光纤系统，非地面网络的优势将被大幅削弱。那样的话，我们不应将其视作阻碍非地面网络发展的因素，因为非地面网络的主要优势在于它可以提供无处不在的覆盖。同样还需指出的是，我们这里的分析仅关注时延。

HAPS 的时延变化与低轨卫星类似，但 HAPS 的运行高度更低，因而在更近距离间可以提供更优的性能。由于 HAPS 是静止的，用户之间距离在 35～50 km 范围时，它的性能与光纤传输性能相当。HAPS 静止的特点（尽管会有轻微位置变化）使得两个相互连接的用户之间的传输路径长度相对固定，用户不会感受到明显的时延抖动。当然，这是基于HAPS 为两个用户之间提供简单连接服务得出的结论。与前面提到的卫星情况一样，我们排除了设备处理时延的因素。因此，如果将业务处理放在 HAPS 上完成，而不是回传至地面站点，那么它的优势将进一步显现。

虽然 HAPS 和卫星都可以提供更低的时延，我们还是需要根据网络的不同来考虑其他影响因素，这就包括高度角、星座密度、星座类型以及路由机制。如果地面站点（或用户）可以看到多颗卫星，那就可以选择能最大限度降低时延的卫星，这样可以获得更好的性能（更低的时延）。当然，这些结论都是基于使用射频接口的假设。

32.3.2　连接模型

6G 系统中的卫星网络有望为地面用户提供随时随地的连接，与地面网络无缝融合从而提供随时随地的连接服务是至关重要的。卫星网络可以提供直接业务（如通过专用卫星接收器提供的直连宽带业务）和移动回传类中继业务等间接业务（如民航飞机上的数据业务）。6G 还需要提供用户与用户、机器与机器直接通信的能力，如车联网（Vehicle-to-Everything，V2X）。为了应对第 6 章提到的多样化应用场景，需要提供不同类型的架构支持。

3D 覆盖可能要求 6G 地面站点具备新的能力，提供多种与卫星网络集成的方案。例如，卫星网络可以用于回传服务，扩展地面无线业务，如图 32-7 所示。卫星网络也可以直接与 6G 终端连接，为其提供非移动和移动业务，如图 32-8 所示。在图 32-8 的模型中，卫星网络与终端直接连接，卫星网络在同一隧道内同时承载用户数据和控制信息，数据可以直接在卫星网络中处理并成为有效负载数据。这种情况下，卫星可能会提供单独的隧道。

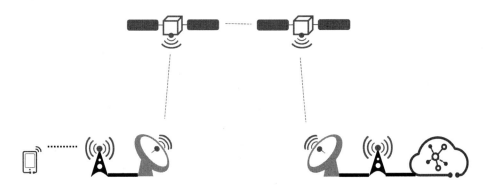

图 32-7　卫星承载移动业务（业务拓展场景）

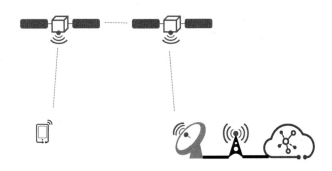

图 32-8　卫星承载移动业务（直连场景）

　　此外，多个用户的数据也可以汇聚，通过一个有卫星连接的终端发送。由于每个用户的数据目的地不同，因此卫星设备应该参与卫星路由，从而相应地处理业务流量（如图 32-9 所示）。

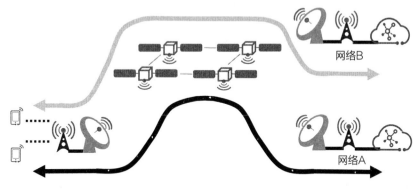

图 32-9　地面汇聚移动业务

　　图 32-9 中的架构简单展示了地面处理流程。某些情况下，汇聚业务也可以通过静止飞行器（如 HAPS）与卫星网络回传实现。从卫星网络架构来看，HAPS 和地面汇聚终端并无差别。

　　某些偏远地区地面基站数量少甚至完全没有。如果需要在这类地区部署物联网（例如用于监测森林火灾或气候变化），3D 覆盖尤为重要。卫星网络可以采用图 32-7 中所展示的模型为物联网或传感器网络连接提供支持。物联网或传感器网络也可以使用类似于图 32-7 的直连模型进行卫星通信。物联网传感设备的功耗相对较低，可能需要卫星提供特定支持，例如由卫星向设备发送特定指令以启动设备。

32.3.3　空间路由

　　虽然所用到的协议可能与地面网络类似，但卫星网络和地面网络存在显著差异，因此卫星网络应作为 6G 系统中的独立层进行分析。与其他分层网络一样，网络层级构成了客户端 - 服务端的关系。卫星作为服务端，处理来自客户端的数据（地面网络或直连用户的数据）。在网络中携带数据的方法因客户端网络采用的技术而不同。

　　卫星网络旨在提供以数据包形式承载数据的能力。卫星网络大多与 IP 网络连接，因此卫星网络架构承载客户端信号的隧道模型与地面数据网络中的类似。用户连接就成为用户接入卫星网络（或卫星网络内部）的接入点到地面网关或其他相关用户之间的隧道。由于无法对互联网或服务提供商路由状态提供支持，因此该隧道模型封装或承载的用户数据需要包含适用于卫星网络的地址。

　　地面网络中，路由系统将数据包路由至最终目标，该目标通常靠近某一网关。根据最长前缀匹配规则，到该网关的路由路径可能会被认为是最优路径。但是，在某些卫星网络场景中（例如发生电源故障的场景），数据包则需要路由至其他中间网关，然后经由地面网络最终路由至目的地，如图 32-10 所示。

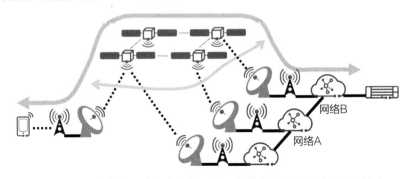

图 32-10 从多条候选路径中选择一条，将数据传输至最近的地面站点

6G 的空间路由机制需要继续完善，以支持上述功能。例如，在地面网络和现有路由协议中，源地址和目的地址基于子网，不包含相关设备地理位置的直接信息。这种方式没有解决网元的移动性问题，因此新的架构设计需要通过一系列的机制支持移动性。这为我们指明了一个研究方向，那就是如何利用终端站点的标识和位置的地理路由，解决该场景下的移动性问题。

6G 卫星网络寻址方案可基于地理地址，这就意味着源和目的地址都是基于地理位置，而非 IP 地址。如果路由基于目的地和中间已知的众多卫星的地理距离来确定，那么路由选择的成本从理论上来说就更容易确定。地球上两点之间的最短路径称为大圆路径（大圆弧），如图 32-11 所示。因此，缩短该距离的路由选择方案称为大圆路由，值得我们深入研究。

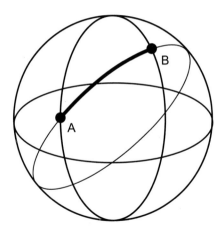

图 32-11 大圆弧与大圆关系示意图

32.3.4 运行、管理和维护

当前地面网络没有考虑卫星运行经由不同行政区域或国家的运行模式，因此不同的 OA&M 系统和路由系统需要考虑包含卫星运行的运行模式。

鉴于此，我们在设计时需要考虑 6G 集成卫星网络 OA&M 的通信方案。这样的设计，使得卫星发送相应的 OA&M 更新与应答的情况下，地面控制中心可以管理星座中任意卫星。换言之，要达到 OA&M 要求，就不可以只管理进入或通过特定地面站范围的卫星。

这意味着，分组网络还必须支持由卫星 OA&M 控制软件转发、终止和发起 OA&M 数据包。要实现这一目标，我们可以采用的方法有很多。其中，地面分组网络中最常见的做法是公共路由器间链路同时承载控制面和数据面。对卫星网络 OA&M 来说，最划算的方法是一条公共路由控制面链路与多条独立数据面链路，可能再加上 ISL 中由 QoS 控制的抢占性子信道。前面我们已经讨论过，现有的 OA&M 控制面（如 OSPF 和 ISIS）或 OA&M 寻址方案并不适用于卫星网络。

此外，如果卫星 OA&M 系统和地面 OA&M 系统属于不同的业务实体，要实现端到端业务运营管理，就必须定义它们之间的接口。这一问题类似于多方协作生态系统，相关研究范围可参考第 31 章。

此外，由于卫星星座的复杂性，或许机器学习也能在卫星网络运营管理上发挥作用。

参考文献

[1] "Space exploration holdings, LLC, SpaceX non-geostationary satellite system, attachment A, technical information to supplement schedule S." [Online]. Available: https://fcc.report/IBFS/SAT-MOD-20181108-00083/1569860

[2] "Space exploration holdings, LLC, SpaceX non-geostationary satellite system, attachment A, technical information to supplement schedule S." [Online]. Available: https://fcc.report/IBFS/SAT-LOA-20200526-00055/2378671

[3] "Kuiper systems LLC, technical appendix, application of Kuiper systems LLC for authority to launch and operate a non-geostationary satellite orbit system in Ka-band frequencies." [Online]. Available: https://fcc.report/IBFS/SAT-LOA-20190704-00057/1773885

[4] 3GPP, "Study on new radio (nr) to support non-terrestrial networks," 3rd Generation Partnership Project (3GPP), Technical Report (TR) 38.811, July 2020, version 15.3.0. [Online]. Available: https://portal.3gpp.org/desktopmodules/Specifications/SpecificationDetails.aspx?specificationId=3234

[5] 3GPP, "Solutions for NR to support non-terrestrial networks (ntn)," 3rd Generation Partnership Project (3GPP), Technical Report (TR) 38.821, Dec. 2019, version 16.0.0. [Online]. Available: https://portal.3gpp.org/desktopmodules/Specifications/SpecificationDetails.aspx?specificationId=3525

第六部分小结

在第六部分，我们探讨了六个与架构相关的重要方面，它们有望共同定义 6G 的网络结构。6G 将真正拥抱通信、计算和存储，实现三者的融合。移动通信系统要做的不仅仅是将数据准确地传输到处理位置。由于移动通信系统可以提供无处不在的连接和边缘计算资源，其本身就可以成为相关数据的最佳处理位置。这就需要深度融合各方资源，来打造建立在一个通用且可以满足超高性能的 ICT 基础设施之上的可控开放环境。

结构化分层的网络架构逐渐向分布式发展，利用边缘实现深度智能的新型架构将随之出现。同时，这种自包含、自进化的网络架构也适用于大规模组网。6G 不仅仅在于超高性能的无线网络连接，还包含具有通用感知能力的网络节点（比如基站、终端等）。通过可信的智能平台，这些功能将为所有智能设备的互联互通奠定坚实的基础。这样，6G 将成为所有垂直行业基础设施的基础，并重新定义终端、连接和云之间的边界。

此外，在初期与垂直行业客户展开 6G 相关的合作也非常重要。5G 产业发展的经验表明，5GAA（汽车业）和 5G-ACIA（制造业）在推广 5G 应用和开发潜在新市场方面发挥了重要作用。来自潜在客户早期的商业和技术方面的意见反馈，对于确定 5G 未来版本的方向非常关键。5G 的所学经验对 6G 产业发展具有指导意义。建立天时地利人和的产业平台，需要我们在正确的时间与合适的伙伴携手，为共同的目标努力。

第七部分

总结和未来工作

第 33 章

6G 生态系统及路线图

33.1 6G 研究项目与生态

2019 年，5G 开始在全球范围内部署，我们见证了 5G 成为现实。在新空口（New Radio，NR）标准继续演进，进一步提升业务质量，并在垂直行业实现更多成熟应用的同时，6G 近在咫尺。6G 将释放新的潜能，解决我们社会面临的更多挑战。未来十年，业界将继续开展 6G 相关的技术研究、生态匹配和全球标准化工作。

自 2018 年以来，众多 6G 研究项目纷纷启动。例如，欧洲、中国、日本、韩国、美国的产业界和学术界，都在努力识别下一代无线网络的典型应用场景、关键能力和潜在技术。下一代无线网络预计将在 2030 年左右商用。

33.1.1 ITU-R 工作

在过去 30 年里，国际电信联盟无线通信部门（ITU-R），一直在协调政府和行业，努力开发全球宽带多媒体国际移动通信（International Mobile Telecommunication，IMT）系统。ITU-R 成功地领导了 IMT-2000（3G）[1]、IMT-Advanced（4G）[2] 和 IMT-2020（5G）[3] 的发展，并将启动新一轮的面向 2030 年及以后的工作。

2020 年 2 月，ITU-R WP 5D 工作组确定了《未来技术趋势》（Report ITU-R M.[IMT. FUTURE TECHNOLOGY TRENDS]）报告的工作计划，重点关注无线技术。这一报告预计将于 2022 年 6 月完成，届时将为 2030 年之后的地面 IMT 系统提供一份技术概览。ITU-R 还计划在 2021 年启动下一代 IMT 技术愿景研究，并在 2023 年世界无线电通信大会（WRC-23）之前完成。

33.1.2 区域活动

1. 欧洲：框架计划和"欧洲地平线"（Horizon Europe）

框架计划（Framework Programme，FP）是由欧盟和欧盟委员会发起并资助的项目，旨在支持并推动各类研究。该计划自 1984 年成立起持续为欧洲研究和创新政策提供财政支持。第六期框架计划（FP6）中的 WINNER[4] 项目及其后续项目，为 4G LTE 技术创新奠定了基础，而第七期框架计划（FP7）中的 METIS[5] 项目及其后续项目，则为 5G 技术的成功打下了坚实的基础。"地平线 2020"（Horizon 2020）是第 8 期框架计划，执行期为 2014 至 2020 年，重点关注创新科学、产业领导力、社会挑战应对等方面。在研究方面，"欧洲地平线"（Horizon Europe）将作为新的研究和创新框架计划，构建欧盟、产业界、中小企业和研究机构之间的新型伙伴关系。

2020 年 5 月，欧洲通信网络和服务技术平台 NetWorld2020 发布了关于 2021 至 2027 年欧盟战略研究与创新议程（Strategic Research and Innovation Agenda，SRIA）的白皮书[6]。白皮书已作为"欧洲地平线"计划准备工作的一部分提交给欧盟委员会。由来自全球产业界和学术界的 130 多位作者共同撰写的白皮书为欧盟战略研究提供了一般性指导，并详细讨论了面向 2030 年通信的各个方面。白皮书的内容包括全球大趋势、面向 2030 年的政策框架和 KPI、以人为中心和垂直业务的讨论、系统架构、边缘计算、无线技术、光网络、安全、卫星、终端等技术话题，以及最新的趋势。

2. 中国：开始 6G 研究

中国 IMT-2030（6G）推进组于 2019 年在工业和信息化部的牵头和指导下成立[7]，包括多个工作组，分别负责研究面向 2030 年及以后的 6G 移动通信的需求和愿景、频谱、潜在无线接入技术、网络技术等不同领域。IMT-2030（6G）推进组汇集了参与 6G 研究的各方成员，包括高校、研究机构、运营商、厂商和垂直行业。

2019 年 11 月，中国科技部等六部委召开启动会议，正式宣布启动 6G 研发[8]。会上宣布成立国家 6G 技术研发工作组和总体专家组，这些工作组将与各部委一同开展 6G 研发方案的制订工作。中国通信标准化协会无线通信技术工作委员会第六工作组（CCSA TC5 WG6）[9] 负责前沿无线技术标准的研究，该工作组正在编写《B5G 移动通信系统愿景与需求研究》报告。

3. 日本：B5G 推进战略

日本总务省于 2020 年 1 月举行了"B5G 推进战略座谈会"[10]，座谈会旨在制定全面战略，以应对 5G 下一代技术带来的需求和技术发展。

日本总务省在 2020 年 4 月宣布了 B5G 战略[11] 并向公众征求意见，2020 年 6 月发布了"B5G 推进战略——6G 线路图"[12]。

4. 韩国：未来移动通信研发策略

2020 年 8 月，韩国科学技术和信息通信部发布了题为"6G 未来移动通信研发战略研究"的报告。报告指出，韩国科学技术和信息通信部将从 2021 年开始的 5 年内投资 2000 亿韩元（约合 11.6 亿元人民币），鼓励 6G 技术创新，促进国际合作，加强产业生态，实现引领 6G 全球市场。

5. 美国：提升 6G 领导力

2019 年 3 月，美国联邦通信委员会（Federal Communications Commission，FCC）开放了 95 GHz 至 3 THz 的频谱用于实验，为 B5G 无线技术的研究和测试铺平了道路。FCC 开放的这一频谱范围对未来实现超宽带宽无线通信具有巨大潜力。

2020 年 5 月，电信工业解决方案联盟（Alliance for Telecommunications Industry Solutions，ATIS）呼吁"提升美国在 6G 的领导地位"[15]。ATIS 认为 6G 研究已经开始，政府、学术界和产业界应通力合作，确保美国在未来十年继续保持技术领先地位。

33.1.3 业界和学术界观点

面向下个十年，产业界和学术界在 IEEE 会议和众多白皮书中发表和交流了看法。

2019 年 11 月，中国移动发布了《2030+ 愿景与需求报告》。报告中提出了对 6G KPI 的初步考虑，以及 6G 网络的五个主要特征：按需服务、极简、柔性网络、智能内生和内生安全[16]。

2020 年 1 月，NTT DOCOMO 发布了《5G 演进和 6G》白皮书，探讨移动通信技术向 6G 演进的方式，并阐述了相关需求、应用场景和潜在技术。DOCOMO 认为 6G 将进一步扩大 5G 启动的周期 20 年的"第三波浪潮——解决社会问题、创造以人为本的价值"[17]。

2020 年 7 月，三星发布了 6G 白皮书。三星对 6G 的愿景是"将下一代超连接体验带到生活的每一个角落"。白皮书详细讨论了 6G 相关的大趋势、业务、需求、候选技术等各个方面，并预测了 6G 标准化和商用的时间表[18]。

6G 也是目前学术界的热门话题。2019 年开始，学术界就 6G 进行了广泛的研究。几乎所有相关的会议和研讨会的日程中，6G 都被放在了最重要的位置，例如 2020 年 IEEE 声学、语音和信号处理国际会议（International Conference on Acoustics, Speech, & Signal Processing，ICASSP）、2020 年 IEEE 无线通信和网络会议（Wireless Communications and Networking Conference，WCNC）、2020 年欧洲网络和通信会议（European Conference on Networks and Communications，EuCNC）、2020 年 IEEE 通信国际会议（International Conference on Communications，ICC）、2020 年 IEEE 个人、室内和移动无线电通信国际研讨会（International Symposium on Personal, Indoor, and Mobile Radio Communications，PIMRC）、2020 年 IEEE 车载技术秋季会议（Vehicular Technology Conference，VTC-Fall）以及 2020 年 IEEE 全球通信会议（Global Communications Conference，GLOBECOM）。在 2020 年 5 月 ICASSP 上的主旨演讲[19]和以"B5G/6G 挑战——使能技术和设计原则竞赛"为题的行业小组研讨会[20]，都对 6G 展开了广泛的讨论。此外，学术界还发表了许多 6G 相关的研究论文，涵盖 6G 的预期、需求、用例、潜在技术等各个方面。

"6Genesis"是由芬兰奥卢大学主导、由芬兰科学院国家研究基金资助的预研项目。该项目自 2018 年开始，计划用 8 年时间研究、开发并测试 6G 关键使能技术[21]。由 6Genesis 项目赞助，芬兰奥卢大学主办的 6G 无线峰会每年召开一次。第一届峰会于 2019

年 3 月 24 至 26 日在芬兰莱维举行。峰会发布了该项目首份 6G 白皮书《6G 无线智能无处不在的关键驱动与研究挑战》（Key Drivers and Research Challenges for 6G Ubiquitous Wireless Intelligence）[22]。由于新冠肺炎疫情，第二届峰会于 2020 年 2 月以在线形式举办。截至目前，该项目总共已发布 11 份 6G 白皮书[23]。

2020 年 3 月，诺基亚贝尔实验室也发布了一份题为《6G 时代的通信技术》（Communications in the 6G era）的文章[24]，探讨了 6G 的各个方面，包括新的用例、关键需求和性能指标，以及 6G 最有可能会带来的基础技术变革。其他值得关注的 6G 研究包括：

- 文献 [25] 探讨了 6G 的关键驱动因素，包括多感官 XR 应用、互联机器人和自治系统、无线脑机交互、区块链和分布式账本技术。该研究还从 6G 的趋势、挑战和相关研究等方面提出了 5 项建议。

- 文献 [26] 讨论了 6G 多维自治的网络架构，该架构融合了空间、空中、地面和水下网络，提供全覆盖和无限制的无线连接。该研究还提出了一些潜在的 6G 关键技术，包括太赫兹通信、超大规模 MIMO、大型智能表面和全息波束赋形（holographic beamforming）、轨道角动量复用（orbital angular momentum multiplexing）、激光和可见光通信、区块链频谱共享、量子通信和计算、分子通信和纳米物联网（Internet of Nano-Things）。

- 文献 [27] 为 6G 发展提出了众多指导意见，以图表的形式说明了 6G 的时间、频率和空间资源利用等。作者分析了多个 6G 设计相关的研究成果，包括多频段超快传输技术、超灵活综合网络设计、多模多域联合传输，以及机器学习和大数据辅助智能方法等。作者还探讨了电源、网络安全和硬件设计等三个尚待解决的问题，并提出了潜在的解决方案。

- 文献 [28] 总结了各项使能技术的主要挑战和发展潜力，并将每种技术与具体的业务场景联系起来。该研究指出了许多 6G 业务场景，包括 VR、全息智真（远距离传输）、eHealth、泛在连接、工业 4.0、机器人和无人驾驶等，并讨论了相关的使能技术。该研究分析认为，为了满足新需求，需要全新的革命性的通信技术、创新的网络架构以及集成到网络中的智能化技术。

- 文献 [29] 从以人为中心的视角洞察了 6G 通信，该研究认为 6G 不仅要在 5G 的基础上进一步发展大带宽、低时延，还应遵循以人为中心的原则。

除此之外，围绕 6G 的应用场景，如触觉互联网、100 GHz 以上频谱、AI 通信以及相关潜在技术，不少研究提出了深刻的见解，包括：

- 文献 [30] 认为亚太赫兹和 VLC 技术将有力推动 6G 发展。

- 文献 [31] 阐述了有潜力的研究领域，如超大规模 MIMO、数字波束赋形、天线阵列。

- 文献 [32] 认为语义有效性（Semantic-Effectiveness，SE）平面将会是未来通信架构的核心部分。

- 文献 [33] 提出了 6G 中机器类型通信的总体愿景，包括相关的性能指标和关键使能技术。

- 文献 [34] 深入探讨了基于 100 GHz 以上频谱构建未来无线、感知、定位系统的重要机会、挑战和方式。

AI/ML 技术具有重新定义无线通信系统的潜力，是 6G 研究中一个有吸引力的话题。文献 [35] 提供了一份关于如何使用机器学习的综合教程，尤其关注了机器学习如何使能未来无线网络中的各种应用。该文献还关注了无人飞行器（UAV）、无线 VR、移动边缘缓存和计算、物联网、频谱管理等新兴应用，并讨论了如何利用 AI/ML 解决各种无线通信问题。文献 [36] 的作者认为，6G 的范畴将超出移动互联网。从核心网到用户设备，AI 服务无处不在，6G 将为所有这些 AI 服务提供支持。此外，他们预测 AI 将在 6G 架构、协议和运营的设计和优化中发挥关键作用。

33.2　面向 2030 年的路线图

当 5G 仍在不断演进并推出新版本的同时，ITU-R WP 5D 已启动研究项目，研究 IMT 系统面向 2030 年及以后的技术发展趋势。根据初步的计划，ITU-R WP 5D 将于 2022 年 6 月完成这项研究。另一项关于未来 IMT 系统愿景的研究将于 2021 年中启动，并于 2023 年中的世界无线电通信大会（WRC-23）前完成。这份愿景报告将提出 6G 用例、KPI 和频谱等方面的建议。

愿景报告发布后，业界将继续进行 6G 技术研究，因为对整个生态系统来说，深入研究 6G 独特竞争优势的商业价值和模式，与讨论使能技术同样重要。从 5G 的经验来看，垂直行业之间的需求差异很大，同一垂直行业在不同区域的需求差异也很大。充分分析这些需求对无线通信系统设计的影响需要时间，因此 3GPP 可能在 2025 年底（R20）左右启动对新的无线空口和核心网的全面研究，在 2027 年底左右开始制定相关技术规范。目前来看，6G 标准的第一个版本有望在 2030 年左右发布，如图 33-1 所示。

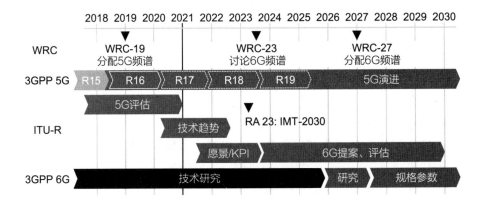

图 33-1　ITU-R 和 3GPP 的 6G 研究和标准化时间线

未来 10 年，我们将进入人、物、智全连接的时代。物理世界经过实时感知变成互联的数字信号，从而实现大规模智能。下一代无线通信将提供更强的通信服务和原生 AI 能力，助力我们的社会解决当前所面临的挑战。

构建 6G 愿景，识别 6G 使能技术，需要产业界、学术界和生态圈的伙伴们像 4G、5G 时代那样继续共同合作。全球 6G 的标准化是未来几十年成功的必由之路。

参考文献

[1] "Framework for the radio interface(s) and radio sub-system functionality for international mobile telecommunications-2000 (IMT-2000)," Recommendation ITU-R M.1035, Mar. 1994.

[2] "Framework and overall objectives of the future development of IMT 2000 and systems beyond IMT-2000," Recommendation ITU-R M.1645, June 2003.

[3] "IMT Vision – framework and overall objectives of the future development of IMT for 2020 and beyond," Recommendation ITU-R M.2083-0, Sept. 2015.

[4] "WINNER," May. 2020. [Online]. Available: http://www.ist-winner.org/

[5] "METIS," Sept. 2020. [Online]. Available: https://metis2020.com/

[6] "Smart networks in the context of NGI," Strategic Research and Innovation Agenda 2021–27, Sept. 2020. [Online]. Available: https://bscw.5g-ppp.eu/pub/bscw.cgi/d367342/Networld2020%20SRIA%202020%20Final%20Version%202.2%20.pdf

[7] "IMT-2030," Sept. 2020. [Online]. Available: http://www.cbdio.com/BigData/2020-01/20/content_6154253.htm

[8] "MST 6G," Sept. 2020. [Online]. Available: http://www.chinanews.com/sh/2019/11-07/9001283.shtml

[9] "CCSA TC5 WG6," Sept. 2020. [Online]. Available: http://www.ccsa.org.cn/navMore?title=TC5%3A%20%E6%97%A0%E7%BA%BF%E9%80%9A%E4%BF%A1&index=0&menuIndex=3

[10] "Appeal for opinions on strategy outline of beyond 5G promotion," Apr. 2020. [Online]. Available: https://www.soumu.go.jp/main_sosiki/joho_tsusin/eng/pressrelease/2020/4/14_1.html

[11] "Beyond 5G promoting strategy (overview) (ver.1.0)," Sept. 2020. [Online]. Available: https://www.soumu.go.jp/main_sosiki/joho_tsusin/eng/presentation/pdf/200414_B5G_ENG_v01.pdf

[12] "Beyond 5G promotion strategy," Sept. 2020. [Online]. Available: https://www.soumu.go.jp/main_sosiki/joho_tsusin/eng/presentation/pdf/Beyond_5G_Promotion_Strategy-Roadmap_towards_6G-.pdf

[13] "The research and development strategy for future mobile communications of 6G," Sept. 2020. [Online]. Available: https://www.msit.go.kr/web/msipContents/contentsView.do?cateId=_policycom2&artId=3015098

[14] "FCC opens spectrum Horizons for new services & technologies," Sept. 2020. [Online]. Available: https://www.fcc.gov/document/fcc-opens-spectrum-horizons-new-services-technologies

[15] "Promoting U.S. leadership on the path to 6G," July 2020. [Online]. Available: https://

www.atis.org/wp-content/uploads/2020/07/Promoting-US-Leadership-on-Path-to-6G.pdf

[16] "The vision and requirements for 2030+," Nov. 2019. [Online]. Available: https://www .shangyexinzhi.com/article/372378.html

[17] NTT DOCOMO, inc. "White Paper 5G evolution and 6G," Jan. 2020. [Online]. Available: https://www.nttdocomo.co.jp/english/binary/pdf/corporate/technology/whitepaper_ 6g/DOCOMO_6G_White_PaperEN_20200124.pdf

[18] Samsung, "6G vision: The next hyper-connected experience for ALL," July 2020. [Online]. Available: https://cdn.codeground.org/nsr/downloads/researchareas/6G %20Vision.pdf

[19] "6G: From connected everything to connected intelligence," May 2020. [Online]. Available: https://2020.ieeeicassp.org/industry-program/keynotes/6g-from-connected-everything-to-connected-intelligence/

[20] "The B5G/6G Challenge – a race of enabling technologies and design principles," May 2020. [Online]. Available: https://2020.ieeeicassp.org/industry-program/panels/the-b5g-6g-challenge-a-race-of-enabling-technologies-and-design-principles/

[21] M. Katz, M. Matinmikko-Blue, and M. Latva-Aho, "6Genesis flagship program: Building the bridges towards 6G-enabled wireless smart society and ecosystem," in *Proc. 2018 IEEE 10th Latin-American Conference on Communications (LATINCOM)*. IEEE, 2018, pp. 1–9.

[22] M. Latva-Aho and K. Leppänen, "Key drivers and research challenges for 6G ubiquitous wireless intelligence (white paper)," 6G Flagship, Oulu, Finland, 2019.

[23] "11 new 6G research white papers published," Sept. 2020. [Online]. Available: https:// www.6gchannel.com/

[24] H. Viswanathan and P. E. Mogensen, "Communications in the 6G era," *IEEE Access*, vol. 8, pp. 57 063–57 074, 2020.

[25] W. Saad, M. Bennis, and M. Chen, "A vision of 6G wireless systems: Applications, trends, technologies, and open research problems," *IEEE Network*, vol. 34, no. 3, pp. 134–142, 2019.

[26] Z. Zhang, Y. Xiao, Z. Ma, M. Xiao, Z. Ding, X. Lei, G. K. Karagiannidis, and P. Fan, "6G wireless networks: Vision, requirements, architecture, and key technologies," *IEEE Vehicular Technology Magazine*, vol. 14, no. 3, pp. 28–41, 2019.

[27] P. Yang, Y. Xiao, M. Xiao, and S. Li, "6G wireless communications: Vision and potential techniques," *IEEE Network*, vol. 33, no. 4, pp. 70–75, 2019.

[28] M. Giordani, M. Polese, M. Mezzavilla, S. Rangan, and M. Zorzi, "Toward 6G networks: Use cases and technologies," *IEEE Communications Magazine*, vol. 58, no. 3, pp. 55–61, 2020.

[29] S. Dang, O. Amin, B. Shihada, and M.-S. Alouini, "From a human-centric perspective: What might 6G be?" *arXiv preprint arXiv:1906.00741*, 2019.

[30] E. C. Strinati, S. Barbarossa, J. L. Gonzalez-Jimenez, D. Ktenas, N. Cassiau, L. Maret, and C. Dehos, "6G, the next frontier: From holographic messaging to artificial intelligence using subterahertz and visible light communication," *IEEE Vehicular Technology Magazine*, vol. 14, no. 3, pp. 42–50, 2019.

[31] E. Björnson, L. Sanguinetti, H. Wymeersch, J. Hoydis, and T. L. Marzetta, "Massive MIMO is a reality; what is next?: Five promising research directions for antenna arrays,"

Digital Signal Processing, vol. 94, pp. 3–20, 2019.

[32] P. Popovski, O. Simeone, F. Boccardi, D. Gündüz, and O. Sahin, "Semantic-effectiveness filtering and control for post-5G wireless connectivity," *Journal of the Indian Institute of Science*, vol. 100, no. 2, pp. 435–443, 2020.

[33] N. H. Mahmood, H. Alves, O. A. López, M. Shehab, D. P. M. Osorio, and M. Latva-aho, "Six key enablers for machine type communication in 6G," *arXiv preprint arXiv:1903.05406*, 2019.

[34] T. S. Rappaport, Y. Xing, O. Kanhere, S. Ju, A. Madanayake, S. Mandal, A. Alkhateeb, and G. C. Trichopoulos, "Wireless communications and applications above 100 GHz: Opportunities and challenges for 6G and beyond," *IEEE Access*, vol. 7, pp. 78 729–78 757, 2019.

[35] M. Chen, U. Challita, W. Saad, C. Yin, and M. Debbah, "Artificial neural networks-based machine learning for wireless networks: A tutorial," *IEEE Communications Surveys & Tutorials*, vol. 21, no. 4, pp. 3039–3071, 2019.

[36] K. B. Letaief, W. Chen, Y. Shi, J. Zhang, and Y.-J. A. Zhang, "The roadmap to 6G: AI empowered wireless networks," *IEEE Communications Magazine*, vol. 57, no. 8, pp. 84–90, 2019.

术 语 表

英文缩略语	英文全称	中文说明
3D	Three-Dimensional	三维
5GAA	5G Automative Association	5G 汽车联盟
5G-ACIA	5G Alliance for Connected Industries and Automation	5G 产业自动化联盟
AE	Auto Encoder	自编码器
AGV	Automated Guided Vehicle	自动导引运输车
AI	Artificial Intelligence	人工智能
AIaaS	AI as a Service	人工智能即服务
AMF	Access Management Function	接入管理功能
AMI	Antagonist Myoneural Interface	拮抗肌神经界面
AMP	Approximate Message Passing	近似消息传递
ANN	Artificial Neural Network	人工神经网络
AoA	Angle of Arrival	到达角
AoD	Angle of Departure	离开角
API	Application Programming Interface	应用编程接口
AR	Augmented Reality	增强现实
ASIC	Application-Specific Integrated Circuit	专用集成电路
ATIS	Alliance for Telecommunications Industry Solutions	电信工业解决方案联盟
AWGN	Additive White Gaussian Noise	加性白高斯噪声
B2B	Business-to-Business	企业到企业
BCH	Bose-Chaudhuri-Hocquenghem	BCH 码
BCI	Brain-Computer Interface	脑机接口
BER	Bit Error Rate	误码率
BLAST code	Bell Laboratories layered space-time code	贝尔实验室分层空时码
BN	Bayesian Network	贝叶斯网络
BP	Belief Propagation	置信传播

（续）

英文缩略语	英文全称	中文说明
BPSK	Binary Phase Shift Keying	二进制相移键控
BSS	Business Support System	业务支撑系统
CAPEX	CAPital EXpenditure	资本支出
CCSA	China Communications Standards Association	中国通信标准化协会
CDMA	Code Division Multiple Access	码分多址接入
CEM	Computational ElectroMagnetics	计算电磁学
CMC	Certified Management Consultant	注册管理咨询师协会
CN	Core Network	核心网
CNN	Convolutional Neural Network	卷积神经网络
CNT	Carbon NanoTube	碳纳米管
CoMP	Coordinated MultiPoint Transmission/Reception	协作多点发送/接收
CP	Control Plane	控制面
CP-OFDM	Cyclic Prefix Orthogonal Frequency Division Multiplexing	循环前缀正交频分复用
CPS	Cyber-Physical System	信息物理系统
CSI	Channel State Information	信道状态信息
CSI-RS	CSI Reference Signal	CSI 参考信号
CUP	Carbon dioxide per Unit Power	单位功耗二氧化碳
CWS	Continuous Wave Spectroscopy	连续波谱学
D2D	Device-to-Device	设备到设备
DA	Data Access	数据访问
DAO	Decentralized Autonomous Organization	去中心化自治组织
DBN	Dynamic Bayesian Network	动态贝叶斯网络
DDoS	Distributed Denial-of-Service	分布式拒绝服务
DFT	Discrete Fourier Transform	离散傅里叶变换
DFT-s-OFDM	Discrete-Fourier-Transform-spread Orthogonal Frequency Division Multiplexing	离散傅里叶变换扩展正交频分复用
DH	Diffie-Hellman	迪菲 - 赫尔曼
DLT	Distributed Ledger Technology	分布式账本技术
DM	Data Management	数据管理
DNN	Deep Neural Network	深度神经网络
DoF	Degrees of Freedom	自由度
DoU	Data of Usage	平均每月每用户数据流量
DRL	Deep Reinforcement Learning	深度强化学习

（续）

英文缩略语	英文全称	中文说明
DSS	Dynamic Spectrum Sharing	动态频谱共享
EEG	ElectroEncephaloGraphy	脑电图
EIT	Electromagnetic Information Theory	电磁信息论
ELAA	Extremely Large Aperture Array	超大孔径天线阵列
eMBB	enhanced Mobile BroadBand	增强移动宽带
EMG	ElectroMyoGraphy	肌电图
EPA	Expectation Propagation Algorithm	期望传播算法
EPC	Evolved Packet Core	演进型分组核心网
ESE	Elementary Signal Estimator	基本信号估计
ESPRIT	Estimation of Signal Parameters via Rotational Invariance Techniques	ESPRIT 算法（利用旋转不变性估计信号参数）
EuCNC	European Conference on Networks and Communications	欧洲网络和通信会议
FBMC	Filter Bank Multi-Carrier	滤波器组多载波
FBMC-OQAM	Filter Bank Multi-Carrier with Offset Quadrature Amplitude Modulation	偏移正交幅度调制的滤波器组多载波
FBMC-QAM	Filter Bank Multi-Carrier Quadrature Amplitude Modulation	滤波器组多载波正交幅度调制
FB-OFDM	Filter Bank Orthogonal Frequency Division Multiplexing	滤波器组正交频分复用
FCC	Federal Communications Commission	美国联邦通信委员会
FC-OFDM	Flexible Configured Orthogonal Frequency Division Multiplexing	灵活配置正交频分复用
FDD	Frequency Division Duplex	频分双工
FDMA	Frequency Division Multiple Access	频分多址
FEC	Forward Error Correction	前向纠错
FFT	Fast Fourier Transform	快速傅里叶变换
FinFET	Fin Field-Effect Transistor	鳍式场效应晶体管
FL	Federated Learning	联邦学习
FMCW	Frequency Modulated Continuous Wave	调频连续波
FOA	Frequency Of Arrival	到达频率
f-OFDM	Filtered Orthogonal Frequency Division Multiplexing	滤波正交频分复用
FOV	Field Of View	视场角
FP	Framework Programme	框架计划
FPGA	Field Programmable Gate Array	现场可编程门阵列

（续）

英文缩略语	英文全称	中文说明
FPS	Frame Per Second	视频帧率
FSO	Free Space Optical	自由空间光通信
FTN	Faster Than Nyquist	超奈奎斯特
GaAs	Gallium Arsenide	砷化镓
GAMP	Generalized Approximate Message Passing	广义近似消息传递
GAN	Generative Adversarial Network	生成式对抗网络
GB	Grant-Based	授权（传输）
GBSM	Geometry-Based Stochastic Model	几何随机模型
GDOP	Geometric Dilution Of Precision	几何精度因子
GDPR	General Data Protection Regulation	通用数据保护条例
GEM	Generalized Expectation Maximization	广义期望最大化
GEO	Geostationary Earth Orbit	地球同步轨道
GF	Grant-Free	免授权（传输）
GFDM	Generalized Frequency Division Multiplexing	广义频分复用
GLOBECOM	Global Communications Conference	全球通信会议
GNSS	Global Navigation Satellite System	全球导航卫星系统
GPU	Graphical Processing Unit	图形处理单元
GQD-PD	Graphene Photodetector	石墨烯光电探测器
GSMA	Global System for Mobile Communications Association	全球移动通信系统协会
HAP	High-Altitude Platform	高空平台
HAPS	High-Altitude Platform Station	高空平台站
HARQ	Hybrid Automatic Repeat Request	混合自动重传请求
HBT	Heterojunction Bipolar Transistor	异质结双极晶体管
HEMT	High Electron Mobility Transistor	高电子迁移率晶体管
HMI	Human-Machine Interface	人机接口
HMM	Hidden Markov Model	隐马尔可夫模型
Holo-MIMO	Holographic MIMO	全息 MIMO
HPC	High-Performing Computer	高性能计算机
IaaS	Infrastructure as a Service	基础设施即服务
IAB	Integrated Access and Backhaul	接入回传一体化
ICC	International Conference on Communications	通信国际会议
ICT	Information and Communications Technology	信息和通信技术
IDFT	Inverse Discrete Fourier Transform	离散傅里叶逆变换
IDMA	Interleave Division Multiple Access	交织划分多址接入

（续）

英文缩略语	英文全称	中文说明
IDNC	Instantly Decodable Network Coding	即时译码网络编码
IDWT	Inverse Discrete Wavelet Transform	离散小波逆变换
IF	Intermediate Frequency	中频
IFFT	Inverse Fast Fourier Transform	快速傅里叶逆变换
IGMA	Interleave-Grid Multiple Access	交织网格多址接入
IMT	International Mobile Telecommunications	国际移动通信
InH	Indoor Hotspot	室内热点
InP	Indium Phosphide	磷化铟
IoE	Internet of Everything	万物互联网
IRS	Intelligent Reflecting Surface	智能反射面
ISAC	Integrated Sensing And Communication	通信感知一体化（通感一体化）
ISL	Inter-Satellite Link	星间链路
ITS	Intelligent Transportation System	智能交通系统
ITU-T	ITU Telecommunication Standardization Sector	国际电信联盟电信标准化部门
JSCC	Joint Source and Channel Coding	信源信道联合编码
KPI	Key Performance Indicator	关键性能指标
LDPC	Low-Density Parity Check	低密度奇偶校验
LED	Light Emitting Diode	发光二极管
LEO	Low Earth Orbit	低轨
LIS	Large Intelligent Surface	大型智能表面
LMMSE	Linear Minimum Mean Square Error	线性最小均方误差
LNA	Low-Noise Amplifier	低噪放大器
Log-MAP	Logarithmic maximum a-posteriori	对数最大后验
LOS	Line Of Sight	视距
LSTM	Long Short-Term Memory	长短期记忆模型
LTCC	Low-Temperature Co-fired Ceramic	低温共烧陶瓷
LTE	Long Term Evolution	长期演进
LTE-A	LTE-Advanced	高级长期演进
LVDM	Lagrange Vandermonde Division Multiplexing	拉格朗日 - 范德蒙分复用
MA	Multiple Access	多址接入
MAC	Media Access Control	媒体接入控制
MARL	Multi-Agent Reinforcement Learning	多智能体强化学习
MBB	Mobile BroadBand	移动宽带
MDP	Markov Decision Process	马尔可夫决策过程

（续）

英文缩略语	英文全称	中文说明
MEC	Multi-access Edge Computing	多址接入边缘计算
MEMS	Micro-Electro-Mechanical System	微机电系统
ML	Machine Learning	机器学习
MME	Mobility Management Entity	移动性管理实体
MMIC	Monolithic Microwave Integrated Circuit	单片微波集成电路
MMSE	Minimum Mean Square Error	最小均方差
mMTC	massive Machine Type of Communication	海量机器通信
MNO	Mobile Network Operator	移动网络运营商
MOSFET	Metal-Oxide-Semiconductor Field-Effect Transistor	金属氧化物半导体场效应晶体管
MP	Matching Pursuit	匹配追踪
MPA	Message Passing Algorithm	消息传递算法
MR	Mixed Reality	混合现实
MRI	Magnetic Resonance Imaging	磁共振成像
MTP	Motion-To-Photon	头动至显示
MU-MIMO	Multi-User MIMO	多用户 MIMO
MUSA	Multi-User Shared Access	多用户共享接入
MUSIC	MUltiple SIgnal Classification	多信号分类
MUST	Multi-User Superposition Transmission	多用户叠加传输
NASA	National Aeronautics and Space Administration	美国国家航空航天局
NEP	Noise-Equivalent Power	等效噪声功率
NF	NetWork Function	网络功能
NFI	Near-Field Imaging	近场成像
NFV	Network Functions Virtualization	网络功能虚拟化
NIST	National Institute of Standards and Technology	美国国家标准技术研究所
NLP	Natural Language Processing	自然语言处理
NMR	Nuclear-Magnetic Resonance	核磁共振
NOFDM	Non-Orthogonal Frequency Division Multiplexing	非正交频分复用
NOMA	Non-Orthogonal Multiple Access	非正交多址接入
NR	New Radio	新空口
NSN	Network-level Service Node	网络级业务节点
NTN	Non-Terrestrial Network	非地面网络
NWDAF	NetWork Data Analytics Function	网络数据分析功能
OA&M	Operation, Administration, and Management	运行、管理和维护
OAM	Orbital Angular Momentum	轨道角动量

（续）

英文缩略语	英文全称	中文说明
OAMP	Orthogonal Approximate Message Passing	正交近似消息传递
OFDM	Orthogonal Frequency-Division Multiplexing	正交频分复用
OFDMA	Orthogonal Frequency Division Multiple Access	正交频分多址接入
OMA	Orthogonal Multiple Access	正交多址接入
OMP	Orthogonal Matching Pursuit	正交匹配追踪
OPEX	OPerational EXpenditure	运营支出
OQAM	Offset Quadrature Amplitude Modulation	偏移正交幅度调制
OSS	Operation Support System	运营支撑系统
OT	Operational Technology	运营技术
OTFS	Orthogonal Time-Frequency Space	正交时频空调制
OTP	One-Time Pad	一次一密
OTT	Over-The-Top	OTT
OVFDM	OVerlapped Frequency Domain Multiplexing	重叠频域复用
OVTDM	OVerlapped Time Domain Multiplexing	重叠时域复用
OVXDM	OVerlapped X Domain Multiplexing	重叠 X 域复用
OWC	Optical Wireless Communication	光无线通信
P2P	Point-to-Point	点到点
PA	Power Amplifier	功放
PaaS	Platform as a Service	平台即服务
PAE	Power-Added Efficiency	功率附加效率
PAPR	Peak-to-Average Power Ratio	峰均比
PAR	Packet Arrival Rate	来包率
PC	Photonic Crystal	光子晶体
PCA	PhotoConductive Antenna	光电导天线
PCE	Photo Conversion Efficiency	光电转换效率
PCM	Phase Change Material	相变材料
PDMA	Pattern Division Multiple Access	图样分割多址接入
PDSCH	Physical Downlink Shared CHannel	物理下行共享信道
PGW	Packet data network GateWay	分组数据网关
PHY	PHysical Layer	物理层
PLE	Path Loss Exponent	路径损耗指数
P-OFDM	Pulse-shaped Orthogonal Frequency Division Multiplexing	脉冲整形正交频分复用
PPD	Pixel Per Degree	每角度像素

（续）

英文缩略语	英文全称	中文说明
PQC	Post Quantum Cryptography	后量子加密
PUE	Power Usage Effectiveness	能源利用效率
QAM	Quadrature Amplitude Modulation	正交幅度调制
QD	Quantum Dot	量子点
QHA	Quadrifilar Helix Antenna	四臂螺旋天线
QoS	Quality of Service	服务质量
QPSK	Quadrature Phase Shift Keying	旋转正交相移键控
R2D	Reflection-to-Device	映像对设备
R2R	Reflection-to-Reflection	映像对映像
RACH	Random Access CHannel	随机接入信道
RAN	Radio Access Network	无线接入网
RCN	Radio Computing Node	无线计算节点
RF	Radio Frequency	射频
RIS	Reconfigurable Intelligent Surface	可重构智能表面
RL	Reinforcement Learning	强化学习
RM	Reed-Muller	RM 码
RNN	Recurrent Neural Network	递归神经网络
RRC	Radio Resource Control	无线资源控制
RRH	Remote Radio Head	射频拉远头
RSMA	Resource Spread Multiple Access	资源扩展多址接入
RSRP	Reference Signal Received Power	参考信号接收功率
RTT	Round-Trip Time	往返时延
SAE	Society of Automotive Engineers	美国汽车工程师协会
SC-FDE	Single-Carrier Frequency Domain Equalization	单载波频域均衡
SCL	Successive Cancellation List	连续消除列表
SCMA	Sparse Code Multiple Access	稀疏码多址接入
SC-QAM	Single-Carrier Quadrature Amplitude Modulation	单载波正交幅度调制
SDMA	Space Division Multiple Access	空分多址接入
SDN	Software-Defined Network	软件定义网络
SE	Semantic-Effectiveness	语义有效性
SEEG	StereoElectroencEphaloGraphy	立体脑电图
SEFDM	Spectrally Efficient Frequency Division Multiplexing	高频谱效率频分复用
SeGW	Security GateWay	安全网关
SGD	Stochastic Gradient Descent	随机梯度下降

（续）

英文缩略语	英文全称	中文说明
SGW	Serving GateWay	服务网关
SiN	Silicon Neuron	硅神经元
SLAM	Simultaneous Localization And Mapping	同步定位与地图构建
SLM	Spatial Light Modulator	空间光调制器
SNMC	Slepian-basis-based Non-orthogonal MultiCarrier	基于 Slepian 基的非正交多载波
SP-OFDM	Spectrally Precoded Orthogonal Frequency Division Multiplexing	频谱预编码正交频分复用
SPP	Surface Plasmon Polariton	表面等离子体振子
SRIA	Strategic Research and Innovation Agenda	欧盟战略研究与创新议程
SRR	Split-Ring-Resonator	分环谐振器
SSCC	Separate Source and Channel Coding	信源信道独立编码
SUL	Supplementary UpLink	辅助上行
SU-MIMO	Single-User MIMO	单用户 MIMO
SWC	Surface Wave Communication	表面波通信
TCI	Transmission Configuration Indication	传输配置指示
TCO	Total Cost of Ownership	总体拥有成本
TDD	Time Division Duplex	时分双工
TDL-C	Tapped-Delay Line Channel	抽头延迟线信道模型
TDM	Time-Division Multiplexing	时分复用
TDMA	Time Division Multiple Access	时分多址接入
TDS	Time-Domain Spectroscopy	时域光谱学
THz	Terahertz	太赫兹
TN	Transport Network	传输网
TOA	Time Of Arrival	到达时间
TR	Time Reversal	时间反演
TTI	Transmission Time Interval	传输时间间隔
UAV	Unmanned Aerial Vehicle	无人飞行器
UCN	User-Centric Network	以用户为中心的网络
UCNC	User Centric No-Cell	以用户为中心无小区边界的架构
UDR	User Data Repository	用户数据仓库
UE	User Equipment	用户终端
UFMC	Universal Filtered Multi-Carrier	通用滤波多载波
UHD	Ultra-High Definition	超高清视频
UN	United Nations	联合国

（续）

英文缩略语	英文全称	中文说明
UP	User Plane	用户面
UPF	User Plane Function	用户面功能
URLLC	Ultra-Reliable Low-Latency Communication	超高可靠低时延通信
USN	User-level Service Node	用户级业务节点
UWB	Ultra-WideBand	超宽带
V2I	Vehicle-to-Infrastructure	车到基础设施
V2V	Vehicle-to-Vehicle	车到车
V2X	Vehicle-to-Everything	车联网
VAE	Variational Auto Encoder	变分自编码器
VLC	Visible Light Communication	可见光通信
VLEO	Very Low Earth Orbit	极低轨
VLSI	Very-Large-Scale Integration	特大规模集成电路
V-OFDM	Vector Orthogonal Frequency Division Multiplexing	向量正交频分复用
VPN	Virtual Private Network	虚拟专用网
VR	Virtual Reality	虚拟现实
mmWave	millimeter Wave	毫米波
WCC-FBMC-OQAM	Weighted Circular Convolution Filter Bank Multi-Carrier with Offset Quadrature Amplitude Modulation	加权循环卷积带偏移正交幅度调制的滤波器组多载波
WCNC	Wireless Communications and Networking Conference	无线通信和网络会议
W-OFDM	Windowed Orthogonal Frequency Division Multiplexing	加窗正交频分复用
WRC	World Radiocommunication Conference	世界无线电通信大会
XR	Extended Reality	扩展现实
ZP-OFDM	Zero-Padding Orthogonal Frequency Division Multiplexing	零填充正交频分复用

推荐阅读

5G NR标准：下一代无线通信技术（原书第2版）

作者：埃里克·达尔曼等 ISBN：978-7-111-68459 定价：149.00元

◎《5GNR标准》畅销书的R16标准升级版
◎ IMT-2020（5G）推进组组长王志勤作序

蜂窝物联网：从大规模商业部署到5G关键应用（原书第2版）

作者：奥洛夫·利贝格 等 ISBN：978-7-111-67723 定价：149.00元

◎ 以蜂窝物联网技术规范为核心，详解蜂窝物联网mMTC和cMTC应用场景与技术实现
◎ 爱立信5G物联网标准化专家倾力撰写，爱立信中国研发团队翻译，行业专家推荐

5G NR物理层技术详解：原理、模型和组件

作者：阿里·扎伊迪 等 ISBN：978-7-111-63187 定价：139.00元

◎ 详解5G NR物理层技术（波形、编码调制、信道仿真和多天线技术等），及其背后的成因
◎ 5G专家与学者共同撰写，爱立信中国研发团队翻译，行业专家联袂推荐

5G核心网：赋能数字化时代

作者：斯特凡·罗默等 ISBN：978-7-111-66810 定价：139.00元

◎ 详解3GPP R16核心网技术规范，细说5G核心网操作流程和安全机理
◎ 爱立信5G标准专家撰写，爱立信中国研发团队翻译，行业专家作序

5G网络规划设计与优化

作者：克里斯托弗·拉尔森 ISBN：978-7-111-65859 定价：129.00元

◎ 通过网络数学建模、大数据分析和贝叶斯方法解决网络规划设计和优化中的工程问题
◎ 资深网络规划设计与优化专家撰写，爱立信中国研发团队翻译

5G NR标准:下一代无线通信技术

作者：埃里克·达尔曼等 ISBN：978-7-111-62474 定价：119.00元

◎ 本书以3GPP 2018年9月制定的R15版5G商用标准为基础，详解5G NR标准技术规范和成因
◎ 爱立信5G标准专家撰写，爱立信中国研发团队翻译，行业专家作序